高·等·职·业·教·育·教·材

获中国石油和化学工业
优秀教材奖

"十四五"职业教育国家规划教材

化工单元操作

（下）

第二版

李 晋　张桃先　主 编
丁玉兴　　副主编
陈炳和　　主 审

U0254056

化学工业出版社
·北京·

内容简介

《化工单元操作》第二版根据现代职业教育理念，围绕高职教育培养目标，坚持立德树人根本任务，融入党的二十大精神。教材按照"工作过程系统化"课程开发方法，采用项目化教学模式，用工作任务引领，把技术训练、技能训练贯穿于工作任务中，使学生在完成任务过程中掌握知识、提高技术技能水平，突出了教材的"职业性、适用性、实用性、信息化"特色。

《化工单元操作（下）》第二版的主要内容包括：精馏技术、吸收技术、干燥技术、制冷技术、结晶技术、萃取技术和新型分离技术。

本书可作为化工技术类相关专业（应用化工技术、石油化工技术、精细化工技术、化工自动化技术、药品生产技术等）的高等职业教育教材，也可供有关部门的科研及生产一线技术人员阅读参考，同时也可作为企业职工培训资料。

图书在版编目（CIP）数据

化工单元操作.下/李晋，张桃先主编；丁玉兴副主编.—2版.—北京：化学工业出版社，2023.7
（2024.9重印）
"十四五"职业教育国家规划教材
ISBN 978-7-122-40741-2

Ⅰ.①化… Ⅱ.①李…②张…③丁… Ⅲ.①化工单元操作-高等职业教育-教材 Ⅳ.①TQ02

中国版本图书馆 CIP 数据核字（2022）第 019411 号

责任编辑：刘心怡　窦　臻　提　岩　　　　　文字编辑：李　玥
责任校对：刘曦阳　　　　　　　　　　　　　装帧设计：王晓宇

出版发行：化学工业出版社（北京市东城区青年湖南街 13 号　邮政编码 100011）
印　　装：三河市双峰印刷装订有限公司
787mm×1092mm　1/16　印张 19　字数 473 千字　　2024 年 9 月北京第 2 版第 4 次印刷

购书咨询：010-64518888　　　　　　　售后服务：010-64518899
网　　址：http://www.cip.com.cn
凡购买本书，如有缺损质量问题，本社销售中心负责调换。

定　　价：49.80 元

本套教材是全国石油和化工职业教育教学指导委员会化工基础类课程委员会组织建设的高职高专"化工单元操作"课程规划教材,共分两册:《化工单元操作(上)》和《化工单元操作(下)》。

本套书分为 11 个模块,上册包括流体输送技术、传热技术、非均相物系分离技术和蒸发技术;下册包括精馏技术、吸收技术、干燥技术、制冷技术、结晶技术、萃取技术和新型分离技术。

在结构上,每一模块按学习目标、工业应用(过渡)、主体内容(分任务)、练习题、知识的总结与归纳的顺序逐一展开,方便读者明确学习目标以利于突出重点,了解工业应用以利于激发兴趣,强化任务感以利于学做结合学习,实现自我测试以利于检验评价,梳理关键内容以利于重点提升。

在内容上,坚持与化工生产实际紧密联系,通过典型工业案例,研究各单元操作的基本规律与工业应用,典型设备的结构、选型与操作、异常过程分析与处理等,有利于培养学习运用工程观点及方法判断、分析和解决化工生产实际问题的能力。

在编写团队方面,本书吸收了全国各大区域高职院校有经验的教师参加编写工作,以平衡不同学校对接地方产业的需求。《化工单元操作(上)》由刘郁、张传梅任主编,孙庆国任副主编,张毅博、付大勇参编,周立雪主审;《化工单元操作(下)》由李晋、张桃先任主编,丁玉兴任副主编,杨文渊、凌洁、龙清平参编,陈炳和主审。

在持续更新方面,本项目建设确定了教材、课程资源、题库同步规划、逐步实施的建设方针,力求通过建设,为广大师生、企业员工及社会人士提供实用、乐用、有用的学习资源,为化工人力资源建设贡献力量。

没有最好,只有更好,希望本次由全国石油和化工职业教育教学指导委员会化工基础类课程委员会(全国化工基础类课程委员会)主导的"化工单元操作"改革探索,能够引导化工高职教材建设迈向新的高度。

全国石油和化工职业教育教学指导委员会

化工基础类课程委员会

冷士良

　　高等职业教育是以培养具有一定理论知识和较强实践能力、面向基层、面向生产、面向服务和管理第一线职业岗位的实用型、技术技能型人才为目的的职业技术教育，与学科型普通高等教育在人才培养的模式、手段、途径、方法以及目的等诸多方面存在巨大差异。现有高等职业教育教材有些还是以学科体系作为主线的，不适合高等职业教育的人才培养目标。

　　本教材在充分考虑传统的学科知识教育的弊端、职业教育的本质内涵、职业素质等方面的基础上，从知识与技能的学习这两个角度介绍了生产工艺流程认知、生产设备认识、生产工艺参数选择、生产原理、设备操作、故障分析与排除以及设备的维护等内容。笔者在内容的选取上坚持与化工生产实际紧密联系，通过典型工业案例分析，讲述各单元操作的基本规律与工业应用、典型设备的结构、选型与操作、异常过程分析与处理等，有利于培养学生运用工程观点及方法，判断、分析和解决化工生产实际问题的能力。本教材学习目标明确，重点突出，配套资源丰富。能够激发学习兴趣，有利于"教、学、做"的有机结合，通过技术训练与技能训练突出关键内容，有利于读者掌握相关的技能与知识。出版以来受到用书师生的好评，2020年被评为"十三五"职业教育国家规划教材。

　　遵照教育部对教材编写工作的相关要求，本教材在编写、修订及进一步完善过程中，注重融入课程思政，体现党的二十大精神，以潜移默化、润物无声的方式适当渗透德育，力图更好地达到新时代教材与时俱进、科学育人之效果。

　　本书由四川化工职业技术学院李晋、武汉软件工程职业学院张桃先任主编，河北石油职业技术大学丁玉兴任副主编，常州工程职业技术学院陈炳和任主审。模块5、模块8由丁玉兴编写，模块6由张桃先编写，模块7由陕西能源职业技术学院凌洁编写，模块9由贵州工业职业技术学院杨文渊编写，模块10由中山职业技术学院龙清平编写，模块11由李晋编写，工业相关部分由盛虹炼化（连云港）有限公司张玉娟参与编写。全书由李晋、张桃先统稿。

　　本书在编写过程中得到了化学工业出版社以及笔者所在单位的大力支持，得到了常州工程职业技术学院陈炳和教授，徐州工业职业技术学院周立雪教授、冷士良教授的关心与帮助，并提出了宝贵的意见与建议，在此一并表示诚挚的谢意。由于行业与学科的飞速发展、新技术与新设备的涌现，编者的能力与水平限制、编写时间的仓促，书中难免会有不妥之处，恳请各位专家、教师与读者批评指正。

编者

目录

模块 5　精馏技术

学习目标

通过本模块的学习，了解多组分精馏操作原理，熟悉简单蒸馏和平衡蒸馏的原理及流程，掌握理想溶液二元物系精馏原理及流程设置；能进行理想溶液二元物系精馏操作工艺参数的基本计算，会分析精馏操作时工艺参数变化对产品产量和质量的影响，能进行二元物系精馏装置的开停车及正常操作，会分析和处理二元物系连续精馏系统中常见的故障。

在化工生产中，为了获得合格的产品（或中间产物）或者要除去有害杂质，常需要对液体混合物进行分离提纯。常用的分离方法有蒸馏、萃取、蒸发和结晶等，其中蒸馏是最常采用的一种分离方法。蒸馏是利用液体混合物中各组分间挥发度的差异，将各组分分离的一种单元操作。这种单元操作是将液体混合物部分汽化并通过气液两相间的质量传递来实现的。按分离的难易或对分离的要求高低来分，蒸馏操作可分为简单蒸馏、平衡蒸馏、精馏和特殊精馏，对较易分离或对分离纯度要求不高的物料，可采用简单蒸馏或平衡蒸馏，而对要求分离纯度高或难分离的物料，一般采用精馏的方法分离，另外普通蒸馏方法无法分离或分离时操作费用和设备投资很大、经济上不合理时，可采用特殊精馏，如恒沸精馏、萃取精馏等。

工业应用

如工业上进行芳烃分离。由溶剂抽提所得的混合芳烃中含有苯、甲苯、二甲苯、乙苯及少量较重的芳烃，而有机合成工业对所需的原料有很高的纯度要求，为此必须将混合芳烃通过精馏的方法分离成高纯度的单体芳烃，这一过程称为芳烃精馏。

催化重整装置芳烃精馏过程的工艺流程如图 5-1 所示。混合芳烃依次送入苯塔、甲苯塔、二甲苯塔，通过精馏的方法进行分离，得到苯、甲苯、二甲苯及重芳烃（汽油馏分）等单一组分。此法获得的芳烃的纯度为苯 99.9%、甲苯 99.0%、二甲苯 96%，二甲苯还需进一步分离。

任务 1　认识蒸馏装置

蒸馏装置通常由蒸馏塔、冷凝器、再沸器等组成。依内部结构不同，蒸馏塔分为板式塔和填料塔两类。蒸馏塔是蒸馏装置的主体设备；而冷凝器和再沸器是蒸馏装置的辅助设备，

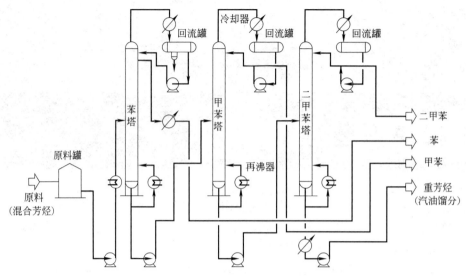

图 5-1　催化重整装置芳烃精馏过程的工艺流程

多采用列管式换热器；有时还要配备原料预热器、产品冷却器、原料泵等辅助设备。上述设备共同构成蒸馏系统。

子任务 1　认识蒸馏塔

蒸馏是利用各组分挥发度的差异分离均相混合液的典型单元操作。根据蒸馏的产量、分离程度要求不同，蒸馏操作既可在实验室进行也可在生产车间进行，对应的主体设备有蒸馏瓶、蒸馏釜和蒸馏塔，见图 5-2。

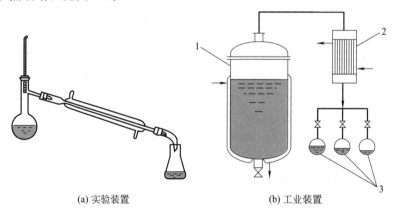

(a) 实验装置　　　　　　(b) 工业装置

图 5-2　简单蒸馏

1—蒸馏釜；2—冷凝器；3—馏出液接收器

简单蒸馏将原料液一次性加入蒸馏釜中，在一定压强下加热至沸腾，使液体不断汽化，汽化的蒸气引出经冷凝后，加以收集。因此，简单蒸馏属间歇操作。

蒸馏过程中，由于蒸气中易挥发组分含量逐步递减，所得产品浓度也将随之改变，因此，简单蒸馏过程为非定态过程。

简单蒸馏主要用于分离沸点相差很大的液体混合物，或者用于对含有复杂组分的混合液进行粗略的预处理，例如石油和煤焦油的粗略分离。

　　湿法发酵生产乙醇通常需用蒸馏塔进行蒸馏操作，其目的是将发酵后的醪液原料经蒸馏、提纯得到一定纯度的乙醇。发酵后的醪液中乙醇含量在 10% 左右，要求将其浓度进一步提高。在此过程中，乙醇含量为 10% 左右的成熟醪液被送入粗馏段上部，塔底部蒸汽直接加热，成熟醪液受热后乙醇蒸气被初步蒸出，后者直接进入精馏段。在精馏段，乙醇蒸气中乙醇含量进一步提高，上升到第一冷凝器、第二冷凝器被冷凝，冷凝下来的液体中乙醇含量在 70% 左右，部分返回塔内。从精馏段上部可得到成品乙醇，精馏段下部取出一些杂质量较高的产品，称为杂醇酒。被蒸尽乙醇的成熟醪液称为酒糟，由塔底部排糟器自动排出。

　　在此过程中，整个装置的主要设备是蒸馏塔，塔体通常由钢板卷焊而成，内装多层塔板或一定高度的填料，前者称为板式塔，后者称为填料塔。

　　闪蒸，又称为平衡蒸馏，如图 5-3 所示。被分离的混合液先经加热器升温，使之温度高于分离器压力下料液的泡点，然后通过节流阀降低压力至规定值，由于压力突然降低，过热液体发生自蒸发，在分离器中部分汽化，平衡的气液两相及时被分离。其中气相为顶部产物，液相为底部产物。

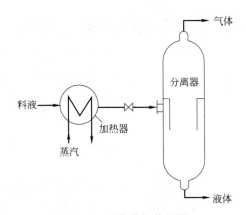

图 5-3　平衡蒸馏装置图

　　为保证蒸馏操作的顺利进行，蒸馏过程中必须对原料液进行加热，同时对蒸出的蒸气进行冷凝，因此蒸馏塔必须有配套的辅助设备，包括塔底再沸器和塔顶冷凝器。

技能训练 5-1

　　认识通过闪蒸操作分离天然气中轻烃的方法。

　　由天然气开采得到的高压气藏气（一般在 10MPa 或更高），经过节流阀膨胀后，变为压力相对较低且互为平衡的气液混合物，其中轻烃的含量在液相中高于气相。这一过程就是闪蒸操作，经过闪蒸操作后天然气中的轻烃可以得到初步分离。

子任务 2　认识蒸馏的工业应用

　　干法发酵蒸馏白酒的生产通常使用白酒蒸馏器进行蒸馏，如图 5-4 所示。

　　在天然气的甘醇脱水工艺中，吸收了水的甘醇液通过加热闪蒸脱除水分后成为贫水甘醇，后者可作为循环吸收剂重复使用，如图 5-5 所示。

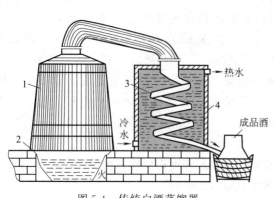

图 5-4　传统白酒蒸馏器

1—蒸桶；2—锅；3—冷凝管；4—冷凝水槽

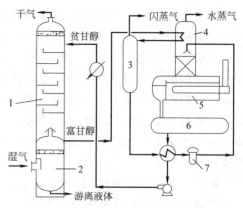

图 5-5　甘醇脱水装置流程示意图

1—甘醇吸收塔；2—入口洗涤器；3—闪蒸罐；

4—蒸馏塔；5—再沸器；6—缓冲罐；7—过滤器

任务 2　认识精馏装置

　　上述简单蒸馏和平衡蒸馏只能使液体混合物获得初步分离，若要实现均相液体混合物连续的分离，或需要达到高纯度，就必须采用精馏操作。完成精馏操作的装置称为精馏装置。

子任务 1　认识精馏塔

　　工业上常用的精馏设备通常为塔设备，包括板式塔和填料塔，这里重点介绍板式塔。

　　板式塔是在圆形壳体内装有若干层按一定间距放置的水平塔板（塔盘）构成的传质设备。各种塔板的结构各异，但板面上的布置大致相同，塔板上开有若干小孔。气体自下而上通过板上小孔并穿过板上液层，液体从上层塔板的降液管流到下层塔板的一侧，横向流过塔板后从另一侧降液管流到下层塔盘。气液两相在塔板上呈错流接触流动，这种塔板称为错流塔板。若塔板上不设降液管，则气液两相均通过塔板上小孔逆向穿流而过，这种塔板称为逆流塔板或穿流塔板。

一、塔板类型

　　生产中采用的各种类型塔板，常以下述指标评价其性能的优劣：

① 生产能力（即单位塔截面、单位时间处理的气液负荷量）；

② 塔板效率；

③ 塔板压降；

④ 操作弹性；

⑤ 结构是否简单，制造成本是否低廉。

据此对各种塔板分析如下。

1.泡罩塔板

泡罩塔板（见图 5-6）的气体通道是升气管和泡罩。由于升气管高出塔板，即使在气体负

板式精馏塔结构与工作原理

荷很低时也不会发生严重漏液，因而泡罩塔板具有很大的操作弹性。升气管是泡罩塔区别于其他塔板的主要结构特征。气体从升气管上升，通过齿缝被分散为细小的气泡和流股，经液层上升，液层中于是充满气泡而形成泡沫层，为气液两相提供了大量的传质界面。但泡罩塔板结构过于复杂，制造成本高，安装检修不便，气体通道曲折，塔板压降大，液泛气速低，生产能力小。

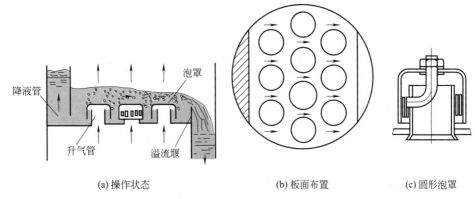

(a) 操作状态　　　　　　(b) 板面布置　　　　　　(c) 圆形泡罩

图 5-6　泡罩塔板示意图

2. 浮阀塔板

浮阀塔板（见图 5-7）与泡罩塔板相比，其主要改进是取消了升气管，在塔板开孔的上方安装可浮动的阀片。

浮阀可随气体流量变化自动调节开度，气量小时阀的开度较小，气体仍能以足够气速通过环隙，避免过多的漏液；气量大时阀片浮起，由阀脚钩住塔板以维持最大开度。因开度增大而使气速不致过

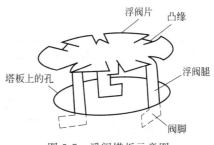

图 5-7　浮阀塔板示意图

高，从而降低了压降，也使液泛气速提高。故在高液气比下，浮阀塔板的生产能力大于泡罩塔。气体以水平方向吹入液层，气液接触时间较长而雾沫夹带较小，故塔板效率较高。

3. 筛孔塔板

筛孔塔板（见图 5-8）简称筛板，它的出现略迟于泡罩塔板。筛板塔与泡罩塔的相同点是都有降液管，不同点是取消了泡罩与升气管，直接在板上钻有若干小圆孔，筛板一般用不锈钢制成，孔的直径为 3～8mm。操作时，液体横过塔板，气体从板上小孔（筛孔）鼓泡进入板上液层。筛板塔在工业应用的初期被认为操作困难、操作弹性小，但随着人们对筛板塔性能研究的逐步深入，其设计趋于合理。生产实践证明，筛板塔结构简单、造价低、生产能力大、板效率高、压降低，已成为应用最广泛的一种塔板。

4. 喷射型塔板

人们在 20 世纪 60 年代开发了喷射型塔板。喷射型塔板的主要特点是塔板上气体通道中的气流方向和塔板倾斜有一个较小的角度（有些甚至接近于水平），气体从气流通道中以较高的速度（可达 20～30m/s）喷出，将液体分散为细小的液滴，以获得较大的传质面积，且液滴在塔板上反复多次落下和抛起，传质表面不断更新，促进了两相之间的传质。即使气体流速较高，但因气体以倾斜方向喷出，气流带出液层的液滴向上分速度较小，雾沫夹带量亦不致过大；另外这类塔板的气流与液流的流动方向一致，由于气流起到了推动液体流动的作

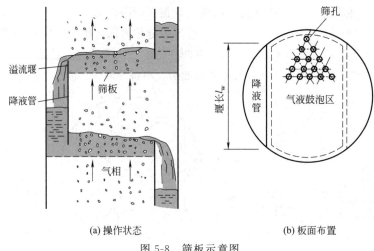

(a) 操作状态　　　　　　　　　(b) 板面布置

图 5-8　筛板示意图

用，液面落差较小，塔板上液层较薄，塔板阻力不太大。因此喷射型塔板具有塔板效率高、塔板的生产能力较大、塔板阻力较小等优点。其缺点是液体受气流的喷射作用，在进入降液管时气泡夹带现象较为严重，这是喷射型塔板设计、制造和操作时一个必须注意的问题。图 5-9 中所示的是两种典型的喷射型塔板。其中舌形塔板的操作弹性较小，而浮舌塔板则是结合舌形塔板和浮阀塔板的优点，兼有浮阀和喷射的特点，具有较大的操作弹性，且在压降、塔板效率等方面优于舌形塔板和浮阀塔板。

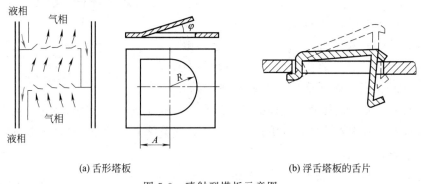

(a) 舌形塔板　　　　　　　　　(b) 浮舌塔板的舌片

图 5-9　喷射型塔板示意图

5. 淋降筛孔塔板

淋降筛孔塔板即为没有降液管的筛孔塔板，又称为无溢流型筛孔塔板。塔板上气液两相为逆流流动，气液均穿过筛孔，故又称为穿流式筛孔塔板。这种塔板较筛孔塔板的结构更为简单，造价更低。因其节省了降液管所占据的塔截面积，使塔板的有效鼓泡区域面积增加了 15%～30%，从而使生产能力提高。有资料表明，淋降筛板塔的生产能力比泡罩塔大 20%～100%，压降比泡罩塔小 40%～80%，特别适用于真空操作。

这种塔在操作时，液体时而从某些筛孔漏下，时而又从另外一些筛孔漏下，气体流过塔板的情况也类似。塔板上液层厚度对气体流量变化相当敏感。当气体流量变小时漏液严重，板上液层薄；气体流量大时则板上液层厚，雾沫夹带严重，故操作弹性较小。

淋降筛孔塔板的板材一般为金属，也可用塑料、石墨或陶瓷等。塔板可开圆的筛孔或条形孔，也可采用栅板作为塔板。塔板为栅板时称为淋降栅板。

淋降筛孔塔板因其操作弹性小现已很少使用，通常使用的是改进型的波纹塔板。

技能训练 5-2

总结所学知识，完成表格内容。

泡罩塔	浮阀塔	筛板塔	喷射型塔	舌形塔
操作弹性				
流动阻力				
制造工艺				
调节检修				
塔板效率				

二、塔板结构

目前工业生产中多数使用的是有溢流管的筛板塔和浮阀塔，现以有溢流管的塔板为例介绍塔板结构。

具有单溢流弓形管的塔板结构如图 5-10 所示，它由开有升气孔道的塔板、溢流堰和降液管组成。塔板是气液两相传质的场所，为了使气液两相充分接触，可以在其上安装浮阀、浮舌、泡罩等气液接触元件。塔板有整块式和分块式两种，在塔径小于 800mm 的小塔内采用整块式塔板，塔径在 900mm 以上的大塔内，通常采用分块式塔板，以便通过人孔装拆塔板。单溢流塔板表面可分为四个区域。

① 鼓泡区　鼓泡区即图 5-10（b）中虚线以内的区域，为气液传质的有效区域。

② 溢流区　溢流区即溢流管及受液盘所占的区域。

③ 安定区　安定区是指在鼓泡区和溢流区之间的区域。目的是为在液体进入溢流管前，有一段不鼓泡的安定区域，以免液体夹带大量泡沫进入溢流管。其宽度一般可按下述范围选取：外堰前的安定区宽度 W_s 可取 70～100mm；内堰前的安定区宽度 W_s' 可取 50～100mm。在小塔中，安定区可适当减小。

④ 边缘区　在靠近塔壁的部分，需留出一圈用于支持塔板边梁使用的边缘区域。对于 2.5m 以下的塔径，可取为 50mm，大于 2.5m 的塔径则取 60mm，或更大些。

图 5-10 中 h_w 为出口堰高，h_{ow} 为堰上液层高度，h_0 为降液管底隙高度，h_1 为进口堰与降液管间的水平距离，h_w' 为进口堰高，h_d 为降液管中清液层高度，H_T 为板间距，l_w 为

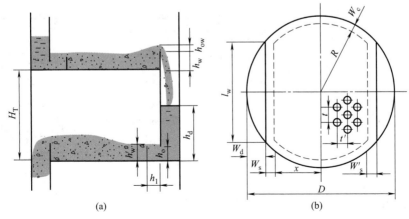

(a)　　　　　　(b)

图 5-10　单溢流弓形管塔板结构

堰长，W_d 为弓形降液管宽度，W_s、W_s' 为破沫区宽度，W_c 为无效周边宽度，D 为塔径，R 为鼓泡区半径，x 为鼓泡区宽度的 1/2，t 为孔心距，t' 为相邻两排孔中心线的距离。

　　降液管是液体从上一层塔板流向下一层塔板的通道。降液管的横截面有弓形和圆形两种。因塔体多为圆筒形，弓形降液管可充分利用塔内空间，使降液管在可能条件下流通截面最大，通液能力最强，故被普遍采用。降液管下缘在操作时必须要浸在液层内，以保证液封，即不允许气体通过降液管"短路"窜至上一层塔板上方空间。降液管下缘与下一层塔板间的距离称为降液管底隙高度 h_o，h_o 一般为 20～25mm，若过小则液体流过降液管底隙时的阻力太大。为了保证液封，要求 $h_w - h_o$ 大于 6mm。

　　液体横向流过塔板后到达末端，末端处设有溢流堰。溢流堰是一直条形板，溢流堰高对板上液层的高度起控制作用。溢流堰的高度大，则板上液层厚，气液接触时间长，对传质有利，但气体通过塔板的压降大。常压操作时，溢流堰高为 20～50mm，真空操作时为 10～20mm，加压操作时为 40～80mm。

技能训练 5-3

认识板式塔基本结构。

　　板式塔通常由一个呈圆柱形的壳体及沿塔高按一定间距水平设置的若干层塔板组成。操作时，液体靠重力作用由顶部逐板向塔底排出，并在各层板上形成均匀流动的液层；气体则在压力差推动下，由塔底向上经过均布在塔板上的开孔，依次穿过各层塔板由塔顶排出。塔内以塔板作为气液两相接触传质的基本构件。

　　工业生产中的板式塔，常根据板间有无降液管沟通而分为有降液管和无降液管两大类，前者用量较多（如图 5-11 所示），它主要由塔体、溢流装置和塔板及其构件等组成。

　　① 塔体　通常为圆柱形，常用钢板焊接而成，有时也将其分成若干塔节，塔节间用法兰连接。

　　② 溢流装置　包括出口堰、降液管、进口堰、受液盘等部件。

　　出口堰的作用是使塔板上能形成一定厚度的液层，以便气液充分接触。降液管的作用是使经气液充分接触后的液体顺利流到下一层塔盘。进口堰的作用是使由上一层来的液体平稳地在塔盘上流过，同时避免发生串气。受液盘的作用是承接上一层由降液管下来的液体。

　　③ 塔板及其构件　塔板是板式塔内气液接触的场所，操作时气液在塔板上接触的好坏，对传热、传质效率影响很大。在长期的生产实践中，人们不断地研究和开发新型塔板，以改善塔板上的气液接触状况，提高板式塔的效率。目前工业上使用较广泛的塔板类型有泡罩塔板、筛孔塔板、浮阀塔板等几种。

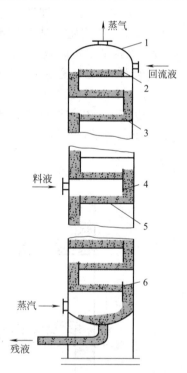

图 5-11　有降液管的板式塔结构
1—塔体；2—进口堰；3—受液盘；
4—降液管；5—塔板；6—出口堰

子任务 2 认识精馏的工业应用

精馏是依据混合液体中各组分的沸点不同而将混合物分开的操作。工业上除了分离液体混合物之外，还可以用来分离气体混合物，此时只需将气体混合物全部冷凝为液体，再利用精馏方法将其分离，所以精馏操作在工业上有很多应用。

精馏操作在石油炼制、石油化工及煤化工等工业中的应用非常广泛，它既可分离二元物系，也可分离多元物系。

以焦炉煤气为原料采用 ICI（帝国化学工业公司）低中压法合成甲醇的工艺，其流程的后半部分就是粗甲醇的精制工艺，即采用精馏的方法将粗甲醇精制为精甲醇的工艺，精制过程如图 5-12 所示。

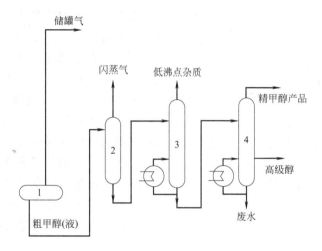

图 5-12 粗甲醇的精制过程

1—粗甲醇槽；2—预精馏塔；3—精馏塔；4—常压精馏塔

技能训练 5-4

对下列几种情况选择适宜的分离方式：①以石油为原料，分离生产出汽油、煤油和柴油等；②干法发酵生产白酒的蒸馏过程；③以粗乙醇为原料生产食用乙醇；④苯和甲苯的精细分离；⑤天然气中轻烃的回收。

子任务 3 认识特殊精馏技术

本任务将介绍恒沸精馏、萃取精馏、反应精馏这几种特殊精馏技术。

一、恒沸精馏

特殊精馏技术

生产中若待分离的物系具有恒沸点，则不能用普通精馏方法实现完全的分离，这时可采用恒沸精馏的方法加以分离。

在待分离的混合液中加入第三组分（称为挟带剂），该组分与原混合液中的一个或两个组分形成新的恒沸液，且其沸点较原组分构成的恒沸液的沸点更低，使组分间相对挥发度增大，从而使原料液能用普通精馏方法予以分离，这种精馏方法称为恒沸精馏。

用苯作挟带剂，从工业乙醇中制取无水乙醇是恒沸精馏的典型例子。乙醇与水形成共沸物（常压下恒沸点为 78.15℃，恒沸物组成为 0.984），用普通精馏只能得到乙醇含量接近恒沸组成的工业乙醇，不能得到无水乙醇。在原料液中加入苯后，可形成苯、乙醇及水的三元最低恒沸液，常压下其恒沸点为 64.6℃，恒沸物组成为含苯 0.544、乙醇 0.230、水 0.226（均为摩尔分数）。制取无水乙醇的工艺流程如图 5-13 所示。原料液与苯进入恒沸精馏塔 1 中，塔底得到无水乙醇产品，塔顶蒸出苯-乙醇-水三元恒沸物，在冷凝器 4 中冷凝后，部分液相回流至塔内，其余的进入分层器 5 中，上层为富苯层，返回塔 1 作为补充回流，下层为富水层（含少量苯）。富水层进入苯回收塔 2 的顶部，塔 2 顶部引出的蒸气也进入冷凝器 4 中，底部的稀乙醇溶液进入乙醇回收塔 3 中。塔 3 中的塔顶产品为乙醇-水恒沸液，送回塔 1 作为原料。在精馏过程中，苯是循环使用的，但要损失部分苯，应及时补充。

恒沸精馏的关键是选择合适的挟带剂。对挟带剂的主要要求是：①形成的新恒沸液沸点低，与被分离组分的沸点差大，一般两者沸点差不小于 10℃；②新恒沸液所含挟带剂少，这样挟带剂用量与汽化量均少，热量消耗低；③新恒沸液宜为非均相混合物，可用分层法分离挟带剂；④使用安全、性能稳定、价格便宜等。

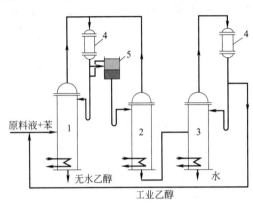

图 5-13　恒沸精馏流程示意图
1—恒沸精馏塔；2—苯回收塔；3—乙醇回
收塔；4—冷凝器；5—分层器

二、萃取精馏

萃取精馏也是在待分离的混合液中加入第三组分（称为萃取剂或溶剂），以改变原组分间的相对挥发度而使得组分得到分离。但不同的是萃取剂的沸点较原料液中各组分的沸点高，且不与组分形成恒沸液。萃取精馏常用于分离相对挥发度接近 1 的物系（组分沸点十分接近）。例如苯与环己烷的沸点（分别为 80.1℃ 和 80.73℃）十分接近，它们难以用普通精馏方法予以分离。若在苯-环己烷溶液中加入萃取剂糠醛（沸点为 161.7℃），由于糠醛分子与苯分子间的作用力较强，从而使环己烷和苯间的相对挥发度增大。

图 5-14 为分离苯-环己烷溶液的萃取精馏流程示意图。原料液从萃取精馏塔 1 的中部进入，萃取剂糠醛从塔顶加入，使它在塔中每层塔板上与苯接触，塔顶蒸出的是环己烷。为避免糠醛蒸气从顶部被带出，在精馏塔顶部设萃取剂回收段 2，用回流液回收。糠醛与苯一起从塔釜排出，送入溶剂回收塔 3 中，因苯与糠醛的沸点相差很

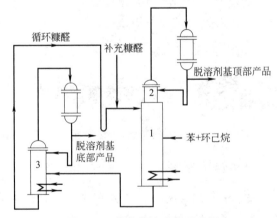

图 5-14　萃取精馏流程示意图
1—萃取精馏塔；2—萃取剂回收段；3—溶剂回收塔

大，故两者容易分离。塔 3 底部排出的糠醛，可循环使用。

萃取剂的选择，应考虑的主要因素有：①选择性好，即加入少量的萃取剂，使原组分间的相对挥发度有较大的提高；②沸点较高，与被分离组分的沸点差较大，使萃取剂易于回收；③与原料液的互溶性好，不产生分层现象；④性能稳定，使用安全，价格便宜等。

三、反应精馏

工业中多数情况下反应过程和分离过程是在不同的设备中各自进行的。随着科技的发展，反应和分离结合在一个设备中进行，即伴有化学反应的分离过程已日益引起人们的重视。这些过程由于反应和分离的耦合作用，使反应和分离效果得以加强，从而使产品的质量和收率得到提高，同时降低了设备投资。我们将反应与精馏耦合的操作过程称为反应精馏。

反应精馏过程是在一个反应精馏塔中完成的，该过程通过精馏的作用不断分离出反应产物，使反应朝有利于反应产物生成的方向进行，因此反应精馏能使某些化学反应（主要是可逆反应）的速率加快，转化率提高，并抑制副产物生成，从而提高产品的收率和纯度。

随着固体催化剂的不断开发，可将固体催化剂制成固定形状装填于精馏塔内，固体催化剂可以同时起化学反应的催化剂和精馏填料的双重作用。这种将非均相催化反应和精馏分离耦合在一起的反应精馏过程，称为催化精馏。

图 5-15 所示为一个典型的催化精馏工艺流程，甲醇和异丁烯在酸性离子交换树脂上催化反应生成甲基叔丁基醚［分子式为 $CH_3OC(CH_3)_3$，简写为 MTBE］。催化精馏塔 1 是该流程的主塔，它包含精馏段、反应段和提馏段。反应段内填充催化剂，其余两段为精馏段和提馏段，填充惰性填料或使用塔板。操作时甲醇（重组分）从反应器顶部加入，异丁烯（轻组分）从反应段底部加入，两者在反应段内相遇，在催化剂的作用下进行化学反应生成MTBE，同时通过该段的精馏作用将体系中挥发度最小的组分 MTBE 不断向下移走，从而使化学反应能够较完全地进行。各组分经精馏段和提馏段进一步分离，塔顶蒸出的是未反应的异丁烯和甲醇形成的恒沸物，将它们送至水洗塔 2 做进一步的处理；塔釜则排出目的产物MTBE。在水洗塔 2 中用水将恒沸物萃取分离，塔顶出来的是较纯净的异丁烯，返回催化精馏塔 1 再进行反应；塔釜出来的是甲醇-水溶液，将它们送回甲醇回收塔 3。甲醇回收塔 3 的作用是分离甲醇-水溶液，塔顶馏出甲醇，可返回催化精馏塔 1 继续反应；塔釜排出水，返回水洗塔 2 循环使用。

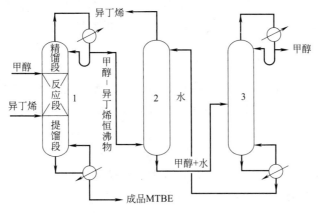

图 5-15 　MTBE 催化精馏工艺流程

1—催化精馏塔；2—水洗塔；3—甲醇回收塔

反应精馏塔可用于醚化、皂化、酯化、水解、烷基化等多种过程。由于反应精馏包含两个过程，因此，整个过程必须满足两个过程条件。对于反应，必须提供适宜的温度、压力、反应物的浓度分布以及催化剂等；对于精馏，要求反应物与生成物的挥发度相差较大。

任务3 确定精馏操作条件

精馏操作的条件主要指操作温度、操作压力。操作温度、操作压力随操作物系的性质及分离要求的不同而有所变化。

子任务1 分析精馏操作条件

精馏操作过程中，既然蒸气与液体相平衡时两相组成不同，那么蒸馏过程能否进行，以及进行的程度，就取决于气液平衡时气相组成与液相组成之间的差异，两者相差越大，蒸馏操作越容易。因此有必要对蒸馏过程中的气液平衡关系进行深入探讨。

一、平衡体系的自由度

由于双组分溶液与饱和蒸气之间组成的平衡体系有两个相（$\phi=2$）和两个独立组分（$C=2$），则根据相律可确定该体系的自由度 f 为：

$$f=C-\phi+2=2-2+2=2$$

该体系中有温度、压力、蒸气相组成和液体相组成四个变量，其中有两个是独立变量，当在一定总压力下测定双组分溶液的平衡数据时，该体系就只有一个独立变量了，其余变量随独立变量而变，为非独立变量。

通常精馏（或蒸馏）都是在恒压条件下进行的，对于某一双组分物料体系，若塔板上达到气液平衡，此时该板上影响气相组成和液相组成的唯一因素是温度，即温度改变则气相组成和液相组成均发生变化。当然，即使同一压力、同一温度的情况下，物料体系不同，气液平衡时气相组成和液相组成也不同。

例如，在常压条件下用精馏方法分离苯和甲苯混合物，当物料处于气液平衡时，气相组成与液相组成随温度变化如下：温度为 82.3℃时，气相组成 0.957（摩尔分数，下同）、液相组成 0.90；温度为 84.6℃时，气相组成 0.909、液相组成 0.80。

二、精馏系统的气液相平衡关系

对于已知组成的混合液，在确定自由度的条件下，其蒸气相与液体相之间的平衡关系可由实验测定。实验测定的数据可通过编制平衡数据表、绘制各种相图或列出数学函数关系式等方式加以表达。

1. 平衡数据

各种化学或化工数据手册所载平衡数据表中的数据有各种表达方法。在讨论双组分精馏过程时，最常用的平衡数据表达方式为以下两种：

① 在一定总压下，温度与液相（气相）平衡组成的关系，即 t-x（y）关系。

② 在一定总压下，气相与液相的平衡组成关系，即 y-x 关系。

表 5-1 所列为苯和甲苯纯组分在不同温度下的饱和蒸气压数据。通常以 A 表示易挥发组分，以 B 表示难挥发组分，本例中 A 即为苯，B 为甲苯。

表 5-1 苯与甲苯的饱和蒸气压

$t/℃$	80.1	84.0	88.0	92.0	96.0	100.0	104.0	108.0	110.6
$p_A^°/kPa$	101.3	113.6	127.6	143.7	160.5	179.2	199.3	221.1	233.0
$p_B^°/kPa$	39.3	44.4	50.6	57.6	65.6	74.5	83.3	93.9	101.3

根据双组分物系中各纯组分在不同温度下的饱和蒸气压数据，可按如下方法换算成 t-x（y）或 y-x 关系数据。

对于理想物系，其溶液为遵守拉乌尔定律的理想溶液，蒸气则为遵循道尔顿分压定律的理想气体。

根据拉乌尔定律，平衡体系的液相组成与气相平衡分压之间存在如下关系：

$$p_A = p_A^° x_A \qquad p_B = p_B^° x_B \tag{5-1}$$

式中 p_A，p_B——相平衡时，组分 A 和组分 B 在气相中的蒸气分压，Pa；

$p_A^°$，$p_B^°$——纯组分 A 和纯组分 B 的饱和蒸气压，Pa；

x_A，x_B——相平衡时溶液中组分 A 和组分 B 的摩尔分数。

蒸气相的总压应等于各组分的分压之和。对于 A、B 双组分混合液，则可得：

$$p = p_A + p_B = p_A^° x_A + p_B^° x_B = p_A^° x_A + p_B^° (1 - x_A) \tag{5-2}$$

整理上式又可得：

$$x_A = \frac{p - p_B^°}{p_A^° - p_B^°} \tag{5-3}$$

根据道尔顿分压定律，则组分 A 在气相中的摩尔分数 y_A 应为：

$$y_A = \frac{p_A}{p} \tag{5-4}$$

已知

$$p_A = p_A^° x_A$$

所以

$$y_A = \frac{p_A^°}{p} x_A \tag{5-5}$$

由此可见，对于双组分理想溶液，可根据纯组分的饱和蒸气压实验数据，按式（5-3）和式（5-5）换算为温度与平衡组成的关系数据或者两相平衡组成关系数据，如表 5-2 所示。

表 5-2 苯和甲苯的蒸气-液体两相平衡组成（$p = 0.1013MPa$）

$t/℃$	80.1	84.0	88.0	92.0	96.0	100.0	104.0	108.0	110.6
x_A	1.00	0.822	0.658	0.508	0.376	0.256	0.155	0.058	0
y_A	1.00	0.922	0.829	0.721	0.596	0.453	0.305	0.127	0

在数据手册中，有时不直接列出纯组分的温度与饱和蒸气压数据，而是将实验数据关联成各种形式的经验公式。目前较为常见的经验公式为安托因公式，即：

$$\ln p^° = A - \frac{B}{T + C} \tag{5-6}$$

式中 $p^°$——任一纯组分的饱和蒸气压，Pa；

T——温度，K；

A，B 和 C——安托因常数。

当使用这类经验公式时，一定要注意手册中所列常数的数值及与之相对应的温度和压强的单位。

2. 平衡相图

在分析精馏原理和图解计算时，如果将相平衡数据以各种相图来表达，则既形象又方便。

（1）温度-组成图　将表 5-2 所列实验数据标绘在横坐标为组成、纵坐标为温度的坐标上，即可得到图 5-16 所示的常压下双组分理想混合液（苯-甲苯）的温度-组成图，即 $t\text{-}x\text{-}y$ 图，其中 y 与 x 都是以易挥发组分（苯）的摩尔分数来表示的。

图中饱和蒸气线 $t\text{-}y$ 位于饱和液相线 $t\text{-}x$ 上方，可清楚表明线上各点温度与组成的关系。同一温度下，平衡时的蒸气相中含易挥发组分量大于液相。$t\text{-}x$ 线上各点温度，即为溶液开始沸腾时的温度，称为泡点（以区别于纯组分的沸点），因此，$t\text{-}x$ 线表示平衡时的液相组成与泡点的关系。$t\text{-}y$ 线上各点温度为蒸气开始冷凝时的温度，称为露点。因此，$t\text{-}y$ 线表示平衡时的蒸气相组成与露点的关系。两条曲线构成三个区域：$t\text{-}x$ 线以下为溶液尚未沸腾的液相区；$t\text{-}y$ 线以上为溶液全部汽化为过热蒸气的过热蒸气区；两条曲线之间为气液共存区。

（2）相平衡组成图　讨论精馏问题时，经常采用在平衡状态下，由液相组成 x 与气相组成 y 标绘而成的相图，即相平衡组成图或称 $y\text{-}x$ 图，如图 5-17 所示。$y\text{-}x$ 图可利用 $t\text{-}x\text{-}y$ 图采集数据标绘而成。对应于某一温度（泡点与露点之间），在 $t\text{-}x\text{-}y$ 图上可读取一对互成平衡的气相组成和液相组成，可将此互成平衡的两相组成标绘在 $y\text{-}x$ 图上。在 $t\text{-}x\text{-}y$ 图上取若干组数据标在 $y\text{-}x$ 图上，则可将这些点联成一条曲线，即为 $y\text{-}x$ 平衡曲线。显然，曲线上各点表示不同温度下的蒸气与液体两相平衡组成。在 $y\text{-}x$ 图上另有一条 45° 对角线作为辅助线，对角线上的各点所表示的两相组成完全相同，即 $y=x$。

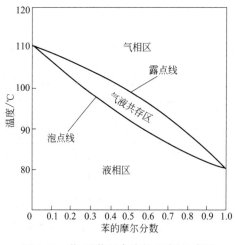

图 5-16　苯-甲苯混合液的温度-组成图
（$t\text{-}x\text{-}y$ 图）

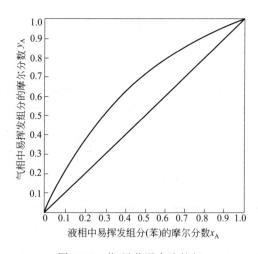

图 5-17　苯-甲苯混合液的相
平衡组成图（$y\text{-}x$ 图）

根据 $y\text{-}x$ 图的形状，可以很方便地判断采用蒸馏方法分离该物系的难易程度。物系的平衡曲线离对角线越近，即蒸气与液体两相的组成越接近，则分离也就越难；反之，则分离越容易。

3. 平衡关系式

气液两相平衡关系除了上述表达方式外，还可借助于相对挥发度的概念，导出相平衡关系的数学表达式。

在完全互溶的混合液中某一组分的挥发度，可以定义为该组分在气相中的分压与其在液相中的平衡浓度（摩尔分数）之比，即：

$$v_A = \frac{p_A}{x_A} \tag{5-7}$$

$$v_B = \frac{p_B}{x_B} \tag{5-8}$$

两个组分的挥发度之比，称为相对挥发度，以 α 表示：

$$\alpha = \frac{v_A}{v_B} = \frac{p_A/x_A}{p_B/x_B} \tag{5-9}$$

对于遵循拉乌尔定律的理想溶液，相对挥发度也可表示为两个纯组分的饱和蒸气压之比，即：

$$\alpha = \frac{p_A^\circ}{p_B^\circ} \tag{5-9a}$$

对于双组分理想气体，根据道尔顿分压定律：

$$p_A = p y_A$$
$$p_B = p y_B = p(1 - y_A)$$

且

$$x_B = 1 - x_A$$

将以上三个式子代入式（5-9），则得：

$$\frac{y_A}{1 - y_A} = \alpha \frac{x_A}{1 - x_A} \tag{5-10}$$

经整理后又可写为：

$$y_A = \frac{\alpha x_A}{1 + (\alpha - 1)x_A} \tag{5-10a}$$

该式即为蒸气与液体相平衡关系的相平衡方程式。

理想溶液的相对挥发度，可以直接由饱和蒸气压的实验数据计算得到。例如表 5-3 所列数据即根据表 5-1 所列苯-甲苯饱和蒸气压实验数据，按式（5-9a）计算所得的该混合液的相对挥发度值。从表 5-3 所列数据可以看出，α 值随温度变化而变化，但对于像苯-甲苯这种接近理想溶液的物系，α 值随温度变化不大，且可取其平均值，按定值处理。

表 5-3　苯-甲苯混合液的相对挥发度（$p = 0.1013\text{MPa}$）

$t/^\circ\text{C}$	80.1	84	88	92	96	100	104	108	110.6
α	2.60	2.56	2.53	2.49	2.46	2.43	2.40	2.37	2.35

当已知物系的相对挥发度，则可按平衡关系式计算液相与气相的平衡组成，又能确切而简便地判断混合液蒸馏分离的难易程度。当 $\alpha > 1$ 时，$y_A > x_A$，则该物系能够采用蒸馏方法加以分离。并且 α 值越大，挥发度差别越大，蒸馏分离越容易；反之，则越难。当 $\alpha = 1$ 时，$y_A = x_A$，则该物系不能采用一般的蒸馏方法加以分离。

最后，对于蒸气与液体相平衡关系问题，需要着重指出以下两点。

① 完全互溶体系的蒸气与液相平衡关系，取决于溶液的性质。理想溶液服从拉乌尔定律，而实际溶液与理想溶液存在着一定的偏差。当实际溶液与理想溶液偏差不大时，可按理想溶液来处理，这样可使问题简化。当实际溶液与理想溶液偏差较大时，非理想体系的相平衡关系一般由实验直接测出或用活度系数对拉乌尔定律进行修正。

当物系与拉乌尔定律有正负偏差，且有恒沸点时，则由于恒沸点处蒸气相组成与溶液组成相同，一般的蒸馏方法只能将这类物系分离成一种纯组分和一种具有恒沸组成的溶液，所以不能用一般的蒸馏方法加以分离。

② 蒸气与液体相平衡关系随总压的改变而改变，图 5-18 所示为不同压力下，苯与甲苯的 t-x-y 图和 y-x 图。由图 5-21 可见，压力增高气相组成和液相组成差别减小，不利于采用蒸馏方法分离。

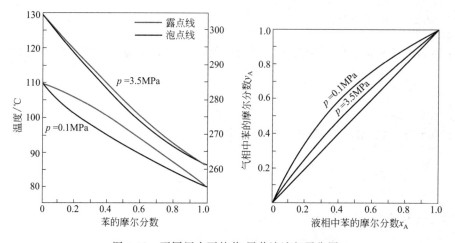

图 5-18　不同压力下的苯-甲苯溶液相平衡图

一般情况下，平衡数据都是在一定压力下测得的，在实际操作中，只要总压变动不超过 20%～30%，仍按恒压处理。

技能训练 5-5

就图 5-16 而言，当混合液中苯的含量 $x_A=0.6$ 时，该混合液被加热到多高温度时鼓出第一个气泡？该气泡的组成是多少？将该液体加热到多高温度时刚好汽化最后 1 个液滴？此时该液滴的组成是多少？当气液平衡时气相温度和液相温度是否相等？

子任务 2　分析精馏操作方式

精馏操作是为了完成均相液体混合物的分离，并得到较纯的轻组分和较纯的重组分，在此必须对液体混合物加热，使其部分汽化形成气液两相而加以分离。

前已述及，蒸馏可分为简单蒸馏、闪蒸和精馏等。前两者是仅进行一次部分汽化和部分冷凝，故只能部分地分离液体混合物，而精馏是进行多次部分汽化与多次部分冷凝的过程，可使混合液得到近乎完全的分离。

如图 5-19 所示，将组成为 x_F、温度为 t_F 的混合液加热到 t_1，使其部分汽化，并将气相与液相分开，则所得的气相组成为 y_1，液相组成为 x_1。由图 5-20 可以看出，$y_1 > x_F > x_1$。这样，用一次部分汽化的方法得到的气相产品的组成 y_1 不会大于 y_F，这里 y_F 是加热原料液时产生的第一个气泡的组成。同时液相产品的组成 x_1 不会低于 x_W，这里 x_W 是原料液全部汽化后剩下的最后一滴液体的组成。

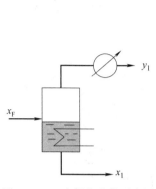

图 5-19　一次部分汽化示意图

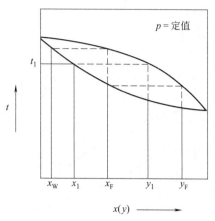

图 5-20　一次部分汽化时的 t-x-y 图

由此可见，将液体混合物进行一次部分汽化（或部分冷凝）的过程，只能起到部分分离作用，因此这种方法只适用于粗分离或初步加工场合。要使混合物中的组分得到几乎完全的分离，必须进行多次部分汽化和多次部分冷凝的过程。设想将图 5-19 所示的单级分离加以组合，变成如图 5-21 所示的多级分离，将第一级中溶液部分汽化所得气相产品在冷凝器中加以冷凝，然后再将冷凝液在第二级中加以部分汽化，此时所得气相组成为 y_2，则 $y_2 > y_1$。部分汽化的次数（即级数）越多，所得蒸气易挥发组分的组成也越高，最后几乎可得到纯态的易挥发组分。同理，若将从各分离器所得的液相产品分别进行多次部分汽化和分离，那么这种级数越多，得到液相产品易挥发组分的组成越低，最后可得到几乎纯态的难挥发组分。图 5-21 中没有画出这部分的示意情况。上述的气液相组成的变化情况可以从图 5-22 中清晰地看出。

因此，进行多次部分汽化和多次部分冷凝是使混合液得以几乎完全分离的必要条件。但图 5-21 所示的过程也存在着设备数量庞大、中间产物众多、最后纯产品收率低等弊端。为了解决这些问题，可将多次部分汽化和多次部分冷凝结合起来，如图 5-23 所示。为了说明方便起见，各流股均以组成命名。由图 5-22 可知，第二级液相组成 x_2 小于第一级原料液组成 x_F，但两者较接近，因此 x_2 可返回与 x_F 相混合。同时，让第三级所产生的中间产品 x_3 与第二级的液料 y_1 混合，这样就消除了中间产物。由图 5-22 和图 5-23 还可看出，当第一级所产生的蒸气 y_1 与第三级下降的液相 x_3 直接混合时，由于

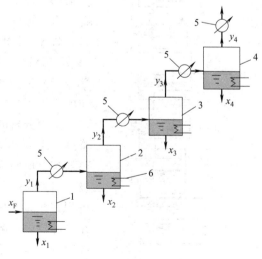

图 5-21　多次部分汽化的分离示意图
1,2,3,4—分离罐；5—冷凝器；6—加热器

液相温度 t_3 低于气相温度 t_1，因此高温蒸气将加热低温液体，而使液体部分汽化，而蒸气本身则被部分冷凝。由此可见，不同温度且互不平衡的气液两相接触时，必然会产生传质和传热的双重作用，所以使上一级液相回流（如液相 x_3）与下一级上升的气相（如气相 y_1）直接接触，就可以将图 5-21 所示的流程演变为图 5-23 所示的分离流程，从而省去了中间加热器和冷凝器。

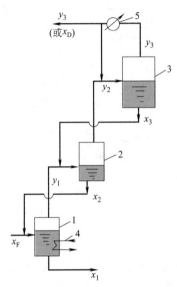

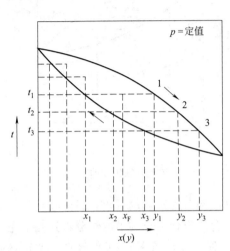

图 5-22　多次部分汽化和冷凝的 t-x-y

图 5-23　无中间加热器及冷凝器

1,2,3—分离器；4—加热器；5—冷凝器

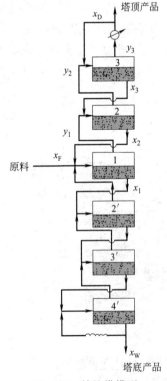

图 5-24　精馏塔模型

从上述分析可知，将每一级中间产物返回到下一级中，不仅是为了提高产品的收率，而且是过程进行必不可少的条件。例如，对于第二级而言，如果没有液体 x_3 回流到 y_1 中，而又无中间加热器和冷凝器，就不会有溶液的部分汽化和蒸气的部分冷凝，第二级也就没有分离作用了。显然，每一级都需有回流液，那么，对于最上一级（图 5-23 中第三级）而言，将 y_3 冷凝后不是全部作为产品，而是把其中一部分返回与 y_2 相混合，这是最简单的回流方法。通常，将引回设备的部分产品称为回流。因此，回流是保证精馏过程连续稳定操作的必不可少的条件之一。

上面分析的是增浓混合液中易挥发组分的情况。对增浓难挥发组分来说，原理是完全相同的。因此，将最下端的加热器移至塔底部，使难挥发组分组成最高的蒸气进入最下一级，显然这部分蒸气只能由最下一级下降的液体部分汽化而得到，此时汽化所需的热量由加热器（再沸器）供给。所以在再沸器中，溶液部分汽化而产生上升蒸气，如同塔设备上部回流一样，是精馏过程得以连续稳定操作的必备条件。

图 5-24 所示的是精馏塔的模型，操作时，塔顶和塔底可分别得到近乎纯易挥发组分和近乎纯难挥发组分。塔中各级

的易挥发组分浓度由上而下逐级降低，当某级的组成与原料液的组成相同或相近时，原料液就由此级加入。

　　总之，精馏是将由挥发度不同的组分所组成的混合液，在精馏塔中同时进行多次部分汽化和多次部分冷凝，使其分离成几乎纯态组分的过程。

　　化工厂中精馏操作是在直立圆筒形精馏塔内进行的。塔内装有若干层塔板或充填一定高度的填料。不管是板式塔的液层还是填料塔的填料表面都是气液两相进行热量交换和物质交换的场所。图 5-25 所示的为筛板塔中任意第 n 层板上的操作情况。塔板上开有许多小孔，由下一层板（如第 $n+1$ 层板）上升的蒸气通过板上小孔上升，而上一层板（如第 $n-1$ 层板）上的液体通过溢流管下降到第 n 层板上，在第 n 层板上气液两相密切接触，

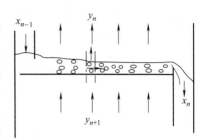

图 5-25　筛板塔的操作情况

进行传质传热。设进入第 n 层板的气相组成和温度分别为 y_{n+1} 和 t_{n+1}，液相的组成和温度分别为 x_{n-1} 和 t_{n-1}，二者不平衡，即 x_{n-1} 大于与 y_{n+1} 成平衡的液相组成 x_{n+1}^*。因此组成为 y_{n+1} 的气相与组成为 x_{n-1} 的液相在第 n 层板上接触时，由于存在温度差和浓度差，气相就要进行部分冷凝，使其中部分难挥发组分转入液相中；而气相冷凝时放出的潜热传给液相，使液相部分汽化，其中部分易挥发组分转入气相中。总的结果是离开第 n 层板的液相中易挥发组分的浓度比进入该板时低，即 $x_n < x_{n-1}$，而离开的气相中易挥发组分浓度又较进入时高，即 $y_n > y_{n+1}$。精馏塔的每层板上都进行着上述相似的过程。因此，塔内只要有足够多的塔板层数，就可使混合液达到所要求的分离程度。

技能训练 5-6

　　简述精馏操作时设置回流的理由，若没有回流，各层塔板是否能起分离作用？

技能训练 5-7

　　为什么在双组分连续精馏时除了设置塔底再沸器、塔顶冷凝器外，无需再设置其他的加热器或冷凝器。

子任务 3　分析精馏操作线方程

　　在精馏塔设计和分离能力校核过程中，塔高的计算是一项非常重要的工作，要想计算塔高首先必须知道塔板数或填料层高度。实际塔板数的计算则以理论塔板数为基础，理论塔板数的计算又是从物料衡算开始，通过建立操作线方程，再配合使用平衡方程，进而实现塔高计算、分离能力校核等目标。

一、全塔物料衡算

　　通过对精馏塔的全塔物料衡算，可以求出精馏产品的流量、组成以及进料流量、组成之间的关系。

对图 5-26 所示的连续精馏装置作物料衡算，并以单位时间为基准，则

总物料 $\qquad F=D+W \qquad$ (5-11)

易挥发组分 $\qquad Fx_F=Dx_D+Wx_W \qquad$ (5-11a)

式中 $\quad F$——原料液流量，kmol/h；

$\qquad D$——塔顶产品（馏出液）流量，kmol/h；

$\qquad W$——塔底产品（釜残液）流量，kmol/h；

$\qquad x_F$——原料液中易挥发组分的摩尔分数；

$\qquad x_D$——馏出液中易挥发组分的摩尔分数；

$\qquad x_W$——釜残液中易挥发组分的摩尔分数。

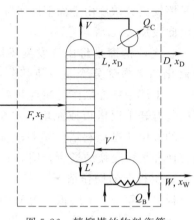

图 5-26　精馏塔的物料衡算

在式（5-11）和式（5-11a）中，通常 F 和 x_F 为已知，因此只要给定两个参数，即可求出其他参数。

应指出，在精馏计算中，分离要求可以用不同形式表示，例如：

① 规定易挥发组分在馏出液和釜残液中的组成 x_D 和 x_W。

② 规定馏出液组成 x_D 和馏出液中易挥发组分的回收率。后者的定义为馏出液中易挥发组分的量与其在原料液中的量之比，即 $\eta=\dfrac{Dx_D}{Fx_F}$（式中，η 为馏出液中易挥发组分的回收率）。

③ 规定馏出液组成 x_D 和塔顶采出率 D/F。

技术训练 5-1

在连续精馏塔中分离苯-甲苯混合液。已知原料液流量为 10000kg/h，苯的组成为 40%（质量分数，下同）。要求馏出液组成为 97%，釜残液组成为 2%。试求馏出液和釜残液的流量（kmol/h）及馏出液中易挥发组分的回收率。

解： 苯的摩尔质量为 78kg/kmol，甲苯的摩尔质量为 92kg/kmol。

原料液组成（摩尔分数）为：

$$x_F=\frac{40/78}{40/78+60/92}=0.44$$

馏出液组成为：

$$x_D=\frac{97/78}{97/78+3/92}=0.974$$

釜残液组成为：

$$x_W=\frac{2/78}{2/78+98/92}=0.0235$$

原料液的平均摩尔质量为：

$$M_F=0.44\times78+0.56\times92=85.8(kg/kmol)$$

原料液摩尔流量为：

$$F=10000/85.8=116.6(kmol/h)$$

由全塔物料衡算，可得：

$$D + W = F = 116.6 \tag{a}$$

及
$$Dx_D + Wx_W = Fx_F$$

即
$$0.974D + 0.0235W = 116.6 \times 0.44 \tag{b}$$

联立式（a）和（b）解得：$D = 51.09\,\text{kmol/h}$ $\qquad$ $W = 65.51\,\text{kmol/h}$

馏出液中易挥发组分回收率为：

$$\frac{Dx_D}{Fx_F} = \frac{51.09 \times 0.974}{116.6 \times 0.44} = 0.97 = 97\%$$

二、理论板概念及恒摩尔流假设

1. 理论板概念

如前所述，精馏操作涉及气液两相间的传质和传热过程。塔板上两相间的传热速率和传质速率不仅取决于物系的性质和操作条件，而且还与塔板结构有关，因此它们很难用简单的方程加以描述。引入理论板的概念，可使问题简化。

所谓理论板是指在其上气液两相能充分混合，且传热及传质过程阻力均为零的理想化塔板。因此不论进入理论板的气液两相组成如何，离开该塔板时气液两相达到平衡状态，即两相温度相等、组成互成平衡。

实际上，由于板上气液两相接触面积和接触时间是有限的，因此在任何形式的塔板上气液两相都难以达到平衡状态，即理论板是不存在的。理论板仅用作衡量实际板分离效率的依据和标准。通常在精馏计算中，先求得理论板数然后利用塔板效率予以修正，即可求得实际板数。引入理论板的概念对精馏过程的分析和计算是十分有用的。

2. 恒摩尔流假设

为简化精馏计算，通常引入塔内恒摩尔流的假设。

（1）恒摩尔气流 恒摩尔气流是指在精馏塔内，在没有中间加料（或出料）的条件下，各层板的上升蒸气摩尔流量相等，即：

精馏段 $\quad V_1 = V_2 = V_3 = \cdots = V = $ 常数

提馏段 $\quad V_1' = V_2' = V_3' = \cdots = V' = $ 常数

但两段的上升蒸气摩尔流量不一定相等。

（2）恒摩尔液流 恒摩尔液流是指在精馏塔内，在没有中间加料（或出料）条件下，各层板的下降液体摩尔流量相等，即

精馏段 $\quad L_1 = L_2 = L_3 = \cdots = L = $ 常数

提馏段 $\quad L_1' = L_2' = L_3' = \cdots = L' = $ 常数

但两段的下降液体摩尔流量不一定相等。

在精馏塔的塔板上气液两相接触时，若有 $n\,\text{kmol/h}$ 的蒸气冷凝，相应有 $n\,\text{kmol/h}$ 的液体汽化，这样恒摩尔流动的假定才能成立。为此必须符合以下条件：①混合物中各组分的摩尔汽化潜热相等；②各板上液体显热的差异可忽略（即两组分的沸点差较小）；③塔设备保温良好，热损失可忽略。

由此可见，对基本符合以上条件的某些系统，在塔内可视为恒摩尔流动。以后介绍的精馏计算是以恒摩尔流为前提的。

若已知某物系的气液平衡关系，即离开任意理论板（n 层）的气液两相组成 y_n 与 x_n 之间的关系已被确定。若还能知道由任意板（n 层）下降的液相组成 x_n 与由下一层板（$n+1$ 层）上升的气相组成 y_{n+1} 之间的关系，则精馏塔内各板的气液相组成将可逐板予以确定，因此即可求得在指定分离要求下的理论板数。而上述的 y_{n+1} 和 x_n 之间的关系是由精馏条件决定的，这种关系可由塔板间的物料衡算求得，并称之为操作关系。

> **技能训练 5-8**
>
> 塔内恒摩尔流假设成立的前提条件是什么？

三、精馏段的物料衡算——操作线方程式

按图 5-27 虚线范围（包括精馏段第 $n+1$ 层塔板以上塔段和冷凝器）作物料衡算，以单位时间为基准，即：

总物料
$$V=L+D \tag{5-12}$$

易挥发组分
$$Vy_{n+1}=Lx_n+Dx_D \tag{5-12a}$$

式中　x_n——精馏段中任意第 n 层板下降液体的组成，摩尔分数；

　　　y_{n+1}——精馏段中任意第 $n+1$ 层板上升蒸气的组成，摩尔分数。

将式（5-12）代入式（5-12a），并整理得：

操作线方程

$$y_{n+1}=\frac{L}{L+D}x_n+\frac{D}{L+D}x_D \tag{5-13}$$

若将上式等号右边两项的分子和分母同时除以 D，可得

$$y_{n+1}=\frac{L/D}{(L/D)+1}x_n+\frac{1}{(L/D)+1}x_D$$

令　$\dfrac{L}{D}=R$，代入上式得：

$$y_{n+1}=\frac{R}{R+1}x_n+\frac{1}{R+1}x_D \tag{5-14}$$

式中　R——回流比，其值由设计者选定。R 值的确定和影响将在后面讨论。

式（5-13）和式（5-14）称为精馏段操作线方程。如图 5-27 所示，该方程的物理意义是在一定的操作条件下，精馏段内自任意第 n 层板下降液相组成 x_n 与其相邻的下一层（即 $n+1$ 层）上升蒸气组成 y_{n+1} 之间的关系。根据恒摩尔流假定，L 为定值，且在连续定态操作时，R、D、x_D 均为定值，因此该式为直线方程，即在 y-x 图上为一条斜率为 $R/(R+1)$、截距为 $x_D/(R+1)$、通过点 $a(x_D, x_D)$ 的直线。由式（5-14）可知，当 $x=x_D$ 时，$y_n=x_D$，即该点位于图 5-28 的对角线上，如图 5-28 中的 a 点；又当 $x_n=0$ 时，$y_{n+1}=x_D/(R+1)$，即该点位于 y 轴上，如图中 b 点。直线 ab 即为精馏段操作线。

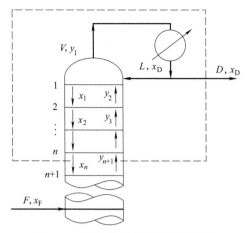

图 5-27   精馏段操作线方程的推导

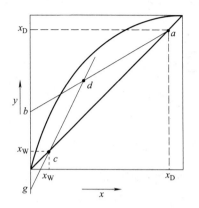

图 5-28   精馏塔的操作线

技术训练 5-2

在某两组分连续精馏塔中，精馏段内自第 n 层理论板下降的液相组成 x_n 为 0.65（易挥发组分摩尔分数，下同），进入该板的气相组成为 0.75，塔内气液摩尔流量比 V/L 为 2，物系的相对挥发度为 2.5，试求回流比 R、从该板上升的气相组成 y_n 和进入该板的液相组成 x_{n-1}。

解：（1）回流比 R 由回流比定义知：$R = \dfrac{L}{D}$

其中

$$D = V - L$$

故

$$R = \frac{L}{V-L} = \frac{1}{\dfrac{V}{L}-1} = \frac{1}{2-1} = 1$$

或由精馏段操作线斜率知 $\dfrac{R}{R+1} = \dfrac{L}{V} = \dfrac{1}{2}$

解得 $R = 1$

（2）气相组成 y_n 离开第 n 层理论板的气液组成符合平衡关系，即：

$$y_n = \frac{\alpha x_n}{1 + (\alpha - 1) x_n}$$

其中 $\alpha = 2.5$ $x_n = 0.65$

所以

$$y_n = \frac{2.5 \times 0.65}{1 + (2.5 - 1) \times 0.65} = 0.823$$

（3）液相组成 x_{n-1} 由精馏段操作线方程知

$$y_{n+1} = \frac{R}{R+1} x_n + \frac{1}{R+1} x_D$$

其中 $y_{n+1} = 0.75$ $x_n = 0.65$ $R = 1$

代入上式，解得： $x_D = 0.85$

又
$$y_n = \frac{R}{R+1}x_{n-1} + \frac{x_D}{R+1}$$

即
$$0.823 = \frac{1}{2}x_{n-1} + \frac{0.85}{2}$$

解得
$$x_{n-1} = 0.796$$

四、提馏段的物料衡算——操作线方程式

按图 5-29 虚线范围（即自提馏段任意相邻两板 m 和 $m+1$ 间至塔底釜残液出口）作物料衡算，即：

总物料 $\qquad L' = V' + W \qquad\qquad (5\text{-}15)$

易挥发组分 $\qquad L'x'_m = V'y'_{m+1} + Wx_W \quad (5\text{-}15a)$

式中 $\quad x'_m$——提馏段中任意第 m 板下降液体的组成，摩尔分数；

$\quad y'_{m+1}$——提馏段中任意第 $m+1$ 板上升蒸气的组成，摩尔分数。

联立式（5-15）和式（5-15a），可得

$$y'_{m+1} = \frac{L'}{L'-W}x'_m - \frac{W}{L'-W}x_W \qquad (5\text{-}16)$$

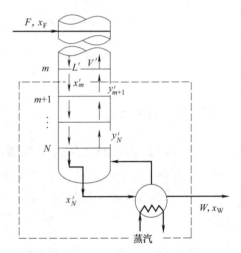

图 5-29　提馏段操作线方程的推导

式（5-16）称为提馏段操作线方程。该式的物理意义是表示在一定的操作条件下，提馏段内任意第 m 板下降的液相组成与相邻的下一层（即 $m+1$）板上升的蒸气组成之间的关系。根据恒摩尔流的假定，L' 为定值，且在连续定态操作中，W 和 x_W 也是定值，故式（5-16）为直线方程，它在 y-x 图上也是一直线。该线的斜率为 $L'/(L'-W)$，截距为 $-Wx_W/(L'-W)$。由式（5-16）可知，当 $x'_m = x_W$ 时，$y'_{m+1} = x_W$，即该点位于 y-x 图的对角线上，如图 5-28 中的点 c；当 $x'_m = 0$ 时，$y'_{m+1} = -Wx_W/(L'-W)$，该点位于 y 轴上，如图 5-28 中点 g。直线 cg 即为提馏段操作线。由图 5-28 可见，精馏段操作线和提馏段操作线相交于点 d。

应指出，提馏段内液体摩尔流量 L' 不如精馏段液体摩尔流量 L（$L = RD$）那样容易求得，因为 L' 不仅与 L 的大小有关，而且它还受进料量及进料热状况的影响。

五、进料热状况对操作线的影响——操作线交点轨迹方程

1. 精馏塔的进料热状态

在精馏操作中，进入精馏塔的原料可能有以下五种热状态，如图 5-30 所示。

（1）冷液体进料　加入精馏塔的原料液温度低于泡点。提馏段内下降液体流量包括三部分：精馏段内下降的液体流量 L，原料液流量 F，由于将原料液加热到进料板上液体的泡点温度，必然会有一部分自提馏段上升的蒸气被冷凝，即这部分冷凝液也将成为 L' 的一部分。因此精馏段内上升蒸气流量 V 比提馏段上升的蒸气流量 V' 要少，其差值即为被冷凝的蒸气

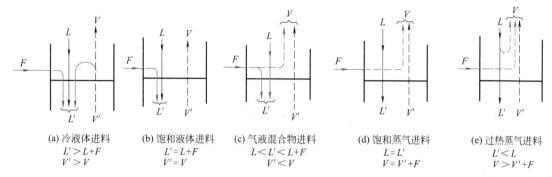

图 5-30　进料状况对进料板上、下各流股的影响

量。由此可见：

$$L'>L+F \qquad V'>V$$

（2）饱和液体进料　加入精馏塔的原料液温度等于泡点。由于原料液的温度与进料板上液体的温度相近，因此原料液全部进入提馏段，而两段的上升蒸气流量相等，即：

$$L'=L+F \qquad V'=V$$

（3）气液混合物进料　原料温度介于泡点和露点之间。进料中液体部分成为 L' 的一部分，而其中蒸气部分成为 V 的一部分，即：

$$L<L'<L+F \qquad V'<V$$

（4）饱和蒸气进料　原料为饱和蒸气，其温度为露点，进料为 V 的一部分。两段的液体流量相等，即：

$$L=L' \qquad V=V'+F$$

（5）过热蒸气进料　原料为温度高于露点的过热蒸气。精馏段上升蒸气流量包括三部分：提馏段上升蒸气流量 V'，原料液流量 F，由于原料温度降至进料板上温度必然会放出一部分热量，使来自精馏段的下降液体被汽化，汽化的蒸气量也成为 V 的一部分，而提馏段下降的液体流量 L' 也就比精馏段的下降液体量 L 要少，差值即为被汽化的部分液体量。由此可知：

$$L'<L \qquad V>V'+F$$

由以上分析可知，精馏塔中两段的气液摩尔流量间的关系受进料量和进料热状况的影响，通用的定量关系可通过进料板上的物料衡算和热量衡算求得。

2. 进料板上的物料衡算和热量衡算

对图 5-31 所示的虚线范围内分别作进料板的物料衡算和热量衡算，以单位时间为基准，即：

总物料衡算　　$F+V'+L=V+L'$ 　　　　（5-17）

热量衡算　　$FI_F+V'I_{V'}+LI_L=VI_V+L'I_{L'}$

$$\qquad\qquad\qquad\qquad\qquad\qquad（5\text{-}17a）$$

式中　I_F——原料液的焓，kJ/mol；

I_V，$I_{V'}$——进料板上、下处饱和蒸气的焓，kJ/mol；

I_L，$I_{L'}$——进料板上、下处饱和液体的焓，kJ/mol。

由于与进料板相邻的上、下板的温度及气液相组成各自都很接近，故有

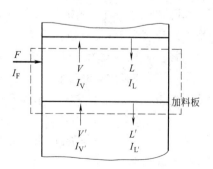

图 5-31　进料板上的物料
衡算和热量衡算

$$I_V \approx I_{V'} \qquad \text{和} \qquad I_{L'} \approx I_L$$

将上述关系代入式（5-17a），则联立式（5-17）和式（5-17a）可得：

$$\frac{L' - L}{F} = \frac{I_V - I_F}{I_V - I_L} \tag{5-18}$$

令：$q = \dfrac{I_V - I_F}{I_V - I_L} = \dfrac{1\text{kmol 原料变为饱和蒸气所需热量}}{\text{原料液的千摩尔汽化潜热}}$ $\tag{5-18a}$

q 称为进料热状况参数。对各种进料热状态，可用式（5-18a）计算 q 值。根据式（5-18）和式（5-18a）可得：

$$L' = L + qF \tag{5-19}$$

将式（5-19）代入式（5-17），可得：

$$V = V' + (1 - q)F \tag{5-20}$$

式（5-19）和式（5-20）表示在精馏塔内精馏段和提馏段的气液相流量与进料量及进料热状态参数之间的基本关系。

根据 q 的定义可得：

冷液进料 $q > 1$

饱和液体进料 $q = 1$

气液混合物进料 $q = 0 \sim 1$

饱和蒸气进料 $q = 0$

过热蒸气进料 $q < 0$

进料热状态的影响

若将式（5-19）代入式（5-16），则提馏段操作线方程可改写为：

$$y'_{m+1} = \frac{L + qF}{L + qF - W} x'_m - \frac{W}{L + qF - W} x_W \tag{5-21}$$

技术训练 5-3

对于技术训练 5-1 的苯-甲苯混合液，若回流比为 3.5，进料热状态为 20℃ 的冷物料，试求提馏段上升蒸气流量和下降液体流量。

已知操作条件下苯的汽化潜热为 389kJ/kg，甲苯的汽化潜热为 360kJ/kg，原料液的平均比热容为 158kJ/(kmol·℃)。苯-甲苯混合液的平衡数据参见表 5-2。

解： 由技术训练 5-1 和条件可知：$x_F = 0.44$，$R = 3.5$，$F = 116.6$kmol/h，$D = 51.09$kmol/h，$W = 65.51$kmol/h。

精馏段内上升蒸气和下降液体流量分别为：

$$V = (R + 1)D = (3.5 + 1) \times 51.09 = 229.9 \ (\text{kmol/h})$$
$$L = RD = 3.5 \times 51.09 = 178.8 \ (\text{kmol/h})$$

进料热状态参数为：

$$q = \frac{I_V - I_F}{I_V - I_L} = \frac{C_p(t_s - t_F) + r}{r}$$

其中，由表 5-2 查得，$x_F = 0.44$ 时进料泡点温度为：$t_s = 93℃$

原料液的平均汽化潜热为：

$$r = 0.44 \times 389 \times 78 + 0.56 \times 360 \times 92 = 31897.7 (kJ/kmol)$$

及　　　　$C_p = 158kJ/(mol \cdot ℃)$

故　　　　$q = 1 + \dfrac{158 \times (93-20)}{31897.7} = 1.362$

提馏段下降液体流量为：

$$L' = L + qF = 178.8 + 1.362 \times 116.6 = 337.6 (kJ/h)$$

提馏段上升蒸气流量为：

$$V' = V - (1-q)F = 229.9 - (1-1.362) \times 116.6 = 272.1 (kmol/h)$$

3. q 线方程（进料方程）

由于提馏段操作线的截距很小，因此提馏段操作线 cg 不易准确作出，而且这种作图方法不能直接反映进料热状况的影响，因此不采用截距法作图，通常是先找出提馏段操作线与精馏段操作线的交点 d，再连接 cd 即可得到提馏段操作线。两操作线的交点可通过联立两操作线方程而得到。若略去式（5-12a）和式（5-15a）中变量的上、下标，可得：

$$Vy = Lx + Dx_D$$
$$V'y = L'x - Wx_W$$

上两式相减可得：

$$(V'-V)y = (L'-L)x - (Dx_D + Wx_W) \tag{5-22}$$

由式（5-19）、式（5-20）和式（5-11a）可知：

$$L' - L = qF \qquad V' - V = (q-1)F$$

及　　　　　　　$Dx_D + Wx_W = Fx_F$

将上述三式代入式（5-22），并整理得：

$$y = \dfrac{q}{q-1}x - \dfrac{x_F}{q-1} \tag{5-23}$$

式（5-23）称为 q 线方程或进料方程，即为两条操作线交点的轨迹方程。在连续定态操作中，当进料热状况一定时，进料方程也是一条直线方程，标绘在 $y\text{-}x$ 图上的直线称为 q 线，即图 5-32 中的 ef 线。该线的斜率为 $q/(q-1)$，截距为 $-x_F/(q-1)$。q 线必与两操作线相交于一点。

六、精馏操作线在 $y\text{-}x$ 图上的绘制

1. 精馏段操作线的绘制

精馏段操作线方程为 $y_{n+1} = \dfrac{R}{R+1}x_n + \dfrac{1}{R+1}$

x_D，表示在一定的操作条件下，精馏段内自任意第 n 层板的下降液相组成 x_n 与其相邻的下一层（即 $n+1$ 层）上升蒸气组成 y_{n+1} 之间的关系。略

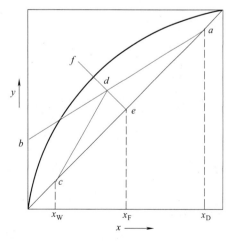

图 5-32　q 线和操作线

去下标则方程为 $y = \dfrac{R}{R+1}x + \dfrac{1}{R+1}x_D$，根据恒摩尔流假定，$L$ 为定值，且在连续定态操作时，R、D、x_D 均为定值，因此该式为直线方程，即在 $y\text{-}x$ 图上为一直线，直线的斜率为 $R/(R+1)$，截距为 $x_D/(R+1)$，与 y 轴的交点为 b，同时该直线与对角线的交点为 a (x_D, x_D)，连接 a 点和 b 点，则直线 ab 即为精馏段操作线。

2. 提馏段操作线的绘制

若将 q 线方程与对角线方程 $y = x$ 联立，解得交点坐标为 $x = x_F$，$y = x_F$，如图 5-32 中点 e。再过 e 点作斜率为 $q/(q-1)$ 的直线，如图中直线 ef，即为 q 线。q 线与精馏段操作线 ab 相交于点 d，该点即为两操作线交点。连接点 c (x_W, x_W) 和点 d，直线 cd 即为提馏段操作线。

3. 进料热状况对 q 线及操作线的影响

进料热状况不同，q 线的位置也就不同，故 q 线和精馏段操作线的交点随之改变，从而提馏段操作线的位置也会发生相应变化。不同进料热状况对 q 线的影响列于表 5-4 中。

表 5-4　进料热状况对 q 线的影响

进料热状况	进料的焓 I_F	q 值	q 线斜率 $q/(q-1)$	q 线在 $y\text{-}x$ 图上的位置
冷液体	$I_F < I_L$	>1	$+$	$ef_1(\nearrow)$
饱和液体	$I_F = I_L$	1	∞	$ef_2(\uparrow)$
气液混合物	$I_L < I_F < I_V$	$0 < q < 1$	$-$	$ef_3(\nwarrow)$
饱和蒸气	$I_F = I_V$	0	0	$ef_4(\leftarrow)$
过热蒸气	$I_F > I_V$	<0	$+$	$ef_5(\swarrow)$

当进料组成 x_F、回流比 R 及分离要求（x_D 及 x_W）一定时，五种不同进料热状况对 q 线及操作线的影响如图 5-33 所示。

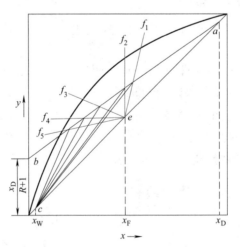

图 5-33　进料热状况对操作线的影响

技能训练 5-9

影响 q 线的因素有哪些？为什么说提馏操作线一定经过 q 线与精馏操作线的交点？

任务 4　选择与设计精馏装置

精馏是依据液相混合物中各组分在一定温度、压力下的挥发性不同而分离的传质单元操作。物系性质及分离要求不同，选用分离设备（精馏塔）的结构及辅助设备（塔顶冷凝器和塔釜再沸器）亦不相同。在此只介绍根据精馏塔的大小（塔高、塔径）的设计要求的选择方法，塔顶冷凝器和塔釜再沸器的选择依照换热器的设计选用方法进行选择。

子任务 1　选择板式精馏塔

板式塔是化工生产中最常用的传质设备之一，它可为气液或液液两相之间进行紧密接触，达到相际间传质和传热的目的。板式塔的类型很多，性能各异，这里只介绍板式塔的选用要求和一般原则。

一、板式塔选用的一般要求

① 操作稳定，操作弹性大。当气液负荷在较大范围内变动时，要求塔仍能在较高的传质效率下进行操作，并能保证长期操作所必须具有的可靠性。

② 流体流动的阻力小，即流体流经塔设备的压力降低，从而节省动力消耗，降低操作费用。对于减压蒸馏操作，过大的压力降还会使整个系统无法维持必要的真空度，最终破坏操作。

③ 结构简单，材料耗用量小，制造安装容易。

④ 耐腐蚀，不易堵塞，操作、调节和检修方便。

⑤ 塔内的流体滞留量小。

二、板式塔选用的一般原则

塔型的合理选择是做好板式塔设计的首要环节。选择时，除考虑不同结构的塔性能外，还应考虑所处理物料的性质、操作条件以及塔的制造、安装和维修等因素。

（1）物性因素　易起泡物料易引起液泛；腐蚀性介质宜选用结构简单、造价低廉的筛板塔盘、穿流式塔盘或舌形塔盘，因为它们易于更换；热敏性物料需减压操作，宜选用压降较小的筛板塔、浮阀塔；含有悬浮物的物料，应选择液流通道较大的塔型，如浮阀塔、舌形塔和孔径较大的筛板塔。

（2）操作条件　液体负荷较大的操作宜选用气液并流的塔型，如喷射型塔盘、筛板和浮阀；塔的生产能力以筛板塔最大，浮阀塔次之，泡罩塔最小；操作弹性以浮阀塔最大，泡罩塔次之，筛板塔最小；对于真空塔或压降要求较低的场合，宜选用筛板塔，其次是浮阀塔。

（3）其他因素　当被分离物系及分离要求一定时，宜选用造价最低的板式塔，泡罩塔的价格最高；从塔板效率来看，浮阀塔、筛板塔相当，泡罩塔最低。

子任务 2　计算塔板数

双组分连续精馏过程计算主要涉及塔高计算和加热量以及冷却剂用量的计算，后两者在此不作讨论。精馏计算中塔高计算经常采用计算理论塔板数，即理论级（平衡级）的方法。这种方法不仅用于精馏过程的分级接触板式塔设备的计算，也可用于连续接触填料塔设备的计算。

用理论级方法进行分级接触精馏的计算，一般按如下三个步骤进行：

先计算达到预定分离要求所需的理论塔板数（理论级数）；

然后研究实际塔板与理论塔板之间的偏离程度，并用简单参数——塔板效率加以概括；

最后根据塔板效率和理论塔板数量，求出实际塔板数。

理论塔板数有多种求算方法，本书介绍逐板计算法、图解法。

一、逐板计算法

1. 逐板计算法通用步骤

逐板计算法

逐板计算法的依据是气液平衡关系式和操作线方程。该方法是从塔顶开始，交替利用平衡关系式和操作线方程，逐级推算气相和液相的组成，来确定理论塔板数的，见图 5-34。

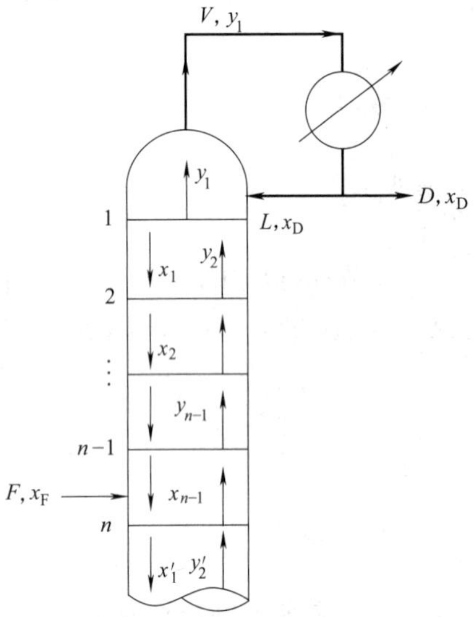

图 5-34　逐板计算法示意图

若生产任务规定将相对挥发度为 α 及组成为 x_F 的原料液，分离成组成为 x_D 的塔顶产品和组成为 x_W 的塔底产品，并选定操作回流比为 R，则逐板计算理论塔板数的步骤如下。

① 若塔顶冷凝器为全凝器，则 $y_1 = x_D$。按照气液相平衡关系式，由 y_1 计算出第一层理论塔板上液相组成 x_1。

② 由第一层理论塔板下降的回流液组成 x_1，按精馏段操作线方程，计算出第二层理论板上升的蒸气组成 y_2。再利用气液平衡关系式，由 y_2 计算出第二层理论板上的液相组成 x_2。

③ 按操作线方程，由 x_2 计算出 y_3。再利用气液相平衡关系式，由 y_3 求出 x_3。

依次类推，一直算到 $x_n \leqslant x_F$ 为止。每利用一次平衡关系式，即表示需要一块理论塔板。

提馏段理论塔板数也可按上述相同步骤逐板计算，只是将精馏操作线方程改为提馏段操作线方程，并一直算到 $x'_m \leqslant x_W$ 为止。

逐板计算法较为准确，不仅可应用于双组分精馏计算，也可用于多组分精馏计算。

全回流时，精馏塔所需的理论塔板数，可用逐板计算法导出一个简单的计算式。

在任何一块理论塔板上，气液达到平衡。对于双组分物系，气液两相组成之间的关系为：

$$\frac{y_i}{1-y_i} = \alpha \frac{x_i}{1-x_i} \tag{5-24}$$

全回流时，操作方程为：
$$y_{i+1} = x_i \tag{5-25}$$

式中　x_i——在第 i 块理论塔板上，液相组成（以易挥发组分摩尔分数表示）；

y_i——第 i 块理论塔板上，气相组成（以易挥发组分摩尔分数表示）；

y_{i+1}——由 $i+1$ 块塔板上升的蒸气组成（以易挥发组分摩尔分数表示）。

2. 全回流时，全塔最少理论塔板数 N_{min} 的求法

设在全回流下，全塔共有理论塔板数 $N_{min}=n$，则 $i=1、2、3、\cdots、n$。

现从塔顶开始，逐板进行推算如下。

塔顶：已知塔顶回流液组成为 x_D，当塔顶蒸气在冷凝器中全部冷凝时，

$$y_1 = x_D$$

第一层理论塔板：根据平衡关系式

$$\frac{y_1}{1-y_1} = \alpha \frac{x_1}{1-x_1} \tag{5-26}$$

将 $y_1=x_D$ 关系式代如上式，得：

$$\frac{x_D}{1-x_D} = \alpha_1 \frac{x_1}{1-x_1} \tag{5-27}$$

根据操作方程 $\qquad\qquad x_1 = y_2 \tag{5-28}$

将式（5-28）代入式（5-27）得：

$$\frac{x_D}{1-x_D} = \alpha_1 \frac{y_2}{1-y_2} \tag{5-29}$$

第二层理论塔板：根据平衡关系式

$$\frac{y_2}{1-y_2} = \alpha_2 \frac{x_2}{1-x_2} \tag{5-30}$$

将式（5-30）代入式（5-29）得：

$$\frac{x_D}{1-x_D} = \alpha_1 \alpha_2 \frac{x_2}{1-x_2} \tag{5-31}$$

根据操作方程 $\qquad\qquad x_2 = y_3 \tag{5-32}$

将式（5-32）代入式（5-31）得：

$$\frac{x_D}{1-x_D} = \alpha_1 \alpha_2 \frac{y_3}{1-y_3} \tag{5-33}$$

依次类推，第 n 层理论塔板：

根据平衡关系

$$\frac{y_n}{1-y_n} = \alpha_n \frac{x_n}{1-x_n} \tag{5-34}$$

同理可得：

$$\frac{x_D}{1-x_D} = \alpha_1 \alpha_2 \alpha_3 \cdots \alpha_n \frac{x_n}{1-x_n} \tag{5-35}$$

根据操作方程 $\qquad\qquad x_n = y_{n+1} \tag{5-36}$

将式（5-36）代入式（5-35）得：$\dfrac{x_D}{1-x_D} = \alpha_1 \alpha_2 \alpha_3 \cdots \alpha_n \dfrac{y_{n+1}}{1-y_{n+1}} \tag{5-37}$

塔釜：根据平衡关系 $\qquad \dfrac{y_{n+1}}{1-y_{n+1}} = \alpha_W \dfrac{x_W}{1-x_W} \tag{5-38}$

将式（5-38）代入式（5-37）得：

$$\frac{x_D}{1-x_D} = \alpha_1 \alpha_2 \alpha_3 \cdots \alpha_n \alpha_W \frac{x_W}{1-x_W} \tag{5-39}$$

若以平均相对挥发度 α 代替各层塔板上的相对挥发度，则：

$$\alpha_1 \alpha_2 \alpha_3 \cdots \alpha_n \alpha_W = \alpha^{n+1} \tag{5-40}$$

以此可得：

$$\frac{x_D}{1-x_D} = \alpha^{n+1} \frac{x_W}{1-x_W} \tag{5-41}$$

将上式两边取对数并加以整理，可得：

$$n = \frac{\ln\left[\left(\dfrac{x_D}{1-x_D}\right)\left(\dfrac{1-x_W}{x_W}\right)\right]}{\ln\alpha} - 1 \tag{5-42}$$

由此可得在全回流条件下的理论塔板数计算式：

$$N_{min} = \frac{\ln\left[\left(\dfrac{x_D}{1-x_D}\right)\left(\dfrac{1-x_W}{x_W}\right)\right]}{\ln\alpha} - 1 \tag{5-43}$$

该式通常称为芬斯克公式。用此式计算的全回流条件下理论塔板数 N_{min} 中，已扣除了相当于一块理论塔的塔釜。式中平均相对挥发度 α，一般取塔顶和塔底的相对挥发度的几何平均值，即 $\alpha = \sqrt{\alpha_D \alpha_W}$。

二、图解法

图解法求理论板数的基本原理与逐板计算法完全相同，即用平衡线和操作线代替平衡方程和操作线方程，将逐板法的计算过程在 $y\text{-}x$ 图上图解进行。该法虽然结果准确性较差，但是求解过程简便、清晰，因此目前在双组分连续精馏计算中广为采用。

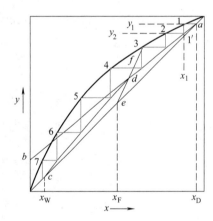

图 5-35　图解过程

1. 图解步骤

参见图 5-35，图解法步骤如下。

① 在 $y\text{-}x$ 图上画出平衡曲线和对角线。

② 依照前面介绍的方法作精馏段操作线 ab、q 线 ef、提馏段操作线 cd。

③ 由塔顶即图中点 a（$x = x_D$，$y = x_D$）开始，在平衡线和精馏段操作线之间作直角梯级，即首先从点 a 作水平线与平衡线交于点 1，点 1 表示离开第 1 层理论板的液、气组成（x_1，y_1），故由点 1 可定出 x_1。由点 1 作垂直线与精馏段操作线相交，交点 1′ 坐标为（x_1，y_2），即由交点 1′ 可定出 y_2。再由此点作水平线与平衡线交于点 2，可定出 x_2。这样，在平衡线和精馏段操作线之间作由水平线和垂直线构成的梯级，当梯级跨过两操作线交点 d 时，则改在平衡线和提馏段操作线之间绘梯级，直到梯级的垂线达到或越过点 c（x_W，x_W）为止。图中平衡线上每一个梯级的顶点表示一层理论板。其中过 d 点的梯级为进料板，最末梯级为再沸器。

在图 5-35 中，图解结果为：梯级总数为 7，第 4 级跨过两操作线交点 d，即第 4 级为进料板，故精馏段理论板数为 3。因再沸器相当于一层理论板，故提馏段理论板数为 3。该分离过程需 6 层理论板（不包括再沸器）。

图解法求取
理论板数

图解时也可从塔底点 c 开始绘梯级，所得结果基本相同。

2. 适宜进料位置

在进料组成 x_F 一定时，进料位置随进料热状态而异。适宜的进料位置一般应在塔内液相或气相组成与进料组成相同或相近的塔板上，这样可达到较好的分离效果，或者对一定的分离要求所需的理论板数较少。当用图解法求理论塔板数时，进料位置应由精馏段操作线与提馏段操作线的交点确定，即适宜的进料位置应该在跨过两操作线交点的梯级上，这是因为对一定的分离任务而言，如此作图所需理论板数最少。

在精馏塔的设计中，进料位置确定不当，将使理论板数增多；在实际操作中，进料位置不合适，将使馏出液和釜残液不能同时达到要求。进料位置过高，使馏出液中难挥发组分含量增高；反之，进料位置过低，使釜残液中易挥发组分含量增高。

✏ 技术训练 5-4

在常压连续精馏塔中，分离苯-甲苯混合液。原料液组成 $x_F=0.44$，塔顶产品组成 $x_D=0.975$，塔釜产品组成 $x_W=0.0235$，进料热状况参数 $q=1.362$，回流比 $R=3.5$，全塔操作条件下物系的平均相对挥发度为 2.47，塔顶采用全凝器，泡点下回流。塔釜采用间接蒸汽加热，对技术训练 5-1 的分离任务，试用逐板计算法分析理论板数。

解：由题给条件知：

$x_F=0.44$　$x_D=0.975$　$x_W=0.0235$

$R=3.5$　　$q=1.362$

$F=116.6\text{kmol/h}$　　　$W=65.6\text{kmol/h}$

$L'=337.3\text{kmol/h}$　　　$V'=272.2\text{kmol/h}$

精馏段操作线方程为：

$$y=\frac{R}{R+1}x+\frac{x_D}{R+1}=\frac{3.5}{3.5+1}x+\frac{0.975}{3.5+1}=0.778x+0.217 \qquad ①$$

q 线方程为：

$$y=\frac{q}{q-1}x-\frac{x_F}{q-1}=\frac{1.362}{1.362-1}x-\frac{0.44}{1.362-1}=3.76x-1.215 \qquad ②$$

提馏段操作线方程为：

$$y'=\frac{L'}{V'}x-\frac{W}{V'}x_W=\frac{337.3}{272.2}x-\frac{65.6}{272.2}\times0.0235=1.24x-0.0057 \qquad ③$$

相平衡方程为：

$$x_n=\frac{y_n}{\alpha-(\alpha-1)y_n}=\frac{y_n}{2.47-1.47y_n} \qquad ④$$

本题计算中先用平衡方程和精馏段操作线方程进行逐板计算，直至 $x_n \leqslant x_F$ 为止，然后改用提馏段操作线方程和平衡方程继续逐板计算，直至 $x'_m \leqslant x_W$ 为止。

因塔顶采用全凝器，故 $y_1=x_D=0.975$

x_1 由平衡方程式④求得，即：

$$x_1=\frac{0.975}{2.47-1.47\times0.975}=0.9404$$

y_2 由精馏段操作线方程①求得，即：

$$y_2 = 0.778 \times 0.9404 + 0.217 = 0.9486$$

依上述方法逐板计算，当求得 $x_n \leqslant 0.44$ 时该板为进料板。然后改用提馏段操作线方程式③和平衡方程式④进行计算，直至 $x'_m \leqslant 0.023$ 为止。计算结果列于表5-5中。

表5-5 技术训练5-4结果附表

序号	y	x	备注
1	0.975	0.9404	
2	0.9486	0.8820	
3	0.9032	0.7907	
4	0.8322	0.6675	
5	0.7363	0.5306	
6	0.6298	$0.4079 < x_F$	改用提馏段操作线(进料板)方程
7	0.5001	0.2883	
8	0.3518	0.1802	
9	0.2178	0.1013	
10	0.1199	0.05227	
11	0.05912	0.02481	
12	0.02506	$0.01030 < x_W$	再沸器

计算结果表明，该分离过程所需理论板数为11（不包括再沸器），第6层为进料板。

✎ 技术训练 5-5

对于在常压连续精馏塔技术训练5-4中的苯-甲苯混合液分离操作，试用图解法求理论板数。

解： 图解法求理论板数的步骤如下：

① 在直角坐标图上利用平衡方程作出平衡曲线，并绘出对角线，如图5-36所示。

② 在对角线上定点 a（0.975，0.975）。精馏段操作线在 y 轴上截距为：

$$\frac{x_D}{R+1} = \frac{0.975}{3.5+1} = 0.217$$

据此在 y 轴上定出点 b，连接 ab 即为精馏段操作线。

③ 在对角线上定点 e（0.44，0.44），过点 e 作斜率为3.76的直线 ef，即为 q 线。q 线与精馏段操作线相交于点 d。

④ 在对角线上定点 c（0.0235，0.0235），连接 cd，该直线即为提馏段操作线。

⑤ 自点 a 开始在平衡线和精馏段操作线间作由水平线和垂直线所构成的梯级，当梯级跨过 d 后更换操作线，即在平衡线和提馏段操作线间绘梯级，直到梯级达到或跨过点 c 为止。

图解结果所需理论板数为9（不包括再沸器），自塔顶往下的第5层为进料板。

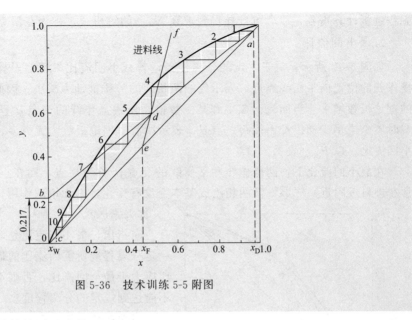

图 5-36　技术训练 5-5 附图

图解结果与逐板计算结果基本接近。

三、回流比的影响及其选择

前已指出，回流是保证精馏塔连续定态操作的基本条件，因此回流比是精馏过程的重要参数，它的大小影响精馏的投资费用和操作费用，也影响精馏塔的分离能力。在精馏塔的设计中，对于一定的分离任务（α、F、x_F、q、x_D 及 x_W 一定），设计者应选定适宜的回流比。

回流比的影响

回流比有两个极限值，上限为全回流（即回流比为无穷大），下限为最小回流比，适宜回流比介于两极限值之间的某一值。

1. 全回流和最少理论板数

精馏塔塔顶上升蒸气经全凝器冷凝后，冷凝液全部回流至塔内，这种回流方式称为全回流。在全回流操作下，塔顶产品流量 D、进料量 F 和塔底产品流量 W 均为零，既不向塔内进料，也不从塔内取出产品。此时生产能力为零，因此对正常生产无实际意义。但在精馏操作的开工阶段或在实验研究中，多采用全回流操作，这样便于过程的稳定控制和比较。

全回流时回流比为　$R=\dfrac{L}{D}=\dfrac{L}{0}=\infty$

因此精馏段操作线的截距为　$\dfrac{x_D}{R+1}=0$

精馏段操作线的斜率为　$\dfrac{R}{R+1}=1$

可见，在 y-x 图上，精馏段操作线及提馏段操作线与对角线重合，全塔无精馏段和提馏段之分，全回流时操作线方程可写为：$y_{n+1}=x_n$。

全回流时操作线距离平衡线最远，表示塔内气液两相间传质推动力最大，因此对于一定的分离任务而言，所需理论板数为最少，以 N_{min} 表示。

N_{min} 可由在 y-x 图上平衡线和对角线之间绘梯级求得；同样也可用平衡方程和对角线

方程逐板计算得到，后者可推导得到求算 $N_{\min}$ 的解析式，称为芬斯克方程，即式（5-43）。

2. 最小回流比

如图 5-37 所示，对于一定的分离任务，若减小回流比，精馏段操作线的斜率变小，两操作线的位置向平衡线靠近，表示气液两相间的传质推动力减小。因此对特定分离任务所需的理论板数增多。当回流比减小到某一数值，使两操作线的交点 d 落在平衡曲线上时，图解时不论绘多少梯级都不能跨过点 d，表示所需的理论板数为无穷多，相应的回流比即为最小回流比，以 $R_{\min}$ 表示。

在最小回流比下，两操作线和平衡线的交点 d 称为夹点，而在点 d 前后各板之间（通常在进料板附近）区域气液两相组成基本上没有变化，即无增浓作用，故此区域称为恒浓区（又称夹紧区）。

应指出，最小回流比是对于一定料液，为达到一定分离程度所需回流比的最小值。实际操作回流比应大于最小回流比，否则不论有多少层理论板都不能达到规定的分离程度。

当然在精馏操作中，因塔板数已固定，不同回流比下将达到不同的分离程度，因此 $R_{\min}$ 也就无意义了。最小回流比的求法依据平衡曲线的形状分为两种。

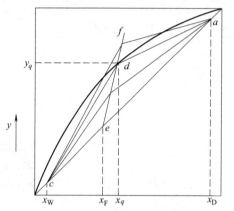

图 5-37　最小回流比的确定

① 正常平衡曲线（无拐点）如图 5-37 所示，夹点出现在两操作线与平衡线的交点，此时精馏段操作线的斜率为：

$$\frac{R_{\min}}{R_{\min}+1}=\frac{x_D-y_q}{x_D-x_q} \tag{5-44}$$

将上式整理可得：

$$R_{\min}=\frac{x_D-y_q}{y_q-x_q} \tag{5-44a}$$

式中　x_q，y_q——q 线与平衡线的交点坐标，可由图中读得。

② 不正常平衡曲线（有拐点，即平衡线有下凹部分）。如图 5-38 所示，此种情况下夹点可能在两操作线与平衡线交点前出现，如图 5-38（a）的夹点 g 先出现在精馏段操作线与平衡线相切的位置，所以应根据此时的精馏段操作线斜率求 $R_{\min}$。而在图 5-38（b）中，夹点出现在提馏段操作线与平衡线相切的位置，此时应根据提馏段操作线斜率求得 $R_{\min}$。

3. 适宜回流比

适宜回流比应通过经济核算确定。操作费用和投资费用之和为最低时的回流比，称为适宜回流比。

精馏过程的操作费用，主要包括再沸器热量消耗、冷凝器能量消耗及动力消耗等费用，而这些量取决于塔内上升蒸气量，即：

$$V=(R+1)D \qquad 和 \qquad V'=V+(q-1)F$$

当 F、q 和 D 一定时，V 和 V' 均随 R 而变。当回流比 R 增加时，加热及冷却介质用量随之增加，精馏操作费用增加。操作费用和回流比的大致关系如图 5-39 中曲线 2 所示。

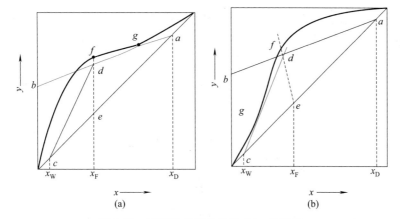

图 5-38　不正常平衡曲线的 $R_{\min}$ 的确定

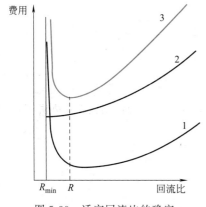

图 5-39　适宜回流比的确定

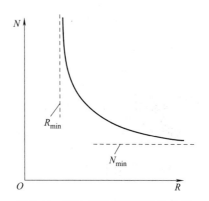

图 5-40　理论板数与回流比的关系

精馏过程的设备主要包括精馏塔、再沸器和冷凝器，若设备的类型和材料一经选定，则此项费用主要取决于设备的尺寸。当回流比为最小回流比时，需无穷多理论板数，故设备费为无穷大。当 R 稍大于 $R_{\min}$ 时，所需理论板数即变为有限数，故设备费急剧减小。但随着 R 的进一步增加，所需理论板数减小的趋势变缓，N 和 R 的关系如图 5-40 所示。但同时因 R 的增大，即 V 和 V' 的增加，塔径、塔板尺寸及再沸器和冷凝器的尺寸均相应增大，所以在 R 增大至某值后，设备费反而增加。设备费和回流比的大致关系如图 5-39 中曲线 1 所示。总费用为设备费和操作费之和，它与回流比的大致关系如图 5-39 中曲线 3 所示。曲线 3 最低点对应的回流比为适宜回流比（即最佳回流比）。

在精馏设计计算中，一般不进行经济衡算，操作回流比可取经验值。根据生产数据统计，适宜回流比的范围可取为：

$$R = (1.1 \sim 2)R_{\min} \tag{5-45}$$

技术训练 5-6

在常压连续精馏塔中分离苯-甲苯混合液。原料液组成为 0.4（苯的摩尔分数，下同）馏出液组成为 0.95，釜残液组成为 0.05。操作条件下物系的平均相对挥发度为 2.47。试分别求出以下两种进料热状态下的最小回流比。（1）饱和液体进料；（2）饱和蒸气进料。

解： （1）饱和液体进料　最小回流比可由下式计算：

$$R_{\min} = \frac{x_D - y_q}{y_q - x_q}$$

因饱和液体进料，上式中的 x_q 和 y_q 分别为：

$$x_q = x_F = 0.4$$

$$y_q = y_F = \frac{\alpha x_F}{1 + (\alpha - 1)x_F} = \frac{2.47 \times 0.4}{1 + (2.47 - 1) \times 0.4} = 0.622$$

故

$$R_{\min} = \frac{0.95 - 0.622}{0.622 - 0.4} = 1.48$$

（2）饱和蒸气进料　在求 $R_{\min}$ 的计算式中，x_q 和 y_q 分别为：

$$y_q = x_F = 0.4$$

$$x_q = \frac{y_q}{\alpha - (\alpha - 1)y_q} = \frac{0.4}{2.47 - 1.47 \times 0.4} = 0.213$$

故

$$R_{\min} = \frac{0.95 - 0.4}{0.4 - 0.213} = 2.94$$

计算结果表明，不同进料热状态下，$R_{\min}$ 值是不同的，通常情况下热进料时的 $R_{\min}$ 较冷进料时的 $R_{\min}$ 高。

四、计算板效率与实际塔板数

1. 板效率

当气液两相在实际板上接触传质时，一般不能达到平衡状态，因此实际板数总多于理论板数。理论板只是衡量实际板分离效果的标准。实际板偏离理论板的程度用塔板效率表示。板效率有多种表示方法，常用的有点效率、单板效率和实际组成变化与经过一理论板时组成变化的比值等。如图 5-41 所示，对第 n 层塔板，单板效率可分别用气相或液相表示，即：

$$E_{mV} = \frac{y_n - y_{n+1}}{y_n^* - y_{n+1}} \qquad (5-46)$$

$$E_{mL} = \frac{x_{n-1} - x_n}{x_{n-1} - x_n^*} \qquad (5-47)$$

式中　E_{mV}——气相默弗里板效率；

E_{mL}——液相默弗里板效率；

y_n^*——与 x_n 成平衡的气相组成，摩尔分数；

x_n^*——与 y_n 成平衡的液相组成，摩尔分数。

由图 5-41 可见，$y_n - y_{n+1}$ 及 $x_{n-1} - x_n$ 是气相及液相通过第 n 层塔板时的实际组成变化；而 $y_n^* - y_{n+1}$ 及 $x_{n-1} - x_n^*$ 是气液两相分别通过该层塔板时的理论组成变化。

若已知每层塔板的单板效率，则图解法可按图 5-41 所示的关系作梯级，求得特定分离所需的实际塔板数。

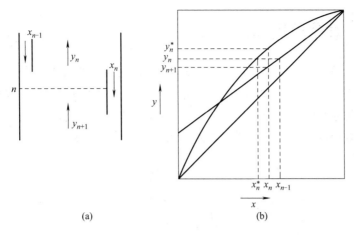

图 5-41　单板效率定义示意图

2. 全塔效率 E_T

全塔效率又称总塔效率，是指一定分离任务下所需理论板数和实际板数的比值，即：

$$E_T = \frac{N_T}{N_P} \times 100\%　\tag{5-48}$$

式中　E_T——全塔效率，%；

　　　N_T——理论板数；

　　　N_P——实际板数。

全塔效率反映了全塔各层塔板的平均效率（注意不是全塔各板单板效率的平均值），其值恒低于 100%。若已知在一定操作条件下的全塔效率，则可由式（5-48）求得实际板数。

由于影响塔效率的因素很多，且非常复杂，因此目前还不能用纯理论公式计算全塔效率。设计时全塔效率可用经验或半经验公式估算，也可采用生产实际或经验数据。

✎ 技术训练 5-7

在连续操作的板式精馏塔中进行全回流操作。已知相邻两板上的气相组成分别为 $y_n = 0.57$，$y_{n+1} = 0.445$（均为易挥发组分的摩尔分数）。已知操作条件下物系的平均相对挥发度 $\alpha = 2.47$，试求第 n 块板的气相单板效率。

解：求取气相单板效率，必须先求出第 n 块板下降的液相组成 x_n。

因是全回流操作，$x_n = y_{n+1} = 0.445$

$$y_n^* = \frac{\alpha x}{1 + (\alpha - 1)x_n} = \frac{2.47 \times 0.445}{1 + 1.47 \times 0.445} = 0.664$$

则第 n 块板的气相单板效率按式（5-46）计算：

$$(E_{mV})_n = \frac{y_n - y_{n+1}}{y_n^* - y_{n+1}} = \frac{0.57 - 0.445}{0.664 - 0.445} = 0.571$$

即以气相组成表示的第 n 块板的单板效率为 0.571。

子任务 3 计算塔径

精馏操作的目的是为了完成分离任务（F，x_F），达到分离要求（x_D，x_W），精馏塔是完成分离的核心设备，对于一定的分离任务和分离要求，其分离设备——精馏塔的大小包括塔高和塔径。子任务 2 已介绍塔板数的计算，塔径的计算与管子直径估算方法相同。

精馏塔的内直径可由塔内上升蒸气的体积流量及空塔气速求得，即：

$$V_s = \frac{\pi}{4}D^2 u$$

故

$$D = \sqrt{\frac{4V_s}{\pi u}} \tag{5-49}$$

式中　D——精馏塔的内径，m；

　　　V_s——塔内上升蒸气的体积流量，m^3/s；

　　　u——塔内上升蒸气的空塔气速，即按空塔计算的气体线速度，m/s。

$$u = (0.6 \sim 0.8)u_{max} \tag{5-50}$$

式中　u_{max}——最大允许气速，m/s。

$$u_{max} = C\sqrt{\frac{\rho_L - \rho_V}{\rho_V}} \tag{5-51}$$

式中　C——蒸气负荷系数，可由《化学工程手册》中史密斯关联图求取；

　　　ρ_V——气相密度，kg/m^3；

　　　ρ_L——液相密度，kg/m^3。

精馏段和提馏段内的上升蒸气量 V_s 和 V_s' 有可能不相等，因此两段的上升蒸气量以及塔径应分别计算。

精馏段和提馏段的上升蒸气的体积流量可能不同，因而两段的塔径也可能不等。为便于设计与制造，若相差不太大，两段可采用相同的塔径。当求出塔径后，还需根据塔径系列标准予以圆整。最常用的标准塔径为 0.6m、0.7m、0.8m、1.0m、1.2m、1.4m、1.6m、1.8m、2.0m、2.2m、…、4.2m。

技术训练 5-8

在连续操作的板式精馏塔中，分离两组分理想溶液。原料液流量为 45kmol/h，组成为 0.3（易挥发组分的摩尔分数，下同），泡点进料。馏出液组成为 0.95，釜残液组成为 0.025。操作回流比为 2.5，图解所得理论板数为 21（包括再沸器）。全塔效率为 50%，空塔气速为 0.8m/s，板间距为 0.4m，全塔平均操作温度为 62℃，平均压力为 101.33kPa。试求塔的有效高度和塔径。

解：（1）塔的有效高度

实际板数为：

$$N_P = \frac{N_T - 1}{E_T} = \frac{21-1}{0.5} = 40$$

塔的有效高度为：

$$z = (N_P - 1)H_T = (40 - 1) \times 0.4 = 15.6(m)$$

（2）塔径

因泡点进料，$q = 1$，则：

$$V' = V = (R + 1)D$$

由精馏塔物料衡算，得：

$$D + W = F = 45 \qquad ①$$
$$0.95D + 0.025W = 45 \times 0.3 \qquad ②$$

联立式①和式②，解得：

$$D = 13.38 kmol/h$$
$$W = 31.62 kmol/h$$
$$V = V' = (2.5 + 1) \times 13.38 = 46.83(kmol/h)$$

上升蒸气体积流量为：

$$V_s = \frac{22.4VTp^\ominus}{3600T^\ominus p} = \frac{22.4 \times 46.83}{3600} \times \frac{273 + 62}{273} \times \frac{101.33}{101.33} = 0.358(m^3/s)$$

塔径为：

$$D = \sqrt{\frac{4V_s}{\pi u}} = \sqrt{\frac{4 \times 0.358}{\pi \times 0.8}} = 0.76(m)$$

圆整塔径，可取 $D = 0.8m$。

任务5　操作精馏装置

精馏是根据均相液体混合物中各组分沸点不同，通过加热、冷凝，使其在塔内经过多次部分汽化、多次部分冷凝，最终达到分离要求的操作。操作精馏装置最重要的是在控制精馏塔内操作压力、液位稳定的前提下，依据操作温度与设备内气液组成的对应关系，通过调控塔顶、塔釜温度达到控制馏出液和釜残液组成的目的，在操作过程中一定要注意各操作参数的稳定，防止事故（严重液泛、干塔、淹塔等）的发生。

子任务1　分析气液相负荷对精馏操作的影响

从精馏原理可知，精馏操作是同时进行传质与传热的过程。要保持精馏操作的稳定必须维持精馏塔的物料平衡和热量平衡。凡是影响物料和热量平衡的因素，如塔的温度、压力、进料热状况、进料量、进料组成、塔内上升蒸气速度和再沸器的加热量、回流量、塔顶冷却剂量、采出量等变化，都会不同程度地影响精馏塔的操作。但无论哪种因素变化，其结果都是气液两相负荷的改变影响了精馏操作，因此有必要对板式塔的流体力学性能进行分析。

我们首先学习气液两相的接触状态与负荷性能。

一、气液两相在塔板上的接触状态

气液两相在塔板上的流动情况和接触状态直接影响气液两相的传质和传热过程。实验研究表明，气液两相在塔板上的接触状态，主要与气体通过塔板上元件的速度和液体的流量等因素有关。一般可分为三种接触状态。

（1）鼓泡接触状态　当气体通过塔板的气速很低时，气体以分散的气泡形式通过塔板上液层。这种接触状态称为鼓泡接触状态，如图 5-42（a）所示。此时，塔板上有大量的清液层，通过液层的气泡数量少，气液两相接触面积不大，气液两相湍动程度也不剧烈。因此，在鼓泡接触状态时，塔板上气液两相传质效率低、传质阻力较大。在鼓泡接触状态，气相为分散相，液相为连续相。

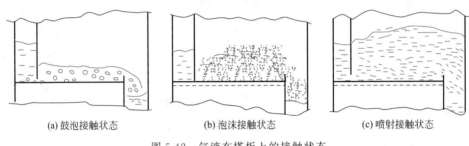

(a) 鼓泡接触状态　　　　(b) 泡沫接触状态　　　　(c) 喷射接触状态

图 5-42　气液在塔板上的接触状态

（2）泡沫接触状态　随着气泡的增加，气体通过液层的气泡数量也急剧增加，气泡之间不断碰撞和破裂。塔板上液体大部分形成液膜，存在于气泡之间，但在塔板表面还存在一层很薄的清液层，如图 5-42（b）所示。在这种状态下，气液两相湍动较为强烈，气泡和液膜表面由于不断的合并与破裂而更新，两相接触面积不同于鼓泡状态时气泡表面，而是很薄的液膜。所以，气液两相传质效率高。泡沫接触状态，气相为分散相，液相仍是连续相。

（3）喷射接触状态　当气体速度增加到一定程度时，由于气相动能很大，气流以喷射状态穿过塔上液层，将液体分散成许多大小不等的液滴，并随气流抛向塔板上方，然后由于重力作用，液滴会落下，又形成很薄的液膜，再与喷射气流接触，破裂成液滴而抛出，如图 5-42（c）所示。在喷射接触状态下，液滴数量多而且在不断更新，气相转变为连续相，液相转变为分散相。因此，传质面积大，传质效率高。

由于泡沫接触状态和喷射接触状态接触面积大而且不断更新，工业上多数的传质过程都控制在这两种状态下操作。

二、塔板上的不正常操作

在正常操作的情况下，气液两相在塔内的流动从总体上应该是逆流流动，而在每块塔板上为错流流动，这样可以使气液两相在塔板上进行充分的接触，并有较大的传质推动力。气液两相在塔板上接触的好坏，主要取决于气液两相的流速、物性以及塔板的结构形式。如果在操作过程中某些参数控制不当，也会影响塔的正常操作，降低塔板效率，甚至会出现无法正常操作的情况。为了避免这种情况的发生，需要对不正常操作情况作具体的分析。塔的不正常操作主要是严重漏液、过量雾沫夹带和液泛等。

（1）严重漏液　在正常的操作时，液体经降液管横向流过塔板，然后经出口堰和降液管流入下层塔板。当气相通过塔板的速度较小时，通过塔板开孔处上升气体的动压头和克服液层及液体表面张力所产生的压强降，不足以阻止塔板上液体从开孔处流下时，液体就会从塔板中的孔道往下漏，这种现象叫作漏液。漏液会导致气液两相在塔板上接触时间缩短，而使塔板效率下降。少量漏液在实际操作中是不可避免的，但严重漏液会使塔板上的液体量减少，以致在塔板上建立不起一定厚度的液层，从而导致塔板效率严重下降，甚至无法正常操作。在实际操作中，为了维持塔的正常操作，漏液量应小于液体流量的 10%，此时的气体速度称为漏液速度，塔的操作气速应控制在漏液速度以上。引起漏液的主要原因是气速太小和由于液面落差太大使气体在塔板上的分布不均匀。所以除了在操作时要保证一定气速外，在塔板设计时也要对液面落差加以考虑。如在液体入口处，设置安定区；在液面落差太大时，设置多个降液管等。

（2）过量雾沫夹带　上升气体穿过液层时，会将板上液体带入上层塔板的现象称为雾沫夹带。雾沫的生成固然可增大气液两相的传质面积，但过量的雾沫夹带会造成液相在塔板间的返混，严重时会造成雾沫夹带液泛，从而导致塔板效率严重下降。所谓返混是指雾沫夹带的液滴与液体主流做反方向流动的现象。为了保持塔的正常操作，生产中将雾沫夹带控制在一定限度内，规定每 1kg 上升气体夹带到上层塔板的液体量不超过 0.1kg，即控制雾沫夹带量 $e_V < 0.1$kg 液体/kg 气体。

（3）液泛　在塔板正常操作时，塔板上必须维持一定的液层。如果液体流量或塔板压降过大，降液管中液体就不能顺利下流，这就使降液管内液面上升，直至达到上层塔板出口堰顶部，这时液体淹至上层塔板，最终使整个塔充满液体，这种现象称为降液管液泛。另外，当气体流量过大、气速很高时，大量的雾沫夹带到上层塔板，塔内充满了大量气液混合物，最后使塔内充满了液体，这种现象称为夹带液泛。液泛使整个塔内液体不能正常流动，液体返混严重，使塔无法正常操作。影响液泛的主要因素是气液两相的流量和塔板的间距。

三、塔的负荷性能图

当塔板结构参数一定时，对一定的物系来说，要维持塔的正常操作，必须使气液负荷（流量）限制在一定的范围。因为气体流量太小，会引起严重漏液；气体速度太大会产生严重雾沫夹带；气体流量太大或液体流量太大会产生夹带液泛或降液管液泛。

它们都使塔板效率严重下降，甚至使塔无法正常操作。

为检验塔的设计是否合理，了解塔的操作情况，以及调节改进塔的操作性能，通常在直角坐标系中，以气相流量 q_V（V）为纵坐标，以液相流量 q_V（L）为横坐标，绘制各种极限条件下的 q_V（V）-q_V（L）关系曲线，从而得到允许的负荷波动范围的图形，这个图称为塔板的负荷性能图。塔板的负荷性能图如图 5-43 所示。负荷性能图由五条线组成。

（1）气相负荷下限线（漏液线）　图中线 1 为

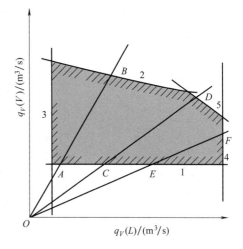

图 5-43　塔板负荷性能图

气相负荷下限线，此线表示不发生严重漏液现象的最低气相负荷，它可根据各种类型塔板的漏液点的气速作出。气液负荷点在线1下方表明漏液严重，塔板效率严重下降。

（2）气相负荷上限线（过量雾沫夹带线）　图中线2为过量雾沫夹带线，当气液负荷点在此线上方时，表明雾沫夹带量超过允许范围（一般精馏$e_V<0.1$kg液体/kg气体），而使塔板效率大为降低。

（3）液相负荷下限线　图中线3为液相负荷下限线，如果液相负荷低于该下限，塔板上液体严重分布不均匀，导致塔板效率大幅度下降，甚至出现"干板"现象。

（4）液相负荷上限线　图中线4为液相负荷上限线。若操作时液相负荷超过此上限线，液体在降液管内停留时间过短，夹带在液体中的气泡得不到充分的分离，而大量的气泡随液体进入下层塔板，造成气相返混，而降低塔板效率，严重时会出现溢流液泛。

（5）液泛线　图中线5为液泛线。当气液负荷点位于线5的右上方时，塔内将发生液泛现象，塔不能正常操作。

由上面各条线所围成的区域，就是塔的稳定操作区，操作点必须落在稳定操作区内，否则塔就不能正常操作。必须指出，物系一定时，塔板的负荷性能图的形状因塔板类型及结构尺寸的不同而不同。在塔板设计时，根据操作点在负荷性能图中的位置，可以适当调整塔板的结构参数来满足所需要的操作范围。对于一定气液比的操作过程，$q_V(V)/q_V(L)$为定值，操作线在负荷性能图上可用通过坐标原点（O点）的直线表示。此直线与负荷性能图中的线有两个交点，分别代表塔的操作上、下极限。上、下极限操作的气相负荷（或液相负荷）之比称为塔板的操作弹性。不同气液比的三种操作情况（以OAB、OCD、OEF三条操作线表示），上、下限的控制条件并不一定都相同，其操作弹性也不相同。在设计和生产操作时，需要作具体分析。

技术训练 5-9

浮阀塔的负荷性能图（精馏段）如图5-44所示。OP为操作线，P为操作点。图中曲线的序号与图5-44中相应曲线序号相对应。试指出：（1）操作点的气液相体积流量；（2）在指定回流比下，塔的操作上、下限各由什么因素控制；（3）操作弹性为多大。

解：（1）操作点的气液流量

由图5-44读得，操作点的气相流量为1.74m³/s，液相流量为6.8m³/s。

（2）上、下限控制因素

操作线与图5-44中的曲线1、5相交，说明气相负荷上限由液泛控制，$V_{max}=2.86$m³/s，气相负荷下限由漏液控制，$V_{min}=0.55$m³/s。

（3）操作弹性

$$操作弹性=\frac{V_{max}}{V_{min}}=\frac{2.86}{0.55}=5.2$$

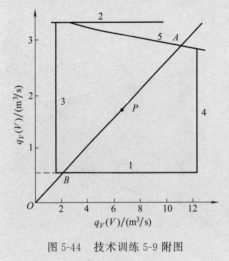

图5-44　技术训练5-9附图

子任务 2 **学会精馏操作开停车**

对于现有的精馏装置和特定的物系，精馏操作的基本要求是使设备具有尽可能大的生产能力，达到预期的分离效果，操作费用最低。影响精馏装置稳态、高效操作的主要因素包括物料平衡、塔顶回流、进料组成和热状况、塔釜温度、操作压力等。学习精馏操作开停车，其基础就是要了解这些因素的影响。

精馏操作开停车的主要影响因素如下。

1. 物料平衡的影响和制约

根据精馏塔的总物料衡算可知，对于一定的原料液流量 F 和组成 x_F，只要确定了分离程度 x_D 和 x_W，馏出液流量 D 和釜残液流量 W 也就确定了。而塔顶组成 x_D 和塔釜 x_W 组成决定了气液平衡关系、x_F、F、R 和理论板数 N_T（适宜的进料位置），因此 D 和 W 只能根据 x_D 和 x_W 确定，而不能任意增减，否则进、出塔的两个组分的量不平衡，必然导致塔内组成变化，操作波动，使操作不能达到预期的分离要求。

在精馏塔的操作中，需维持塔顶和塔底产品的稳定，保持精馏装置的物料平衡是精馏塔操作的必要条件，通常由塔底液位来控制精馏塔的物料平衡。

2. 塔顶回流的影响

回流比是影响精馏塔分离效果的主要因素，生产中经常用回流比来调节、控制产品的质量。例如当回流比增大时，精馏产品质量提高；反之，当回流比减小时，x_D 减小而 x_W 增大，使分离效果变差。

回流比增加，使塔内上升蒸气量及下降液体量均增加，若塔内气液负荷超过允许值，则可能引起塔板效率下降，此时应减小原料液流量。

调节回流比的方法可有如下几种。

① 减少塔顶采出量以增大回流比。

② 塔顶冷凝器为分凝器时，可增加塔顶冷剂的用量，以提高凝液量，增大回流比。

③ 有回流液中间罐的强制回流，可暂时加大回流量，以提高回流比，但不得将回流储罐抽空。

必须注意，在馏出液采出率 D/F 一定的条件下，借增加回流比 R 以提高 x_D 的方法并非总是有效。此外，加大操作回流比意味着加大蒸发量与冷凝量，这些数值还将受到塔釜及冷凝器传热面积的限制。

3. 进料组成和热状况的影响

当进料组成和热状况（x_F 和 q）发生变化时，应适当改变进料位置，并及时调节回流比 R。一般精馏塔常设几个进料位置，以适应生产中进料状况，保证在精馏塔的适宜位置进料。如进料状况改变而进料位置不变，必然引起馏出液和釜残液组成的变化。

进料热状况对精馏操作有着重要意义。常见的进料热状况有五种，不同的进料状况，直接影响提馏段的回流量和塔内的气液平衡。精馏塔较为理想的进料状况是泡点进料，它较为经济和最为常用。对特定的精馏塔，若 x_F 减小，则将使 x_D 和 x_W 均减小，欲保持 x_D 不变，则应增大回流比。

4. 塔釜温度的影响

釜温是由釜压和物料组成决定的。精馏过程中，只有保持规定的釜温，才能确保产品质量。因此釜温是精馏操作中重要的控制指标之一。

提高塔釜温度时，塔内液相中易挥发组分减少，同时，上升蒸气的速度增大，有利于提高传质效率。如果由塔顶得到产品，则塔釜排出的难挥发物中易挥发组分减少，结果是使塔顶产品损失减少；如果塔釜排出物为产品，则可提高产品质量，但塔顶排出的易挥发组分中夹带的难挥发组分增多，从而增大损失。因此，在提高温度的时候，既要考虑到产品的质量，又要考虑到工艺损失。

当釜温变化时，通常改变蒸发釜的加热蒸汽量，使釜温转为正常。当釜温低于规定值时，应加大加热蒸汽用量，以提高釜液的汽化量，使釜液中重组分含量相对增加，泡点提高，釜温提高。当釜温高于规定值时，应减少加热蒸汽用量，以减少釜液的汽化量，使釜液中轻组分的含量相对增加，泡点降低，釜温降低。

5. 操作压力的影响

塔的压力是精馏塔主要的控制指标之一。在精馏操作中，常常规定了操作压力的调节范围。塔压波动过大，就会破坏全塔的气液平衡和物料平衡，使产品质量达不到设计要求。提高操作压力，可以相应地提高塔的生产能力，操作稳定。但在塔釜难挥发产品中，易挥发组分含量增加。如果从塔顶得到产品，则可提高产品的质量和易挥发组分的浓度。

影响塔压变化的因素是多方面的，例如：塔顶温度、塔釜温度、进料组成、进料流量、回流量、冷剂压力等的变化以及仪表故障、设备和管道的冻堵等，都可能引起塔压的变化。真空蒸馏的真空系统出了故障、塔顶冷却器的冷却剂突然停止等都会引起塔压的升高。

对于常压塔的压力控制，主要有以下三种方法。

① 在对塔顶压力稳定性要求不高的情况下，无需安装压力控制系统，应当在精馏设备（冷凝器或回流罐）上设置一个通大气的管道，以保证塔内压力接近于大气压。

② 对塔顶压力的稳定性要求较高或被分离的物料不能和空气接触，且塔顶冷凝器为全凝器时，塔压多是靠冷剂量的大小来调节的。

③ 用调节塔釜加热蒸汽量的方法来调节塔釜的气相压力。

在生产中，当塔压变化时，控制塔压的调节机构就会自动动作，使塔压恢复正常。当塔压发生变化时，首先要判断引起变化的原因，而不要简单地只从调节上使塔压恢复正常，要从根本上消除引起变化的原因，才能不破坏塔的正常操作。如釜温过低引起塔压降低，若不提高釜温，而单靠减少塔顶采出来恢复正常塔压，将造成釜液中轻组分大量增加。由于设备原因而影响了塔压的正常调节时，应考虑改变其他操作因素以维持生产，严重时则要停车检修。

 技能训练 5-10

查阅有关资料，学习精馏塔的开、停车操作。

1. 开车操作

① 开工准备。包括塔及管线的吹扫、清洗、试漏等，检查仪器、仪表、阀门等是否齐全、正确、灵活，与有关岗位联系，进行开车。

②　预进料。先打开放空阀，充氮置换系统中的空气，以防在进料时出现事故，当压力达到规定指标后停止。打开进料阀，进料要求平稳，打入指定液位高度的料液后停止。

③　打开加热和冷却系统。

④　建立回流。塔釜见液面后，以一定的升温速率缓慢升温至工艺指标。随着塔压的升高，逐渐排出设备内的惰性气体，并逐渐加大塔顶冷凝器的冷剂量，当回流液槽的液面达 1/2 以上时，开始回流。在全回流情况下继续加热，直到塔温、塔压均达到规定指标，产品质量符合要求。

⑤　进料与采出产品。打开进料阀进料，同时从塔顶和塔底采出产品，调节到指定的回流比。

⑥　控制调节。精馏塔控制调节的实质是控制塔内气液相负荷的大小，以保持良好的传质和传热，获得合格产品。但气液相负荷无法直接控制，生产中主要通过控制温度、压力、进料量及回流比来实现。

空塔加料时，由于没有回流液体，精馏段的塔板处于干板操作状态。由于没有气液接触，气相中的难挥发组分容易被直接带入精馏段。如果升温速率过快，则难挥发组分会大量地被带到精馏段，而不易为易挥发组分所置换，塔顶产品的质量不易达到合格，导致开车时间长。当塔顶有了回流液，塔板上建立了液体层后，升温速率可适当地提高。

减压精馏塔的升温速率，对于开车成功与否的影响，将更为显著。如果升温速率太快，则顶部尾气的排出量太大，真空设备的负荷增大，在真空泵最大负荷的限制下，可能使塔内的真空度下降，开车不易成功。

开车时，对阀门、仪表一定要勤调、慢调，合理使用。发现有不正常现象应及时分析原因，果断进行处理。

2. 停车操作

精馏塔的停车可分为临时停车和长期停车两种情况。

①　临时停车。接停车命令后，马上停止塔的进料、塔顶采出和塔釜采出。进行全回流操作。适当减少塔顶冷剂量及塔釜热剂量，全塔处于保温、保压的状态。如果停车时间较短，可根据塔的具体情况处理，只停塔的进料，可不停塔顶采出（此时为产品），以免影响后工序的生产，但塔釜采出应关闭。这种操作破坏了正常的物料平衡，不可长时间应用，否则产品质量会下降。

②　长期停车。接停车命令后，立即停止塔的进料，产品可继续进行采出，当分析结果不合格时，停止采出，同时停止塔釜加热和塔顶冷凝，然后放净釜液。对于分离低沸点物料的塔，釜液的放净要缓慢进行，以防止节流造成过低的温度使设备材质冷脆。

子任务 3　精馏设备常见的操作故障与处理

精馏是通过加热或减压使液体混合物成为气液两相而达到分离的操作。精馏装置通常由核心设备精馏塔、辅助设备再沸器、塔顶冷凝器及输送机械泵、原料储槽和产品储槽等组成。精馏设备操作的常见故障有液泛、塔压偏高偏低、塔顶温度过高、加热器结垢超压等。

板式塔的液泛

一、板式精馏塔常见的操作故障与处理

（1）液泛　液泛的结果是塔顶产品不合格，塔压差增高，釜液减少，回流罐液面上涨。可能的原因有气液相负荷过大，进入了液泛区；降液管局部垢物堵塞，液体下流不畅；加热过于猛烈，气相负荷过高；塔板及其他管道冻堵等。实际生产过程中需找准发生液泛的原因，对症处理。

如果是由于操作不当导致液泛发生，应及时调整气液相负荷、加热量等，精馏塔会很快恢复正常。此时塔顶凝液回流量不能过大，以免引起恶性循环，可以通过加大采出量以维持液面。如果由于冻堵引起压差升高，则釜温并不高，此时只有加解冻剂才有效。先要分段测压判断冻堵位置，再注入适量解冻剂，观察压差变化，若压差下降，说明有效，否则要改变位置重来。若解冻剂不起作用，就可能是垢物堵塞，只有减负荷运行或停车检修。

（2）加热故障　加热故障主要是加热剂和再沸器两方面的原因。用蒸汽加热时可能是蒸汽压力低、存在不凝性气体或凝液排出不畅等。用液体介质加热时，多数是因为堵塞、温度不够等。再沸器故障主要有泄漏、液面过高或过低、堵塞、虹吸遭破坏、强制循环量不够等。

（3）泵不上料　若回流泵不上料，可能的原因有回流泵的过滤器堵塞、液面太低、出口阀开度小、轻组分浓度过高等。若是进塔原料泵不上料，则可能是原料预冷效果不好，物料在泵内汽化所致。若是釜液泵不上料，最大可能是液面太低、过滤器堵塞、轻组分没有脱净。

（4）塔压超高　加热过猛、冷却剂中断、压力表失灵、调节阀堵塞、调节阀开度漂移、排气管冻堵等都有可能引起塔压超高。但不论何种原因，首先应加大排气量，同时减少加热量，把压力控制住再作进一步处理。

（5）塔压差升高　如果是负荷升高，可从进料量判断；如果不是负荷升高，则要分段测压差，找出压差集中部位。若压差集中在精馏段，则看回流量是否正常，正常回流量下压差还很高，很可能是冻塔；若各板温度比正常值高，很可能是液泛；若处理的是易结垢物料，要考虑堵塞造成的气液流动不畅增加了阻力；同时观察釜温和灵敏板温度，若釜温不高多是由于堵塞引起的高压差。查清原因后，需降负荷运行或作停车处理。

二、精馏系统辅助设备的操作故障及处理

（1）泵密封泄漏　回流泵或釜液泵在操作过程中可能出现密封泄漏，此时应及时切换到备用泵。

（2）换热器泄漏　塔顶冷凝器或再沸器常有内部泄漏现象发生，严重时会造成产品污染，除可用工艺参数的改变来判断外，一般靠分析产品组成来判断。处理方法视具体情况而定，当泄漏污染了塔内物料、影响到产品质量或正常操作时，应停车检修。

（3）塔内件损坏　精馏塔易损坏的内件有阀片、降液管、填料、填料支撑件、分布器等，损坏形式大多为松动、移位、变形，严重时构件脱落、填料吹翻等。这类情况可从工艺参数的变化反映出来，如负荷下降、板效率下降、产品不合格、工艺参数偏离正常值、塔顶与塔底压差增大等。塔内件损坏原因主要是设备安装质量不高或操作不当，特别是超负荷、超压运行很可能造成内件损坏，应尽量避免。处理方法是减小操作负荷或停车检修。

（4）安全阀启跳　安全阀在超压时启跳属正常现象，但在未达到规定的启跳压力时启跳

就属于非正常启跳，应更换安全阀。

（5）仪表失灵 精馏塔上仪表失灵比较常见。发现仪表失灵应及时更换。

（6）电机故障 运行中电机常见故障有振动、轴承温度高、漏油、跳闸等，处理方法为切换下来检修或更换。

技能训练 5-11

参见表 5-6，简述精馏操作时塔设备的巡检内容及方法都有哪些？

表 5-6 塔设备运行时巡检内容及方法

检查内容	检查方法	问题的判断和说明
操作条件	(1)查看压力表、温度计和流量表等； (2)检查设备操作记录	(1)压力表突然下降——泄漏； (2)压力上升——塔板阻力增加，或设备、管道阻塞
物料变化	(1)目测观察； (2)物料组成分析	(1)内漏或操作条件被破坏； (2)混入杂物或杂质
防腐层、保温层	目测观察	对室外保温的设备，着重检查温度在 1000℃ 以上的部位、雨水浸入处、保温材料变质处、长期经外来微量的腐蚀性液体侵蚀处
附属设备	目测观察	(1)进入管阀门的连接螺栓是否松动、变形； (2)管架、支架是否变形； (3)人孔是否腐蚀、变形，启用是否良好
基础	(1)目测观察； (2)水平仪	基础如出现下沉或裂纹，会使塔体倾斜，塔板不再处于水平状态
塔体	(1)目测观察； (2)渗透探伤； (3)磁粉探伤； (4)敲打检查； (5)超声波斜角探伤； (6)发泡剂(肥皂水、其他等)检查； (7)气体检测器	塔体的接管处、支架处容易出现裂纹或泄漏

综合案例

用一常压操作的连续精馏塔，分离含苯为 0.44（摩尔分数，下同）的苯-甲苯混合液，要求塔顶产品中含苯不低于 0.975，塔底产品中含苯不高于 0.0235，操作回流比为 3.5。试用图解法求以下两种进料情况时的理论板层数及加料板位置：（1）原料液为 20℃ 的冷液体；（2）原料为液化率等于 1/3 的气液混合物。（已知数据如下：操作条件下苯的汽化热为 389kJ/kg，甲苯的汽化热为 360kJ/kg。苯-甲苯混合液的气液平衡数据及 t-x-y 图见表 5-2 和图 5-16）。

解：（1）20℃ 的冷液进料

① 用平衡数据，在直角坐标图上绘平衡曲线及对角线，如图 5-45 所示。在图上定出点 a (x_D, x_D)、点 b (x_F, x_F) 和点 c (x_W, x_W) 3 点。

② 精馏操作线截距为 $\dfrac{x_D}{R+1} = \dfrac{0.975}{3.5+1} = 0.217$，在 y 轴上定出点 b。连接 ab，即得到精馏操作线。

③ 按下法计算 q 值。原料液的汽化潜热为：

$$r_m = 0.44 \times 389 \times 78 + 0.56 \times 360 \times 92 = 31900(kJ/kmol)$$

由图 5-16 查出进料组成 $x_F = 0.44$ 时溶液的泡点为 93℃，$t_m = \dfrac{93+20}{2} = 56.5$℃。由附录查得在 56.5℃下苯和甲苯的比热容为 1.84kJ/（kg·℃），故原料液的平均比热容为：

$$C_p = 1.84 \times 78 \times 0.44 + 1.84 \times 92 \times 0.56 = 158[kJ/(kmol·℃)]$$

所以

$$q = \frac{C_p \Delta t + r_m}{r_m} = \frac{158 \times (93-20) + 31900}{31900} = 1.362$$

$$\frac{q}{q-1} = \frac{1.362}{1.362-1} = 3.76$$

再从点 e 作斜率为 3.76 的直线，即得 q 线。q 线与精馏操作线交于点 d。

④ 连接 cd，即为提馏段操作线。

⑤ 自点 a 开始在操作线与平衡线之间绘直角梯级。图解得理论板数为 11（包括再沸器），自塔顶往下数第 5 层为加料板，如图 5-45 所示。

（2）气液混合物进料

① 与（1）的①项相同。

② 与（1）的②项相同。

①和②两项的结果如图 5-46 所示。

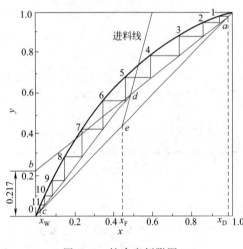
图 5-45 综合案例附图 1

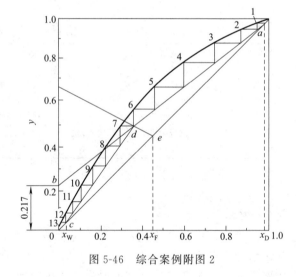
图 5-46 综合案例附图 2

③ 由 q 值定义知，$q = 1/3$，故

$$q \text{ 线斜率为 } \frac{q}{q-1} = \frac{1/3}{1/3-1} = -0.5$$

过点 e 作斜率为 -0.5 的直线，即得 q 线。q 线与精馏操作线交于点 d。

④ 连接 cd，即为提馏段操作线。

⑤ 按上法图解得理论板数为 13（包括再沸器），自塔顶往下数第 7 层为加料板，如图 5-46 所示。

由计算结果可知，对一定的分离任务和要求，若进料状况不同，所需的理论板层数和加料板的位置均不同。冷液进料较气液混合物进料所需的理论板层数少。这是因为精馏塔提馏段内循环量增大，使分离程度增高或理论板数减少。

素质拓展阅读

"蛟龙号"上的"两丝"钳工——顾秋亮

"蛟龙号"是中国首个大深度载人潜水器，有十几万个零部件，组装起来最大的难度就是密封性，精密度要求达到了"丝"级。1 丝，只有 0.01mm，也就是一根头发丝的 1/10 那么细。载人潜水器上所有密封面的装配精度，必须控制到几丝，这样才能确保潜水器在深海里既不漏水，又能缓冲巨大的水压。而在中国载人潜水器的组装团队中，能实现这个精密度的只有钳工顾秋亮，也因为有着这样的绝活儿，顾秋亮被人称为"顾两丝"。"蛟龙号"组装起来没有可以借鉴的经验，顾秋亮只能一点点摸索。除了依靠精密仪器，更重要的是依靠顾秋亮自己的判断。用眼睛看，用手摸，就能做出精密仪器干的活儿。四十多年来，顾秋亮用他做人的信念埋头苦干、踏实钻研、挑战极限。这种信念，让他赢得潜航员托付生命的信任，也见证着中国从海洋大国向海洋强国的迈进。

练习题

一、填空题

1. 精馏过程是利用_____和_____的原理进行的。

2. 最小回流比是指_____。

3. 当分离要求和回流比一定时，_____进料的 q 最小。

4. 简单蒸馏的主要特征是_____和_____。

5. 若原料组成、料液量、操作压力和最终温度都相同，二元理想溶液的简单蒸馏和平衡蒸馏相比较的结果有：①所得馏出物平均浓度_____；②所得残液浓度_____；③馏出物总量_____。（简单蒸馏的馏出物平均浓度大于平衡蒸馏的馏出物平均浓度；两种情况的残液浓度相同；平衡蒸馏的馏出物总量大于简单蒸馏的馏出物总量。）

6. 恒沸精馏和萃取精馏主要针对_____和_____物系，这两种特殊精馏均采取加入第三组分的办法以改变原物系的_____。

7. 精馏操作的依据是_____。精馏操作得以实现的必要条件包括_____和_____。

8. 若精馏塔塔顶某理论板气相露点温度为 t_1，液相泡点温度为 t_2；塔底某理论板上气相露点温度为 t_3，液相泡点温度为 t_4。请将 4 个温度间关系用 ＞、＝、＜符号顺序排列如下_____。

9. 恒沸精馏和萃取精馏的主要区别是：①_____；②_____。

10. 用图解法求解理论塔板时，在 α、x_F、x_D、x_W、q、R、F 和操作压力 p 诸参数中，_____与解无关。

11. 当增大操作压强时，精馏过程中物系的相对挥发度_____，塔顶温度_____，塔釜温度_____。

12. 某连续精馏塔中，若精馏段操作线方程的截距等于零，则精馏段操作斜率等于_____，提馏段操作斜率等于_____，回流比等于_____，馏出液等于_____，回流液量等于_____。

13. 某精馏塔塔顶上升的蒸气组成为 y_1，温度为 T，经全冷凝器全部冷凝至泡点后，部分回流入塔，组成为 x_0，温度为 t，试用＜、＞、＝判断下列关系：T _____ t，y_1 _____ x_0。

14. 某二元理想物系的相对挥发度为 2.5，全回流操作时，已知塔内某块理论板的气相组成为 0.625，则下层塔板的气相组成为_____。

15. 连续精馏操作时，操作压力越大，对分离越_____，若进料的气液比为 1/4（摩尔比）时，则进料热状况参数 q 为_____。

16. 理想溶液的特点是同分子间作用力_____异分子间作用力，形成的混合溶液中没有_____。

17. 精馏塔设计时，若工艺要求一定，减少需要的理论板数，回流比应_____，蒸馏釜中所需的加热蒸汽消耗量应_____，所需塔径应_____。

18. 精馏操作时，若进料的组成、流量和汽化率不变，增大回流比，则精馏段操作线方程的斜率_____，提馏段操作线的斜率_____，塔顶组成_____，塔底组成_____。

19. 总压为 99.7kPa（748mmHg）、100℃ 时苯与甲苯的饱和蒸气压分别是 179.18kPa（1344mmHg）和 74.53kPa（559mmHg），平衡时苯的液相组成为_____，甲苯的气相组成为_____（以摩尔分数表示）。苯与甲苯的相对挥发度为_____。

二、单项选择题

1. 在蒸馏单元操作中，对产品质量影响最重要的因素是（   ）。
   A. 压力　　　　　B. 温度　　　　　C. 塔釜液位　　　　D. 进料量

2. 精馏单元操作中，回流比与理论板数的关系是（   ）。
   A. 回流比增大时，理论板数也增多　　B. 回流比增大时，理论板数减少
   C. 全回流时理论板数最多，但无产品　　D. 回流比最小时，理论板数最少

3. 不影响理论板数的是进料的（   ）。
   A. 位置　　　　　B. 热状况　　　　C. 组成　　　　　D. 进料量

4. 其他条件不变的情况下，增大回流比能（   ）。
   A. 减少操作费用　　　　　　　　　B. 增大设备费用
   C. 提高产品纯度　　　　　　　　　D. 增大塔的生产能力

5. 二元溶液连续精馏计算中，物料的进料状况变化将引起（   ）的变化。
   A. 相平衡线　　　　　　　　　　　B. 进料线和提馏段操作线
   C. 精馏段操作线　　　　　　　　　D. 平衡线和操作线

6. 以下说法正确的是（   ）。
   A. 冷液精馏 $q=1$　　　　　　　　B. 气液混合进料 $0<q<1$
   C. 过热蒸气进料 $q=0$　　　　　　D. 饱和液体进料 $q<1$

7. 当分离沸点较高，而且又是热敏性混合液时，精馏操作压力应采用（   ）。
   A. 加压　　　　　B. 减压　　　　　C. 常压　　　　　D. 不确定

8. 两组分物系的相对挥发度越小，则表示分离该物系越（   ）。
   A. 容易　　　　　B. 困难　　　　　C. 完全　　　　　D. 不完全

9.连续精馏操作中，精馏段操作线随（　　）而变。

    A.回流比　　　　　　B.进料热状况　　　　C.残液组成　　　　　D.进料组成

10.精馏塔塔顶产品纯度下降，原因可能是（　　）。

    A.提馏段板数不足　　　　　　　　　　B.精馏段板数不足

    C.塔顶冷凝量过多　　　　　　　　　　D.塔顶温度过低

三、判断题

1.对于精馏塔内任意一块理论板，其气相露点温度大于液相的泡点温度。（　　）

2.相对挥发度 $\alpha=1$ 的混合溶液不能用普通精馏的方法分离。（　　）

3.从技术角度考虑，对有恒沸现象的二元体系，应采用恒沸精馏而不是萃取精馏。

    （　　）

4.根据恒摩尔流假设，精馏塔内气液两相的摩尔流量一定相等。（　　）

5.精馏操作的依据是物系中组分间沸点的差异。（　　）

6.当分离要求和回流比一定时，进料的量越大，所需总理论板数越多。（　　）

7.精馏设计或操作时，回流比 R 增加并不意味塔顶产品量 D 减小。（　　）

8.以过热蒸气状态进料时，q 线方程的斜率大于0。（　　）

9.精馏段操作线方程为 $y=0.65x+0.4$ 是绝不可能的。（　　）

10.用图解法求理论板数时，与下列参数有关：F、x_F、q、R、α、D、x_D。（　　）

11.填料的等板高度（HEPT）以大为好，HEPT越大，分离越完善。（　　）

12.判断板式精馏塔的操作是否稳定，主要看塔内气液流动有无不正常的"返混"现象（如雾沫夹带）和"短路"现象（如严重漏液）。（　　）

13.在其他条件不变的情况下，降低连续精馏塔的操作压强，塔顶馏出物中易挥发组分的浓度变低。（　　）

14.纯液体的沸点与总压有关，对于组成一定的混合物，其泡点与总压无关。（　　）

15.对理想溶液的相对挥发度产生影响的因素是操作压强，当操作压强恒定后，溶液的相对挥发度就不再变化。（　　）

16.在馏出率相同的条件下，简单蒸馏所得的馏出物的浓度组成低于平衡蒸馏。（　　）

17.汽化率相同时，平衡蒸气的闪蒸罐内压强越低，分离效果越好。（　　）

18.当分离要求一定时，精馏塔内物料的循环量越大，所需的理论板数越多。（　　）

19.回流比相同时，塔顶回流液的温度越高，分离效果越好。（　　）

20.对于普通物系，原料组成浓度越低，塔顶产品达到同样浓度所需的最小回流比越大。

    （　　）

四、计算题

1.（1）含乙醇0.12（质量分数）的水溶液，其摩尔分数为多少？（2）乙醇-水恒沸物中乙醇含量为0.894（摩尔分数），其质量分数为多少？

2.苯-甲苯混合液在压强为101.33kPa下的 t-x-y 图见图5-16，若混合液中苯初始组成为0.5（摩尔分数），试求：

（1）该溶液的泡点温度及其瞬间平衡气相组成；

（2）将该混合液加热到95℃时，试问溶液处于什么状态？各组分含量为多少？

（3）将该溶液加热到什么温度，才能使其全部汽化为饱和蒸气，此时的蒸气组成是怎样的？

3. 在常压连续精馏塔中分离某两组分理想溶液，原料液流量为 300kmol/h，组成为 0.35（易挥发组分的摩尔分数，下同），泡点进料。馏出液组成为 0.90，釜残液组成为 0.05，操作回流比为 3.0，试求：

(1) 塔顶和塔底产品流量（kmol/h）；

(2) 精馏段与提馏段的上升蒸气流量和下降液体流量（kmol/h）。

4. 在连续精馏塔中分离两组分理想溶液，原料液流量为 85kmol/h，泡点进料，若已知精馏段和提馏段操作线方程分别为 $y=0.723x+0.263$，$y=1.35x-0.018$，试求：

(1) 精馏段和提馏段的下降液体流量（kmol/h）；

(2) 精馏段和提馏段的上升蒸气流量（kmol/h）。

5. 在连续精馏中分离两组分理想溶液，已知原料液组成为 0.45（易挥发组分摩尔分数，下同），原料液流量 100kmol/h，泡点进料，馏出液组成为 0.90，釜残液组成为 0.05，操作回流比为 2.4。试写出精馏段操作线方程和提馏段操作线方程。

6. 在常压连续精馏塔中分离甲醇-水溶液，原料液组成为 0.4（甲醇的摩尔分数，下同），泡点进料。馏出液组成为 0.95，釜残液组成为 0.03，回流比为 1.6，塔顶为全凝器，塔釜采用饱和蒸汽直接加热，试求理论板数和适宜的进料位置。

7. 在连续精馏塔中分离两组分理想溶液。塔顶采用全凝器。实验测得塔顶第一层塔板的单板效率为 0.6。物系的平均相对挥发度为 3.0，精馏段操作线方程为 $y=0.833x+0.15$。试求离开塔顶第二层塔板的上升蒸气组成 y_2。

 知识的总结与归纳

知识点		应用举例	备注
拉乌尔定律	$p_A=p_A^\circ x_A$，$p_B=p_B^\circ x_B$	汽化与冷凝平衡时,气相中某一组分的分压与液相中该组组成之间的关系	适用于理想溶液
相对挥发度	$\alpha=\dfrac{v_A}{v_B}=\dfrac{p_A/x_A}{p_B/x_B}$	两个组分之间挥发度之比	α 值离 1 越远,越易蒸馏操作
气液平衡关系	$y_A=\dfrac{\alpha x_A}{1+(\alpha-1)x_A}$	已知液相组成计算气相组成	
简单蒸馏过程		一次气液平衡,非定态过程,对液体混合物只能进行初步分离,分离效果有限	可在蒸馏塔内进行,也可在蒸馏釜中进行,没有回流
精馏过程		多次部分汽化、部分冷凝,定态过程,如果塔板数设计合理,可使液体混合物得到足够高的分离效果	在精馏塔内进行,必须有回流
理论板		离开塔板时气相与液相互成平衡关系	板效率100%
实际板		离开塔板时气液两相没有达到平衡	板效率<100%
精馏段操作线方程	$y_{n+1}=\dfrac{R}{R+1}x_n+\dfrac{1}{R+1}x_D$	表明精馏段内上、下相邻板间液相组成与气相组成之间的定量关系	对精馏段某一板与塔顶馏出管之间进行物料衡算,得出此方程

知识点		应用举例	备注
提馏段操作线方程	$y'_{m+1}=\dfrac{L'}{L'-W}x'_m-\dfrac{W}{L'-W}x_W$	表明提馏段内上、下相邻板间液相组成与气相组成之间的定量关系	对提馏段某一板与塔底残液馏出管之间进行物料衡算,得出此方程
进料热状况参数 q	$q=\dfrac{I_V-I_F}{I_V-I_L}=\dfrac{1\text{kmol 原料变为饱和蒸气所需热量}}{\text{原料液的千摩尔汽化潜热}}$		对于气液混合物进料,q 为液化率
五种进料热状况	F　L　V　(a)　　F　L　V　L'　V'　(b)　　F　L　V　L'　V'　(c) F　L　V　L'　V'　(d)　　F　L　V　L'　V'　(e)		对设计计算而言: 进料热状况影响 q 线和提馏操作线。 对操作计算而言: 进料热状况影响塔釜热负荷和塔顶产品组成。 比较理想的情况:泡点进料
q 线方程	$y=\dfrac{q}{q-1}x-\dfrac{x_F}{q-1}$	通过 q 线与精馏操作线的交点画出提馏线	q 线方程为精馏、提馏操作线的交点轨迹方程
回流比 R	$R=\dfrac{L}{D}$	影响精馏操作线的位置,进而影响理论塔板数	全回流时,塔的分离效果最佳
最小回流比 R_{min}	当 $R=R_{min}$ 时,在加料板附近出现恒浓区,此处塔板不起分离作用		操作线与平衡线相交或相切
适宜回流比	$R=(1.1\sim2.0)R_{min}$	设计回流比时,主要考虑精馏操作费用和设备初期投资费用总和应最低	回流比大,分离效果好,但操作费用高
逐板法计算理论塔板数	从塔顶开始,反复使用平衡方程和操作线方程	计算理论塔板数	计算准确,工作量较大
图解法计算理论塔板数	从塔顶开始,在平衡线和操作线之间画直角梯级		直观
单板效率	$E_{mV}=\dfrac{y_n-y_{n+1}}{y_n^*-y_{n+1}}$, $E_{mL}=\dfrac{x_{n-1}-x_n}{x_{n-1}-x_n^*}$		
全塔效率	$E_T=\dfrac{N_T}{N_P}\times100\%$		

学习目标

学习气体在一定溶剂中，随操作温度及压力的变化溶解度亦发生相应改变的规律，能运用溶解规律选用合适的吸收剂，确定合理的吸收操作压力和吸收操作温度；学习各类吸收装置的结构及各类填料性能，能针对特定的吸收分离任务，选用合适的吸收塔及附件和填料；学习吸收操作物料衡算方法，结合传质速率方程，能依据吸收分离任务及分离要求，确定吸收剂用量、吸收塔直径和吸收塔填料层高度，并能正确操作吸收塔及解决吸收操作过程中常见的不正常现象。

在化工生产过程中，经常会遇到混合气体的分离及气体净化问题。气体混合物的分离方法常见的有吸收、吸附或压缩冷凝后采用精馏方法分离。实际生产中，通常是将气体混合物与能吸收混合物中的某组分的液体（溶剂）接触，使其被溶剂吸收而离开气体混合物，完成气体混合物的分离。这种在一定的条件下，利用混合气体中各组分在同一溶剂中的溶解度不同而完成分离的操作即为吸收。混合气体中被吸收的组分称为吸收质（或叫溶质 A），不被吸收的组分称为惰性组分 B，吸收溶质的液体称为溶剂 S，溶质溶于溶剂中形成溶液（A+S）。吸收过程在吸收塔内进行，吸收塔依据设备结构分板式塔和填料塔。

吸收有物理吸收、化学吸收之分；有单组分、多组分吸收之分；有常压、减压、加压吸收之分；有等温和非等温吸收之分。在此模块，我们主要学习常压等温单组分物理性吸收技术。

工业应用

吸收在工业上主要用于净化或精制气体，如分离混合气体得到某一组分，或者吸收某一组分制备产品，以及化工厂排放的废气治理。吸收在冶金工业和热电工业中也有应用，如金属冶炼烟气含尘含杂气体的净化，火力发电厂尾气中硫化物的处理。图 6-1 为实验室制备氯气的装置示意图，图 6-2 为工业合成氨生产中原料气净化过程（碳酸丙烯酯法脱碳流程）。

图 6-2 中来自压缩机四段的变换气，经冷却降温、分离夹带的油水后从脱碳塔底部进入脱碳塔，与塔顶喷淋下来的碳酸丙烯酯溶液在塔内进行传质吸收。脱除 CO_2 后的气体经气液分离、闪蒸洗涤后返回压缩机五段。而吸收 CO_2 后的富液从脱碳塔底部出来，经能量回收、

降压后进入闪蒸洗涤塔闪蒸，回收其中大部分 CO_2 气体。然后溶液进入再生塔，在再生塔内经过常压、真空和汽提三级解吸后，液体返回吸收液循环槽。吸收液经过涡轮机加压、冷却器降温后，再进入脱碳塔循环使用。

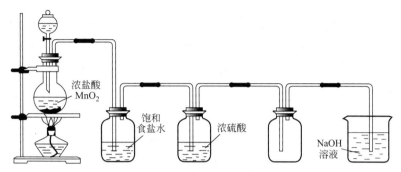

图 6-1　实验室制备氯气装置示意图

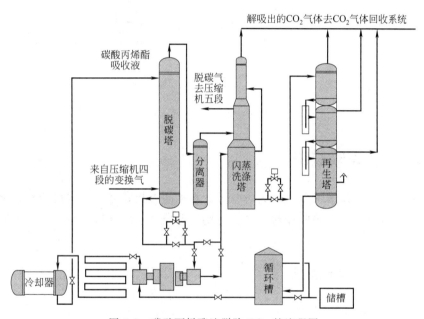

图 6-2　碳酸丙烯酯法脱除 CO_2 的流程图

由碳酸丙烯酯溶液脱除变换气中的 CO_2 等杂质的实例可知，采用吸收操作实现混合气体分离必须具备以下条件：

① 选择合适的吸收剂（溶剂），能在一定条件下有选择性地吸收混合气体中某一个或多个组分；

② 选用合理的吸收设备（填料塔、板式塔）及相应的附件，以实现气液两相充分接触，使溶质由气相转移至液相中；

③ 吸收剂能再生、循环使用，且有价廉易得、毒性小、稳定性好等特点；

④ 采用适宜的操作条件（吸收温度、吸收压力及喷淋密度）。

此外还需解决针对一定的吸收任务（一定流量的已知组成混合气体）及吸收要求，确定吸收塔的工艺尺寸，了解吸收塔的正常开停车，学习吸收操作中常见事故的原因及解决方案。

任务1 认识吸收装置

吸收过程的实施是在吸收装置中进行的。吸收装置由吸收塔、吸收液循环装置（泵、循环储槽、换热器）、气体输送设备等构成，其示意图如图6-3所示。在吸收塔内，气液两相充分接触，溶质被溶剂吸收进入液相，未被吸收的惰性组分从塔顶排出，吸收液从塔底排出经补充压力、降低温度返回吸收塔。

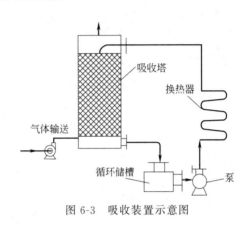

图 6-3　吸收装置示意图

子任务1 认识吸收塔

工业上完成吸收操作的设备统称为吸收塔。常见的有板式塔、填料塔两种。板式塔多用于精馏操作，填料塔多用于吸收操作，在此主要学习填料塔的结构特点、填料塔的附件作用和填料的类型及特性。

一、填料塔的结构与特点

1.填料塔的结构

填料塔主要由塔体、填料及其附件（除沫装置、液体分布装置、气体分布装置、填料支撑装置、填料压紧装置等）构成，如图6-4所示。

填料塔操作时，气体从塔底送入，经气体分布装置（小直径塔一般不设气体分布装置）分布后，在压差作用下自下向上与液体呈逆流连续通过填料层的空隙，而液体自塔上部进入，通过液体分布装置均匀喷洒在塔截面上，在重力作用下沿填料层向下流动。在填料表面上，气液两相密切接触进行质、热传递。

填料塔属于连续接触式气液传质设备，填料层内气液两相呈逆流接触，填料的润湿表面为气液两相接触传质表面，气液两相组成沿塔高连续变化，正常操作状态下，气相为连续相，液相为分散相。

2.填料塔的特点

与板式塔比较，填料塔具有如下特点：

① 生产能力大。填料塔内件开孔率大，空隙率大，液泛点高。

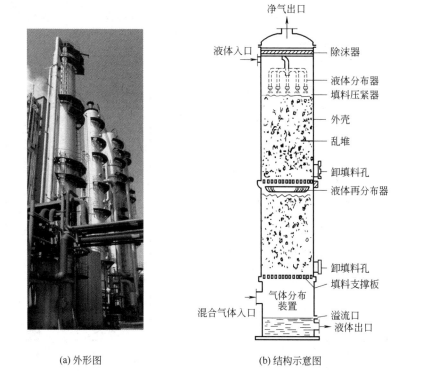

(a) 外形图　　　　　　　(b) 结构示意图

图 6-4　填料塔结构示意图与外形图

② 分离效率高。适合处理难分离混合气体的分离，塔高较低。

③ 压降较小，适合减压操作，且能耗低。

④ 持液量小，适宜处理热敏性物料。

⑤ 操作弹性较小，对液体负荷变化较敏感，若液体负荷较小或较大，易产生干塔或液泛现象。

⑥ 适宜处理易起泡和腐蚀性的物料，可利用填料消泡及采用防腐材料制造的填料。

⑦ 不宜处理含固或易聚合的物料，因清洗较麻烦。

二、填料的类型与性能

填料是填料塔的核心部分，其作用有：提供气液接触面积；强化气体湍动，降低气相传质阻力；更新液膜表面，降低液相传质阻力。填料的好坏是决定填料塔性能的主要因素，对操作影响较大的填料特性有比表面积、空隙率、填料因子和单位堆积体积的填料数目。常见填料的特性参数如表 6-1 所示。

表 6-1　常见填料特性参数

填料名称	规格(直径×高×厚) /mm×mm×mm	材质及 堆积方式	比表面积 /(m²/m³)	空隙率 /(m³/m³)	干填料因子 /m⁻¹	湿填料因子 /m⁻¹
拉西环	50×50×4.5	陶瓷，乱堆	93	0.81	177	205
	80×80×9.5	陶瓷，乱堆	76	0.68	243	280
	50×50×1.0	金属，乱堆	110	0.95	130	175
	76×76×1.6	金属，乱堆	68	0.95	80	105

填料名称	规格(直径×高×厚) /mm×mm×mm	材质及 堆积方式	比表面积 /(m²/m³)	空隙率 /(m³/m³)	干填料因子 /m⁻¹	湿填料因子 /m⁻¹
鲍尔环	50×50×4.5	陶瓷,乱堆	110	0.81		130
	50×50×0.9	金属,乱堆	103	0.95		66
	25×25×0.6	金属,乱堆	209	0.94		160
阶梯环	25×12.5×1.4	塑料,乱堆	223	0.90		172
	38.5×19×1.0	塑料,乱堆	132.5	0.91		115
	76×37×3.0	塑料,乱堆	90	0.93		
矩鞍环	25×20×0.6	金属,乱堆	185	0.96	209.1	
	50×40×1.0	金属,乱堆	75	97	84.7	
	50×25×1.5	塑料,乱堆	250	0.96	332	
	76×38×2.6	塑料,乱堆	200	0.97	289	
共轭环	25×25×3	陶瓷,乱堆	284	0.78		350
	38×38×4	陶瓷,乱堆	172	0.8		230
	16×12×1	塑料,乱堆	461	0.75		879
	25×19×1.2	塑料,乱堆	283	0.84		473
	25×25×0.3	金属,乱堆	185	0.953	216	
	38×38×0.5	金属,乱堆	116	0.957	131	
纳特环	25×25×0.5	金属,乱堆	181	0.96		
	38×38×0.7	金属,乱堆	108	0.97		
波纹填料	160Y	陶瓷,整砌	160	0.85		
	350Y	陶瓷,整砌	350	0.85		
海尔环	50×50	塑料,乱堆	101	0.93		70
	76×76	塑料,乱堆	55	0.94		87

1. 填料的性能

为使填料塔发挥良好的性能，填料应符合以下几项主要要求。

（1）要求有较大的比表面积　单位体积填料层所具有的表面积称为填料的比表面积，用 δ 表示，单位为 m^2/m^3。填料的表面只有被流动的液相所润湿，才能构成有效的传质面积。因此，还要求填料有良好的润湿性及有利于液体均匀分布的形状。同一种类的填料，尺寸越小，其比表面积越大。

（2）要求有较高的空隙率　单位体积填料所具有的空隙体积称为填料的空隙率，用 ε 表示，单位为 m^3/m^3。一般说填料的空隙率多在 0.45～0.95 范围内，当 ε 较高时，气液通过能力大且气流阻力小，操作弹性范围较宽。

（3）要求填料因子较小　将 δ 与 ε 组合成 δ/ε^3 的形式即为干填料因子，单位为 m^{-1}。填料因子表示填料的流体力学性能。当填料被喷淋的液体润湿后，填料表面覆盖了一层液膜，δ 与 ε 均发生相应的变化，此时的 δ/ε^3 即为湿填料因子，以 φ 表示。φ 值小则填料层阻力小，发生液泛时的气速提高，亦即流体力学性能好。

（4）要求单位堆积体积的填料数目适宜　对于同一种填料，单位堆积体积内所含填料的个数是由填料尺寸决定的。填料尺寸减小，填料数目就增加，填料层的比表面积也增大，而空隙率较小，气体阻力亦相应增加，填料造价提高。反之，若尺寸过大，在靠近塔壁处，填料层空隙很大，将有大量液体由此短路通过。为控制气液分布不均现象，填料尺寸不宜大于塔径 D 的 $1/10\sim1/8$。

此外，还要求填料经济、实用及可靠，要求填料单位体积的质量轻、造价低、坚固耐用、不易堵塞、有足够的机构强度、对于气液两相介质都具有良好的化学稳定性。

实际应用时，各种填料不可能完全具备上述要求，需依据具体情况加以选择。

2. 填料的类型

填料的类型按填料形状分，有网体填料和实体填料；按材质分，有金属填料、塑料填料、陶瓷填料和石墨填料等；按填料的装填方式分，有散装（乱堆）填料和规整填料。散装填料是一类具有一定几何尺寸的颗粒体，以散装方式堆积在塔内。依结构特点不同，一般分为环形填料、鞍形填料、环鞍形填料和球形填料。规整填料是一类在塔内整齐有规则排放的填料，依几何结构不同分为格栅填料、波纹填料、脉冲填料等。工业生产常用的填料有：拉西环、鲍尔环、阶梯环、弧鞍环、矩鞍环、球形、波纹填料及脉冲填料。

常见填料见图 6-5 和表 6-2。

图 6-5　常见填料示意图

表 6-2　常见填料

类型	结构	特点及应用
拉西环填料	外径与高度相等的圆环,如图 6-5(a)所示	拉西环形状简单,制造容易,操作时有严重的沟流和壁流现象,气液分布较差,传质效率低。填料层持液量大,气体通过填料层时阻力大,通量较低。拉西环使用最早,但目前工业应用日趋减少
鲍尔环填料	在拉西环的侧壁上开出两排长方形的窗孔,被切开环壁一侧仍与壁面相连,另一侧向环内弯曲,形成内伸的舌叶,舌叶的侧边在中心相搭。如图 6-5(b)所示	鲍尔环填料的比表面积与拉西环基本相当,气体流动阻力降低,液体分布比较均匀。同一材质、同种规格的拉西环与鲍尔环相比,鲍尔环的气体通量比拉西环增加 50% 以上,传质速率增加 30% 左右。鲍尔环填料以其优良的性能得到广泛的工业应用
阶梯环填料	对鲍尔环填料进行改进,形状如图 6-5(c)所示。阶梯环圆筒部分的高度仅为直径的一半,圆筒一端在向外翻卷的锥形边,其高度为全高的1/5	阶梯环填料是目前环形填料中性能最为良好的一种。填料的空隙率大,填料个体之间呈点接触,使液膜不断更新,压降低、通量大、效率高、负荷弹性大、抗污性好
鞍环填料	鞍环填料是敞开型填料,包括弧鞍和矩鞍,其形状如图 6-5(e)、(f)所示	弧鞍填料是两面对称结构,在装填时易出现局部叠合或架空现象,且强度较差,容易破碎,影响传质效率。矩鞍填料在塔内不会叠合而是处于相互勾连的状态,有较好的稳定性,填充密度及液体分布都较为均匀,空隙率有所提高,阻力较低,不易堵塞,制造比较简单,性能较好,是替代拉西环的理想填料
金属鞍环填料	采用极薄金属板轧制而成,如图 6-5(g)所示。其形状既有类似开孔环形填料的圆环、开孔和内伸的叶片,也有类似矩鞍形填料的侧面	金属鞍环填料是综合了环形填料通量大及鞍形填料的液体再分布性能好的优点而研制和发展起来的新型填料。敞开的侧壁有利于气体和液体通过,在填料层内极少产生滞留的死角,阻力减小,通量增大,传质效率提高,有良好的机械强度。其性能优于目前的矩鞍环和鲍尔环填料
球形填料	一般采用塑料材质注塑而成,其结构有很多种,如图 6-5(h)所示	球形填料球体为空心,允许气体和液体从内部通过,填料装填密度均匀,不易产生空穴和架桥现象,气液分散性能好。球形填料一般适用于某些特定场合,工程上应用较少
波纹填料	由许多波纹薄板组成的圆盘状填料,波纹与水平方向成 45°倾角,相邻两波纹板反向靠叠,使波纹倾斜方向相互垂直叠放于塔内,相邻的两盘填料交错 90°排列。如图 6-5(k)、(n)、(o)所示	波纹填料的优点是结构紧凑,比表面积大,传质效率高,填料阻力小,处理能力提高;缺点是不适宜处理黏度大、易聚合或有悬浮物的物料,填料装卸、清理较困难,造价也较高。金属丝网波纹填料特别适用于精密精馏及真空蒸馏装置,为难分离物系、热敏性物系的精馏提供了有效手段。金属孔板波纹板填料特别适用于大直径蒸馏塔。金属压延孔板波纹填料主要用于分离要求高、物料不易堵塞的场合
脉冲填料	脉冲填料是由带缩颈的中空棱柱形单体,按一定方式拼装而成的一种整砌填料。如图 6-5(p)所示	脉冲填料流道收缩、扩大交替重复进行,实现了"脉冲"传质过程。脉冲填料的特点是处理量大、压降小,是真空蒸馏的理想填料,因其优良的液体分布性能使放大效应减小,特别适用于大塔径的场合
其他新型填料	海尔环填料,如图 6-5(i)所示;纳特环填料,如图 6-5(j)所示;木格栅填料,如图 6-5(l)所示;格里奇格栅填料,如图 6-5(m)所示;共轭环填料,如图 6-5(q)所示	海尔环填料通量大、压降低、抗撞击性能好,填料间不会嵌套,壁流效应小和气液分布均匀;纳特环填料具有通量大、压降低、传质效率高、操作弹性大的特点,装填时填料很容易均匀布置于塔内。格栅填料比表面积较小,主要用于要求压降小、负荷大及防堵场合

三、填料塔的附件

填料塔的附属结构由塔顶往塔底,主要有除沫器、液体分布（喷淋）装置、填料压紧装置、液体再分布器、气体分布装置和填料支撑装置（支撑板）等。

1. 除沫器

除沫器用来除去填料层上方逸出的气体中的雾滴。填料塔中因气速较小，气体中的带液量较小，一般可不设除沫器。但当喷淋装置有严重溅液现象时，或操作气速过大、气体中带有较多雾滴、并且工艺中不允许气相带液时，需在塔顶的喷淋装置上方设置除沫器。

除沫器种类很多，已在《化工单元操作（上）》蒸发技术中介绍。

液体分布装置

2. 液体分布（喷淋）装置

液体分布（喷淋）装置是把液体均匀分布在填料层上的装置，常用的有下述三种。

（1）管式喷淋器　管式喷淋器一般有六种类型，即弯管式、直管缺口式、多孔直管式、多孔盘管式、排管式及环管式，分别如图 6-6（a）～（f）所示。

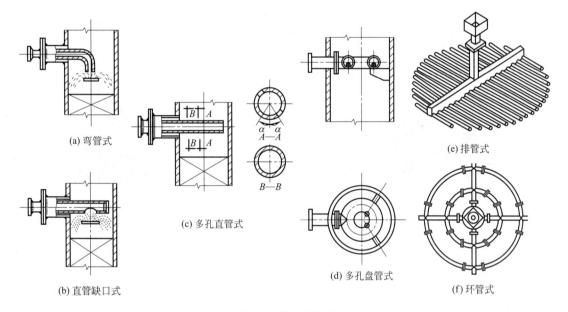

（a）弯管式　（b）直管缺口式　（c）多孔直管式　（d）多孔盘管式　（e）排管式　（f）环管式

图 6-6　管式喷淋器

（2）莲蓬头式喷洒器　莲蓬头式喷洒器如图 6-7 所示。通常取莲蓬头直径为塔径的 1/5～1/3，球面半径为莲蓬头直径的 0.5～1.0，喷洒角≤80°，小孔直径为 3～10mm。莲蓬头喷洒器一般用于直径小于 0.6m 的塔。

（3）盘式分布器　盘式分布器如图 6-8（a）～（c）所示。液体从进口管流到分布盘上，盘上开有筛孔或溢流管及槽式分布器，将液体分布在整个截面上。适用于直径大于 0.8m 的塔。

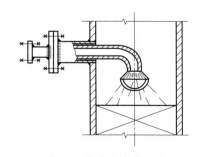

图 6-7　莲蓬头式喷洒器

3. 填料压紧装置

为保持操作中填料床层高度恒定，防止在高压降、瞬时负荷波动等情况下填料床层发生松动和跳动，在填料装填后需在其上方安装填料压紧装置。

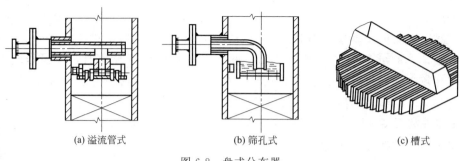

| (a) 溢流管式 | (b) 筛孔式 | (c) 槽式 |

图 6-8　盘式分布器

　　填料压紧装置分为填料压板和床层限制板两大类，而每类又有不同形式，如图 6-9 列出了几种常见的填料压紧装置。填料压板自由放置于填料上端，靠自身重量将填料压紧，它适用于陶瓷、石墨制的散装填料。当填料层发生破碎时，填料层空隙率下降，此时填料压板可随填料层一起下落，紧紧压住填料而不会形成填料松动。床层限制板用于金属散装填料、塑料散装填料及所有规整填料。金属和塑料填料不易破碎，且弹性好，在装填正确时不会使填料下沉，床层限制板要固定在塔壁上，为不影响液体分布器的安装和使用，不能采用连续的塔圈固定，对于小塔可用螺丝固定于塔壁，而大塔则用支耳固定。

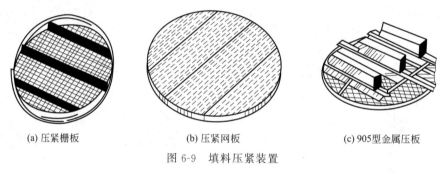

| (a) 压紧栅板 | (b) 压紧网板 | (c) 905型金属压板 |

图 6-9　填料压紧装置

4. 液体再分布器

　　液体再分布器是用来改善液体在填料层内的壁流效应的，每隔一定高度的填料层设置一个再分布器。再分布器的形式如图 6-10 所示。

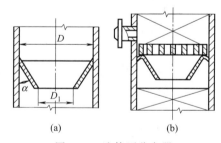

| (a) | (b) |

图 6-10　液体再分布器

5. 气体分布装置

　　气体分布装置应能使气体分布均匀，同时还能防止液体流入进气管。常见的方式是使进气管伸入塔的中心线位置，管端为 45°向下的斜口或向下缺口，如图 6-11 所示。这种装置只能适用于塔径小于 500mm 的小塔，对于大塔，管的末端可制成向下的喇叭形扩大口或制成多孔盘。

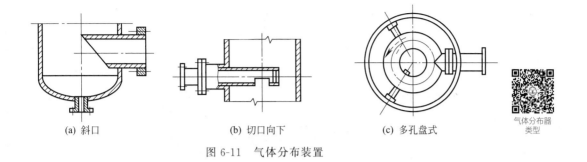

(a) 斜口　　　　　　　(b) 切口向下　　　　　　(c) 多孔盘式

图 6-11　气体分布装置

气体分布器
类型

6.填料支撑装置（支撑板）

填料支撑装置是支撑填料和填料上的持液量的，它应有足够的强度，允许气体和液体自由通过。支撑板的自由截面不应小于填料层的空隙率。支撑板通常可用扁钢做成栅板形式，也有在栅板上再整砌十字环的，还可另采用升气管式结构，使气管通过升气管上部所开的齿缝上升，液体则自支撑板的小孔和齿缝的下沿流下，其气体流通截面甚至可超过塔的截面积。如图 6-12（a）~（c）所示。

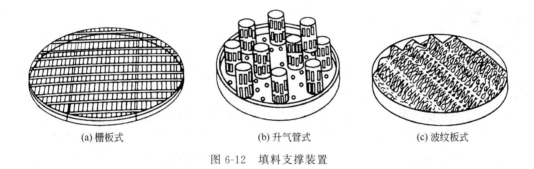

(a)栅板式　　　　　　(b)升气管式　　　　　　(c)波纹板式

图 6-12　填料支撑装置

若要全面掌握填料吸收塔知识，并能熟练选用填料塔完成一定任务的气体混合物的分离，必须要充分了解填料的性能特点及应用对象，并对填料塔各附件的作用、类型及应用原则有较为全面的掌握，表 6-3 为填料塔常用的附件选用依据表。

表 6-3　填料塔常用的附件选用依据表

名称	作用	结构类型	备注
除沫器	除沫器是在液体分布装置的上方安装的，作用是清除气体中夹带的液体雾沫等	常见的除沫器有折板式除沫器、丝网式除沫器及旋流式除沫器	填料塔若因喷淋装置有严重溅液现象，或操作气速过大、气体中带有较多雾滴、并且工艺中不允许气相带液时，需在塔顶的喷淋装置上方设置除沫器
液体分布装置	设置在塔顶，为填料层提供数量足够分布适当的喷淋点，以保证液体初始均匀分布在填料表面	常见的液体分布装置有管式、莲蓬头式和盘式几种，如图 6-6、图 6-7、图 6-8 所示	莲蓬头式适用于处理清洁液体，且塔径<600mm；盘式适用于大直径的吸收塔；管式适用于液体量小而气量大的填料塔
填料压紧装置	安装在填料上方，使填料床层高度在操作过程中保持相对稳定	常见填料压紧装置有填料压板和床层限制板两种，填料压紧装置见图 6-9	填料压板适用于陶瓷、石墨制的散装填料；床层限制板适用于金属散装填料、塑料散装填料和规整填料

续表

名称	作用	结构类型	备注
液体再分布装置	为减少填料塔内壁流现象,在塔内间隔一定高度填料层设置液体再分布器	最简单的液体再分布装置是截锥式再分布器,如图6-10所示	如图6-10(a)所示是将截锥筒体焊在塔壁上,适用于塔径较小的填料塔;如图6-10(b)所示是在截锥筒体上方加设支撑板,截锥下方隔一段距离再装填料,有利于分段卸出填料,适用于塔径较大的塔
气体分布装置	使气体分布均匀,同时还能防止液体流入进气管	常见的方式是使进气管伸入塔的中心线位置,管端为45°向下的斜口或向下缺口,如图6-11所示	如图6-11(a)、(b)所示的气体分布装置适用于塔径小于500mm的小塔;对于大塔,管的末端可制成向下的喇叭形扩大口或制成多孔盘,如图6-11(c)所示
填料支撑装置	支撑塔内填料及持有的液体总质量	常见填料支撑装置有栅板式、升气管式、波纹板式,如图6-12所示	为使气液能顺利通过,支撑装置的自由截面积应大于填料层的自由截面积。否则当气速增大时,易先在支撑装置处发生液泛。支撑装置选择的依据是塔径、采用的填料种类、材质及型号、塔体及气液流速

技能训练 6-1

合成氨生产中,变换气组成为:CO_2 28.0%；CO 2.5%；H_2 47.2%；N_2 22.3%（均为体积分数）。为满足氨合成要求,分离要求为:出塔净化气中 CO_2 的浓度不超过0.5%；操作压强为1.6MPa。依据填料类型及性能、填料塔附件的结构特点,分析完成这个分离任务及分离要求,选用合适的填料及适宜的塔附件。

分析：依据各类填料的特点及填料选用原则,可选用 $Dg50mm$ 塑料鲍尔环（米字筋）作为脱碳塔填料,其湿填料因子 $\varphi = 120m^{-1}$,空隙率 $\varepsilon = 0.90$,比表面积 $\delta = 106.4m^2/m^3$。吸收塔可选用结构如下的附件：液体分布器选用分布较好的槽盘式分布器。它具有集液、分液和分气三个功能,结构紧凑,操作弹性高,应用广泛。

除沫器用于分离塔顶端中所夹带的液滴,以降低有价值的产品损失,改善塔后动力设备的操作,可采用丝网除沫器。

液体再分布器,对鲍尔环而言,若塔径不超过6m,可选用截锥式再分布器。

填料支撑板选用最为常用的栅板式。

子任务 2 认识吸收的工业应用

吸收是分离气体混合物的操作,其分离依据是在相同条件（温度、压力）下,混合气体中各组分在同一溶剂中的溶解度不同。吸收操作进行时,需向混合气体喷淋液体吸收剂,使溶质在溶剂中溶解而完成与惰性组分的分离。吸收在工业生产上有着广泛的用途。

一、吸收操作的应用

吸收是利用一定温度压力下,根据混合气体中各组分在溶液中的溶解度不同而将其分开的操作。吸收操作作为混合气体的一种重要的分离手段而被广泛地应用于化工、医药、冶金等工业生产过程，其主要应用有以下几种。

① 分离混合气体以获得一定的组分或产物。如用硫酸吸收煤气中的氨得副产物硫酸铵；用洗油洗涤焦炉煤气回收其中的苯、甲苯蒸气；用液态烃处理石油裂解气以回收其中的乙烯、丙烯等。

② 除去混合气体中的有害组分以净化或精制气体。如用碳酸丙烯酯溶液或钾碱溶液除去合成氨原料气中的 CO_2；用铜氨液吸收氨合成原料气中极少量的 CO、CO_2 和 H_2S 等。

③ 制备某种气体的溶液。用水吸收 HCl、SO_3、NO_2 等气体得到相应的无机酸。

④ 工业废气的治理。在煤矿、冶金、火力发电、医药和化工等工业产品的生产过程中，均或多或少向大气中排放一定量的 SO_2、NO、NO_2 等有害气体，这些气体尽管浓度不高，但是其水溶液均具有强酸性，若直接排入空气中对人和自然环境的破坏均很大，故这些废气在排放之前必须采用碱性吸收剂加以吸收处理。

二、吸收操作的分类

吸收是分离气体混合物最常见的单元操作。依据吸收过程中操作条件及吸收时溶质与溶剂的作用原理不同，吸收操作常分为以下几类。

1. 按过程有无化学反应分类

（1）物理吸收　吸收过程中，吸收质与溶剂之间不发生明显的化学反应。一般适用于溶质易溶于水而惰性组分难溶于水的混合气体分离。如稀氨水脱除制氨原料气中的 CO_2 气体。

（2）化学吸收　吸收过程中，吸收质与溶剂之间有明显的化学反应发生。如溶质为酸性气体或碱性气体，多采用化学吸收操作分离混合气体。如用水吸收氨气、氯化氢气体制氨水、盐酸。

2. 按被吸收的组分数分类

（1）单组分吸收　混合气体中只有一个组分（溶质）被吸收进入溶液，其他组分均不溶于吸收剂的吸收操作。如空气中的氨气被水吸收即为单组分吸收。

（2）多组分吸收　混合气体中有两个或两个以上的组分进入液相的吸收。如硫铁矿制硫酸尾气中的 SO_2、SO_3 用氨水吸收。

3. 按过程有无温度变化分类

（1）非等温吸收　气体溶于液体时，常常伴有热效应，若为化学吸收还会有化学热，结果是随吸收过程的进行，溶液的温度会发生变化，此类吸收为非等温吸收。常见的吸收操作大多数为非等温的。

（2）等温吸收　在吸收过程中，若热效应很小，或被吸收的气体在气相中的浓度很低，而吸收采用了大量的吸收剂，致使温度变化不显著，均可认为是等温吸收。如硫酸工业尾气处理，采用大量稀氨水吸收尾气中的 SO_2、SO_3 的过程，即可视为等温吸收。

4. 按过程操作压力分类

（1）常压吸收　即是吸收操作在大气压下进行的吸收过程。如上述的硫酸工业尾气的处理即是常压下的吸收。

（2）加压吸收　因气体在溶液中的溶解度随压力升高而增大，故工业上大多数在高于常压（即加压）下进行吸收操作。

说明：实际吸收操作过程往往伴随气体混合物的净化和吸收剂或惰性组分（或吸收质）

的回收等多重目的。

至于混合气体的分离操作，最终选用何种吸收类型，主要取决于混合气体物系的性质、分离要求及分离成本等。

三、吸收流程的设置

吸收是在吸收塔内，采用喷淋吸收剂与吸收质接触，吸收质被吸收剂吸收进入液相而完成气体分离的。常见的吸收操作在气体混合物与溶剂接触时会有一定的热效应，若吸收剂需

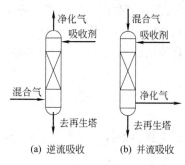

图 6-13　吸收操作方式示意图

循环使用，则要对吸收剂降温升压，所以吸收操作有多种流程设置方案。常见的操作流程有如下几种：依吸收剂与吸收质接触的方式不同有逆流吸收和并流吸收流程，如图 6-13 所示。依据吸收操作步骤数分为一步法和多步法吸收流程，如图 6-14 （a）为两步法吸收流程。依据吸收要求，可设置单塔吸收流程和多塔吸收流程，如图 6-14 （b）所示为双塔吸收流程。依据吸收剂是否循环使用可分为循环吸收流程和非循环吸收流程，如图 6-15 所示为吸收液循环吸收流程。

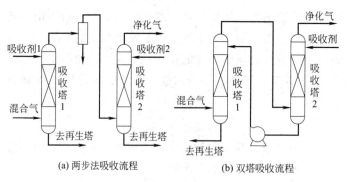

图 6-14　吸收操作流程示意图

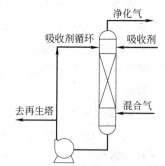

图 6-15　吸收液循环吸收流程示意图

任务 2　确定吸收操作条件

吸收操作是依据气体混合物中各组分在同一溶剂中的溶解度不同而完成分离的，且气体的溶解度是随溶剂的种类、吸收操作压力和操作温度的不同而不同的。吸收的目的即是利用各组分溶解度的不同完成气体净化或制备液体产品，所以影响吸收操作的条件首先是溶剂的类型，其次就是吸收操作压力、吸收温度。为了确定吸收条件，首先必须了解吸收过程中的平衡问题。

子任务 1　判断吸收的方向

吸收过程的进行必须采用向气体混合物中喷淋液体溶剂的方式，只有这样混合气体中的溶质因溶解被溶剂吸收进入液相，而惰性组分仍留在气相中，才能完成溶质与惰性组分的分

离。随着溶质溶解过程的进行，液相中溶质越来越多，气相中的溶质越来越少，最终达到两相处于平衡的状态。

一、吸收过程中相组成的表示法

吸收过程中，混合物系各组分的组成主要有以下几种表示方法。

1.摩尔分数

摩尔分数：指混合物中某组分的物质的量占混合物总物质的量的分数。

如混合物中 A 组分摩尔分数为

气相中
$$y_A = \frac{n_A}{n} \tag{6-1}$$

液相中
$$x_A = \frac{n_A}{n} \tag{6-2}$$

式中　x_A，y_A——组分 A 在液相和气相中的摩尔分数；

　　　　n_A——气相或液相中组分 A 的物质的量，mol；

　　　　n——混合物气相或液相的总的物质的量，mol。

若混合物中有组分 A、B、…、N，则

$$x_A + x_B + \cdots + x_N = 1 \tag{6-3}$$
$$y_A + y_B + \cdots + y_N = 1 \tag{6-4}$$

2.摩尔比

摩尔比：指混合物中某组分 A 的物质的量与惰性组分 B 物质的量之比。则

$$X_A = \frac{n_A}{n_B} \tag{6-5}$$

$$Y_A = \frac{n_A}{n_B} \tag{6-6}$$

式中　X_A，Y_A——组分 A、B 在液相、气相中的摩尔比。

二、吸收操作中的相平衡关系

吸收过程实质上是溶质组分自气相通过相界面迁移到液相中的过程，它包括气相内、液相内的相内传质过程和气相与液相之间的相际间的传质过程。气体中溶质传递到液相中的多少取决于溶质在溶液中的溶解度（溶解平衡）的大小。

1.气体在液体中的溶解度及溶解度曲线

在一定温度和压力下，气体在一定量溶剂中溶解达到平衡时，溶质在液相中的浓度即为该溶质在该溶剂中的溶解度。气相中溶质的分压为平衡分压。平衡时，溶质在气液两相中的浓度存在着平衡关系。

根据气液相平衡关系在二维坐标系中绘制的关系曲线，即为溶解度曲线。因此时溶质在气液两相中的浓度为平衡关系，故该曲线即为溶质在一定溶剂中的气液相平衡曲线。几种气体在水中的溶解度如图 6-16 所示。

由图 6-16 可知，加压和降温可以提高气体溶质在溶剂中的溶解度，所以加压和降温有利于吸收操作，而减压和升温有利于解吸操作。

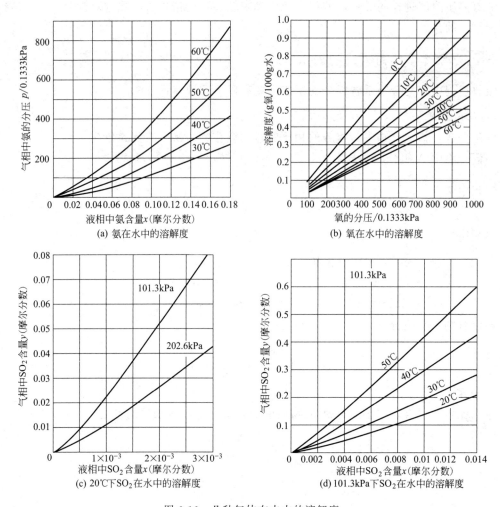

图 6-16　几种气体在水中的溶解度

2. 亨利定律

当吸收操作用于分离低浓度气体混合物时，所得吸收液的浓度也较低。研究发现，在总压不太高时，在一定温度下，稀溶液上方溶质的平衡分压与溶质在液相中的摩尔分数成正比，比例系数为亨利系数。其数学表达式（亨利定律）为：

$$p_A^* = E x_A \tag{6-7}$$

气体溶解度与
亨利定律

式中　p_A^*——溶质 A 在气相中的平衡分压，kPa；

　　　　E——亨利系数，kPa；

　　　　x_A——溶质 A 在液相中的摩尔分数。

当气体混合和溶剂一定时，亨利系数仅随温度而改变，对大多数物系，温度升高，E 值增大，气体溶解度减小。在同种溶剂中，难溶气体的 E 值很大，溶解度很小；而易溶气体的 E 值很小，溶解度很大。亨利系数一般由实验测定，常见物系的亨利系数可查找有关手册。

因气液相组成的表示方式不一样，亨利定律也可有多种表达形式。

① 溶质 A 在液相中的浓度用摩尔浓度表示，在气相中的浓度用平衡分压表示，则亨利

定律表示为：

$$p_A^* = \frac{c_A}{H} \tag{6-8}$$

式中　H——溶解度系数，$\mathrm{kmol/(m^3 \cdot kPa)}$；

　　　c_A——溶质 A 在液相中的浓度，$\mathrm{kmol/m^3}$。

H 与 E 的关系为：

$$H = \frac{c}{E} \tag{6-9}$$

溶解度系数 H 可视为在一定温度下溶质在分压为 1kPa 时液相的平衡浓度，故 H 值越大，溶解度也越大。

② 溶质 A 在气液两相中的浓度均用摩尔分数表示时，其亨利定律为：

$$y_A^* = m x_A \tag{6-10}$$

式中　m——相平衡常数，无量纲；

　　　y_A^*——相平衡时溶质 A 在气相中的摩尔分数。

m 与 E 的关系为：

$$m = \frac{E}{p} \tag{6-11}$$

③ 溶质 A 在气液两相中的浓度均用摩尔比表示时，因 $x = \dfrac{X}{1+X}$，$y = \dfrac{Y}{1+Y}$，将二者代入式（6-10），并整理得此时的亨利定律表示为：

$$Y_A^* = \frac{m X_A}{1 + (1-m) X_A} \tag{6-12}$$

式中　Y_A^*——平衡时，气相中溶质 A 与惰性组分的摩尔比；

　　　X_A——平衡时，液相中溶质 A 与溶剂的摩尔比。

若溶液浓度很低，则 $1 + (1-m) X_A \approx 1$，式（6-12）可简化为：

$$Y_A^* = m X_A \tag{6-13}$$

式（6-7）、式（6-8）、式（6-10）、式（6-12）、式（6-13）均为吸收相平衡关系方程。

三、相平衡关系的应用

1. 相平衡关系在判断吸收过程方向上的应用

吸收过程中的相平衡关系，除了采用相平衡方程表示之外，亦可依据上述方程在二维坐标系 Y-X 上绘制曲线（相平衡曲线）。如依据式（6-13）绘制的曲线是一组从原点出发的直线，图 6-17 即为 Y-X 相平衡关系相图。

对于具有相平衡系统的物系，在未达平衡系统之前，一定存在组分将由一相向另一相传递，并最终趋于平衡。吸收传质过程的方向就是使系统向达

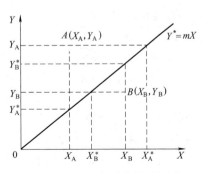

图 6-17　Y-X 相平衡关系相图

到平衡的方向进行。如图 6-17 中的 A、B 两个点对应的过程状态是吸收还是解吸？依图分析如下。

对于 A 点有 $Y_A > Y_A^*$ 或 $X_A^* > X_A$，说明了气相中溶质组成比与之对应的液相组成的平衡组成高，或是液相中溶质组成比与之对应的气相组成的平衡组成低，即溶质必须部分由气相传递到液相才能使气液达到平衡，故 A 点对应的为吸收状态。

而对于 B 点有 $Y_B < Y_B^*$ 或 $X_B^* < X_B$，说明溶质必须从液相中部分解吸才能使溶质在气液两相达到平衡，故 B 点对应的是解吸状态。

2. 吸收推动力的计算

图 6-17 中，其中的 $\Delta Y = Y_A - Y_A^*$、$\Delta X = X_A^* - X_A$ 表示 A 点所对应的吸收状态的气相组成表示的推动力和液相组成表示的推动力；而 $\Delta Y = Y_B - Y_B^*$、$\Delta X = X_B^* - X_B$ 表示 B 点所对应的吸收状态的气相组成表示的推动力和液相组成表示的推动力。

✎ **技术训练 6-1**

通过计算判断吸收操作的方向。

在 101.3kPa、20℃下，稀氨水的相平衡方程为 $y^* = 0.94x$，现将含氨 10%（摩尔分数，下同）的混合气体与 $x = 0.05$ 的氨水接触，试判断传质方向。若含氨 5% 的混合气体与 $x = 0.10$ 的氨水接触，传质方向又如何呢？

解： 当 $y_1 = 0.10$ 时，而 $x_1 = 0.05$，对应的 $y_1^* = 0.94 \times 0.05 = 0.047$

故 $y_1 > y_1^*$，此时两相接触时将有部分氨自气相转入液相，即发生吸收过程。

当 $y_2 = 0.05$ 时，而 $x_2 = 0.10$，对应的 $y_2^* = 0.94 \times 0.10 = 0.094$

故 $y_2 < y_2^*$，此时两相接触时将有部分氨自液相转入气相，即发生解吸过程。

子任务 2 ▶ 分析吸收条件

依据过程是否发生化学反应、过程是否有温度变化及被吸收的组分数、操作压力的大小等，吸收方法分为以下几类（见表 6-4）。

表 6-4 吸收方法分类

分类依据	类型	
按过程有无化学反应分	物理吸收	化学吸收
按被吸收的组分数目分	单组分吸收	多组分吸收
按过程有无温度变化分	等温吸收	变温吸收
按过程操作压力的大小分	常压吸收	加压吸收

实际混合气体分离操作过程中，选用何种吸收方法，主要取决于混合气体物系的性质、分离要求及分离成本。其操作条件还得考虑吸收方法，方法不同其条件亦不同。在此模块主要学习单组分常用等温物理吸收条件的确定原则及方法。

从子任务 1 对吸收操作相平衡关系的分析可知，对于等温物理吸收操作过程，能顺利进行必须具备的条件是：①合适的吸收剂（溶剂），即混合气体中某一组分能溶于吸收剂中；②适宜的操作压力和温度，即吸收质在该操作压力和温度下，溶解度较大，而惰性组分几乎不溶解；③适宜的吸收剂用量（或称液气比，亦称喷淋量）；④气液两相充分接触传质界面（即适宜的填料）。

1. 吸收剂（溶剂）

在吸收分离操作过程中，吸收剂的性能是决定吸收操作是否优良的关键。

吸收剂选用原则：

① 溶剂对溶质具有良好的选择性和较大的吸收能力；

② 溶剂在操作温度下，挥发性小，可避免溶剂进入气相而造成溶剂的损失；

③ 沸点高，热稳定性好，不易起泡；

④ 在操作温度下黏度小，保证液体在塔内流动性能好，从而提高吸收效果，降低液体输送功耗；

⑤ 化学稳定性高，腐蚀性低，无毒、不燃；

⑥ 吸收剂价廉易得，易于再生循环使用。

吸收剂选用方法：

① 对于物理吸收，要求溶解度大，可利用物质"相似相溶"原则选用吸收剂；

② 对于化学吸收，可利用溶质与溶剂发生化学反应难易程度选用吸收剂；

③ 易溶于水的溶质，可优先选用水作吸收剂，优点是价廉易得，流程、设备及操作都比较简单，但净化度较低，动力消耗较高；

④ 溶质为酸性气体的，选用碱液作吸收剂；溶质为碱性气体的，则选用酸作吸收剂。

2. 吸收操作条件（温度、压力）

吸收是利用混合气体中各组分在一定条件（温度、压力）下，在同一溶剂中的溶解度的不同而分离气体混合物的，其中溶解度大的溶质被吸收进入溶剂，形成溶液；溶解度小的仍留在气体中，作为惰性组分。当溶解达到平衡时，溶质在气液两相中的组成即成平衡关系，该平衡关系与条件（温度、压力）保持一致，若改变条件，则原有的平衡被打破，会在新的条件下建立新的平衡。

实际生产过程中，吸收操作条件（温度、压力）的确定，首先取决于混合气体各组分在同一溶剂中的溶解性能，特别是溶解的差异性；其次是分离要求及分离方法实施的可行性，确定合适的吸收温度、吸收压力。通常低温、高压有利于吸收操作。

3. 适宜的吸收剂用量

吸收剂的用量在吸收操作中是非常重要的经济因素。对特定的分离对象、分离任务及分离要求，一般在设计时，会依据吸收分离对象、分离要求及分离物系的性质做合理的推算，其用量多是固定的，不过因实际生产条件变化多样，且分离任务亦随生产任务的变化而变化，故吸收剂用量作为吸收重要的操作参数、经济指标，会依据分离要求随时作出调整，前提是综合费用最经济。

4. 气液充分接触面积（填料种类）

作为吸收条件，填料类型是在吸收分离物系性质、分离要求、分离任务确定条件下，结合填料性能而确定下来的，在吸收操作时是无法改变的。填料类型及其性能在任务 1 中已作介绍，在此不再赘述。

技能训练 6-2

依据表中混合气体的性质及分离要求，分析选用分离方法。

分离物系	选用的吸收剂	吸收方法	选用理由（备注）
煤制半水煤气-脱硫 （$N_2+CO+H_2+CO_2+H_2S$）	氨水-液相催化剂 二乙醇胺	化学吸收 化学吸收	H_2S 被吸收并转化为单质硫 吸收剂循环使用
合成氨生产中的变换气脱碳	碳酸丙烯酯 热钾碱	物理吸收 化学吸收	吸收剂再生可与吸收同温下进行 利用碳酸盐和碳酸氢盐的转化关系 进行吸收剂的再生
KCl 转化副产 HCl 废气处理	水	物理吸收	HCl 在水中溶解度很大，且用水吸收 HCl 形成副产物盐酸

技能训练 6-3

煤制合成氨原料气经变换后，气体的组分组成如下表所示。试分析合成氨原料气脱碳方法。

气体	CO_2	N_2	H_2	CO	CH_4	COS	C_2H_2
体积分数/%	28.0	22.3	47.2	2.5		忽略不计	

合成氨原料气脱碳宜采用碳酸丙烯酯（PC）法，理由分析如下。

① CO_2 在碳酸丙烯酯（PC）中的溶解度：

温度 t/℃	25	26.7	37.8	40	50
亨利系数 E/101.3kPa	81.13	81.7	101.7	103.5	120.8

② 0.1MPa、25℃时各种气体在 PC 中的溶解度（m^3 气体/m^3）：

气体	CO_2	H_2S	H_2	CO	CH_4	COS	C_2H_2
溶解度	3.47	12.0	0.03	0.5	0.3	5.0	8.6

③ CO_2 在水中的溶解度（mL/g）：

压力/atm[①]	温度/℃				
	0	25	50	75	100
1	1.79	0.752	0.423	0.307	0.231
10	15.92	7.14	4.095	2.99	2.28
25	29.30	16.20	9.71	6.82	5.73

①1atm=101.325kPa。

CO$_2$ 在水中的溶解度比较小，属于能溶解的气体。而 PC 对 CO$_2$ 吸收能力大，具有净化度高、能耗低、回收 CO$_2$ 纯度高等特点，且能选择性脱除合成氨原料气中的 CO$_2$、H$_2$S 和有机硫，而对 H$_2$、N$_2$、CO 等气体的溶解甚微。故合成氨原料气脱碳现常采用 PC 法。PC 法脱 CO$_2$ 属典型的物理吸收过程，在压力较低时，其溶解过程遵循亨利定律。研究表明，该吸收过程还包括 CO$_2$ 分子由气相向液相扩散、溶解等过程，且液相扩散为控制步骤。故在脱碳塔的选择和设计上，应充分考虑提高液相湍动、气液逆流接触、减薄液膜厚度，以及增加相际接触面等措施，以提高 CO$_2$ 的传质速率。在生产运行时，可通过加大溶剂喷淋密度或降低温度来提高 CO$_2$ 的吸收速率。

技能训练 6-4

对于技能训练 6-3 的工艺过程，

(1) 吸收操作温度由 100℃ 降至 50℃ 时，其吸收速率及吸收量会如何变化？

(2) 吸收操作压力由常压提高到 10atm 时，其净化气中 CO$_2$ 的含量会如何变化？

子任务 3 计算吸收剂用量

在之前学习的吸收操作过程中，其操作温度或压力发生变化时，在不改变分离任务和要求的前提下，仍可通过改变吸收剂的用量来满足吸收要求。吸收剂用量的多少主要取决于吸收要求（吸收率或净化气的含量 Y_2）。

1. 全塔物料衡算

如图 6-18 所示，对一稳定逆流接触的吸收塔，在截面 1—1$'$ 和 2—2$'$ 之间进行物料衡算，有：

$$VY_1 + LX_2 = VY_2 + LX_1 \tag{6-14}$$

$$V(Y_1 - Y_2) = L(X_1 - X_2) \tag{6-15}$$

式中　Y_1，Y_2——混合气体中，进出吸收塔溶质与惰性组分的摩尔比；

　　X_1，X_2——溶液中，进出吸收塔溶质与溶剂的摩尔比；

　　　　V——单位时间内通过任一截面惰性组分的流量，kmol/h；

　　　　L——单位时间内通过任一截面溶剂的流量，kmol/h。

一般地，混合气体量 $V(1-Y_1)$ 和 Y_1 为吸收任务，气体离开吸收塔的组成 Y_2（分离要求也是控制指标）或是吸收率 η（溶质回收率 $\eta = \dfrac{Y_1 - Y_2}{Y_1}$）已知，则吸收剂 X_2 亦为已知，喷淋量 L 也就能确定。

$$L = \frac{V(Y_1 - Y_2)}{X_1 - X_2} \tag{6-16}$$

若已知吸收剂用量，可利用式（6-14）计算塔底排出液中溶质的浓度 X_1。

$$X_1 = X_2 + V(Y_1 - Y_2)/L \tag{6-17}$$

吸收塔的物料
衡算与操作线
方程

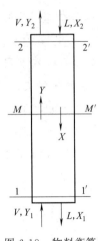

图 6-18　物料衡算图

2. 吸收操作线方程与操作线

如图 6-18 所示，若在 M—M' 和 1—$1'$（塔底）或 2—$2'$（塔顶）截面间进行物料衡算，有：

$$VY_1 + LX = VY + LX_1$$

$$Y = \frac{L}{V}X + \left(Y_1 - \frac{L}{V}X_1\right) \tag{6-18}$$

或 $V(Y - Y_2) = L(X - X_2)$

$$Y = \frac{L}{V}X + \left(Y_2 - \frac{L}{V}X_2\right) \tag{6-19}$$

式中　X，Y——塔内任一截面上，液相中溶质与溶剂的摩尔比及气相中溶质与惰性组分的摩尔比。

式（6-18）、式（6-19）反映了塔内任一截面上气相组成 Y 与液相组成 X 之间的关系，这两个公式即为逆流吸收塔操作线方程，将此绘制在 Y-X 二维直角坐标系中，即为吸收操作线，如图 6-19 中的直线 AB。

由吸收塔操作分析可知，其操作线具有如下特点。

① 当吸收为稳态连续吸收时，若 L、V 一定，Y_1、X_2 恒定，则吸收操作线在 Y-X 直角坐标系中为一通过 B（X_1，Y_1）、A（X_2，Y_2）的直线，斜率为 $\frac{L}{V}$（亦称吸收操作液气比）。

② 因式（6-18）、式（6-19）均为逆流吸收塔的物料衡算得来的，故此操作线仅与吸收操作的液气比、塔顶及塔底溶质组成有关，与系统的平衡关系、塔的结构及操作条件无关。

③ 因吸收操作时，$Y > Y^*$ 或 $X^* < X$，故吸收操作线在平衡线 $Y^* = mX$ 的上方，且塔内任一截面 M—M' 处的吸收推动力为 $\Delta Y = Y - Y^*$ 或 $\Delta X = X^* - X$，见图 6-20。操作线离平衡线越远，其吸收推动力越大。解吸操作时，$Y < Y^*$ 或 $X^* > X$，其操作线在平衡线下方。

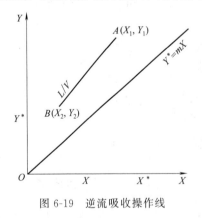

图 6-19　逆流吸收操作线

吸收塔的操作线

吸收过程的强化

图 6-20　吸收操作推动力示意图

液气比的影响

液气比与最小液气比

3. 吸收剂用量与最小液气比

吸收剂用量是影响吸收操作的关键因素之一，它直接影响吸收塔的结构及操作费用。当 V、Y_1、Y_2 和 X_2 均已知时，吸收操作线的起点 B（X_2，Y_2）是固定的。而操作线的末端 A 则随吸收剂用量的不同发生变化，也就是随液气比 $\frac{L}{V}$ 的变化而变化，如图 6-21 所示。A 点将在平行于 X 轴的 $Y = Y_1$ 上移动，且由 C

右移至 A 时，吸收剂用量减少，而塔底吸收液出口浓度增至最大 X_1^*，A 点的吸收推动力最小，此时若要满足一定的吸收分离要求，必须增加塔高。

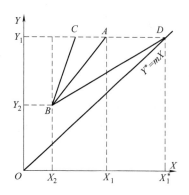

图 6-21　逆流吸收最小液气比

当吸收剂用量减少到操作线与平衡线相交时，交点为 D（X_1^*，Y_1）。X_1^* 为与气相组成 Y_1 相平衡时的组成，此时吸收塔底吸收推动力为零，若仍需达到吸收要求 Y_2，则吸收塔高度应为无穷大。实际上，这样的操作是不可能的，此时的液气比是吸收操作液气比的下限，该情况下的液气比为最小液气比，以 $\left(\dfrac{L}{V}\right)_{\min}$ 表示。对应的吸收剂用量即为最小吸收剂用量，以 $L_{\min}$ 表示。

由上述分析可知，最小液气比是针对一定的分离任务、操作条件和分离物系的，当塔内某截面吸收推动力为零、达到分离要求所需塔高为无穷大时的液气比。

若增加吸收剂的用量，其操作线的 A 点将沿水平线 $Y=Y_1$ 左移，如图 6-21 所示，由 A 向 C 点移动。在此情况下，操作线远离平衡线，吸收推动力增大，若达到一定的吸收要求，所需塔高将减小，设备投资费用降低。但是当液气比增加到一定程度后，塔高降低的幅度不显著，而吸收剂消耗增加，造成吸收剂的输送及再生费用剧增。故实际生产中，需综合考虑吸收剂用量对设备费及操作费两方面的影响，选择合适的液气比，使设备费及操作费之和最小。实际经验表明，吸收剂用量一般为最小液气比的 $1.1\sim2.0$ 倍。即

$$\frac{L}{V}=(1.1\sim2.0)\left(\frac{L}{V}\right)_{\min} \qquad 或 \qquad L=(1.1\sim2.0)L_{\min}$$

需要说明：L 值必须保证操作条件下，填料表面被液体充分润湿，即保证单位塔截面上单位时间内流下的液体流量不得小于某一最低值。

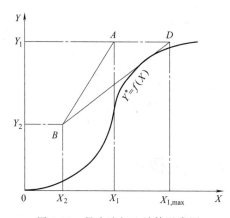

图 6-22　最小液气比计算示意图

最小液气比可依据物料衡算，采用作图法求解。若平衡关系如图 6-21 所示，则

$$\left(\frac{L}{V}\right)_{\min}=\frac{Y_1-Y_2}{X_1^*-X_2} \tag{6-20}$$

若平衡关系符合亨利定律 $Y=mX^*$，则上式为：

$$\left(\frac{L}{V}\right)_{\min}=\frac{Y_1-Y_2}{\dfrac{Y_1}{m}-X_2} \tag{6-21}$$

若平衡关系如图 6-22 所示，则过点 B 作平衡线的切线，与水平线 $Y=Y_1$ 相交于点 D（$X_{1,\max}$，Y_1），此时最小液气比为：

$$\left(\frac{L}{V}\right)_{\min}=\frac{Y_1-Y_2}{X_{1,\max}-X_2} \tag{6-22}$$

技术训练 6-2

用 20℃的清水逆流吸收氨-空气混合气中的氨，已知混合气体温度为 20℃，总压为 101.3 kPa，其中氨的分压为 1.0133 kPa，要求混合气体处理量为 773m³/h，水吸收混合气中氨的吸收率为 99%。在操作条件下物系的平衡关系为 $Y^* = 0.757X$，若吸收剂用量为最小用量的 2 倍。（1）此时塔内每小时需清水的量为多少？（2）塔底液相浓度为多少？

解：（1）$Y_1 = \dfrac{p_A}{p_B} = \dfrac{1.0133}{101.3 - 1.0133} = 0.01$

$Y_2 = Y_1(1 - \eta) = 0.01(1 - 0.99) = 1 \times 10^{-4}$

$V = \dfrac{773 \times 273}{293 \times 22.4}(1 - 0.01) = 31.8(\text{kmol/h})$

$L_{min} = V\dfrac{Y_1 - Y_2}{X_1^* - X_2} = 31.8 \times \dfrac{0.01 - 0.0001}{\dfrac{0.01}{0.757} - 0} = 23.8(\text{kmol/h})$

实际用水量为：$L = 2L_{min} = 2 \times 23.8 = 47.6(\text{kmol/h}) = 856.8(\text{kg/h})$

（2）$X_1 = X_2 + \dfrac{V}{L}(Y_1 - Y_2) = 0 + \dfrac{31.8}{47.6}(0.01 - 0.0001) = 0.0066$

此为塔底液相组成。

 技能训练 6-5

对于技术训练 6-2 中的吸收塔，

（1）塔底溶液中氨的最大含量（用摩尔分数表示）是多少？

（2）当塔底氨含量最高时，其喷淋的水量是多少？

（3）当增加喷淋用水量时，其尾气中氨含量将如何变化？

（4）当增加喷淋用水量时，则塔底液相组成的变化趋势是升高还是降低？

（5）当喷淋用水量不变，而进气中氨含量增加，则净化气中氨含量将如何变化？

任务 3　选择与设计吸收装置

吸收操作分离气体混合物时，气体混合物的性质不同，则采用的吸收方法、吸收设备亦不同，针对不同分离对象、不同的分离任务及不同的分离要求，其吸收采用的吸收塔结构亦有很多不同。在选用或计算吸收用填料塔之前，需要学习吸收过程的速率表达方式，分析影响吸收速率的因素及过程强化途径，依据一定的分离任务及分离要求，学习计算分离设备参数的方法。

子任务1　选用吸收设备

完成吸收操作的设备是吸收塔。塔设备的主要作用是为气液两相提供充分接触表面，使两相间的传质与传热过程能够充分有效地进行，并能使接触之后的气液两相及时分开，互不夹带。其性能的好坏直接影响到产品质量、生产能力、吸收率及消耗定额等。因此在实际生产中选用吸收塔时，通常要求吸收塔具备生产能力大、分离效率高、操作稳定、结构简单等特点。合理选择塔型是做好塔设备设计的首要环节。选择时应考虑的主要因素有：分离物系的性质、操作条件、填料的性能，以及塔设备的结构、制造、安装、操作和维修等。

完成气体混合物分离采用的吸收塔常见的有板式塔和填料塔两种类型，实际生产过程中，选用哪种类型的吸收塔，需充分考虑分离物系的性质、分离任务及吸收操作条件等对塔结构的要求。

吸收塔结构的选用需关注的影响因素有以下几种。

1. 与物性有关的因素

① 易起泡的物系，如处理量不大时，以选用填料塔为宜。因为填料能使泡沫破裂，板式塔则易引起液泛。

② 具有腐蚀性的介质，可选用填料塔。如必须用板式塔，宜选用结构简单、造价便宜的筛板塔盘、穿流式塔盘或舌形塔盘，以便于更换。

③ 热敏性的物料应采取减压操作，以防过热引起分解或聚合，故应选用压力降较小的塔型，如采用装填规整填料的塔、湿壁塔等。当要求真空度较低时，宜用筛板塔或浮阀塔。

④ 黏性较大的物系，可以选用大尺寸填料的填料塔，板式塔的传质效率则太差。

⑤ 含有悬浮物的物料，应选择液流通道较大的塔型，以板式塔为宜。可选用泡罩塔、浮阀塔、栅板塔、舌形塔或孔径较大的筛板塔等，不宜使用小填料。

⑥ 操作过程中有热效应的系统，用板式塔为宜。板式塔的塔盘上积有液层，可在其中安装换热管，进行有效的加温或冷却。

2. 与操作条件有关的因素

① 若气相传质阻力大，宜采用填料塔，填料层中气相呈湍流，液相为膜状流。反之，受液相传质控制的系统，宜采用板式塔，因为板式塔中液相呈湍流，气体在液层中鼓泡。

② 大的液体负荷，可选用填料塔，选用板式塔时宜选用气液并流的塔型，如喷射型塔盘或用板上液流阻力较小的塔型，如筛板和浮阀。此外，导向筛板塔盘和多降液管筛板塔盘都能承受较大的液体负荷。

③ 低的液体负荷，一般不宜采用填料塔。

④ 液气比波动的适应性，板式塔优于填料塔，故当液气比波动较大时宜用板式塔。

⑤ 对于操作弹性，板式塔较填料塔大，其中以浮阀塔为最大，泡罩塔次之，一般地说，穿流式塔的操作弹性较小。

3. 其他因素

① 对多数情况，塔径大于800mm时，宜用板式塔，小于800mm，则可用填料塔。但也有例外，鲍尔环及某些新型填料在大塔中的使用效果优于板式塔。同时，塔径小于800mm时，也有使用板式塔的。

② 一般来说填料塔比板式塔重。

③ 大塔以板式塔造价较廉。因填料价格约与塔体的容积成正比，板式塔按单位面积计算的价格随塔径增大而减小。

技能训练 6-6

设计一气体混合物系分离实例，从物系性质、操作条件及操作经济性等方面分析选用吸收塔结构（填料或板式）的理由。利用网络资源，分析下述过程采用吸收设备结构的理由。

(1) 金属冶炼烟气（如金属铜、锡等）的净化处理过程中，硫氧化物的吸收设备结构分析。

(2) 火力发电厂烟气排放前的吸收塔结构的分析。

子任务 2　确定吸收装置的工艺参数

传质机理与
吸收速率

吸收操作采用的塔设备有填料塔和板式塔之分，实际过程中常选用填料塔。吸收塔的工艺参数是依据分离任务（混合气体量及气体组成）、分离要求（即尾气组成）的变化而变化的。在此主要学习填料塔的工艺参数的确定方法。

一、吸收传质的方式

物质在单一相（气相或液相）中的传递是扩散作用。发生在流体中的扩散有分子扩散与涡流扩散两种。一般发生在静止或层流的流体内，凭借流体分子的热运动而进行的物质传递，为分子扩散；发生在湍流流体内，凭借流体质点的湍动和漩涡而进行物质传递即是涡流扩散。分子扩散和涡流扩散综合作用，称为对流扩散。

1. 分子扩散

分子扩散是物质在同一相内存在浓度差的条件下，由流体分子的无规则的热运动而引起的物质传递现象。习惯上把分子扩散称为扩散。

分子扩散速率主要取决于扩散物质和流体的某些物理性质。依据菲克定律，当物质 A 在介质 B 中发生扩散时，其扩散速率与其在扩散方向上的浓度梯度成正比，如图 6-23 所示。

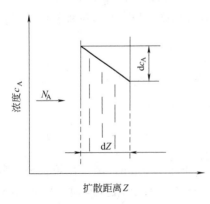

图 6-23　分子扩散示意图

其关系表示为：

$$N_A = -D \frac{dc_A}{dZ} \tag{6-23}$$

式中　N_A——组分 A 的分子扩散速率，$kmol/(m^2 \cdot s)$；

c_A——组分 A 的浓度，$kmol/m^3$；

Z——沿扩散方向的距离，m；

D——分子扩散系数。表示组分 A 在介质 B 中的扩散能力，m^2/s。

式中负号表示扩散方向与浓度梯度相反。

扩散系数 D 是物质的物理性质之一，其值一般由实验测定。D 值越大，表示扩散越快。一般情况下，对较小的分子而言，在气相中的扩散系数为 $0.1\sim1\,\mathrm{cm^2/s}$，在液相中的扩散系数约为在气相中的 $1/10^4\sim1/10^5$。

2. 涡流扩散

涡流扩散是物质在有浓度差的条件下，通过湍流流体完成物质传递的过程。涡流扩散时，物质扩散不仅要靠分子本身的扩散作用，还需借助湍流流体的携带作用而传递，且后一种作用是主要的，故涡流扩散速率比分子扩散速率大得多。因涡流扩散系数很难测定和计算，故常将分子扩散和涡流扩散综合起来考虑，即对流扩散。

3. 对流扩散

对流扩散是湍流主体与相界面之间的涡流扩散与分子扩散共同作用的结果。因对流扩散过程极为复杂，影响因素众多，所以对流扩散速率一般采用类似对流传热的处理方法，将对流扩散分解为涡流扩散和分子扩散作用，其表达式为：

$$N_A = -(D + D_e)\frac{\mathrm{d}c_A}{\mathrm{d}Z} \tag{6-24}$$

式中　D_e——涡流扩散系数，$\mathrm{m^2/s}$。

涡流扩散系数 D_e 不是物质的物性常数，它与湍流程度有关，且随位置不同而不同。实验表明，对于多数气体，涡流扩散系数比分子扩散系数高 100 倍，对于液体，涡流扩散系数比分子扩散系数高 10^5 倍甚至更多。

二、双膜理论

吸收过程是气液两相间的传质过程（即相际间传质），对这种传质过程的机理，曾有很多不同的理论，但其中应用较广泛的仍是刘易斯和惠特曼在 20 世纪 20 年代提出的双膜理论，理论模型如图 6-24 所示。

双膜理论的基本论点如下。

① 在气液两流体相接触处有一稳定的界面（即相界面）。在相界面两侧附近各有一层稳定的气膜和液膜，这两层薄膜可近似认为由气液两流体的滞流层组成，层内吸收质以分子扩散方式进行传质，膜层的厚度随流体的流速而变，流速越大膜层厚度越小。

② 在两膜以外的气液两相分别为气相主体和液相主体，气液两相主体内，因流体充分湍流，溶质的浓度均匀，相内无浓度梯度，其浓度变化（阻力）主要集中在两膜内。

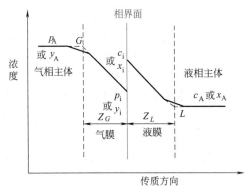

图 6-24　双膜理论示意图

③ 无论气液两相主体内溶质浓度是否达到平衡，在相界面处，溶质在气液两相中的浓度均达平衡，即界面上没有阻力。

对于具有稳定相界面的系统以及流动速度不高的两流体间的传质，双膜理论与实际情况是相当符合的，依据这一理论的基本概念所确定的吸收过程的传质速率关系，至今仍是吸收设备设计的主要依据，且对实际生产具有重要的指导意义。但是对于具有自由相界面的系统，尤其是高湍动的两流体间的传质，双膜理论就表现出了它的局限性。基于此局限性，后续又提出了一些新的理论，如溶质渗透理论、表面更新理论、界面动力状态理论等，这些理论对于相际传质过程的界面状态及流体力学因素的影响等方面的研究和描述都有所进步，但因其数学模型过于复杂，应用于传质设备的计算或解决实际问题时均较困难。

三、气体吸收速率方程

由双膜理论的传质机理可知，吸收过程的相际传质是由气相主体与界面的对流传质、界面上溶质组分的溶解、液相主体与界面的对流传质三个过程构成的，仿照间壁两侧对流传热过程传热速率的分析思路，其对流传质过程的传质速率 N_A 的表达式及传质阻力分析如下。

1. 气相主体与界面的对流传质

$$N_A = k_G(p - p_i) \tag{6-25}$$

或
$$N_A = k_y(y - y_i) \tag{6-26}$$

式中　N_A——单位时间内组分 A 扩散通过单位面积的物质的量，即传质速率，kmol/$(m^2 \cdot s)$；

p，p_i——溶质 A 在气相主体与界面处的分压，kPa；

y，y_i——溶质 A 在气相主体与界面处的摩尔分数；

k_G——以分压差表示传质推动力的气相传质系数，kmol/$(m^2 \cdot s \cdot kPa)$

k_y——以摩尔分数差表示传质推动力的气相传质系数，kmol/$(m^2 \cdot s)$。

2. 液相主体与界面的对流传质

$$N_A = k_L(c_i - c) \tag{6-27}$$

或
$$N_A = k_x(x_i - x) \tag{6-28}$$

式中　c，c_i——溶质 A 在液相主体与界面处的浓度，kmol/m^3；

x，x_i——溶质 A 在液相主体与界面处的摩尔分数；

k_L——以摩尔浓度差表示传质推动力的液相传质系数，m/s；

k_x——以摩尔分数差表示传质推动力的液相传质系数，kmol/$(m^2 \cdot s)$。

说明：相界面上的浓度 x_i、y_i，依据双膜理论应成平衡关系，但是依据图 6-24 所示，浓度 x_i、y_i 是无法测取的。

上述吸收过程的传质速率，尽管传质推动力的表达方式不同，其传质速率均正比于界面浓度与流体主体浓度差，将其他所有影响对流传质的因素均包括在气相（或液相）传质系数之中，而传质系数 k_G、k_y、k_L、k_x 的数据只有根据具体操作条件由实验测定，它与流体流动状态和流体物性（密度、黏度）、扩散系数、传质界面形状等因素有关。对流传质系数也可依据有关经验式求算，查有关手册即可得到。

3. 相际传质速率方程（吸收总传质速率方程）

气相和液相传质速率方程中均涉及相界面上的浓度（p_i、y_i、c_i、x_i），因相界面在传质过程中是变化的，这些参数很难获取。工程上常利用相际传质速率方程来表示吸收总传质速率方程，即为：

$$N_A = K_G(p - p^*) = \frac{p - p^*}{\dfrac{1}{K_G}} \tag{6-29}$$

$$N_A = K_Y(Y - Y^*) = \frac{Y - Y^*}{\dfrac{1}{K_Y}} \tag{6-30}$$

$$N_A = K_L(c^* - c) = \frac{c^* - c}{\dfrac{1}{K_L}} \tag{6-31}$$

$$N_A = K_X(X^* - X) = \frac{X^* - X}{\dfrac{1}{K_X}} \tag{6-32}$$

式中　p^*，Y^*，c^*，X^*——与气相主体或液相主体组成成平衡关系的浓度；

Y，X——用摩尔比表示的气相主体与液相主体浓度；

K_G——以气相浓度差为推动力的总传质系数，$kmol/(m^2 \cdot s \cdot kPa)$；

K_L——以液相浓度差为推动力的总传质系数，m/s；

K_Y——以气相摩尔比浓度差为推动力的总传质系数；$kmol/(m^2 \cdot s)$；

K_X——以液相摩尔比浓度差为推动力的总传质系数；$kmol/(m^2 \cdot s)$。

说明：上述各气液相传质系数与总传质系数之间的关系如下：

$$N_A = \frac{p - p_i}{\dfrac{1}{k_G}} = \frac{c_i - c}{\dfrac{1}{k_L}} = \frac{\dfrac{c_i}{H} - \dfrac{c}{H}}{\dfrac{1}{k_L H}} = \frac{p_i - p^*}{\dfrac{1}{k_L H}} = \frac{(p - p_i) + (p_i - p^*)}{\dfrac{1}{k_G} + \dfrac{1}{k_L H}} = \frac{p - p^*}{\dfrac{1}{k_G} + \dfrac{1}{k_L H}}$$

故

$$\frac{1}{K_G} = \frac{1}{k_G} + \frac{1}{k_L H} \tag{6-33}$$

同理有：

$$\frac{1}{K_L} = \frac{1}{k_L} + \frac{H}{k_G} \tag{6-34}$$

由上述分析可知，气液两相相际传质总阻力等于各分阻力之和，总推动力等于各分推动力之和。

4. 传质过程的控制分析

① 对于易溶气体，H 值均很大，在 k_G、k_L 数量级相同或接近时，式（6-33）中的 $\dfrac{1}{k_G}$、$\dfrac{1}{Hk_L}$ 存在如下关系，$\dfrac{1}{Hk_L} \ll \dfrac{1}{k_G}$，此时吸收过程阻力绝大部分存在于气膜之中，液膜阻力可忽略不计，则式（6-33）可简化为 $\dfrac{1}{K_G} \approx \dfrac{1}{k_G}$ 或 $K_G \approx k_G$，即气膜阻力控制着整个吸收过程，吸收总推动力的绝大部分用于克服气膜阻力，该吸收为气膜控制吸收，如用水吸收 NH_3、HCl 等易溶气体的吸收过程。对于气膜控制的吸收过程，要强化传质过程、提高吸收速率，在选择设备形式及确定吸收操作条件时，应特别注意减小气膜阻力。如提高气速、增加气体浓度等。

② 对难溶气体，H 值均很小，在 k_G、k_L 数量级相同或接近时，式（6-34）中的 $\dfrac{H}{k_G}$、$\dfrac{1}{k_L}$ 存在如下关系，$\dfrac{H}{k_G} \ll \dfrac{1}{k_L}$，此时吸收过程阻力绝大部分存在于液膜之中，气膜阻力可忽略不计，则式（6-34）可简化为 $\dfrac{1}{K_L} \approx \dfrac{1}{k_L}$ 或 $K_L \approx k_L$，即液膜阻力控制着整个吸收过程，吸收总推动力的绝大部分用于克服液膜阻力，该吸收为液膜控制吸收，如用水吸收 O_2、CO_2 等

较难溶的气体的吸收过程。对于液膜控制的吸收过程，要强化传质过程、提高吸收速率，在选择设备形式及确定吸收操作条件时，应特别注意减小液膜阻力，如采用较高的吸收压力、较低的吸收温度等。

③ 对于中等溶解度的气体吸收过程，气膜阻力和液膜阻力均不可忽略。要提高吸收过程速率，必须兼顾气液膜阻力的降低，方能得到满意的结果。

四、塔径的计算

填料塔的直径可依据圆管内流量方程计算，即

$$V_s = \frac{\pi}{4}D^2 u \qquad 整理得：D = \sqrt{\frac{4V_s}{\pi u}} \tag{6-35}$$

式中　D——吸收塔的直径，m；

　　　V_s——操作条件下混合气体的体积流量，m^3/s；

　　　u——空塔气速，即按空塔截面积计算的混合气体的流速，m/s。

在吸收操作过程中，因溶质不断被吸收，混合气体自进塔到出塔其体积流量逐渐减小，计算塔径时，一般以进塔气体量为依据进行计算，以保证一定的裕度。

由式（6-35）可知，要确定塔径，关键是先确定适宜的空塔气速 u。常见的确定方法是泛点气速法。一般地，u 应小于泛点气速，空塔气速一般取泛点气速的 50%～95%，即：

$$u = (0.5 \sim 0.95)u_f \tag{6-36}$$

式中　u_f——泛点气速，m/s。

泛点气速 u_f 是填料塔操作气速的上限，实际操作气速必须小于泛点气速。操作空塔气速与泛点气速之比，叫泛点率。泛点率有一个经验范围。

对于散装填料：$u/u_f = 0.5 \sim 0.85$

对于规整填料：$u/u_f = 0.6 \sim 0.95$

只要已知泛点气速 u_f，通过泛点率经验关系，即可求出空塔气速 u。

泛点气速 u_f 可用经验公式计算，也可用关联图求解。最常采用的是 Bain-Hougen 关联式和 Eckert 通用关联图。这些资料可查阅《化学工程手册》或《化工工艺设计手册》。

泛点率的选择主要考虑两方面的因素：①物系的发泡情况，对易起泡沫的物系，泛点率取低值，反之取高值；②塔的操作压力，加压操作时，应取较高的泛点率，反之取较低的泛点率。

由式（6-35）可知填料塔的直径是由混合气体的体积流量和空速决定的，且流量 V_s 由生产任务规定，气速 u 是设计时依据式（6-36）选取的。选择气速小，则压降低，动力消耗低，操作费用低，但塔径大，设备费用高，同时低气速不利于气液两相充分接触，分离效率低；反之，选择气速大则塔径小，设备费用低，但压降大，操作费用较高。若选用气速太接近泛点气速，则生产条件稍有波动，就有可能使操作失控。故适宜气速的选择需权衡总费用。

依据式（6-35）计算出来的塔径，需要依据塔径公称标准进行圆整，同时还应验算塔内喷淋密度是否大于最小喷淋密度。因若喷淋密度过低，填料表面不能充分润湿，使气液两相有效接触面积降低，造成传质效率下降，此时可在许可范围内减小塔径，或利用液体部分循环以加大液体流量，或适当增加填料层高度进行补偿。

喷淋密度是指单位时间内，单位塔截面上喷淋的液体体积，以 U 表示，单位是 $m^3/$

（m² · s）。最小喷淋密度用 $U_{\min}$ 表示，且

$$U_{\min} = (L_W)_{\min}\delta \tag{6-37}$$

式中　$(L_W)_{\min}$——最小润湿速率，m³/(m · s)；

δ——填料的比表面积，m²/m³。

最小润湿速率 $(L_W)_{\min}$ 是指在塔的截面上，单位长度填料周边的最小液体体积流量。填料层的周边长度在数值上等于单位体积填料层的比表面积，即干填料的比表面积。$(L_W)_{\min}$ 通常由经验公式计算，也可采用一般的经验值。如对于直径不超过 75mm 的散装填料，其 $(L_W)_{\min}$ 可取 2.2×10^{-5} m³/(m · s)；对于直径大于 75mm 的散装填料，其 $(L_W)_{\min}$ 可取 3.3×10^{-5} m³/(m · s)。

最后为保证填料均匀润湿，避免壁流现象的发生，需要校核塔径 D/填料直径 d 之比。且不同填料其值要求亦不一样，如对拉西环要求 $D/d>20$；鲍尔环 $D/d>10$；鞍形填料 $D/d>15$。

五、填料层高度的计算

对于低浓度气体吸收，塔内混合气体量和液体量变化不大，还可看作在等温下进行，总传质系数 K_X、K_Y 亦作常数处理。

1. 填料层高度的基本计算式

为了使混合气体离开填料塔满足分离要求，通常在塔内装填一定高度的填料以提供气液两相充分接触的面积。若在塔径已知的条件下，填料层高度仅取决于完成规定的生产任务所需要的总吸收面积和单位体积填料层所能提供的气液接触。即关系如下：

$$Z = \frac{填料层体积 V_F}{塔截面积 \Omega} = \frac{总吸收面积 F}{\alpha\Omega} = \frac{吸收负荷 G_A}{吸收速率 N_A} \tag{6-38}$$

式中　Z——填料层高度，m；

α——单位体积填料层所具有相际传质面积（有效比表面积），m²/m³。

塔的吸收负荷可依据全塔物料衡算关系式求解，而吸收速率可依据全塔吸收速率方程求解。

在如图 6-25 所示的填料塔中任取一高度的微元 dZ，稳态吸收操作时，由物料衡算可知，单位时间内由气相转移到液相中的溶质 A 的量守恒，即

$$G_A = \int_{Y_2}^{Y_1} V\mathrm{d}Y = \int_{X_2}^{X_1} L\mathrm{d}X \tag{6-39}$$

依据吸收速率定义，dZ 段内吸收溶质的量为

$$G_A = \int_0^Z N_A(\alpha\Omega\mathrm{d}Z) \tag{6-40}$$

将吸收速率方程 $N_A = K_Y(Y-Y^*)$ 代入上式得

$$G_A = \int_0^Z N_A(\alpha\Omega\mathrm{d}Z) = \int_0^Z K_Y(Y-Y^*)(\alpha\Omega\mathrm{d}Z) \tag{6-41}$$

当吸收为稳态操作时，V、L、α、Ω 均为定值。对于低浓度吸收，在全塔范围内气液相的物性变化都很小，其中 K_Y、K_X 亦为常数，将式（6-41）积分得：

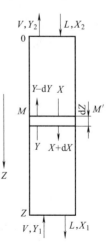

图 6-25　填料层高度计算图

填料层高度的
计算

$$Z = \int_{Y_2}^{Y_1} \frac{V}{K_Y a\Omega} \times \frac{\mathrm{d}Y}{Y-Y^*} = \frac{V}{K_Y a\Omega}\int_{Y_2}^{Y_1} \frac{\mathrm{d}Y}{Y-Y^*} = H_{OG}N_{OG} \qquad (6\text{-}42)$$

$$Z = \int_{X_2}^{X_1} \frac{L}{K_X a\Omega} \times \frac{\mathrm{d}X}{X^*-X} = \frac{L}{K_X a\Omega}\int_{X_2}^{X_1} \frac{\mathrm{d}X}{X^*-X} = H_{OL}N_{OL} \qquad (6\text{-}43)$$

式（6-42）、式（6-43）为低浓度稳态吸收填料层高度计算基本公式。a 值与填料的类型、形状、尺寸及填充情况有关，还随流体物性、流动状况变化而变化，其值不易测定，通常将其与传质系数作为一个物理量（即体积传质系数）处理。如 $K_Y a$、$K_X a$ 分别为气相、液相总体积传质系数，单位为 $\mathrm{kmol/(m^3 \cdot s)}$。

其中 $H_{OG}=\dfrac{V}{K_Y a\Omega}$ 为气相总传质单元高度，$H_{OL}=\dfrac{L}{K_X a\Omega}$ 为液相总传质单元高度，单位均为 m。传质单元高度是指为完成一个传质单元分离效果所需填料层高度，其数值反映了吸收设备传质效能的高低，与物系性质、操作条件及传质设备结构参数有关。传质单元高度越小，吸收设备传质效能越高，完成一定分离任务所需填料层高度越小。为降低填料层高度，应降低传质阻力（如选用分离能力强的高效填料及适宜的操作条件以提高传质系数，增加有效传质面积），降低传质单元高度。

$N_{OG}=\displaystyle\int_{Y_2}^{Y_1} \frac{\mathrm{d}Y}{Y-Y^*}$、$N_{OL}=\displaystyle\int_{X_2}^{X_1} \frac{\mathrm{d}X}{X^*-X}$ 分别为气相、液相总传质单元数，量纲为 1。它与物料进出口浓度及相平衡关系有关，反映了吸收任务分离的难易程度。分离要求高或吸收推动力小，均会使传质单元数增大，相应的填料层高度增加。故当分离要求一定时，欲减少传质单元数，可采用改变吸收剂种类、降低操作温度或提高操作压力、增大吸收剂用量、降低吸收剂入口浓度等方法，以增大吸收推动力。

$K_Y a$、$K_X a$ 为体积传质系数，单位 $\mathrm{kmol/(m^3 \cdot s)}$，亦反映吸收设备分离效能，其值与填料性能和填料润湿情况有关。具体的需通过实验测定，也可用经验公式计算。

2. 传质单元数的计算

计算填料层高度的关键是计算传质单元数。传质单元数的计算方法有：解析法、对数平均推动力法和图解法。解析法适用于相平衡关系服从亨利定律的情况，对数平均推动力法适用于相平衡关系是直线关系的情况，图解法适用于各种相平衡关系。下面以 N_{OG} 的计算为例，介绍解析法和平均推动力法计算传质单元数的方法。

（1）解析法　由传质单元数定义及亨利定律可知

$$N_{OG}=\int_{Y_2}^{Y_1} \frac{\mathrm{d}Y}{Y-Y^*} = \int_{Y_2}^{Y_1} \frac{\mathrm{d}Y}{Y-mX}$$

逆流吸收操作线方程可整理为 $X=X_2+\dfrac{V}{L}(Y-Y_2)$

联立两式并积分整理得：

$$N_{OG}=\frac{1}{1-\dfrac{mV}{L}}\ln\left[\left(1-\frac{mV}{L}\right)\frac{Y_1-mX_2}{Y_2-mX_2}+\frac{mV}{L}\right]$$

令 $S=\dfrac{mV}{L}$，为脱吸因子，它是平衡线斜率与操作线斜率之比值，无单位。

$$N_{OG}=\frac{1}{1-S}\ln\left[(1-S)\frac{Y_1-mX_2}{Y_2-mX_2}+S\right] \qquad (6\text{-}44)$$

（2）对数平均推动力法　若操作线和相平衡线均为直线，则吸收塔任一截面上的推动力 $Y-Y^*$ 对 Y 必为直线关系，此时全塔的平均推动力可依据数学方法推理得到，即吸收塔填料层上下两端推动力的对数平均值。

$$\Delta Y_{\mathrm{m}} = \frac{\Delta Y_1 - \Delta Y_2}{\ln \dfrac{\Delta Y_1}{\Delta Y_2}} = \frac{(Y_1 - Y_1^*) - (Y_2 - Y_2^*)}{\ln \dfrac{Y_1 - Y_1^*}{Y_2 - Y_2^*}} \tag{6-45}$$

同理

$$\Delta X_{\mathrm{m}} = \frac{\Delta X_1 - \Delta X_2}{\ln \dfrac{\Delta X_1}{\Delta X_2}} = \frac{(X_1^* - X_1) - (X_2^* - X_2)}{\ln \dfrac{X_1^* - X_1}{X_2^* - X_2}} \tag{6-46}$$

当 $\dfrac{\Delta Y_1}{\Delta Y_2} < 2$ 时，　　　　$\Delta Y_{\mathrm{m}} \approx \dfrac{\Delta Y_1 + \Delta Y_2}{2}$

当 $\dfrac{\Delta X_1}{\Delta X_2} < 2$ 时，　　　　$\Delta X_{\mathrm{m}} \approx \dfrac{\Delta X_1 + \Delta X_2}{2}$

当全塔平均推动力为 ΔY_{m}（或 ΔX_{m}），且为低浓度气体吸收时，每一截面上的 K_Y、K_X 相差很小，即 K_Y、K_X 可作常数处理，则全塔总系数速率方程变为：

$$N_{\mathrm{A}} = K_Y \Delta Y_{\mathrm{m}} \quad \text{或} \quad N_{\mathrm{A}} = K_X \Delta X_{\mathrm{m}}$$

且整个吸收塔填料层总吸收负荷为：

$$G_{\mathrm{A}} = N_{\mathrm{A}} F = K_Y \Delta Y_{\mathrm{m}} a\Omega Z = V(Y_1 - Y_2)$$

那么　　$Z = \dfrac{V}{K_Y a\Omega} \times \dfrac{Y_1 - Y_2}{\Delta Y_{\mathrm{m}}}$　或　$Z = \dfrac{L}{K_X a\Omega} \times \dfrac{X_1 - X_2}{\Delta X_{\mathrm{m}}}$

同样的，其传质单元数为：

$$N_{\mathrm{OG}} = \int_{Y_2}^{Y_1} \frac{\mathrm{d}Y}{Y - Y^*} = \frac{Y_1 - Y_2}{\Delta Y_{\mathrm{m}}} \tag{6-47}$$

$$N_{\mathrm{OL}} = \int_{X_2}^{X_1} \frac{\mathrm{d}X}{X^* - X} = \frac{X_1 - X_2}{\Delta X_{\mathrm{m}}} \tag{6-48}$$

✏ 技术训练 6-3

通过如下实例计算分析，了解条件的改变对相应参数的影响。

用清水逆流吸收混合气体中的 CO_2，已知混合气体的分离任务是：流量为 $300\,\mathrm{m}^3/\mathrm{h}$（混合气，标准状态），进塔气体中 CO_2 含量为 0.06（摩尔分数），操作条件下物系的平衡关系为 $Y^* = 1200X$，要求 CO_2 吸收率为 95%。

（1）若操作液气比由最小液气比的 1.6 倍增加到 1.8 倍，其吸收液的组成如何变化？

（2）若保持操作液气比为最小液气比的 1.6 倍不变，传质单元高度为 0.8m 不变，其进塔气中 CO_2 含量由 0.06 提高到 0.1，其填料层高度要发生怎样的改变，才能完成分离要求。

解：（1）已知条件：$V' = 300\,\mathrm{m}^3/\mathrm{h}$，$x_2 = 0$，$y_1 = 0.06$，$H_{\mathrm{OG}} = 0.8$，$X_2 = 0$

$$\frac{L}{V}=1.6\left(\frac{L}{V}\right)_{\min}, \quad \eta=\frac{Y_1-Y_2}{Y_1}=0.95, \quad Y^*=1200X$$

则：$Y_1=\dfrac{y_1}{1-y_1}=\dfrac{0.06}{1-0.06}\approx 0.064$，$Y_2=Y_1(1-\eta)$

惰性气体流量 $\quad V=\dfrac{300}{22.4}(1-0.064)=12.54\;(\text{kmol/h})$

最小液气比 $\quad\left(\dfrac{L}{V}\right)_{\min}=\dfrac{Y_1-Y_2}{X_1^*-X_2}=\dfrac{Y_1-Y_2}{Y_1/m}=m\eta$

实际操作液气比 $\dfrac{L}{V}=1.6\left(\dfrac{L}{V}\right)_{\min}=1.6m\eta=1.6\times 0.95\times 1200=1824$

吸收剂流量 $\quad L=\left(\dfrac{L}{V}\right)\times V=1824\times 12.54=22873\;(\text{kmol/h})$

塔底吸收液组成 $X_1=X_2+\dfrac{V}{L}(Y_1-Y_2)=0+\dfrac{V}{L}\eta Y_1=\dfrac{0.95\times 0.064}{1824}=3.33\times 10^{-5}$

若液气比为最小液气比的 1.8 倍，此时塔底吸收液的组成为：

$$X_1'=X_2+\frac{V}{L'}(Y_1-Y_2)=0+\frac{V}{L'}\eta Y_1=\frac{0.064}{1.8\times 1200}=2.96\times 10^{-5}$$

由计算可知，当喷淋用水量由最小液气比的 1.6 倍增加到 1.8 倍时，其出塔液相组成由 3.33×10^{-5} 降低到 2.96×10^{-5}。

（2）当进气组成为 0.06（摩尔分数），液气比为最小液气比的 1.6 倍时，传质单元高度为 0.8m，其塔高计算如下：

脱吸因数 $\quad S=\dfrac{mV}{L}=\dfrac{1200}{1824}=0.658$

$$N_{\text{OG}}=\frac{1}{1-S}\ln\left[(1-S)\frac{Y_1-mX_2}{Y_2-mX_2}+S\right]=\frac{1}{1-S}\ln\left[(1-S)\frac{1}{1-\eta}+S\right]$$

$$N_{\text{OG}}=\frac{1}{1-0.658}\ln\left[(1-0.658)\frac{1}{1-0.95}+0.658\right]=5.89$$

填料层高度 $\quad Z=N_{\text{OG}}H_{\text{OG}}=5.89\times 0.8=4.71\;(\text{m})$

当进气组成由 0.06 增至 0.1 时，其他条件不变，其塔高变为：

$$Y_1'=\frac{y_1'}{1-y_1'}=\frac{0.1}{1-0.1}\approx 0.111$$

$$\eta'=\frac{Y_1'-Y_2}{Y_1'}=\frac{0.111-0.06(1-0.95)}{0.111}=0.973$$

$$N_{\text{OG}}=\frac{1}{1-S}\ln\left[(1-S)\frac{Y_1'-mX_2}{Y_2-mX_2}+S\right]=\frac{1}{1-S}\ln\left[(1-S)\frac{1}{1-\eta'}+S\right]=7.57(\text{m})$$

由计算结果可知，当进气组成提高时，不改变其他条件下仍要满足吸收要求时，其填料层高度必须增加。

技能训练 6-7

进气组成提高，若不改变填料结构，要满足吸收要求，工业上生产可以采用什么方法解决？试计算分析。

任务 4　操作吸收装置

吸收操作是在吸收塔内，利用向气体混合物系统加入液体（吸收剂），使均相的气体混合物变成气液非均相物系，气体混合物中的溶质被吸收剂吸收，完成混合物中的溶质与惰性组分的分离，达到气体混合物分离的操作。吸收操作规程制定时，须充分体现操作的安全性、经济性及操作可实施性等。

子任务 1　认识吸收操作规程

装置操作规程应遵循的原则如下。

① 规程必须以工程设计和生产实践为依据，确保技术指标、技术要求、操作方法的科学合理。

② 规程必须总结长期生产实践的操作经验，保证同一操作的统一性，成为人人严格遵守的操作行为指南。

③ 规程必须保证操作步骤的完整、细致、准确、量化，有利于装置和设备的可靠运行。

④ 规程必须在满足安全环保要求的前提下，将优化操作、节能降耗、降低损耗、提高产品质量有机地结合起来，有利于提高装置生产效率。

⑤ 规程必须明确岗位操作人员的职责，做到分工明确、配合密切。

⑥ 规程必须在生产实践中及时修订、补充和不断完善，实现从实践到理论的不断提高。

吸收装置操作必须严格按照操作规程进行，一经制定，不得随意更改。

一、吸收塔操作中的安全问题

吸收塔有板式塔和填料塔之分，结构不同，其操作方法亦有所不同。为提高吸收推动力，吸收多采用逆流操作，即吸收剂由塔顶进入，在重力的作用下通过填料表面，最后在塔底汇集并排出；气体经风机提压后由塔底进入，在压差作用下通过填料，最后在塔顶汇集，除沫、回收吸收剂并排出。对于填料吸收塔，因塔中有填料的存在，使气液相在塔内的流动阻力增加，特别是气体入口压力的大小，会影响液体能否顺利从塔底排出。

吸收塔操作过程中的安全问题主要有：

① 塔内充满液体或液体不能顺利从塔底排出。造成的原因有：液体喷淋量过高来不及排出；塔内压差太大，液体下降过慢，排出不畅。

② 液体随气体从塔顶排出进入气路。造成的原因有：气流量过大，将液体夹带从塔顶离开。

③ 液体倒灌进入气体输入管路。造成的原因有：气体入口压力不够或气体量过低。

二、操作实施的可行性

安全经济地操作吸收塔，关键是要依据吸收分离任务（V、Y_1）及分离要求（Y_2），在已确定吸收剂、吸收操作温度及操作压力下，合理选用液气比（即选用适宜的液气比），完成混合气体的分离。

适宜的液气比，需要依据分离物系的性质、吸收分离任务（V、Y_1）及分离要求（Y_2），通过计算得出最小液气比，再结合操作装置的经济因素，分析出适宜的液气比，并经实践检验。

三、吸收操作的原则规程

岗位操作规程一般包括：岗位任务、职责范围、工作原理、工艺流程及工艺指标、开停车操作步骤、操作要点及注意事项、常见事故产生原因分析及处理方案等。

吸收操作的原则规程同样包含上述内容，具体内容应随分离对象、分离任务及分离要求不同而有所区别，但原则规程是相同的。例如：

（一）吸收塔操作流程说明及流程图

（二）操作控制参数（工艺指标）

（三）操作要求

1.操作前准备工作

（1）首次检查管路连接情况，确保其完好；

（2）检查电动机安装是否牢固，三角带松紧是否适度，如有异常，应先进行检修；

（3）检查各种泵是否完好；

（4）检查风机是否完好。

2.操作方法及注意事项

（1）按要求配制好吸收液；

（2）将吸收液送入塔内，要求控制好加入量；

（3）启动循环泵，使吸收液在塔内循环流动，控制好液位；

（4）开启引风机，向塔内注入待分离的混合气体，使吸收物质在塔内得到处理；

（5）吸收塔进入运行状态，在运动过程中，操作人员应密切注意吸收液浓度和塔顶尾气组成的变化情况，每小时记录一次，确保吸收塔底吸收液浓度和尾气组成控制在规定浓度内；

（6）在运行过程中，操作人员应与车间管理人员保持联系，及时掌握生产情况，以便做出相应的调整；

（7）循环液浓度超过规定浓度，需及时部分排放，并补充新鲜吸收液；

（8）若尾气组成不合要求，则随时调节液体喷淋量。

四、吸收塔操作指标的控制

吸收是气液两相之间的传质过程，影响吸收操作的主要因素有操作温度、操作压力及混合气体流量（V）、吸收剂用量（喷淋量 L）和吸收液入塔浓度（X_2）等。

1. 吸收操作温度

吸收温度对塔的吸收率影响很大。吸收温度降低，气体溶质在液体中的溶解度增大，溶解度系数增大。对于液膜控制的吸收过程，降低操作温度，吸收过程的阻力 $\frac{1}{K_G} \approx \frac{1}{k_L H}$ 将减小，结果使吸收效果增加，Y_2 降低，传质推动力增大；对气膜控制的吸收过程，降低操作温度，$\frac{1}{K_G} \approx \frac{1}{k_G}$ 基本不变，但传质推动力增加，吸收效果同样增加。故吸收操作温度的降低，改变了吸收相平衡关系（即改变了相平衡常数），对过程阻力及过程推动力都产生了影响，使吸收效果变好，溶质回收率增加。具体调控的方案最直接的有：降低吸收剂入塔温度或增大吸收剂的喷淋量、降低混合气体入塔温度等。

2. 吸收操作压力

提高吸收操作压力，可以提高混合气体中溶质组分的分压，即增加吸收推动力，有利于气体溶质的溶解吸收。但压力过高，操作难度和操作费用增加，所以不是特别需要（如吸收后的气体进入高压系统）时，通常采用常压吸收。

3. 气体流量 V_s

混合气体流量 V_s 及入塔气体组成 Y_1 在稳态吸收操作中，理论上是一定值（分离任务），是不可随意调节的。但对特定的塔设备及填料而言，若其他操作条件发生改变，其 V_s 在一定范围内是可以调节的。当 V_s 不大时，液体做层流流动，流体流动阻力小，吸收速率很低；当气速增大到湍流流动时，气膜变薄，气膜阻力减小，吸收速率增加；当气速增加到接近泛点气速时，液体不能顺畅向下流动，造成雾沫夹带，甚至造成液泛现象。所以稳定操作气速，是实现吸收高效、平稳操作的可靠保证。

对于易溶气体的吸收，传质阻力主要集中在气膜一侧，V_s 的大小及湍流状态对传质阻力影响较大，在保证平稳操作的同时，尽可能采用高气速操作；对于难溶气体的吸收，传质阻力主要集中在液膜一侧，此时 V_s 的大小及湍流状态虽然仍可改变气膜一侧的阻力，但是对总阻力的影响很小，若要提高传质速率，需减小液膜阻力，如采用新型填料。

4. 吸收剂的用量 L

改变吸收剂用量是吸收操作最常用也是吸收操作最可行的调控方案。当气体流量一定时，增大吸收剂的用量，吸收速率增大，溶质被吸收的量增加，气体出口浓度降低，回收率增大。当液相阻力较小时，增加吸收剂用量，传质总系数变化较小或基本不变，溶质吸收量的增加主要是由于传质推动力的增加而引起的，此时吸收过程的调节主要靠改变传质推动力；当液相阻力较大时，增加吸收剂用量，传质系数大幅增加，传质速率增大，溶质吸收量增大。实际生产过程中，多采用调节塔顶喷淋量达到调控塔顶气体出口组成的目的。

5. 吸收液入塔组成 X_2

吸收任务（V、Y_1）及分离要求 Y_2 一定时，当吸收液入口浓度 X_2 增加，依据 $V(Y_1-Y_2)=L(X_1-X_2)$，要想完成吸收任务，只能增加吸收液的喷淋量，否则气体出口浓度降低。而使吸收液入塔浓度增加主要是吸收液解吸不完全，使其循环使用时 X_2 较大，此时要想降低 X_2，只能从吸收液的解吸过程着手进行调节（如增加解吸温度或降低解吸压力，以利于溶质从吸收液中解吸出来）。

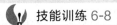 **技能训练** 6-8

学会制定吸收操作规程，查阅资料完成下述操作过程的操作规程。

（1）用水吸收氯化氢制盐酸的操作规程（注意盐酸浓度的变化及气体中氯化氢组成的变化）。

（2）合成氨原料气脱除 CO_2 的操作规程（提示：选取一种方法来写）。

子任务 2 学会吸收操作的开停车

吸收操作开车的原则步骤：充压、建立吸收液的循环；通入待分离的混合气体；调整各参数至指定值。吸收操作停车的原则步骤：进气减量、停进气、泄液、泄压。

吸收操作在吸收塔内气液充分接触，吸收质由气相进入液相，而惰性组分仍保留在气相，达到吸收质与惰性组分的分离。

吸收冷态开车操作：第一步充压，保证吸收操作在一定压力下进行，并保证流体的输送；第二步向吸收塔引入要求量的吸收剂（液相），以保证通入气体后不至于造成干塔或淹塔，以及带走一定量的热能，并建立良好的液体循环；第三步通入具有一定压力待分离的混合气体，逐渐增大通入量至要求的量；第四步调节各工艺参数（如温度、液体喷淋量、液位及分离要求）至操作规程中指标值。

吸收正常停车操作：第一步减少混合气体通入量，以保证气体的分离要求；第二步停止通混合气体；第三步停止喷淋液体；第四步排出系统液体的同时，缓慢泄压，直至液体排空，系统表压为零。

 技能训练 6-9

编写用水吸收氯化氢制盐酸的开车、停车操作步骤。

子任务 3 处理吸收操作故障

一、填料塔内气液两相存在状态

1. 填料上气液两相接触状态

工业上用于气体混合物分离的设备大多采用填料塔。填料是为了满足塔内气液两相充分接触传质，液体从塔上部进入，通过塔顶液体分布装置均匀喷洒在填料上层表面，并形成液膜，靠重力作用自上而下流动，最后从塔底排出；气体则从塔底进入，经气体分布装置、填料支撑装置后进入填料层，在压差的作用自下而上，经全塔填料间隙，最后从塔顶排出。气液两相分别从塔顶、塔底进入的操作为逆流操作，此时可获得较大的吸收推动力，能有效提高吸收传质速率，且能减小吸收剂的用量，故在工业生产中，吸收塔多采用逆流操作。

塔内气体在填料间隙所形成的曲折通道中流过，可以保证高程度的湍流；液体在不规则的填料表面上流动，由填料与填料间的接触点从一个填料流动到另一个填料，亦达到了液体湍动的要求。但液体在填料层内向下流动过程中，因靠近塔壁处空隙大，流动阻力小，液体有靠近塔壁流动的倾向，即壁流。壁流会导致填料层内气液分布不均，使传质效果下降，所以当填料层较高时，需分段布置，且段间设置液体再分布器，将流至塔壁处的液体收集后重新分布至填料表面。

填料塔内气液传质是在填料表面进行的，故填料的性能很重要，必须保证液体在填料表面充分润湿，即液膜的均匀形成，且气液两相连续接触，组成沿塔高发生连续变化。

2. 填料层的持液量

填料层的持液量即是单位体积填料所持有的液体体积（m^3 液体/m^3 填料）。填料的总持液量包括静持液量和动持液量。静持液量是指在充分润湿的填料层中，气液两相不进料，且填料层中不再有液体流下时，填料层中的液体量。动持液量是指填料塔停止气液两相进料后，经足够长时间排出的液体量。

持液量与填料类型、填料规格、液体性质、气液负荷等有关。持液量太大，气体流通截面减少，气体通过填料层的压力降增加，则生产能力降低；持液量太小，操作不稳定，进一步影响分离效果。正常的持液量是能提供较大的气液传质面积且稳定操作时的持液量。

3. 气体通过填料层的压降

在逆流操作的填料塔中，液体借助重力作用自上而下流过填料层，并在填料表面形成均匀的液膜，气体借助压差的作用自下而上通过填料时，会受到来自液膜与填料的阻碍作用，即填料层的压降。实践证明，填料层的压降与液体的喷淋量及空塔气速［单位塔截面上流过的气体的体积流量，$m^3/(m^2 \cdot s)$］有关，在一定的空塔气速下，液体喷淋量越大，压降就越大；在一定的液体喷淋量下，空塔气速越大，压降也越大。实验测得不同液体喷淋量下的填料层压降（$\lg\Delta p$）与空塔气速（$\lg\Delta u$）的关系如图 6-26 所示。

图中当液体喷淋量 $L=0$（干填料层）时，填料层的 $\lg\Delta p$ 与 $\lg\Delta u$ 呈直线关系，称为干板压降线。曲线 1、2、3、4 表示不同液体喷淋量下填料层的 $\lg\Delta p$-$\lg\Delta u$ 的关系，称为填料操作压降线。从图中可知，填料操作压降线呈折线，且有两个折点，下折点（A_1、A_2、A_3、A_4）为载点，上折点（B_1、B_2、B_3、B_4）为泛点。这两个点将 $\lg\Delta p$-$\lg\Delta u$ 关系分为三个区域。

① 恒持液区。当气速低于 A 点对应气速时，液膜受气体流动的曳力很小，液体在填料层内向下流动几乎与气速无关。在恒定的喷淋量下，填料表面上覆盖的液膜厚度基本不变，因而填料的持液量不变，此区域即为恒持液区。此区域 $\lg\Delta p$-$\lg\Delta u$ 关系为一直线，斜率约为 $1.8\sim2$，位于干填料压降线的左下侧。

② 载液区。当气速超过 A 点对应的气速时，下降液膜受到向上移动的气流的曳力较大，于是开始阻止液体向下流动，使液膜增厚，填料的持液量开始随气速增加而增大，此现象为拦液现象，开始出现拦液现象的气速称为载点气速。气速超过载点气速后 $\lg\Delta p$-$\lg\Delta u$ 关系斜率大于 2。

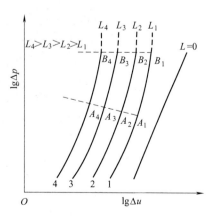

图 6-26　填料层压降与空塔气速的关系

③ 液泛区。当气速继续增加达到 B 点所对应的气速时，由于液体不能顺利通过，使填料层的持液量不断增加，最终填料层几乎充满了液体，此时气速增加很小就会引起压降急剧升高，以致出现液泛现象，出现液泛时的气速称为泛点气速。

从载点到泛点间的区域，称为载液区；泛点以上的区域为液泛区。液泛区的 $\lg\Delta p$-$\lg\Delta u$ 关系斜率可达 10 以上。

说明：在同样的气液负荷下，不同填料的 $\lg\Delta p$-$\lg\Delta u$ 关系线有所不同，但形状基本相近；对某些填料，其载点、泛点并不明显，其上述三个区域亦无明显界限。

4. 液泛

当操作气速超过泛点气速（u_f）时，持液量的持续增加致使液相由分散相变成连续相，液体充满填料层的空隙；而气相则由连续相变为分散相，气体只能以气泡的形式通过液层。此时气流出现脉动，液体被气流大量带出塔顶，造成操作极不稳定，甚至被破坏，这种现象称为液泛。

实践证明，当气速达到介于载点气速和泛点气速之间时，气液相的湍动加剧，二者接触良好，传质效果大大提高。泛点气速是填料塔操作的最大气速，适宜气速通常依据泛点气速来确定，一般地 $u=$（60%～80%）u_f，正确求解 u_f 对填料塔的设计和操作都非常重要。

影响泛点气速的因素虽然很多，但最重要的主要是填料的特性、流体的物性及操作的液气比等。人们通过大量实验数据，分析得到一些关联式或关联图来获得 u_f，以此作为设计和操作的依据。最常见的是 Eckert 通用关联图，如图 6-27 所示。

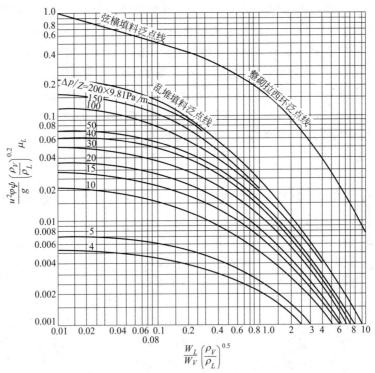

图 6-27 Eckert 通用关联图

W_L、W_V—液相、气相质量流量，kg/s；ρ_L、ρ_V—液相、气相密度，kg/m³；u—空塔气速，m/s；μ_L—液体的黏度，mPa·s；φ—填料因子，m⁻¹；ψ—液体密度校正系数，$\psi=\rho_水/\rho_L$

二、常见故障分析

填料吸收塔常见操作故障有：液泛、壁流、沟流、停电、停水、泵坏、阀卡、吸收塔底排出液浓度过高、尾气中吸收质超标等，生产中若出现上述问题，需及时发现、确定事故原因并及时排除，常见故障的产生原因及解决办法见表6-5。

表 6-5　常见故障的产生原因及解决办法

序号	常见故障类型	故障产生原因	故障解决办法
1	液泛	(1)进气量大,塔压高; (2)吸收液量大; (3)填料堵	(1)降低进气量,降低塔压(减小塔压降); (2)降低喷淋量; (3)清洗填料
2	壁流	(1)填料与塔壁间空隙过大; (2)每层填料层过高	(1)更换合适尺寸的填料; (2)加设液体再分布器
3	沟流	(1)填料表面润湿不到位; (2)液体走短路	(1)调整液体流量,增加填料润湿程度; (2)让填料装填尽可能均匀,避免液体走短路
4	停电、停水	(1)外部系统停电; (2)内部供电线路故障; (3)供水系统漏水等	按紧急停车操作。再询问外部供电、供水情况,若正常,则检查内部供电线路、供水管路情况,并解决
5	泵坏、阀卡	(1)吸收液中有固体杂质; (2)操作条件不合要求; (3)超过了使用年限	按操作规程拆换泵、阀的相关部件或整台泵或阀件,并检查液体中是否有固体杂质或操作条件不合要求
6	塔底排出液浓度过高	(1)吸收液喷淋量过低; (2)吸收液循环时间过长; (3)吸收液在循环过程中损失	(1)增加液体喷淋量; (2)降低喷淋液体的浓度; (3)补充部分新鲜的吸收液
7	尾气中吸收质超标	(1)进气组成增大或液体喷淋量过低; (2)喷淋液中浓度过高; (3)操作压力、温度发生变化	(1)增加液体喷淋量; (2)降低喷淋液体的浓度; (3)控制好操作压力、操作温度

技能训练 6-10

操作过程中操作参数或分离任务发生改变，分析结果会发生怎样的变化及解决方案。

序号	发生改变的内容	分离结果变化	解决方案
1	吸收塔顶温度超高		
2	吸收塔操作压力下降		
3	塔顶喷淋液浓度增加		
4	进塔气体浓度增加		
5	塔顶液体喷淋量下降		

![综合案例]

用清水逆流吸收混合气体中的 CO_2，已知混合气体的流量为 $300m^3/h$（标准状态下），进塔气体中 CO_2 含量为 0.06（摩尔分数），操作液气比为最小液气比的 1.6 倍，传质单元高度为 $0.8m$。操作条件下物系的平衡关系为 $Y^* = 1200X$。要求 CO_2 吸收率为 95%，分析求解：（1）吸收液组成及吸收剂流量；（2）吸收操作线方程；（3）填料层高度。

解：（1）由已知可知惰性气体流量 $V = \dfrac{300}{22.4}(1-0.06) = 12.59$（kmol/h）

清水吸收，即 $X_2 = 0$，吸水率为 $\eta = \dfrac{Y_1 - Y_2}{Y_1} = 0.95$

且 $Y_1 = \dfrac{y_1}{1-y_1} = \dfrac{0.06}{1-0.06} = 0.064$

则最小液气比 $\left(\dfrac{L}{V}\right)_{min} = \dfrac{Y_1 - Y_2}{X_1^* - X_2} = \dfrac{Y_1 - Y_2}{Y_1/m} = m\eta$

操作液气比 $\dfrac{L}{V} = 1.6\left(\dfrac{L}{V}\right)_{min} = 1.6m\eta = 1.6\times0.95\times1200 = 1824$

其吸收剂用量为：$L = \left(\dfrac{L}{V}\right)\times V = 1824\times12.59 = 22964$（kmol/h）

此时吸收液组成为：

$$X_1 = X_2 + \dfrac{V}{L}(Y_1 - Y_2) = X_2 + \dfrac{V}{L}Y_1\eta = 0.064\times0.95/1824 = 3.33\times10^{-5}$$

（2）操作线方程 $Y = \dfrac{L}{V}X + \left(Y_1 - \dfrac{L}{V}X_1\right) = 1824X + (0.064 - 1824\times3.33\times10^{-5})$

整理得：$Y = 1824X + 3.2\times10^{-3}$

（3）脱吸因数 $S = \dfrac{mV}{L} = \dfrac{1200}{1824} = 0.658$

$$N_{OG} = \dfrac{1}{1-S}\ln\left[(1-S)\dfrac{Y_1 - mX_2}{Y_2 - mX_2} + S\right] = \dfrac{1}{1-S}\ln\left[(1-S)\dfrac{1}{1-\eta} + S\right]$$

$$= \dfrac{1}{1-0.658}\ln\left[(1-0.658)\dfrac{1}{1-0.95} + 0.658\right] = 5.89$$

则填料层高度为：$Z = N_{OG}H_{OG} = 5.89\times0.8 = 4.71$（m）

![素质拓展阅读]

梦想需要坚守——胡双钱

中国商飞上海飞机制造有限公司高级技师、数控机加工车间钳工组组长胡双钱主要负责 ARJ21-700 飞机项目零件生产、C919 大型客机项目技术攻关，并因此获得"上海市质量金奖""全国五一劳动奖章""全国劳动模范"等荣誉。

胡双钱出生在一个普通的工人家庭，在父母的眼里，"技术"就是一门"手艺"，一门能够谋生的手艺。在技校学习期间，胡双钱跟着老师参与了运-10 飞机零部件的加工生产，他从中学到了许多技巧和方法。之后胡双钱被分配到 5703 厂飞机维修车间。有些飞机零件的精度要求是 0.1mm，与一根头发丝直径相当。35 年中他加工过数十万个飞机零件，从没出现过一个次品。对于这个令人震惊的纪录，胡双钱很淡定，没有什么豪言壮语，有的只是平淡的两个字：用心。大飞机作为"国家名片"，离不开一大批高技能人才，离不开像胡双钱这样的"大国工匠"。他们用踏实的劳动铸就"中国梦"。

练习题

一、单项选择题

1. 在吸收操作过程中，常采用调节（　　）控制出塔气体的组成。

　　A.液气比　　　　　　B.回流比　　　　　　C.操作温度　　　　　　D.操作压力

2. 在吸收操作过程中，当吸收剂用量增加时，出塔溶液浓度（　　），尾气中溶质浓度（　　）。

　　A.下降　　　　　　　B.增高　　　　　　　C.无法判断

3. 吸收过程中一般多采用逆流操作，主要是因为此操作（　　）。

　　A.流体阻力最小　　　B.传质推动力最大　　C.操作最方便

4. 采用清水吸收空气-氨气混合气体，依据混合气体中各组分的溶解性，可知该吸收过程为（　　）。

　　A.液膜控制　　　　　B.气膜控制　　　　　C.气液双膜控制

5. 吸收操作过程中，若尾气中吸收质含量过高，可采用（　　）吸收液的喷淋量或（　　）吸收液中吸收质的含量，使尾气达到要求。

　　A.增加　　　　　　　B.减小　　　　　　　C.不变

6. 吸收塔开车操作时，应（　　）。

　　A.先通入气体后通入喷淋液体　　　　　B.增大喷淋量总是有利于吸收操作的

　　C.先通入喷淋液体后通入气体　　　　　D.先进气体或液体都可以

7. 根据双膜理论，在气液接触界面处（　　）。

　　A.气相组成大于液相组成　　　　　　　B.气相组成小于液相组成

　　C.气相组成等于液相组成　　　　　　　D.气相组成与液相组成平衡

8. 已知常压、20℃时稀氨水的相平衡关系为 $Y^* = 0.94X$，今使含氨6%（摩尔分数）的混合气体与 $X = 0.05$ 的氨水接触，则将发生（　　）。

　　A.解吸过程　　　　　B.吸收过程　　　　　C.已达平衡无过程发生

9. 强化解吸过程的措施，错误的是（　　）。

　　A.提高载气剂用量　　B.降低操作总压　　　C.提高载气剂中溶质的浓度

10. 吸收操作多在高压低温下进行，理由是该条件下气体的（　　）。

　　A.溶解度大　　　　　B.溶解度小　　　　　C.操作安全　　　　　D.操作经济

二、判断题

1. 当气体溶解度很大时，可以采用提高气相湍流强度来降低吸收阻力。（　　）

2. 当吸收剂的喷淋密度过小时，可以适当增加填料层高度来补偿。（　　）

3. 当吸收剂需循环使用时，吸收塔的吸收剂入口条件将受到解吸操作条件的制约。（　　）

4. 吸收操作中，增大液气比有利于增加传质推动力，提高吸收速率。（　　）

5. 在吸收操作中，改变传质单元数的大小对吸收系数无影响。（　　）

6. 填料塔开车时，我们总是先用较大的吸收剂流量来润湿填料表面，甚至淹塔，然后再调节到正常的吸收剂用量，这样吸收效果较好。（　　）

7. 在选择吸收塔用的填料时，应选比表面积大的、空隙率大的和填料因子大的填料。（　　）

8. 在吸收操作中，只有气液两相处于不平衡状态时，才能进行吸收。（　　）

9. 正常操作的逆流吸收塔，因故吸收剂入塔量减少，以致使液气比小于原定的最小液气比，则吸收过程无法进行。（　　）

10. 填料塔的液泛仅受液气比影响，而与填料特性等无关。（　　）

三、问答题

1. 当不改变吸收任务，而循环液中吸收质溶度增加了，试分析如何做才能满足吸收要求？

2. 生产过程中，入吸收塔气体组成发生了改变（增加或降低），试分析如何操作才能保证吸收操作的要求不变？

四、计算题

1. 向盛有一定量水的鼓泡吸收器中通入纯的 CO_2 气体，经充分接触后，测得水中的 CO_2 平衡浓度为 2.875×10^{-2} kmol/m³，鼓泡器内总压为 101.3kPa，水温 30℃，溶液密度为 1000 kg/m³。其亨利系数 E、溶解度系数 H 及相平衡常数 m 各为多少？

2. 在压力为 101.3kPa 的吸收器内用水吸收混合气中的氨，设混合气中氨的浓度为 0.02（摩尔分数），则所得氨水的最大物质的量浓度是多少？已知操作温度 20℃下的相平衡关系为 $p_A^* = 2000x$。

3. 用清水逆流吸收混合气中的氨，进入常压吸收塔的气体含氨 6%（体积分数），吸收后气体出口中含氨 0.4%（体积分数），溶液出口浓度为 0.012（摩尔比），操作条件下相平衡关系为 $Y^* = 2.52X$。试用气相摩尔比表示塔顶和塔底处吸收的推动力。

4. 用清水逆流吸收混合气体中的溶质 A，混合气体流量为 52.62kmol/h，其中 A 的摩尔分数为 0.03，要求 A 的吸收率为 95%。操作条件下的平衡关系为 $Y^* = 0.65X$。（1）塔底吸收液最大浓度是多少？（2）若取 $L = 1.4L_{min}$，则每小时送入吸收塔顶的清水量及吸收液浓度 X_1 变为多少？（3）写出操作线方程。

5. 在压力为 101.3kPa、温度为 30℃ 的操作条件下，在某填料吸收塔中用清水逆流吸收混合气中的 NH_3。已知入塔混合气体的流量为 220kmol/h，其中 y（NH_3）$= 1.2\%$。操作条件下的平衡关系为 $Y^* = 1.2X$，空塔气速为 1.25m/s，气相总体积吸收系数为 0.06kmol/(m³·s)，$L = 1.5L_{min}$，要求 NH_3 的回收率为 95%。试求：（1）水的用量；（2）填料塔的直径；（3）填料层的高度。

((💡)) **知识的总结与归纳**

知识点		应用举例	备注
气体的溶解度及影响因素	影响因素有：溶剂的类型、温度、压力	加压制备碳酸饮料；硫酸生产中常压下尾气处理	吸收操作温度及操作压力的确定依据
亨利定律-吸收（气液）相平衡	$p_A^* = Ex_A$，$p_A^* = \dfrac{c_A}{H}$ $y_A^* = mx_A$，$Y_A^* = mX_A$	制备一定浓度的盐酸，需水量的计算；满足混合气体的净化度，其操作条件的确定（温度、压力、吸收剂及用量）	吸收、解吸过程的判断

知识点		应用举例	备注
吸收推动力计算	$\Delta Y = Y_A - Y_A^*$ $\Delta X = X_A^* - X_A$	强化吸收的途径： ① 改变气相或液相组成 Y_A、X_A；②改变操作条件温度、压力，即是改变 Y_A^*、X_A^*	吸收推动力的计算 吸收过程判断 过程强化途径的分析
操作线方程-物料衡算	$V(Y_1 - Y_2) = L(X_1 + X_2)$ $Y = \dfrac{L}{V}X + \left(Y_2 - \dfrac{L}{V}X_2\right)$ 或 $Y = \dfrac{L}{V}X + \left(Y_1 - \dfrac{L}{V}X_1\right)$	已知混合气体净化任务及净化要求，确定吸收液用量或吸收液浓度	吸收效率、吸收剂用量及吸收液浓度的计算
吸收传质速率方程	相内传质 $N_A = k_G(p - p_i)$、$N_A = k_y(y - y_i)$ $N_A = k_L(c_i - c)$、$N_A = k_x(x_i - x)$ 相际传质 $N_A = K_G(p - p^*)$、$N_A = K_Y(Y - Y^*)$ $N_A = K_L(c^* - c)$、$N_A = K_X(X^* - X)$	相内传质速率方程，用于分析液膜控制或气膜控制的强化传质速率的途径 相际传质速率方程，结合相平衡关系，计算总传质速率及分析强化传质速率的途径	填料层高度、吸收塔高度的计算的依据
双膜理论	1. 在气液两流体相接触处有一稳定的相界面； 2. 在两膜以外的气液两相主体内无浓度梯度，其浓度变化主要集中在两膜内； 3. 相界面上没有阻力	水吸收氨采用提高气相扩散速率；水吸收 CO_2 除了加压外，还应提高气液间的传质面积等	吸收过程控制分析及过程强化途径分析
塔高计算	$Z = \displaystyle\int_{Y_2}^{Y_1} \dfrac{V}{K_Y a \Omega}\dfrac{\mathrm{d}Y}{Y - Y^*}$ $\quad = \dfrac{V}{K_Y a \Omega}\displaystyle\int_{Y_2}^{Y_1}\dfrac{\mathrm{d}Y}{Y - Y^*} = H_{OG}N_{OG}$ $Z = \displaystyle\int_{X_2}^{X_1} \dfrac{L}{K_X a \Omega}\dfrac{\mathrm{d}X}{X^* - X}$ $\quad = \dfrac{L}{K_X a \Omega}\displaystyle\int_{X_2}^{X_1}\dfrac{\mathrm{d}X}{X^* - X} = H_{OL}N_{OL}$	填料塔总塔高 ＝填料层高度＋各附件高度	计算填料塔高度的依据
传质单元高度	$H_{OG} = \dfrac{V}{K_Y a \Omega}$、$H_{OL} = \dfrac{L}{K_X a \Omega}$	传质单元高度的影响因素：气体和液体的性质，填料的性能及传质接触方式	计算填料塔高度的依据
传质单元数	$N_{OG} = \displaystyle\int_{Y_2}^{Y_1}\dfrac{\mathrm{d}Y}{Y - Y^*} = \int_{Y_2}^{Y_1}\dfrac{\mathrm{d}Y}{Y - mX}$ 求解方法： 1. $N_{OG} = \dfrac{1}{1-S}\ln\left[(1-S)\dfrac{Y_1 - mX_2}{Y_2 - mX_2} + S\right]$ 2. $\Delta Y_m = \dfrac{\Delta Y_1 - \Delta Y_2}{\ln\dfrac{\Delta Y_1}{\Delta Y_2}} = \dfrac{(Y_1 - Y_1^*) - (Y_2 - Y_2^*)}{\ln\dfrac{Y_1 - Y_1^*}{Y_2 - Y_2^*}}$ 或 $\Delta X_m = \dfrac{\Delta X_1 - \Delta X_2}{\ln\dfrac{\Delta X_1}{\Delta X_2}} = \dfrac{(X_1^* - X_1) - (X_2^* - X_2)}{\ln\dfrac{X_1^* - X_1}{X_2^* - X_2}}$	求解传质单元数	计算填料塔高度的依据

学习湿空气的性质（湿度、相对湿度、比体积、焓、干球温度、湿球温度、绝热饱和温度等）和湿度图的应用，学习干燥设备的结构、工作原理和应用场合，典型干燥器的操作、维护、常见故障的处理，干燥介质的作用，湿物料中含水量表示方法，干燥速率的影响因素和干燥曲线的应用等；根据不同生产任务，计算干燥过程中水分的蒸发量、干燥介质（空气）的消耗量，计算干燥过程（预热器和干燥器）所需热能，能够对操作条件进行简单分析，选择合适的干燥设备，并能判断和处理干燥中出现的常见故障。

在工业生产过程中，为了保证产品含湿率的要求或便于原料的存储、运输，需将固体物料中的"湿"（水或其他液体）去除一部分，这个过程简称去湿。工业上常用的去湿方法有三类，分别是机械去湿法、加热去湿法（又称干燥）和化学去湿法。其中机械去湿法和化学去湿法只能去除少量的水分，化学工业生产中，固体物料的干燥，一般是先用机械去湿法除去物料中大量的非结合水分，再用加热干燥法除去残留的一部分水分（包括非结合水分和结合水分）。本章主要介绍加热去湿法，即干燥。

工业应用

某聚氯乙烯（PVC）生产厂家，要求产品聚氯乙烯树脂中水分含量低于0.3%。由于从前一工序生产的聚氯乙烯浆料中含有大量的水分，需采用如图7-1所示的工艺进行干燥处理，降低产品中水分的含量。整个物料的干燥过程使用的设备有：离心机、螺旋输送器、加热器、鼓风机、旋风干燥器、旋风分离器等。

在聚氯乙烯干燥工艺生产中，有两股物料，一股为热空气，另一股为树脂。其中对作为热载体和湿载体的热空气要熟悉其物性参数，例如：湿度、相对湿度、湿空气的比体积、比热容和焓、露点温度、干球温度和湿球温度等。另一股湿物料（树脂）需要通过干燥器进行干燥分离，要完成的工作任务有：

① 制定湿物料的干燥方案；

② 确定干燥过程除去的水分含量；

③ 了解物料含水量的表示方法；

④ 确定干燥过程需要的热量；

⑤ 了解干燥速率的影响因素；

⑥ 掌握干燥过程的操作和常见故障的处理。

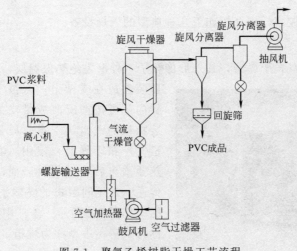

图 7-1　聚氯乙烯树脂干燥工艺流程

任务1　认识干燥装置

在化工生产中，由于被干燥物料的形态、性质及对干燥要求和处理量不相同，干燥器类型和干燥方法有多种，但无论使用何种类型干燥器，在确保生产安全和经济效益的前提下，干燥装置均应符合以下基本要求：①保证产品的质量要求；②生产能力大；③热效率高，能耗低；④系统流动阻力小，动力消耗小；⑤操作方便，附属设备简单，劳动条件好。

子任务1　认识干燥设备

工业生产中，由于被干燥物料的形态多样，有糊状、膏状、粉末、颗粒状、片状或纤维状和成型物料等，为满足不同形态物料达到不同的干燥要求，工业上需要用到多种不同结构的干燥器。

一、干燥设备分类

在化工生产中，由于被干燥物料形态、物料性质、干燥程度和处理量都不相同，因此干燥器的类型和干燥方法有多种，目前干燥器大多按照加热方式的不同进行分类，见表 7-1。

表 7-1　干燥器的分类（加热方式）

序号	干燥器	常用类型
1	对流干燥器	气流干燥器、沸腾干燥器、转筒干燥器、喷雾干燥器、箱式干燥器
2	传导干燥器	盘架式真空干燥器、耙式真空干燥器、滚筒干燥器、冷冻干燥器
3	辐射干燥器	红外线干燥器
4	介电加热干燥器	微波干燥器

二、常用干燥器的结构和特点

干燥设备的类型较多，现介绍如下几种典型的干燥设备。

1. 箱式干燥器

箱式干燥器也叫盘式干燥器，其外形像箱子，外壁是绝热保温层，内部有支架，物料一般装盘放在支架上；若被干燥物料较多，干燥器内部可按情况改成带支架的小车，车架内放装物料的浅盘，干燥介质是新鲜空气（或者烟道气）和废气混合使用。混合后的空气通过换热器预热后吹过物料表面，进行热量和质量的传递。常压间歇式干燥器是典型的箱式干燥器，结构如图 7-2 所示。工厂中大型常压间歇干燥器称为烘房，小型称为烘箱。

图 7-2　箱式干燥器外形图

箱式干燥器的加热方式有多种，除了用空气、烟道气和蒸汽加热外还可用电和煤气加热。

箱式干燥器最大的优点是适应性好，应用广泛，各种状态的物料都能干燥，尤其适合生产能力小、品种多以及干燥条件变动大的场合。而且其结构简单，设备投资费用少，维修方便。但是缺点是生产能力和热能利用率低、干燥时间长、干燥不均匀。

2. 滚筒式干燥器

滚筒式干燥器是通过转动的圆筒，以热传导的方式，将附在筒体外壁的液相物料或带状物料进行干燥的连续式干燥设备，有单滚筒、双滚筒和多滚筒几种类型。单滚筒和双滚筒适用于流动性物料，如溶液、悬浮液等；多滚筒适用于薄层物料的干燥，如纸、织物等。

图 7-3（a）和图 7-3（b）是滚筒式干燥器。滚筒外表面是经过加工的金属空心圆筒，干燥时，加热的蒸汽通入筒内，通过筒壁传热后将热量传递给附着在滚筒表面的湿物料。对于双滚筒干燥器，两滚筒的旋转方向相反，有一部分筒体浸入料槽（内有料浆），使物料层薄膜紧贴附于滚筒表面，厚度约 0.3～5mm，筒壁加热后，物料中水分汽化，散于周围空气中，滚筒转一周，物料干燥成片状贴在筒外壁，被刮刀刮下。滚筒转速根据干燥时间设定。

滚筒式干燥器主要应用于浆状物料的干燥，比如干燥酵母、抗生素、乳糖、淀粉浆、亚硝酸钠、染料、碳酸钙及蒸馏废液等。

滚筒式干燥器具有如下优点：①操作连续，能够得到均匀产品；②干燥时间短（一般为 7～30s），适合于热敏性物料的干燥；③适用范围广，料浆黏度高或低都能干燥；④热效率高；⑤可干燥处理量小且干燥器内无残留的物料；⑥操作参数易于调整；⑦易于清理，改变用途容易；⑧废气不带走物料，不需要除尘设备。

缺点：生产能力受筒体尺寸限制，处理量小，刮刀易磨损，使用寿命短。

3. 流化床干燥器（沸腾床干燥器）

流化床干燥器又叫沸腾床干燥器，种类较多，主要又分为单层圆筒式、多层圆筒式、喷雾式、振动式等。

图 7-4 是单层圆筒流化床干燥器结构图，图 7-5 为流化床干燥器实物图。

首先在多孔分布板上加入颗粒状湿物料，热空气由多孔分布板底部进入床层与湿物料接触，分布板起到均匀分布气体的作用。当气速较低时，气体从颗粒床层的空隙通过，颗粒层

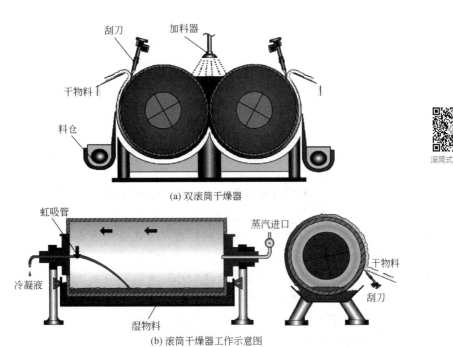

(a) 双滚筒干燥器

(b) 滚筒干燥器工作示意图

图 7-3　滚筒式干燥器

滚筒式干燥器

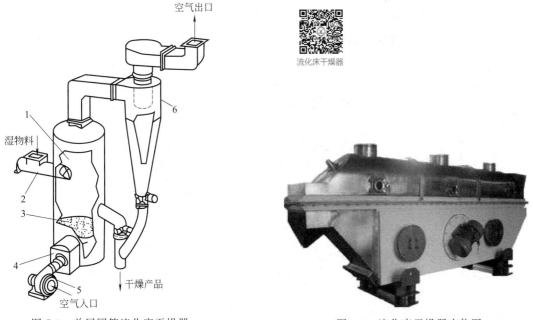

流化床干燥器

图 7-4　单层圆筒流化床干燥器

1—沸腾室；2—进料器；3—分布板；
4—加热器；5—风机；6—旋风分离器

图 7-5　流化床干燥器实物图

保持静止状态，称为固定床。当气速增加时，颗粒床层开始松动并略有膨胀，颗粒在小范围内变换位置。当气速继续增加时，颗粒被上升的气流吹动，呈悬浮状态，此时形成的床层称为流化床。当颗粒床层膨胀到一定高度时，因为床层空隙率增大，使气速下降，颗粒又重新落下而不致被气流带走。经干燥后的颗粒由床侧出口卸出。废气由顶部排出并经旋风分离器除尘后再排出。

由此可知，流化床干燥器主要是通过控制气速使固体颗粒悬浮于热气流中，上下翻动，剧烈碰撞与混合后完成传热、传质过程而达到干燥目的。干燥过程中，颗粒床层由固定床转化为流化床时的气速称为临界流化速度；当气速增高到颗粒的自由沉降速度时，颗粒被气流带出干燥器，此时的气速称为带出速度。流化床干燥器适宜的气速在临界流化速度和带出速度之间。当静止料层高度为 0.05～0.15m，颗粒径大于 0.5mm 时，采用的气速范围是带出速度的 0.4～0.8 倍。

流化床干燥器有以下优点：

① 传热、传质效率高。干燥过程中颗粒彼此剧烈碰撞与混合，气体和颗粒的接触面大，因此传热、传质效率高。

② 热效率高。既可干燥含非结合水分的物料也可干燥含结合水的物料，处理含非结合水的物料时，热效率可达 30%～50%。

③ 设备磨损小，除尘器负荷低。由于气速较小，所以阻力小，颗粒之间和对设备的磨损都比较小，并且废气夹带粉尘少，因此除尘器负荷小。

④ 产品含水量低。颗粒在器内的停留时间可由出料口控制调节，因而可以控制产品含水量，能得到含水量较低的产品。

⑤ 由于设备小，活动部件和结构简单，因此投资费用和维修费用低。

⑥ 生产能力大、物料流动性好。

主要缺点有：①控制要求严格，且颗粒在流化床层中混合剧烈，可能引起物料的返混和短路，使物料在干燥器中停留时间不均匀，导致干燥产品质量不均匀；②在降速干燥阶段，从流化床排出的气体温度较高，被干燥物料带走的热量较大，导致干燥器的热量利用率低。因此单层流化床干燥器适合用在处理量大、易干燥、对产品要求不高的场合。

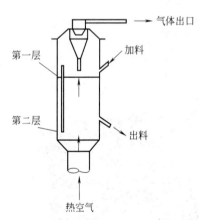

图 7-6　双层流化床干燥器

对干燥要求较高或所需干燥时间较长的物料，可采用多层流化床干燥器。图 7-6 是双层流化床干燥器。物料加入第一层，经溢流管流入第二层，干燥至符合产品质量标准后，从出料口排出。热气体由干燥器底部送入后，依次流经每一层，然后从顶部排出。与单层相比，双层流化床干燥器中的颗粒分布更均匀，停留时间更长，干燥产品含水量低。但是多层流化床干燥器的结构复杂，流动阻力较大。为了保证物料干燥均匀，流动阻力小，操作稳定可靠，可以采用卧式多层室流化床干燥器。

总之，流化床干燥器适合用于粉粒状且不容易结块物料的干燥。湿物料适宜的粒度范围为 30～60μm。

4. 气流干燥器

气流干燥器是利用高速的热气流将湿润的粉粒状、块状物料分散而悬浮于气流中，与热气流并流流动进行干燥的设备，被广泛用于热敏性、含有较多非结合水的粉状或颗粒状物料的干燥过程中。

如图 7-7 所示，气流干燥器主要由预热器、螺旋加料器、干燥器、旋风分离器、风机等组成。干燥器是一个直立的干燥管，管长约 10～20m。被干燥的物料直接从加料器加入气流管中，空气由鼓风机送入，通过过滤器去除其中的尘埃，再经预热器加热至一定温度后从干燥管底部进入干燥管中，而湿物料经螺旋加料器连续送入干燥管，在干燥管中被高速上升的热气流分散并呈悬浮状，空气与湿物料在流动中充分接触，并做剧烈的相对运动，进行热量和质量的传递，从而达到干燥的目的。干燥产品随气流进入旋风分离器与废气分离后被收集，废气排出。

气流干燥器的优点如下：

① 传热、传质速率高。由于湿物料以细小的颗粒悬浮于高速气流中，每个颗粒都被热空气所包围，气固两相间传热、传质面积大，并且由于气速较高，在空气涡流的高速搅动下，使气固边界层的气膜不断受冲刷，强化了传热传质过程。干燥器平均对流传热系数可达 $2.3 \sim 7.0 \mathrm{kW/(m^2 \cdot K)}$，尤其在干燥器前段干燥效果更好。

② 干燥时间短。大多数物料在干燥器内停留时间只有 $0.5 \sim 2\mathrm{s}$，所以特别适用于热敏性、易氧化物料的干燥。

③ 热效率高。干燥器散热面积小，故热损失较小，不超过 5%。尤其干燥含非结合水分较多的物料，热效率在 60% 左右。允许使用高温气体，空气消耗量相对较小。

④ 设备结构简单，易制造，易维修，成本低，且操作连续稳定，自动化程度高。

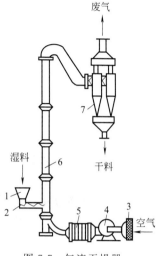

图 7-7 气流干燥器

1—料斗；2—螺旋加料器；
3—空气过滤器；4—风机；
5—预热器；6—干燥器；
7—旋风分离器

气流干燥器

存在的缺点有：

① 动力消耗大。因为气流速度较高，气固混合物在干燥管内的流动阻力大。

② 物料及器壁的磨损较大，难以保持干燥前的结晶状态和光泽，不适用于易粉碎物料的干燥。

③ 物料在器内的停留时间短，不适用于含结合水较多的物料的干燥。

④ 为了除去被气流夹带的细小颗粒，对除尘器的要求高。

⑤ 干燥管较高，对厂房高度有一定的要求。

目前国内为了提高气流干燥器的效能或降低干燥管的高度，尽量提高干燥管底部气体和颗粒间的相对速度。目前国内外研制出的新型气流干燥器有以下几种。

① 多级气流干燥器。将一段较高的干燥管改为若干段较低的干燥管，增加了加速段的数目，同时需增加气体输送机械及分离设备。目前工业上生产淀粉、聚氯乙烯、硬脂酸盐和口服葡萄糖多采用二级气流干燥器。

② 脉冲式气流干燥器。采用直径交替缩小和扩大的脉冲管代替直管。管内气速交替变化，而颗粒由于惯性作用其运动速度跟不上气速变化，两者的相对速度比等径管中的大，强化了传热和传质过程。脉冲干燥管主要用于聚氯乙烯和药品的干燥。

③ 旋风式气流干燥器。旋风式气流干燥器是利用旋风分离器分离原理的干燥器。热空气与颗粒沿切线方向进入旋风气流干燥器，在内管与外管之间做螺旋运动，使颗粒处于悬浮和旋转运动状态。由于颗粒的惯性作用，气固两相相对速度较大，且旋转运动的颗粒传热面积增大，能在很短时间内达到干燥要求。此干燥器适合处理不怕磨损的热敏性物料。含水量

高、黏性大、熔点低、易爆炸及易产生静电效应的物料不适合使用。

5. 喷雾干燥器

喷雾干燥器利用喷雾器将料液喷成雾状，使其呈细小微粒分散于热气流中，使水分迅速汽化而达到干燥的目的。如果液体雾化成直径为 $10\mu m$ 的球形雾滴，表面积即增大几千倍，显著地增大了微粒与气流间的传质传热面积，所以干燥速率增快，只需 $5 \sim 30s$。

喷雾干燥中，热气流与物料的相对流向有并流、逆流或混合流。每种流向又分为直线流动和螺旋流动。对于易粘壁、热敏性的物料，宜采用并流，可避免雾滴粘壁、在干燥器内停留时间短的问题。螺旋形流动时，雾滴在器内的停留时间相对较长，适合干燥较大颗粒及较难干燥的物料，不宜干燥热敏性及高黏度物料。喷雾干燥工艺流程见图 7-8。料液用泵压至喷雾器，在干燥室中喷成雾滴后分散在热气流中，同时水分迅速汽化，成为颗粒或细粉，再由风机吸至旋风分离器中回收，废气经风机排出。

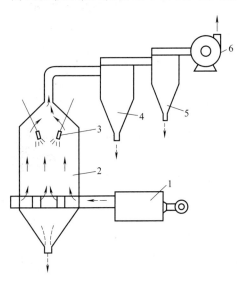

图 7-8 喷雾干燥工艺流程

1—热风炉；2—喷雾干燥器；

3—压力喷嘴；4——次旋风分离器；

5—二次旋风分离器；6—风机

喷雾干燥器

在喷雾操作中，液滴的大小直接影响产品质量。尤其是热敏性物料，如果雾滴大小不一，会出现大颗粒物料干燥不完全，小颗粒物料已干燥过度而变质的现象。因此，物料干燥的优劣受喷雾器的影响。常用的喷雾器有三种：①离心喷雾器；②压力式喷雾器；③气流式喷雾器。

喷雾干燥器的优点：

① 干燥速率高、时间短。由于料液被雾化成几十微米大小的液滴，故液滴比表面积很大，传热传质迅速，具有瞬时干燥的特点。

② 物料温度低，产品质量好。虽采用较高温度的干燥介质，但因雾滴有大量水分存在，其表面温度一般不超过热空气的湿球温度。故特别适合干燥热敏性物料。

③ 生产流程短、连续化和自动化程度高。因喷雾干燥是由料浆或者溶液直接得到干燥产品，省去了干燥前要进行的蒸发、结晶、过滤以及干燥后的筛分等操作。

④ 通过改变操作条件可控制调节产品指标。例如颗粒直径、粒度分布、产品含水量以及产品形状（粉状、空心球体等）。

⑤ 喷雾干燥是在密闭的设备内进行的，能改善劳动环境。

喷雾干燥器的缺点：

① 干燥中雾滴易黏附于器壁上，影响产品的质量；

② 体积传热系数小，对于不能用高温介质干燥的物料，所需设备庞大；

③ 对气体的分离要求高，干燥辅助设备结构复杂，造价高；

④ 能耗大，热效率低。

三、干燥设备的选用原则

干燥器的种类较多，实际生产中应根据被干燥物料的性质、生产能力和产品质量等具体情况选择合适的干燥器。选择原则如下。

1. 操作方面

① 小批量、多品种、干燥操作条件变化大、干燥时间长的物料干燥器采用间歇干燥器；

② 品种单一、大批量、对干燥时间和产品质量有要求的使用连续干燥器。

2. 从物料角度考虑

① 对热敏性、易氧化及含水量要求低的物料，选用真空干燥器；

② 对生物制品等物料，选用冷冻干燥器；

③ 对液状或悬浮液状物料，选用喷雾干燥器；

④ 对形状有要求的物料，选用箱式、隧道式或微波干燥器；

⑤ 对糊状物料，选用箱式、气流和流化床干燥器。

技能训练 7-1

认识干燥器类型。

搜集资料，列举日常生活中的食品加工行业（如奶粉、干果、饼干等）和制药行业都使用哪些干燥设备加工产品。

子任务 2　认识干燥的辅助设备

要满足物料干燥的要求，除了需要结构合理的干燥设备外，还需要一些辅助设备配合干燥器使用，例如向干燥设备中供给物料，并使物料均匀连续地加入干燥设备的装置，称为加料装置，如螺旋加料机、斗式提升机等；以及物料经干燥后，需从干燥设备或分离器中卸出，这类设备称为排料装置，如排料阀或锁气阀等。

一、固体物料供排装置

固体物料供排装置有：①在干燥过程中，给干燥设备供给物料，使物料均匀连续地加入设备的装置，称为加料器；②物料干燥后从设备或分离器中分离或卸出的装置，称为排料装置。以下介绍常用的几种类型。

1. 螺旋加料器

螺旋加料器在化工干燥过程使用较为普遍。适宜于输送各种粉状、粒状和小块的物料，如聚氯乙烯、氟硅酸钠、硫铵、硬脂酸盐、小苏打、淀粉等，但不宜输送易变质的、黏性大、易结块的和大块的物料，见图 7-9。

优点：结构简单、横截面尺寸小、布置紧凑、灵活、密封性好、便于中间进料和出料，操作安全方便、制造成本较低，维修方便。根据结构分为实体螺旋、带式螺旋和叶片形螺旋，见图 7-10。

缺点：填充因数较小和螺旋叶片推移物料的速度较低，因此生产速率相对较低，输送距离也不宜太长。目前常用的螺旋加料器长度不大于

图 7-9　螺旋加料器

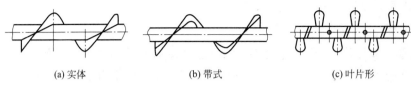

(a) 实体	(b) 带式	(c) 叶片形

图 7-10　螺旋加料器结构图

50m，多采用双端驱动方式。

2. 斗式提升机

斗式提升机是指可以垂直或倾斜输送散状料的装置。斗式提升机有很多种类，不同的分类方式，有不同种类的装置，见表 7-2。

表 7-2　斗式提升机分类表

分类方式	种类	分类方式	种类
运送物料的方向	直立式、倾斜式	料斗的形式	深斗式、浅斗式和鳞斗式（三角式）
卸载特性	离心式、离心-重力式、重力式	牵引构建形式	带式、环链式、板链式
装载特性	掏取式、流入式	工作特性	重型、中型、轻型

斗式提升机根据物料种类的不同，料斗有深圆底形与浅圆底形。深圆底形料斗适用于输送干燥的、松散的、易于卸载的物料，如水泥、块煤、干砂、碎石等。浅圆底形料斗适于输送容易结块的、难于卸载的湿物料，如湿砂、型砂等。斗式提升机在尾部装载，在头部卸载。

优点：横断面尺寸较小，占地面积少，输送系统布置紧凑，提升高度大，有良好的密封性等。

缺点：过载的敏感性大，料斗和链易损坏。

3. 圆盘给料机

圆盘给料机是细粒物料常用的给料设备。优点是给料均匀准确，调整容易，运转平稳可靠，管理方便。圆盘给料机分封闭式与敞开式两种。封闭式与敞开式比较，前者负荷大、检修周期长，但设备重，价格较高，制造困难。

4. 定量加料器

定量加料器由料斗、螺旋输送器、减速器、电动机等几部分构成。上部为一圆锥形料斗，中间一根转动轴，轴上装有若干个耙齿或带螺旋角的叶片；下端为一螺旋的竖直螺旋加料器，结构见图 7-11。耙齿或叶片用来耙松物料，防止架桥；螺旋形起输送物料的作用。螺旋输送段上第一个叶片的大小和角度对稳定加料起着重要的作用。加料器可通过电容器料面计，根据下料量由储料斗进行补充，以维持料面恒定。

5. 星型加料器

星型加料器又称锁气阀或旋绕给料器，主要用在与大气间有压差的设备中，将粉状物料连续排出，同时达到锁气的作用。在喷雾干燥系统中，常用于锥形塔底成品物料的排料、旋风除尘器出口的排料、风送系统的供料，以及储料仓、集粉桶的排料等。星型加料器根据使用条件和用途的不同有多重不同形式，在喷雾干燥器中常见的有普通式、防卡舌板式、防漏刮板式、连续供料式、密封外壳式、空气散放式，结构见图 7-12。

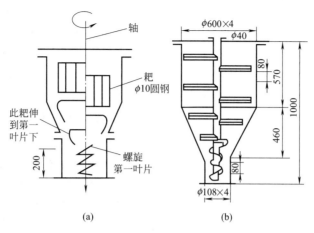

图 7-11　定量加料器（单位：mm）

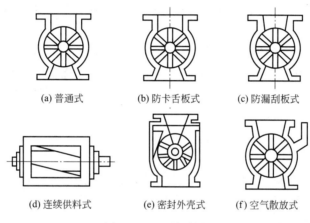

图 7-12　星型加料器

特点：①能连续供料；②结构简单，运转、维修方便；③基本上能定量供料；④供料量的改变可通过调节叶轮的转速来实现，在一定转速范围内，供料量与转速成正比；⑤具有一定程度的气密性，适用于两处有压差的设备排料；⑥粒状物料不易破碎；⑦适用于高温物料的供料。

二、供热装置

各种干燥系统中常用的供热装置有蒸汽加热器、烟道气加热器、电加热器等。用烟道气直接与物料接触加热干燥时，燃料的消耗量与其他载热体相比可省一半。因此在不降低产品质量指标下，使用烟道气是最经济合理的。

用作载热体的蒸汽压力不超过 0.78MPa，热空气的温度在 160℃以下。当干燥所需载热体的温度为 160～300℃时，可采用烟道气间接加热载热体，或用具有中间载热体（高沸点液体盐类等）的加热器加热空气。下面介绍几种常用的加热器。

1. 蒸汽加热器

干燥装置中常用的蒸汽加热器有叶片式和螺旋翅片式。加热器的材料有钢制和铜制两种，选择时优先考虑使用钢制。

在干燥装置中使用的蒸汽加热器可由几组串联排列而成。散热排管加热器目前已标准化，如 SRZ 型散热器、SRL 型散热器等。可根据需要的温度、热消耗量和空气流入速度计算所需加热面积，选择适合的加热器。

SRZ 型螺旋翅片式加热器用于空气加热，蒸汽压力为 0.03～0.58MPa。

特点：①采用机械绕片，散热翅片牢固，传热器性能稳定，空气阻力较小；②加热器类型较多，有 38 种规格；③质量轻，外形美观，安装方便，经久耐用。

2. 烟道气加热器

（1）燃料　干燥燃料按其物理状态可分为固体、液体和气体三种。固体燃料主要是煤。液体燃料为重油、裂化渣油或减压渣油，有时也有重柴油，制备过程简单，燃烧易于调节。气体燃料主要采用煤气。工业上用的煤气大部分是混合物。煤气随来源和造气方法的不同，成分会有所不同。其中可燃成分有 H_2、CO、H_2S、CH_4 和 C_2H_6 等；不可燃成分有 N_2、O_2、CO_2 和 H_2O。煤气分天然煤气和人造煤气两种。天然煤气按其来源不同分为气井气和油井气。气井气以甲烷为主，也包含有一些乙烷。油井气除甲烷外，还含有乙烷和丙烷等。

（2）燃烧室　燃烧室的作用是向烘干机或其他干燥设备提供热烟气作为烘干介质。按照燃料的不同，燃料室分为层燃燃烧室和喷燃燃烧室。层燃燃烧室按照喂煤方式的不同分人工喂煤和机械喂煤两种。喷燃燃烧室又分为煤粉燃烧室和重油燃烧室。喷燃燃烧具有烘干机产量高、节约燃料消耗和调节方便等优点。

三、除尘装置

在干燥物料的过程中，会产生粉尘，其中有的粉尘就是产品。粉尘散失，不仅增加各种原料、燃烧和动力消耗，增加产品成本，而且污染环境，因此回收粉尘，搞好除尘设施可以降低成本和保护环境。

除尘系统的选择主要考虑以下因素：①含尘气体的性质，如气体量、气体的温度和湿度、气体含尘浓度、粉尘的性质和直径；②环境对净化程度的要求；③除尘设备的性能。从气流中分离粉尘，通常采用旋风除尘器、袋式除尘器、湿式除尘器和电除尘器。分离设备的选择，应按干燥的不同操作条件、卸料方式、物料颗粒大小、湿度大小、温度、分散性、成品的价值和物料的理化特性合理考虑，在操作使用简便的情况下，达到最高分离效率。以下介绍几种常用的除尘装置。

1. 旋风除尘器

旋风除尘器应用较广泛。特点是结构简单、造价低廉、制作容易、管理方便、操作可靠、捕集性能好。对于含尘量高的气体可直接分离，压力损失小。不仅适用于干燥装置从废气中分离粉末，还应用在风力输送的物料分离中。

2. 袋式除尘器

袋式除尘器是高效率的除尘器。这种除尘器利用多孔纤维材料对含尘气体进行过滤，使粉尘与气体分离，一般是用纤维材料做成圆筒形，所以也叫袖袋除尘器。这种除尘器清灰有机械振打、人工振打、脉冲喷吹、气环反吹等不同方式，见表 7-3。滤袋材料有毛、棉织品、玻璃纤维、合成纤维等，如滤布选用恰当、风速适合，袋式除尘器的除尘效率在 98% 左右。

表 7-3　袋式除尘器的清理方式

清理粉尘方式	操作方式	特征
机械振打（每室依次进行）	采用水平方向摆动和上下振动	反吹风并用时效果较差；有损坏滤布的情况
反吹风式（每室依次进行）	由送风机送风，以反复进行的效果较好	必须控制阀门，也可用于平板状布袋
局部反吹式（气环式）	由环状喷嘴进行上下运动，局部地由外侧向里喷，使每一条至几条布袋获得振动气流	装置复杂，处理风量大，可连续过滤
脉冲反吹式	由外侧向里侧进行过滤，自内部上方间断地给以脉冲气流	用毛毡，处理量大，装置复杂，滤布容易损坏，可连续过滤

3. 湿式除尘器

湿式除尘器有泡沫除尘器、水浴除尘器、CLS 型水膜除尘器和旋筒式水膜除尘器等。湿式除尘器的效果较好，但须考虑污水的处理。

四、测试仪表

干燥器的测试仪表有：①温度的测定仪表（水银温度计、电阻温度计和热电偶温度计）；②风压测量仪表；③蒸汽测定仪表；④流量的测试仪表；⑤料位计；⑥电流计。

技能训练 7-2

搜集资料，列举在制药行业中使用的干燥辅助设备有哪些。

子任务 3　认识干燥的工业应用

干燥技术从农业、食品、化工、陶瓷、医药、矿产加工到制浆造纸、木材加工，几乎所有的工业生产都会使用。干燥的好坏直接影响到产品的性能、形态、质量以及过程的能耗。例如尿素优等品含水量不能超过 0.3%，如果含水量为 0.35% 则只能降为一等品（一等品的含水量不能超过 0.5%）。

一般而言，干燥在工业生产中的作用主要有：①对原料或中间产品进行干燥，以满足工艺要求，例如，尾砂生产硫酸时，为满足反应要求，首先要对尾砂进行干燥，尽可能地除去水分；再如涤纶切片的干燥，是为了防止后期纺丝出现气泡而影响丝的质量；②对产品进行干燥，以提高产品中的有效成分，同时满足运输、储藏和使用的需要，例如，化工生产中的聚氯乙烯、碳酸氢铵、尿素，食品加工中的奶粉、饼干，药品制造中的很多药剂，生产的最后一道工序是干燥。

一、干燥操作方法

根据对湿物料的加热方法不同，干燥操作可分为下列几种。

（1）传导干燥　传导干燥是将湿物料堆放或贴附于高温的固体壁面上，以传导方式获取热量，使其中水分汽化，蒸汽由周围气流带走或用抽气装置抽出。常用饱和蒸汽、高温烟道气或电热作为间接热源。传导干燥热利用率高，但对与传热壁面接触的物料易造成过热，物料层不宜太厚，而且金属消耗较大。

（2）对流干燥 对流干燥将干燥介质（热空气或热烟道气等）与湿物料直接接触，以对流方式向物料供热，湿分汽化生成的蒸汽也由干燥介质带走。对流干燥生产能力较大，相对来说设备投资较低，操作控制方便，热气流的温度和湿含量调节方便，物料受热均匀，是应用最为广泛的一种干燥方式。对流干燥缺点是热气流用量大，带走的热量较多，热利用率比传导干燥要低。

（3）辐射干燥 辐射干燥以热辐射方式将辐射能投射到湿物料表面，被物料吸收后转化为热能，使水分汽化并由外加气流或抽气装置排出。辐射干燥特别适用于薄层物料的干燥。辐射源可按被干燥物件的形状布置，故辐射干燥比热传导或对流干燥的生产强度大几十倍，干燥时间短，干燥均匀。但电能消耗大。

（4）介电加热干燥（包括高频干燥、微波干燥） 介电加热干燥是将湿物料置于高频电场内，利用高频电场的交变作用使物料分子发生频繁的转动，物料从内到外都同时产生热效应，使其中水分汽化。且介电加热干燥时传热的方向与水分扩散的方向一致，这样可以加快水分由物料内部向表面的扩散和汽化，缩短干燥时间，得到的干燥产品质量均匀，自动化程度高，尤其适用于食品、医药、生物制品等当加热不匀时易产生变形、表面结壳或变质的物料干燥，或内部水分较难除去的物料干燥。但是，其电能消耗量大，设备和操作费用高。

（5）冷冻干燥 冷冻干燥是指使含水物料温度降至冰点以下，使水分冷冻成冰，然后在较高真空度下使冰直接升华而除去水分的干燥方法。冷冻干燥又称真空冷冻干燥或冷冻升华干燥。冷冻干燥早期用于生物的脱水，并在医药、血液制品、各种疫苗等方面得到迅速发展。冷冻干燥制品的品质在许多方面优于普通干燥制品，但系统设备复杂，投资费用和操作费用高，因此，其应用范围与规模受到一定的制约。

除此以外，按干燥操作的压力不同，干燥可分为常压干燥和真空干燥。真空干燥具有操作温度低、蒸汽不易泄漏等特点，适宜处理维生素、抗生素等热敏性产品，以及易氧化、易爆、有毒物料或产品要求含水量较低、要求防止污染和湿分蒸汽需要回收的情况。

按操作方式不同，干燥还可分为连续干燥和间歇干燥。工业生产中多为连续干燥，其生产能力大，产品质量较均匀，热效率较高，劳动条件好；间歇干燥的投资费用较低，操作控制灵活方便，适用于小批量、多品种或要求干燥时间较长的物料的干燥。

二、对流干燥

目前工业应用最广泛的是对流干燥，现以不饱和热空气为干燥介质，以含水湿物料为干燥对象，介绍对流干燥过程。

1. 对流干燥的条件和原理

图 7-13 是对流干燥原理示意图，它表达了对流干燥过程中干燥介质与湿物料之间传热与传质的一般规律。对流干燥过程中，热空气与湿物料直接接触后，温度高的热空气将热量传给湿物料表面，再由湿物料表面传至物料内部，此过程是一个热量传递的过程，传热方向是由

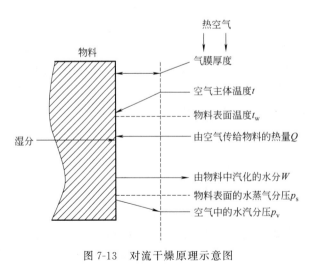

图 7-13 对流干燥原理示意图

气相到固相，传热推动力是热空气与湿物料的温差；同时，由于物料表面水分受热汽化，使得水在物料内部与表面之间出现了浓度差，在浓度差作用下，水分从物料内部扩散至表面并汽化，然后以水汽形式扩散至空气主体，此过程是一个质量传递过程，传质方向是由固相到气相，传质的推动力是物料表面的水汽分压与热空气中水汽分压之差。由此可知，对流干燥过程是一个传热和传质同时进行但方向相反的过程，传热方向由干燥介质传向湿物料，传质方向由固体物料传向干燥介质主体。因此干燥过程进行的必要条件是：物料表面产生的水汽分压必须大于空气中所含的水汽分压，两者差别越大，干燥进行得越快。要保证此条件，生产过程中，需要不断地提供热量使湿物料表面水分汽化，同时及时移走汽化后的水汽，确保维持一定的传质推动力。在对流干燥过程中，湿空气既是提供热量的载热体，又是带走湿分的载湿体。如空气被水汽饱和，则推动力为零，对流干燥停止进行。

2. 对流干燥流程

图 7-14 是对流干燥流程示意图，空气经预热器加热至一定温度后进入干燥器，与进入干燥器的湿物料接触，空气以对流传热的方式把热量传给湿物料，同时湿物料表面的水分被加热汽化成蒸汽，然后扩散进入空气中，空气温度下降，湿含量增加，最后由干燥器另一端排出。

图 7-14　对流干燥流程示意图
1—鼓风机；2—预热器；3—干燥器

空气与湿物料在干燥器内的接触可以是并流、逆流或其他方式。对流干燥操作可以是连续操作，也可以是间歇操作。当连续操作时，物料被连续地加入和排出；当为间歇操作时，热空气可连续地通入或排出，湿物料成批置于干燥器内，待湿物料干燥至一定要求后一次取出。

三、热泵干燥技术

随着相关产业的发展，干燥应用得越来越广泛，对其要求也越来越严格。为了满足产品对干燥的要求，人们开发了很多新型干燥装置并实现工业化，比如脉冲燃烧干燥装置、热泵干燥装置、过热蒸汽干燥装置等；为了满足节能对干燥的要求，一些新技术也被引入到工业干燥中，比如脉冲燃烧、感应加热、热泵技术、机电一体化技术和自动控制技术等，干燥技术也因此得到提升。

20 世纪 70 年代，热泵干燥技术由美国、日本、法国、德国等国家进行研究。我国直到20 世纪 80 年代才引进热泵干燥技术用于木材干燥，由于热泵技术具有干燥温度低、高效节能、成本低、绿色环保、能准确控制干燥介质温度、湿度和气流速度等特点，被广泛应用在食品、药品、生物制品的灭菌与干燥、化工原料及肥料的干燥过程中。

1. 热泵干燥原理

图 7-15 是热泵干燥原理示意图，热泵干燥是利用逆卡诺原理，从低温热源吸取热量，使低品位热能转化为高品位热能作为干燥热源的干燥过程。热泵干燥系统由两个子系统组

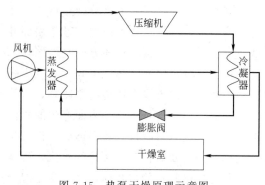

图 7-15　热泵干燥原理示意图

成，即制冷剂（工质）循环系统和干燥介质（空气）循环系统。制冷剂循环系统由蒸发器、冷凝器、压缩机和膨胀阀组成。系统工作时，热泵压缩机做功并利用蒸发器回收低品位热能，在冷凝器中则使其升高为高品位热能。热泵工质在蒸发器内吸收干燥室排出的热空气中的部分余热，蒸发变成蒸气，经压缩机压缩后进入冷凝器中冷凝，并将热量传给空气。冷凝出来的热空气再进入干燥室，对湿物料进行干燥，出干燥室的湿空气再经蒸发器将部分显热

和潜热传给工质，达到回收余热的目的；同时，湿空气的温度降至露点，析出冷凝水，达到除湿的目的。干燥介质循环系统主要包括干燥室、风机、蒸发器和冷凝器。

2. 热泵干燥技术特点

① 节约能源。节约能源是热泵干燥的主要优点，与传统的干燥相比，其干燥效率有很大提高。

② 干燥产品品质好。热泵干燥是一种温和的干燥方式，接近自然干燥。表面水分的蒸发速率与内部水分向表面迁移速率比较接近，使被干燥物料的品质好、色泽好、产品等级高。特别适用于热敏性物料的干燥。

③ 干燥参数易于控制且可调范围宽。热泵干燥过程中，循环空气温度、湿度及循环流量可得到精确、有效控制，且温度调节范围为 $-20 \sim 100℃$（加辅助加热装置），相对湿度调节范围为 $15\% \sim 80\%$。

④ 环境友好。与传统的干燥技术相比，热泵释放的 CO_2 少，对全球变暖的影响很小。目前，国外提倡应用热泵来减少 CO_2 的排放。

技能训练 7-3

1. 利用网络资源，查阅干燥在工业生产中的应用实例。

2. 目前市面上售卖的洗衣粉主要由烷基苯磺酸钠、三聚磷酸钠、非离子表面活性剂、无水硫酸钠、碳酸钠、硅酸钠等化合物按照一定比例配置成含固体 60% 的原浆，然后通过干燥去除多余水分，制成颗粒状的洗衣粉。

(1) 根据各种干燥设备的不同特点，确定适合的干燥设备用来制备洗衣粉。

(2) 设计一个简单的洗衣粉干燥工艺，并选择合适的加料、供热设备。

任务 2　确定干燥操作条件

在工业生产中，对流干燥是应用最为广泛的一种干燥操作，而湿物料中的湿分大多为水分。因此工业上最常用的干燥介质是不饱和湿空气（干空气和水汽的混合物）。本任务主要讨论这一类干燥的操作条件。

子任务 1　分析干燥条件

干燥操作的压力通常在常压和真空状态，故可将湿空气按理想气体处理。在干燥过程中，湿空气中的水汽量不断增加，但是其中的干气量保持不变，因此，常用单位质量的干气作为基准，表征湿空气性质。

在干燥操作中，不饱和湿空气既是载热体又是载湿体，了解湿空气的基本性质对进一步理解干燥操作具有实际意义。

湿空气的性质
和湿度图

一、湿空气的性质

1. 湿度

在湿空气中，单位质量干气所带有的水汽质量，称为湿空气的湿含量或绝对湿度，简称湿度，用符号 H 表示，其单位为 kg 水汽/kg 干气，则：

$$H = \frac{n_v M_v}{n_g M_g} \tag{7-1}$$

式中　n_g，n_v——湿空气中干气及水汽的物质的量，mol；

M_g，M_v——干气和水汽的摩尔质量，g/mol。

若湿空气的总压为 p，其中水汽分压为 p_v，则干气分压为 $p_g = p - p_v$。常压下湿空气视为理想气体，根据道尔顿分压定律可知：

$$\frac{n_v}{n_g} = \frac{p_v}{p - p_v} \tag{7-2}$$

将水汽的摩尔质量 $M_v = 18\text{g/mol}$，干气的摩尔质量 $M_g = 28.96\text{g/mol}$ 代入后得：

$$H = 0.622 \frac{p_v}{p - p_v} \tag{7-3}$$

当湿空气中的水分分压等于该空气温度下的纯水的饱和蒸气压时，表明湿空气被水汽饱和，此时空气的湿度称为饱和湿度，用 H_s 表示，式（7-3）可转化为：

$$H_s = 0.622 \frac{p_s}{p - p_s} \tag{7-4}$$

在一定总压下，饱和湿度随温度的变化而变化，对一定温度的湿空气，饱和湿度是湿空气的最高含水量。

2. 相对湿度（或相对湿度百分数 φ）

相对湿度指在一定总压下，湿空气中水气分压 p_v 与同温度下水的饱和蒸气压 p_s 之比，即：

$$\varphi = \frac{p_v}{p_s} \times 100\% \tag{7-5}$$

由式（7-5）可知，当 $p_v = 0$、$\varphi = 0$ 时，表明该空气为干空气；当 $p_v = p_s$ 时，$\varphi = 100\%$，表明空气已达到饱和状态；将 $p_v = \varphi p_s$ 代入式（7-5）得：

$$H = 0.622 \frac{\varphi p_s}{p - \varphi p_s} \tag{7-6}$$

当总压 p 一定时，湿空气的湿度 H 随空气的相对湿度 φ 和空气的温度 t 的变化而变化。

3. 湿空气的比体积

1kg 干气及其所带有的 H kg 水汽的总体积称为湿空气的比体积或者湿容积，用符号 v_H 表示，单位为 m³/kg 干气。

常压下，干气在温度为 t（℃）时的比体积 v_g 为：

$$v_g = \frac{22.4}{28.96} \times \frac{t+273}{273} = 0.773 \frac{t+273}{273}$$

常压下，水汽在温度为 t（℃）时的比体积 v_v 为：

$$v_v = \frac{22.4}{18} \times \frac{t+273}{273} = 1.244 \frac{t+273}{273}$$

根据湿空气比体积的定义，其计算式应为：

$$v_H = v_g + H v_v = (0.773 + 1.244H) \frac{t+273}{273} \tag{7-7}$$

由式（7-7）可知，湿空气的比体积与湿空气温度及湿度有关，温度越高，湿度越大，比体积越大。

4. 湿空气的比热容 C_H

湿空气的比热容简称湿比容，指以 1kg 干空气为计算基准的湿空气的比热容，即 1kg 干空气及其所带的 H kg 水蒸气温度升高或降低 1℃所吸收或放出的热量，单位是 kJ/(kg 干气·K)。

$$C_H = C_g + C_v H \tag{7-8}$$

式中 C_g——干空气的平均等压比热容，kJ/(kg 干气·K)；

C_v——水汽的平均等压比热容，kJ/(kg 干气·K)。

工程计算中，常取 C_g 和 C_v 为常数，即 $C_g = 1.01$kJ/(kg 干气·K)，$C_v = 1.88$kJ/(kg 干气·K)，所以湿空气的比热容为：

$$C_H = 1.01 + 1.88H \tag{7-9}$$

湿空气的比热容只随空气的湿度 H 而变化。

5. 湿空气的比焓

1kg 干气的焓和其所含有的 H kg 水汽共同具有的焓，称为湿空气的比焓，简称湿焓，用符号 I_H 表示，单位为 kJ/kg 干气。

若以 I_g、I_v 分别表示干气和水汽的比焓，根据湿空气的焓的定义，其计算式为：

$$I_H = I_g + I_v H \tag{7-10a}$$

在工程计算中，常以干气及水（液态）在 0℃时的焓等于零为基准，水在 0℃时的比汽化潜热 $\gamma_0 = 2490$kJ/(kg·K)，则有：

$$I_g = C_g t = 1.01t \tag{7-10b}$$

$$I_v = C_v t + \gamma_0 = 1.88t + 2490 \tag{7-10c}$$

将式（7-10b）和式（7-10c）数据代入式（7-10a）得：

$$I_H = (1.01 + 1.88H)t + 2490H = C_H t + 2490H \tag{7-10d}$$

由式（7-10d）可知，湿空气的焓与其温度和湿度有关，温度越高，湿度越大，焓值越大。

6. 湿空气的温度

(1) 湿空气的干球温度   湿空气的干球温度简称干球温度，指湿空气的真实温度，可直接用普通温度计测量。

(2) 湿空气的露点温度　不饱和湿空气在总压和湿度不变的情况下冷却降温达到饱和状态时的温度称为该湿空气的露点，用符号 t_d 表示，湿空气的露点温度单位为℃或 K。

处于露点温度的湿空气的相对湿度 φ 为 100%，即湿空气中的水汽分压 p_v 是饱和蒸气压 p_s，由式（7-4）有：

$$p_s = \frac{Hp}{0.622 + H} \tag{7-11}$$

在确定露点温度时，只需要将湿空气的总压 p 和湿度 H 代入式（7-11），求得 p_s，然后通过饱和水蒸气表查出对应的温度，即为该空气的露点温度 t_d。由上式可知，在总压一定时，湿空气的露点只与其湿度有关。

湿空气在露点温度时的湿度为饱和湿度，其数值等于未冷却前原空气的湿度，若将已达到露点的湿空气继续冷却，则会有水珠凝结析出，湿空气中的湿含量开始减少。冷却停止后，每千克干气析出的水分质量等于湿空气原来湿度与终温下的饱和湿度之差。

(3) 湿球温度　将普通温度计的感温球用纱布包裹，并用水保持湿纱布表面湿润，这种温度计称为湿球温度计，单位是℃或者 K。如图 7-16 所示，湿球温度计在空气中达到稳定或平衡时的温度称为该空气的湿球温度，干球温度计测得的温度为该空气的干球温度。不饱和湿空气的湿球温度 t_w 恒低于其干球温度 t。

湿球温度是大量空气与少量水接触的结果，实质是湿空气与湿纱布中的水之间传质和传热达到平衡和稳定时，湿纱布中水的温度。假设测量开始时纱布中水分的温度与空气的温度相同，但因空气是不饱和的，湿纱布中的水分必然要汽化，由纱布表面向空气主流中扩散，又因为湿空气和水分之间没有温差，所以水分汽化所需的汽化热只能由水分本身供给，从而使水的温度下降。当水分温度低于湿空气的温度时，由于温差的存在，热量则由湿空气传给湿纱布中的水，传热速率随温差的增加而提高，直到由湿空气至纱布的传热速率恰好等于自纱布表面汽化水分所需的传热速率时，湿纱布中水温就保持恒定。恒定的水温即为湿球温度计所指示的温度 t_w。空气湿球温度取决于湿空气的干球温度和湿度，是湿空气的性质。饱和湿空气的湿球温度等于其干球温度，不饱和湿空气的湿球温度总是小于其干球温度，而且，湿空气的相对湿度越小，两温度的差距越大。

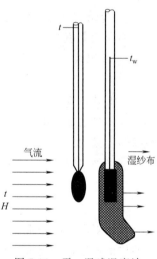

图 7-16　干、湿球温度计

(4) 绝热饱和温度　在绝热条件下，使湿空气绝热增湿达到饱和时的温度称为绝热饱和温度，用符号 t_{as} 表示，单位是℃或者 K。

如图 7-17 所示，在一个绝热系统中，温度为 t、湿度为 H 的未饱和的湿空气与水接触足够长时间达到平衡时，湿空气便达到饱和。此时气相和液相为同一温度。在达到平衡的过程中，气相显热的减少等于部分液体汽化所需要的潜热，因此湿空气在饱和过程中的焓保持不变，是一个等焓过程。此时的平衡温度就是绝热饱和温度。

绝热饱和温度是大量水与少量空气接触的结果，其数值决定于湿空气的状态，是湿空气的性质。对于空气-水系统，实验证明，湿空气的绝热饱和温度与其湿球温度基本相同。工程计算中，常取 $t_w = t_{as}$。

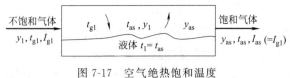

图 7-17　空气绝热饱和温度

湿空气的干球温度 t、湿球温度 t_w 和露点 t_d 之间的关系：

未饱和空气　　　$t > t_w > t_d$

饱和湿空气　　　$t = t_w = t_d$

二、湿空气的湿度图和应用

1. 湿度图

当总压一定时，表明湿空气性质的各项参数（p_v、H、φ、v_H、C_H、t、t_w 等）中，只要规定其中任意两个相互独立的参数，湿空气的状态就可以确定。在干燥计算中，需要知道湿空气的某些参数，这些参数如果用公式计算比较烦琐，工程上为了方便，采用查湿度图的方法，常用的湿度图主要是焓-湿图（$I\text{-}H$ 图）。

如图 7-18 所示的 $I\text{-}H$ 图，是在总压力 $p = 101.32\text{kPa}$ 下，以湿空气的焓 I 为纵坐标、湿度 H 为横坐标绘制的。为了避免图中线条太多、难以读数，采用夹角为 135° 的坐标。并且为了湿度 H 的读数方便，有一条水平辅助轴，将横轴上的 H 值投影到水平辅助轴上。图中共 5 种不同的线，分别如下。

① 等湿度线（等 H 线）。等湿度线是一组与纵轴 I 平行的直线，在同一条等 H 线上不同的点都具有相同的 H 值，其值在水平辅助轴上读出。

② 等焓线（等 I 线）。等焓线是一组与横轴平行的直线，在同一条等 I 线上不同的点都具有相同的 I 值，其值在纵轴上读出。

③ 等温线（等 t 线）。

$$I = 1.01t + (1.88t + 2490)H \tag{7-12}$$

从上式可知，当温度一定时，I 与 H 成直线关系，直线的斜率为（$1.88t + 2490$），因此，等 t 线也是一组直线，直线的斜率随 t 升高而增大，故等 t 线并不相互平行。温度值也在纵轴上读出。

④ 等相对湿度线（等 φ 线）。

$$H = 0.622 \frac{\varphi p_s}{p - \varphi p_s}$$

等相对湿度线是根据式（7-6）绘制的一组从原点出发的曲线。由于饱和蒸气压 p_s 是温度的单值函数，因此式（7-6）表明的是 t、H 之间的关系。

取一定的值，在不同 t 下求出 H 值，就可画出一条曲线。显然，在每一条线上，随 t 增加，p_s 与 H 也增加，而且温度越高，p_s 与 H 增加越快。

由图 7-18 可见，当湿空气的湿度 H 一定时，其温度 t 越高，相对湿度值就越低，其吸收水分的能力就越强。故湿空气进入干燥器前，常将湿空气先经预热器加热，提高其温度 t，以提高其吸湿能力，同时也是为了提高湿空气的焓值，使其作为具有适当温度的载热体。

图中最下面一条 $\varphi = 100\%$ 的曲线，称为饱和空气线，线上任意点均为一定温度下饱和空气状态点，该点对应的湿度也就是该温度下的饱和湿度。此线上区域称为不饱和区，作为干燥介质的空气状态点必在不饱和区内。

⑤ 水汽分压线。该线表示空气的湿度 H 与空气中水汽分压 p_v 之间的关系曲线，按式（7-3）可作出。

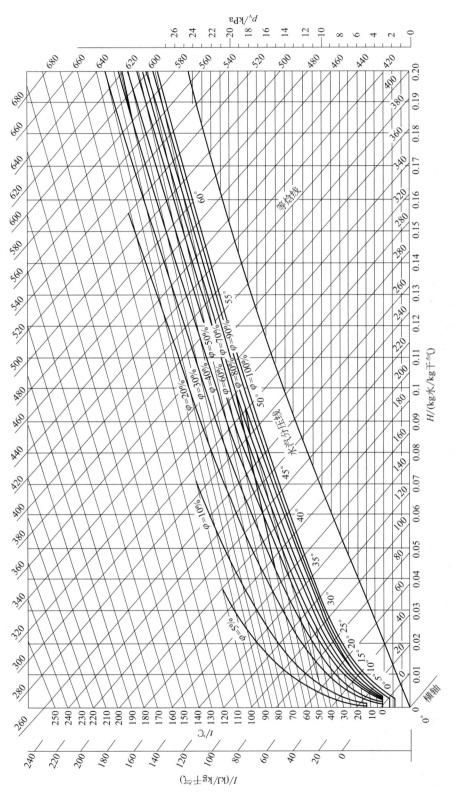

图 7-18　湿空气的 I-H 图（总压 101.32 kPa）

2. 焓-湿图的应用

在 $p=101.325\text{kPa}$ 下，已知湿空气的各参数中任意两个相互独立的状态参数，即可在 $I\text{-}H$ 图上确定出一个湿空气的状态点，一旦状态点被确定，其他各状态参数值就可查出。

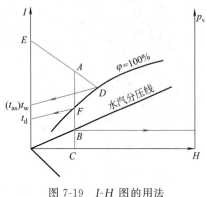

图 7-19　$I\text{-}H$ 图的用法

例如，图 7-19 中的 A 点表示一定状态下的不饱和湿空气。由 A 点即可从 $I\text{-}H$ 图上查得该空气的各项性质参数。

① 湿度 H。由 A 点沿等 H 线向下与水平辅助轴交于 C 点，即可读出 A 点的 H 值。

② 焓值 I。过 A 点作等 I 线的平行线交纵轴于 E 点，即可读出 A 点的 I 值。

③ 水蒸气分压 p_v。由 A 点沿等湿度线向下交水汽分压线于 B 点，由右端纵轴读出 B 点的 p_v 值。

④ 露点 t_d。由于露点是湿空气等湿度冷却至饱和时的温度，故由 A 点沿等 H 线向下与 $\varphi=100\%$ 的饱和空气线的交点 F 即为露点，过 F 点按内插法作等温线由纵轴读出露点 t_d 值。

⑤ 绝热饱和温度 t_{as}（或湿球温度 t_w）。由于不饱和空气的绝热饱和过程是等焓过程，且绝热饱和状态点必在饱和空气线上，故 A 点沿等 I 线与饱和空气线的交点 D 即绝热饱和状态点，由过 D 点的等温线可读出 t_{as}（t_w）值。

利用 $I\text{-}H$ 图查取湿空气物性

通过上述查图可知，要先在图中确定代表湿空气状态的点，然后才能查得各参数，而每一个不饱和空气状态点实际都是图中任意两条独立的等参数线的交点，如果两条等参数线得不到交点，如 H 与 t_d、H 与 p_v、I 与 t_{as}（或 t_w）等，则它们是等价的，彼此不独立。因为同一等 H 线上各点都具有相同 t_d 与 p_v，同一等 I 线上各点有相同的 t_{as}（或 t_w）。

通常，已知湿空气的 t 与 t_w、t 与 t_d、t 与 φ 均可确定空气的状态点。图 7-20 显示了前面几个已知条件下确定空气状态点的步骤。

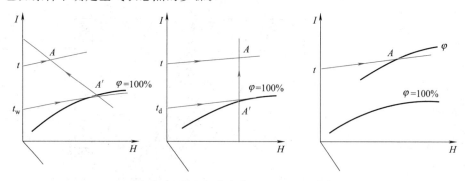

图 7-20　湿空气状态在 $I\text{-}H$ 图上的确定

技术训练 7-1

（1）相关信息如图 7-21 所示。已知湿空气的总压为 101.325kPa，相对湿度为 50%，干球温度为 $20℃$。试求：① 湿度；② 水蒸气分压 p_v；③ 露点 t_d；④ 焓 I_H；⑤ 如将 500kg/h 干空气预热至 $117℃$，计算所需热量 Q；⑥ 每小时送入预热器的湿空气体积 V_s。

解：$p=101.325\text{kPa}$，$t=20℃$，由饱和水蒸气表查得，水在 20℃时的饱和蒸气压为 $p_s=2.34\text{kPa}$。

① 湿度 H

$$H=0.622\frac{\varphi p_s}{p-\varphi p_s}=0.622\times\frac{0.5\times2.34}{101.3-0.5\times2.34}$$

$$=0.00727\text{（kg 水蒸气 /kg 干气）}$$

② 水蒸气分压 p_v

$$p_v=\varphi p_s=0.5\times2.34=1.17\text{（kPa）}$$

③ 露点 t_d

露点是空气在湿度 H 或水蒸气分压 p_v 不变的情况下，冷却达到饱和时的温度。所以由 $p_v=1.17\text{kPa}$ 查饱和水蒸气表，得到对应的饱和温度 $t_d=9℃$ 即为露点。

④ 焓 I_H

$$I_H=(1.01+1.88H)t+2490H=(1.01+1.88\times0.00727)\times20+2490\times0.00727$$

$$=38.6\text{（kJ/kg 干气）}$$

⑤ 热量 Q

$$Q=500\times(1.01+1.88\times0.00727)\times(117-20)=49648\text{（kJ/h）}=13.8\text{（kW）}$$

⑥ 湿空气体积 V_s

$$V_s=500v_H=500\times(0.773+1.244H)\times\frac{t+273}{273}$$

$$=500\times(0.773+1.244\times0.00727)\times\frac{20+273}{273}$$

$$=419.7\text{（m}^3\text{/h）}$$

（2）已知湿空气的总压 101.3kPa，干球温度为 50℃，湿球温度 35℃，试求此时湿空气的湿度 H、相对湿度 φ、焓 I_H、露点 t_d 及水蒸气分压 p_v。

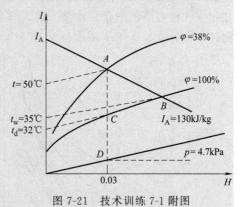

图 7-21　技术训练 7-1 附图

解：由 $t_w=35℃$ 的等 t 线与 $\varphi=100\%$ 的 φ 线的交点 B，作等 I_H 线与 $t=50℃$ 的等 t 线相交，交点 A 为空气的状态点，见图 7-21。

由 A 点可读出 $H=0.03\text{kg}$ 水蒸气/kg 干气，$\varphi=38\%$，$I_H=130\text{kJ/kg}$ 干气。

由 A 点沿等 H 线相交于 $\varphi=100\%$ 的等 φ 线上 C 点，C 点处的温度为湿空气的露点，$t_d=32℃$；由 A 点沿等湿线交水汽分压线于 D 点，即可读得 D 点的水蒸气分压值 $p_v=4.7\text{kPa}$。

三、湿物料中水分的性质

干燥过程中除去的水分是由物料内部迁移到表面，然后由表面汽化进入空气主体的。在相同的干燥条件下，有的物料很容易干燥，有的物料很难干燥，比如有些衣服比较容易干，有的不容易。因此干燥的快慢，不是只取决于空气的性质和操作条件，还取决于物料中所含水分的性质，下面作详细介绍。

1. 湿物料含水量的表示方法

湿物料的含水量的表示方法有：湿基含水量和干基含水量。

① 湿基含水量。单位质量湿物料所含水分的质量，即湿物料中水分的质量分数，称为湿物料的湿基含水量，用符号 ω 表示，其单位为 kg 水/kg 湿物料。

$$\omega = \frac{湿物料中水分的质量}{湿物料的总质量}$$

② 干基含水量。湿物料在干燥过程中，水分不断被汽化移走，湿物料的总质量在不断变化，因此我们采用在干燥过程中湿物料中始终保持不变的绝干物料作计算基准，就是所谓的干基含水量，指单位干物料中所含水分的质量，用符号 X 表示，单位为 kg 水/kg 干物料。

$$X = \frac{湿物料中水分的质量}{湿物料的总质量 - 湿物料中水分的质量}$$

干基含水量和湿基含水量的换算为：

$$X = \frac{\omega}{1-\omega} \quad 或 \quad \omega = \frac{X}{1+X} \tag{7-13}$$

2. 平衡水分与自由水分

湿物料中的水分根据物料在一定干燥条件下其所含水分能否用干燥方法除去分为平衡水分和自由水分。能用干燥方法除去的水分称为自由水分，不能除去的水分称为平衡水分。

当湿物料与一定状态的湿空气接触时，若湿物料表面产生的水汽分压大于空气中的水汽分压，湿物料中的水分向空气中转移，湿物料放出水分，干燥可以顺利进行；若湿物料表面产生的水汽分压小于空气中水汽分压，湿物料吸收空气中的水分，产生"返潮"现象；当湿物料表面产生的水汽分压等于空气中水汽分压时，两者处于动态平衡状态，湿物料中的水分不会因为与湿空气接触时间的延长而增减，湿物料含水量为一定值，该含水量就称为该物料在此空气状态下的平衡含水量，又称平衡水分，用 X^* 表示，单位为 kg 水/kg 干物料。湿物料中水分含量大于平衡水分时，其含水量与平衡水分之差称为自由水分。即通过干燥可以除去的水分。

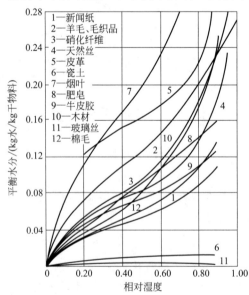

平衡水分的含量不仅与空气的状态有关，还与物料的性质有关。如图 7-22 所示，不同物料的平衡水分数值相差较大。例如，玻璃丝和瓷土等结构致密的固体，其平衡水分很小，而烟叶、羊毛、皮革等物质，则平衡水分较大。同一种物料，在相同的温度下，平衡水分随着空气的相对湿度的减小而降低。当空气的相对湿度减小为零时，各种物料的平衡水分都为零。即想要获得一个干物料，必须有绝对干燥的空气（$\varphi=0$）与湿物料进行长时间的充分接触，而实际生产很难满足这个条件。如果湿物料和具有一定湿度的空气接触，物料必有一部分水分不能被去除。干燥的极限是达到平衡水分，但是在实际干燥过程中，无法达到极限的情况，因此自由水分不是都可以

1—新闻纸
2—羊毛、毛织品
3—硝化纤维
4—天然丝
5—皮革
6—瓷土
7—烟叶
8—肥皂
9—牛皮胶
10—木材
11—玻璃丝
12—棉毛

图 7-22　物料的平衡水分图（25℃）

被除去的。

3. 结合水与非结合水

湿物料中的水分根据湿物料中水分除去的难易程度划分为结合水分和非结合水分。

（1）结合水 　借助化学力或者物理化学力与固体相接触的那部分水分，称为结合水分。如结晶水、毛细管中水分、细胞内水分等。结合水分与固体物料间的结合力较强，较难除去。

（2）非结合水分 　指机械地附着在固体物料表面或积存在大空隙中的水分。它与固体物料的结合程度较弱，是较易除去的水分。其饱和蒸气压等于同温度下纯水的饱和蒸气压。

平衡水分与自由水分、结合水分与非结合水分是物料中所含水分的两种不同分类。平衡水分与自由水分的区别不仅取决于物料的性质，还取决于空气的状态；而结合水分与非结合水分的区别只取决于物料的性质，与空气的状态无关。

对于温度和质量恒定的湿物料，结合水分不会因为空气的相对湿度不同而发生变化，它是一个固定值。结合水与非结合水都难以用实验方法直接测得，根据它们的特点，可将平衡曲线外延与同温度下 $\varphi=100\%$ 线相交，交点的平衡水分即为湿物料的结合水分。

物料中几种水分的关系可通过图 7-23 说明，从图中可看出，平衡水分随湿空气的相对湿度的变化而变化，结合水则为常数。

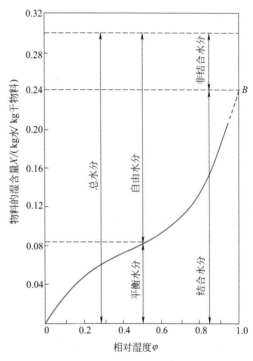

图 7-23　水分种类（温度为定值）

技术训练 7-2

某物料在 25℃ 时的平衡曲线如图 7-24 所示，已知物料的含水量 $X=0.3$ kg 水/kg 干物料，若与 $\varphi=70\%$ 的湿空气接触，试划分该物料的平衡水分和自由水分、结合水分和非结合水分。

分析： 由 $\varphi=70\%$ 作水平线与平衡曲线相交，于交点 A 读出平衡水分为 0.08kg 水/kg 干物料，故自由水分为 0.30－0.08＝0.22(kg 水/kg 干物料)。

由图 7-24 中读出 $\varphi=100\%$ 时的平衡水分为 0.20kg 水/kg 干物料，则物料的结合水分为 0.20kg 水/kg 干物料，非结合水分为 0.30－0.20＝0.10（kg 水/kg 干物料）。

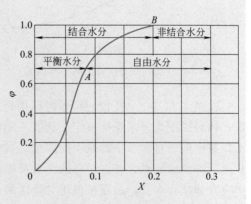

图 7-24　固体物料的水分性质

固体物料在干燥过程中的平衡关系及速率关系

四、干燥时间的计算

1. 恒速干燥和降速干燥

干燥速率是指单位时间内、单位干燥面积上汽化的水分质量。单位是 kg 水/（m² · h）。用微分式表示，则为

$$U = \frac{\mathrm{d}W}{S\mathrm{d}\tau} \tag{7-14}$$

因为

$$\mathrm{d}W = -G_\mathrm{c}\mathrm{d}X$$

故

$$U = -\frac{G_\mathrm{c}\mathrm{d}X}{S\mathrm{d}\tau} \tag{7-15}$$

式中　U——干燥速率，kg 水蒸气/（m² · h）；

　　　　W——水分汽化量，kg；

　　　　S——干燥面积，m²；

　　　　τ——干燥时间，h；

　　　　G_c——干物料质量，kg；

　　　　负号——物料含水量 X 随时间的增加而减少。

由图 7-25 中 X-τ 曲线，求出不同 X 下的斜率 $\mathrm{d}X/\mathrm{d}\tau$，再将测得绝干物料 G_c 和物料的干燥面积 S，代入式（7-14）中求出干燥速率 U，将 U 对 X 作图，便得到如图 7-26 所示曲线，称为干燥速率曲线。

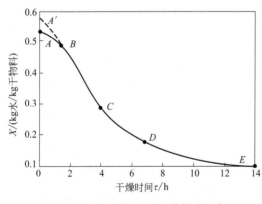

图 7-25　恒定干燥阶段及其影响因素

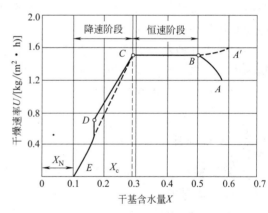

图 7-26　恒定干燥条件下的干燥速率曲线

在图 7-26 中，AB 段对应的时间很短，称为预热阶段，在干燥计算中可以忽略；在 BC 段，物料的干燥速率保持恒定，其值不随物料含水量而变，称为恒速干燥阶段；在 CE 段，干燥速率随物料含水量的减少而降低，称为降速干燥阶段。图中 C 点为恒速与降速段的分界点，称为临界点，该点对应的含水量称为临界含水量，由 X_c 表示。实验表明，只要物料中含有非结合水分，总存在恒速与降速两个不同的阶段。在两个阶段内，物料的干燥机理和影响因素各不相同。

（1）恒速干燥阶段及其影响因素　此阶段，物料表面与空气间的传热与传质过程类似于湿球温度的测定原理。在恒定干燥条件下，空气传给物料的热量等于水分汽化所需的热量，物料表面的温度始终保持为湿球温度。虽然物料水分不断汽化，含水率不断下降，但传热推

动力 $(t-t_w)$ 与传质推动力 (H_w-H) 均维持恒定，干燥速率不随 X 的减少而变，故图 7-26 中 BC 段为一水平段，在该阶段除去了物料表面附着的非结合水分，此时物料内部水分向表面移动的速率大于表面水分汽化的速率，使物料表面始终有充盈的非结合水分，干燥速度由水在物料表面汽化的速率所控制。故该阶段又称为表面汽化控制阶段。

由于该阶段的干燥速率取决于物料表面水分的汽化速率，亦即取决于物料外部的空气条件，与物料本身性质关系很小，故影响该阶段干燥速率的因素主要是湿空气的温度、湿度、流速及与湿物料的接触方式等。一般而言，提高空气温度、降低湿度、提高空气流速，均可提高此阶段的干燥速率。

（2）降速干燥阶段及其影响因素　当物料的含水量降至临界含水量后，便进入降速干燥阶段。从图 7-25 和图 7-26 可知，该阶段含水量 X 的减少越来越慢，且随含水量 X 的减少，干燥速率 U 也逐渐降低，这是由于随着干燥过程的进行，物料含水量不断减少，使其内部水分向表面的移动速率低于表面水分的汽化速率，物料表面逐渐出现"干区"，汽化面逐渐向物料内部移动，故水分的迁出越来越困难，干燥速率也越来越低。与恒速阶段相比，降速阶段从物料中除去的水分少，但所需的干燥时间却长。

由此可知，在此阶段，干燥速率的大小主要取决于水分在物料内部的迁移速率，受湿空气的状态的影响小，故该阶段又称为物料内部迁移控制阶段。此时影响干燥速率的因素主要是物料的内部结构和外部的几何形状。

需指出，前述干燥过程的两个阶段是以物料的临界含水量 X_c 来划分的。若临界含水量 X_c 越大，干燥过程越快由恒速阶段转入降速阶段，使其总干燥时间延长，无论从经济的角度还是从产品的品质来看，都不利。临界含水量不仅与物料的结构、性质和尺寸大小有关，还和干燥介质的状态，如温度、湿度、流速等有关。恒速阶段干燥速率会因物料不同而异，通常吸水性物料的临界含水量比非吸水性物料的大；同一物料，恒速阶段干燥速率越大，临界含水量越高；物料越厚，临界含水量越高。临界含水量通常由实验测定，表 7-4 给出了某些物料临界含水量数值范围。

表 7-4　不同物料的临界含水量

有机物料		无机物料		临界含水量（干基）/%
特征	实例	特征	实例	
很粗的纤维	未染过的羊毛	粗粒无孔的物料（粒度大于50目）	石英	3～5
		晶体的、粒状的、空隙较少的物料（粒度为50～325目）	食盐、海沙、矿石	5～15
晶体的、粒状的、空隙较小的物料	麸酸结晶	细晶体有孔物料	硝石、细砂、黏土料、细泥	15～25
粗纤维细粉	粗毛线、乙酸纤维、印刷纸、碳素颜料	细沉淀物、无定形和胶体状态的物料、无机颜料	碳酸钙、细陶土、普鲁士蓝	25～50
细纤维、无定形的和均匀状态的压紧物料	淀粉、亚硫酸、纸浆、厚皮革	浆状物料、有机物的无机盐	碳酸钙、碳酸镁、二氧化钛、硬脂酸钙	50～100
分散的压紧物料、胶体状态和凝胶状态的物料	鞣制皮革、糊墙纸、动物胶	有机物的无机盐、催化剂、吸附剂	硬脂酸锌、四氯化锡、硅胶、氢氧化铝	100～3000

2. 影响干燥速率的因素

影响干燥速率的因素主要有湿物料、干燥介质和干燥设备等，这些因素相互关联，下面就其中较为重要的方面讨论。

① 物料的性质和形状。湿物料的化学组成、物理结构、形状和大小、物料层的厚薄以及与物料的结合方式等，都会影响干燥速率。干燥的第一阶段中，尽管物料的性质对干燥速率影响很小，但物料的形状、大小、物料层的厚薄等将影响物料的临界含水量。干燥的第二阶段，物料的性质和形状对干燥速率有决定性影响。

② 物料的温度。物料的温度越高，干燥速率越大。但干燥过程中，物料的温度与干燥介质的温度和湿度有关。

③ 物料的含水量。物料的最初、最终和临界含水量决定了干燥各阶段所需时间的长短。

④ 干燥介质的温度与湿度。干燥介质温度越高、湿度越低，则干燥第一阶段的干燥速率越大，但应以不损坏物料为原则，特别是对热敏性物料，更应注意控制干燥介质的温度。有些干燥设备采用分段中间加热方式，可避免介质温度过高。

⑤ 干燥介质的流速与流向。干燥的第一阶段，提高气速可提高干燥速率。介质的流动方向垂直于物料表面时的干燥速率比平行时要大。干燥的第二阶段，气速和流向对干燥速率影响很小。

⑥ 干燥器的构造。上述各项因素很多都与干燥器的构造有关。许多新型干燥器就是针对某些因素而设计的。

由于影响干燥速率的因素很复杂，目前还没有准确的计算方法来求取干燥速率和确定干燥器的尺寸大小，通常是在小型实验装置中测定有关数据作为设计和生产的依据。

3. 干燥时间的计算

由于恒速干燥阶段与降速干燥阶段的特点不同，下面分别讨论两个干燥阶段的计算过程。

（1）恒速干燥阶段　该阶段的干燥时间为物料从最初含水量 X_1 降至临界含水量 X_c 所需的时间。此阶段的干燥速率等于临界点的干燥速率，根据式（7-15）积分有：

$$\tau_1 = \frac{G_c(X_1 - X_c)}{SU_c} \qquad (7-16)$$

由上式可知，计算该阶段干燥时间需知道临界含水量和干燥速率的实验数据。

（2）降速干燥阶段　此阶段的干燥时间为物料从临界含水量 X_c 降至最终含水量 X_2 所需的时间。根据式（7-15）积分有：

$$\tau_2 = \frac{-G_c}{S}\int_{X_c}^{X_2} \frac{\mathrm{d}X}{U} = \frac{G_c}{S}\int_{X_2}^{X_c} \frac{\mathrm{d}X}{U} \qquad (7-17)$$

由于降速干燥阶段 U 不是常数，所以上式积分内的值可以使用以下两种方法求解。

① 图解积分法。此法是以 X 为横坐标、$1/U$ 为纵坐标，将不同的 $1/U$ 对应的 X 表示出来绘制成曲线，如图 7-27 所示。图中由纵线 $X=X_c$、$X=X_2$ 与横坐标轴及曲线所包围的面积即为积分内的值。若已知从实验获得的与生产条件相仿的干燥速率曲线，采用此种方法计算比较准确。

② 解析计算法。当缺乏实验数据时，可采用此法近似计算，即假设降速干燥阶段速率

U 与物料含水量 X 呈线性关系，相当于图 7-25 中用直线代替曲线 CDE，则任意一瞬间 U 与对应的 X 可满足下列关系

$$U = K(X - X^*) \qquad (7\text{-}18)$$

式中　K——比例系数，即直线 CE 的斜率，kg 干物料/($m^2 \cdot h$)。

将式（7-18）代入式（7-17）积分，得：

$$\tau_2 = \frac{G_c}{SK} \int_{X_2}^{X_c} \frac{dX}{X - X^*} = \frac{G_c}{SK} \ln \frac{X_c - X^*}{X_2 - X^*}$$

$$(7\text{-}19)$$

物料在整个干燥过程所需的时间为恒速阶段与降速阶段的时间之和，即：

$$\tau = \tau_1 + \tau_2 \qquad (7\text{-}20)$$

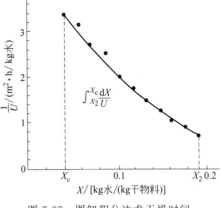

图 7-27　图解积分法求干燥时间

技术训练 7-3

用间歇干燥器干燥一批湿物料，湿物料的质量为 800kg，要求其含水量由 0.5kg 水/kg 干物料降至 0.2kg 水/kg 干物料，干燥面积为 $0.035 m^2$/kg 干物料，装卸时间为 1h，试确定该批物料的干燥总时间。从该物料的干燥曲线可知 $X_c = 0.29$kg 水/kg 干物料，$U_c = 1.52$kg 水/kg 干物料，$X^* = 0.1$kg 水/kg 干物料，设降速阶段 U 与 X 成线性。

解：（1）计算恒速干燥阶段所需时间 τ_1

$$\tau_1 = \frac{G_c(X_1 - X_c)}{SU_c}$$

干燥总面积　　　　$S = 533.33 \times 0.035 = 18.67$（$m^2$）

将数据代入，得　$\tau_1 = \frac{533.33}{18.67 \times 1.52}(0.5 - 0.29) = 3.95$（h）

（2）计算降速干燥阶段所需时间

$$\tau_2 = \frac{G_c}{SK} \ln \frac{X_c - X^*}{SU_c} = \frac{533.33 \times (0.29 - 0.1)}{18.67 \times 1.52} \ln \frac{0.29 - 0.1}{0.2 - 0.1} = 2.29 \text{（h）}$$

因此该物料的干燥总时间为　$\tau = \tau_1 + \tau_2 + \tau_3 = 3.95 + 2.29 + 1 = 7.24$（h）

子任务 2　计算干燥介质用量

图 7-28 是空气干燥系统的物料流程示意图。空气经预热器加热后温度增高，吸收水分的能力增强，然后进入干燥室与湿物料相接触，传热传质。干燥过程中湿物料中的水分汽化所需的热量可以全部由热空气提供，也可以由热空气供给一部分，另一部分由设于干燥室中的加热器供给。

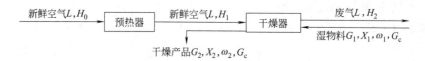

图 7-28　空气干燥系统物料流程示意图

L—干气消耗量，kg 干气/s；G_c—湿物料中干物料的流量，kg 干物料/s；H_0，H_1，H_2—空气进入预热器及进、出干燥器时的湿度，kg 水汽/kg 干气；G_1，G_2—湿物料进、出干燥器时的流量，kg 物料/s；ω_1，ω_2—湿物料进、出干燥器时的湿基含水量，kg 水分/kg 湿物料；X_1，X_2—湿物料进、出干燥器时的干基含水量，kg 水分/kg 干物料

通常干燥器的物料衡算要解决的问题有三个方面：①干燥产品的流量；②将湿物料干燥到指定的含水量所需蒸发的水分量；③干燥过程需要消耗的空气量。

干燥过程的
物料衡算和
热量衡算

1. 干燥产品流量 G_c

干燥产品是指离开干燥器的物料，其中包括干物料和仍含有的少量水分的湿物料。

若无物料损失，则在干燥前后，物料中的干物料的质量不变。

$$G_c = G_1(1-\omega_1) = G_2(1-\omega_2) \quad 或 \quad G_2 = \frac{G_1(1-\omega_1)}{1-\omega_2} = \frac{G_c}{1-\omega_2} \tag{7-21}$$

2. 水分蒸发量 W

设湿物料在干燥器中蒸发的水分量为 W（kg/s），对湿物料作物料衡算。

结合式（7-21），可得水分蒸发量的计算式：

$$W = G_1 \frac{\omega_1-\omega_2}{1-\omega_2} = G_2 \frac{\omega_1-\omega_2}{1-\omega_1} \tag{7-22}$$

若在干燥器中对水分作物料衡算，则有：

$$LH_1 + G_cX_1 = LH_2 + G_cX_2$$

故水分蒸发量还可写为 $W = G_c(X_1-X_2) = L(H_2-H_1)$ $\qquad$ (7-23)

3. 空气的消耗量 L

由式（7-23）得，干燥所需要的干气消耗量 L 为：

$$L = \frac{G_c(X_1-X_2)}{H_2-H_1} = \frac{W}{H_2-H_1} \tag{7-24}$$

每蒸发 1kg 水分所需的干气消耗量称为单位蒸汽消耗量，用符号 l 表示，单位为 kg 干气/kg 水。计算公式为：

$$l = \frac{L}{W} = \frac{1}{H_2-H_1} \tag{7-25}$$

由于进出预热器的湿空气的湿度不变，H_1 与进预热器时的湿度 H_0 相同，即 $H_1 = H_0$。则式（7-24）和式（7-25）可写为：

$$L = \frac{W}{H_2-H_0} \quad 或 \quad l = \frac{1}{H_2-H_0}$$

由此可见，对于一定的水分蒸发量，空气的消耗只与空气的最初湿度 H_0 和最终湿度 H_2 有关，与干燥的过程无关；当空气出干燥器的湿度 H_2 不变时，空气的消耗量决定于空

气的最初湿度 H_0，H_0 越大，空气消耗量越大。空气的最初湿度 H_0 与气候条件有关，通常情况下，同一地区夏季空气的湿度大于冬季空气的湿度，也就是说，干燥过程中空气消耗量在夏季要比冬季大。因此，在干燥过程中，选择输送设备，如鼓风机时，应以全年中所需最大空气消耗量为依据。

鼓风机所需风量根据湿空气的体积流量 V 而定，湿空气的体积流量可由干气的质量流量 L 与比体积的乘积来确定，即：

$$V = Lv_H = L(0.773 + 1.244H)\frac{t+273}{273} \tag{7-26}$$

式中，空气的湿度 H 和温度与鼓风机所安装的位置有关。例如，鼓风机安装在干燥器的出口，H 和 t 就应取干燥器出口空气的湿度和温度。

技术训练 7-4

用空气干燥某含水量为 40%（湿基）的湿物料，每小时处理湿物料量 1000kg，干燥后产品含水量为 5%（湿基）。空气的初温为 20℃，相对湿度为 60%，经预热至 120℃后进入干燥器，离开干燥器时的温度为 40℃，相对湿度为 80%。试求：(1) 干燥器产品量；(2) 水分蒸发量；(3) 干气消耗量和单位空气消耗量；(4) 如鼓风机装在预热器进口处，风机的风量。

解：

(1) 干燥器产品量

$$G_2 = G_1\frac{1-\omega_1}{1-\omega_2} = 1000 \times \frac{1-0.4}{1-0.05} = 631.58 \text{ (kg/h)}$$

(2) 水分蒸发量

$$W = G_1\frac{\omega_1 - \omega_2}{1-\omega_2} = 1000 \times \frac{0.4-0.05}{1-0.05} = 368.42 \text{ (kg/h)}$$

(3) 干气消耗量和单位空气消耗量

$\varphi_0 = 40\%$，$t_0 = 20℃$，查 I-H 图，$H_0 = 0.007$kg 水汽/kg 干气；

$\varphi_2 = 80\%$，$t_2 = 40℃$，查 I-H 图，$H_2 = 0.040$kg 水汽/kg 干气。

$$L = \frac{W}{H_2 - H_0} = \frac{368.42}{0.040 - 0.007} = 11164.24 \text{ (kg 干气 /h)}$$

$$l = \frac{1}{H_2 - H_0} = \frac{1}{0.04 - 0.007} = 30.30 \text{ (kg 干气 /kg 水)}$$

(4) 鼓风机风量

因风机装在预热器进口处，输送的是新鲜空气，其温度 $t_0 = 20℃$，湿度 $H_0 = 0.007$kg 水/kg 干气，则湿空气的体积流量为

$$V = L(0.773 + 1.244H)\frac{t+273}{273} = 11164.24 \times (0.773 + 1.244 \times 0.007) \times \frac{20+273}{273}$$

$$= 9366.53 \text{ (m}^3\text{/h)}$$

目前工业上使用最多的干燥方法是对流干燥，由于采用的干燥介质、被干燥的物料、干燥设备和操作方式不同，而且干燥机理复杂，因此至今仍主要依靠实验手段和生产经验来确定干燥过程的最佳条件。本子任务介绍的是人们通过生产经验总结出的对干燥进行调节和控制的一般原则。

一、干燥设备的基本要求

为了确保优化生产、提高效率，对干燥器有如下要求。

① 能满足生产工艺的要求。指达到规定的干燥程度；均匀干燥；保证产品具有一定的形状和大小等。由于不同物料的物理、化学性质以及外观形状等差异很大，对于干燥设备的要求也就各不相同，干燥器必须根据物料的这些不同特征确定不同的结构。通常除了干燥小批量、多品种的产品外，工业上并不要求一个干燥器能处理多种物料，即干燥过程中通用设备不一定符合优化、经济的原则。这与其他单元操作的要求不同。

② 生产能力大。干燥器的生产能力取决于物料达到规定干燥程度所需的时间。干燥速率越快，干燥时间越短，设备的生产能力越大。许多干燥器，如气流干燥器、流化床干燥器、喷雾干燥器能使物料在干燥过程中处于分散、悬浮状态，增大气固接触面积并不断更新接触面，加快了干燥速率，缩短了干燥时间，具有较大的生产能力。

③ 热效率高。对流干燥中，提高热效率的主要途径是减少废气带走的热量。干燥器的结构应有利于气固接触、有较大的传热和传质推动力，以提高热能的利用率。

④ 干燥系统的流动阻力要小，以降低动力消耗。

⑤ 操作控制方便，劳动条件好，附属设备简单。

二、干燥器的选择

由于工业生产中湿物料种类较多，对于产品质量的要求不同，因此选择合适的干燥器非常重要。若选择不当，将导致产品质量达不到要求，或热量利用率低、劳动消耗高，甚至设备不能正常运行。在选择干燥器时，主要从以下方面考虑，然后综合选择。

1. 物料的形态

干燥器最初的选择是以原料为基础的，如在处理液态物料时选择的设备通常有喷雾干燥器、转鼓干燥器和搅拌间歇真空干燥器等。表 7-5 给出了干燥器适应的原料类型，供选择时参考。

2. 物料的性质

物料达到所要求的干燥程度需要一定的干燥时间。物料不同，所需的干燥时间不同。对于吸湿性物料或临界含水量很高的物料，应选择干燥时间较长的干燥器，例如间接加热转筒干燥器；对干燥时间很短的干燥器，例如气流干燥器，仅适用于干燥临界含水量很低且易于干燥的物料。表 7-6 是对流和传导干燥器中物料的停留时间，可根据此表来选择合适的干燥器。

表 7-5 以原料形态选择干燥器

原料性质		液态		滤饼			可自由流动的物料				
		溶液	糊状物	膏状物	离心分离滤饼	过滤滤饼	粉	颗粒	易碎结晶	片料	纤维
对流干燥器	带式干燥器							√	√	√	√
	闪急干燥器				√	√	√	√			√
	流化床干燥器	√	√		√	√				√	
	转筒干燥器				√	√	√	√		√	√
	喷雾干燥器										
	托盘干燥器(间歇)	√	√	√	√	√	√	√	√	√	√
	托盘干燥器(连续)				√	√	√	√	√	√	√
传导干燥器	转鼓干燥器	√	√	√							
	蒸汽夹套转筒				√	√	√	√		√	√
	蒸汽管式转筒				√	√	√	√		√	√
	托盘干燥器(间歇)				√	√	√	√	√	√	√
	托盘干燥器(连续)				√	√	√	√	√	√	√

物料的热敏性决定了干燥过程物料的温度上限,但物料承受温度的能力与干燥时间段长短有关,对于某些热敏性物料,如果干燥时间很短,即使在较高温度下进行干燥,产品也不会变质,气流干燥器和喷雾干燥器比较适合于干燥热敏性物料。

物料的黏附性也影响到干燥器的选择,它关系到干燥器内物料的流动及传热与传质的进行,应充分了解物料从湿状态到干燥状态黏附性的变化,以便选择合适的干燥器。

表 7-6 对流和传导干燥器中物料的停留时间

干燥器		在干燥器内典型的停留时间				
		0~10s	10~30s	5~10min	10~60min	1~6h
对流干燥器	带式干燥器				√	
	闪急干燥器	√				
	流化床干燥器				√	
	转筒干燥器				√	
	喷雾干燥器		√			
	托盘干燥器(间歇)					√
	托盘干燥器(连续)				√	
传导干燥器	转鼓干燥器		√			
	蒸汽夹套转筒干燥器				√	
	蒸汽管转筒干燥器				√	
	托盘干燥器(间歇)					√
	托盘干燥器(连续)					√

3. 物料的处理方法

某些干燥器中被干燥物料的处理方法见表7-7。

表7-7　某些干燥器中被干燥物料的处理方法

方法	典型的干燥器	典型的物料
不运送	托盘干燥器	各种膏状物料、颗粒物料
因重力而降落	转筒干燥器	可流动的颗粒物料
由机械运送	螺旋输送式和桨叶式干燥器	糊状物、膏状物
在小车上运送	隧道干燥器	各种物料
形成幅状的物料、贴在滚筒上	转鼓干燥器	纸、织物、浆
在输送带上运送	带式干燥器	各种固体物料
悬浮在空气中	流化床干燥器、闪急干燥器	可流动的颗粒
空气中雾化的糊状物或溶液	喷雾干燥器	牛奶、咖啡

被干燥物料的处理方法对于干燥器的选择也很重要，在某些情况下物料需经预处理或预成型，使其适宜某种特殊干燥器。

4. 供热方式

不同干燥器的供热方式不同，适应的干燥对象也不同。

（1）对流干燥　对流加热是干燥颗粒、糊状或膏状物料最常用的方式，这种干燥器也称作间接（热）干燥器。在初始等速干燥阶段（在此阶段表面湿分被除去），物料表面温度对应加热介质的湿球温度；在降速干燥阶段，物料的温度逐渐逼近介质的干球温度，因此，在干燥热敏性物料时需考虑这些因素。

（2）传导干燥　传导加热干燥器又称直接干燥器，更适用于薄层物料或很湿的物料。对流干燥器中，热焓随干燥空气的逸出损失很大，其热效率很低，而传导干燥器热效率较高。干燥膏状物料的桨叶式干燥器、内部装有蒸汽管的转筒干燥器、干燥薄层糊状物的转鼓干燥器均属直接干燥器。

（3）辐射干燥　各种电磁辐射源具有的波长可从太阳频谱到微波（0.2m～0.2μm），4～8μm频带的远红外辐射常用于涂膜、薄型带状物和膜的干燥。但由于投资和操作费用较高，通常用于干燥高值产品或湿度场的最终调整，此时仅排出少量难以去除的水分，如纸的湿度场用射频加热来调整。

此外，某些干燥器可以采用直接、间接或辐射联合方式操作，例如装有浸没加热管或蛇形管的流化床干燥器用于干燥热敏性聚合物或松香片，远红外与空气喷射或微波与冲击联合干燥薄片状食品等。

三、确定干燥装置的工艺参数

干燥操作必须确定最佳的工艺条件，在干燥操作中注意调节和控制，才能完成生产，达到优质、高产和低耗。

（1）干燥介质的选择　干燥介质不能与被干燥物料发生化学反应，不能影响被干燥物料的性质，还要考虑干燥过程的工艺及可用的热源，即干燥介质的选择还应考虑介质的经济性。

对流干燥介质可采用空气、惰性气体、烟道气及过热蒸汽等。当干燥操作温度不太高、氧气的存在不影响被干燥物料的性能时，可采用热空气作为干燥介质。对某些易氧化的物料，或从物料中蒸发出易爆的气体时，则宜采用惰性气体作为干燥介质。烟道气适用于高温干燥，但要求被干燥的物料不怕污染，而且不与烟气中的 SO_2 和 CO_2 等气体发生反应。

（2）流动方式的选择

① 逆流操作。物料移动方向和介质的流动方向相反，整个干燥过程中的干燥推动力较均匀，适用于物料含水量高且不允许快速干燥的场合、耐高温物料的干燥及要求干燥产品的含水量很低时的干燥过程。

② 并流操作。物料移动方向和介质的流动方向相同，开始时传热、传质推动力较大，干燥速率较大，随着干燥的进行速率明显降低，难以获得含水量很低的产品。但并流操作物料出口温度可以比逆流低。该法适用于物料含水量较高且允许进行快速干燥而不产生龟裂或焦化的物料，以及干燥后期不耐高温、易分解、氧化、变色等物料的干燥。

③ 错流操作。错流操作时干燥介质与物料间运动方向互相垂直，各个位置上的物料都与高温、低湿的介质相接触，因此干燥推动力比较大，又可采用较高的气体速度，干燥速率快。该法适用于无论含水量高低都可以进行快速干燥的场合、耐高温物料干燥及因阻力大或干燥器构造的要求不适宜采用并流或逆流操作的场合。

（3）干燥介质进入干燥器时的温度和流量　为了强化干燥过程和提高经济效益，干燥介质的进口温度宜保持在物料允许的最高温度，但也应考虑避免物料发生变色、分解等。对于同一物料，允许介质进口温度随干燥器形式不同而不同。例如，在箱式干燥器中，由于物料是静止的，因此应选用较低介质进口温度；在转筒、流化床、气流等干燥中，由于物料不断翻动，致使干燥温度高、均匀、速率快、时间短，因此介质进口温度高。

增加空气的流量可以增加干燥过程的推动力，提高干燥速率。但空气量增加，会造成热损失增加，热效率下降，同时还会增加动力消耗。气速的增加，会造成产品回收负荷的增加，生产中要综合考虑温度和流量的影响，合理选择。

（4）干燥介质离开干燥器时的温度和湿度　提高干燥介质离开干燥器的相对湿度，减少空气消耗量及传热量，可降低操作费用；但如增大离开干燥器的相对湿度，介质中水汽的分压增高，使干燥过程的平均推动力下降，为了保持相同的干燥能力，需要增大干燥器的尺寸，即加大了投资费用。所以，适宜的值应通过经济衡算来决定。

对同一物料，不同类型的干燥器，适宜的值也不同。例如，对气流干燥器，由于物料在器内的停留时间短，要求有较大的推动力以提高干燥速率，因此一般离开干燥器的气体中水汽分压需低于出口物料表面水汽分压的 50%～80%。

干燥介质离开干燥器的温度 t_2 应综合考虑。若 t_2 降低，湿空气可能在干燥器后面的设备和管路中析出水滴，破坏干燥的正常操作。对气流干燥器，一般要求 t_2 较入口气体的绝热饱和温度高 20～50℃。

（5）物料离开干燥器时的温度　物料出口温度与很多因素有关，但主要取决于材料的临界含水量及干燥第二阶段的传质系数。

总之，干燥操作的目的是将物料中的含水量降至规定的指标以下，且不出现龟裂、焦化、变色、氧化和分解等物理和化学性质上的变化；干燥过程的经济性主要取决于热能消耗及热能的利用率。因此，生产中应从实际出发，综合考虑，选择适宜的操作条件，以达到优质、高产、低耗的目标。

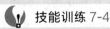

技能训练 7-4

结合当地生产实际，选择某生产聚氯乙烯的企业，讨论干燥聚氯乙烯浆料系统的参数控制。

任务 3　操作干燥装置

为使干燥操作能够正常运行，并能够安全有效地生产出符合规格的产品，在装置投产开车之前，必须定制出能够充分细化操作安全性、经济性及操作可实施性的干燥规程。操作规程应遵循的原则见本书模块 6 任务 4 "操作吸收装置"。

子任务 1　认识干燥操作规程

操作规程是指导生产、组织生产、管理生产的基本规定，是全装置生产及管理人员借以搞好生产的基本依据。

操作规程也是一个装置在生产、管理、安全等方面的经验总结。每个操作人员及生产管理人员都必须学好操作规程，了解干燥装置全貌以及干燥系统内各岗位构成，尤其了解本岗位对整个装置的作用，从而严格地执行操作规程，按操作规程办事，强化管理，精心操作，保证安全、稳定、长周期、满负荷、优品质地完成生产任务。

一、干燥装置操作中的安全、环保问题

干燥装置操作对象是湿物料，可能因物料流动性差造成堵塞、传热不均、黏结；也可能因物料有毒或易燃，造成安全事故；加热用热源也可能引起相应的安全事故；因存在气-固分离，气体若是排空可能污染环境。

二、认识干燥岗位操作法

一个化工装置要实现顺利试车及正常运行，除了需要一个科学、先进的操作规程以外，还必须有一整套岗位操作法。

作为工厂法规的基础材料及基本守则，岗位操作法的内容及要求包括如下内容。

1. 干燥岗位的目的、适用范围、岗位职责等基本任务

要求应以简洁、明了的文字说明本岗位所从事的生产任务。

干燥岗位主操作：负责严格按操作规程要求进行操作，确保当班正常生产运行，严格控制本班组的产品质量及各项工艺指标；负责装置区干燥的液位、压力、温度的稳定和调整；认真做好质量原始记录，做到记录页面清洁、字体端正、无差错；对生产中非正常现象进行处理，并做好所有设备的巡检工作。

干燥岗位外操作：协助主操作确保正常生产，同时负责本岗位生产区内的清洁卫生（包括区域、设备、安全设施等卫生），保证现场材料（如螺栓、垫片、取样袋、编织袋等）、工

具（日常操作所用的扳手及手推车等）的正常供应与使用；定时巡检产品筛的下料情况，防止跑料；保证岗位设备（如离心机、风机、各下料器等）的正常运行和及时维修；主操作不在时，应执行主操作职责。

2. 工艺流程概述

要求说明本岗位的工艺流程及起止点，并列出工艺流程简图。

3. 主要设备

应列出本岗位生产操作所使用的所有设备、仪表，标明其数量、型号、规格、材质、重量等。通常以设备一览表的形式来表示。

4. 操作程序及步骤

列出本岗位如何开车及停车的具体操作步骤及操作要领。

5. 生产工艺控制指标

凡是由车间下达到本岗位的工艺控制指标，如反应温度、操作压力、投料量、配料比等都应列出。

6. 仪表使用规程

要求列出所有仪表（包括现场的和控制室内的）的启动程序及有关规定。

7. 异常情况及其处理措施

列出本岗位通常发生的异常情况有哪几种，发生这些异常情况的原因分析，以及采用什么处理措施来解决列出的几种异常情况，处理措施必须具体化，具有可操作性。

8. 设备的维护与检修

设备需要定期进行维护检修，保证设备、管道、阀门的正常使用，尤其对于风机等设备需要经常维护并检查运行状况以保证装置的正常运行。

9. 巡回检查制度及交接班制度

应标明本岗位的巡回检查路线及其起止点，必要时以简图画出；列出巡回检查的各个点、检查次数、检查要求等。交接班制度应列出交接时间、交接地点、交接内容、交接要求及交接班注意事项等。

10. 安全生产守则

应结合装置及岗位特点，列出本岗位安全工作的有关规定及注意事项。

11. 操作人员守则

应以生产管理角度对岗位人员提出一些要求及规定。例如，上岗严禁抽烟、必须按规定着装等以及提高岗位人员素质、实现文明生产的一些内容及条款。

对于上述基本内容，应结合每个岗位的特点予以简化或细化，但必须符合岗位生产操作及管理的实际要求。

技能训练 7-5

以图 7-1 所示的聚氯乙烯树脂的干燥工艺为基础，查阅相关资料，尝试编写该流程《干燥岗位操作规程》（参考表 7-8 所述编写指标及要点）。

表 7-8　干燥操作编写指标及要点

序号	编写指标	编写要点
1	任务和目的	描述 PVC 干燥岗位的主要任务和岗位职责
2	岗位职责	分别描述干燥岗位内操和外操的岗位责任
3	工艺流程概述	聚氯乙烯树脂的干燥工艺流程图及工艺流程简述
4	操作程序及步骤	开车前准备，开车、停车，日常维护
5	生产工艺控制	干燥操作工艺参数的控制范围（如温度、压力等）
6	安全注意事项	职业防护与规范操作描述
7	故障处理	归纳干燥操作不正常现象及其处理方法 （如尾气洗涤塔跑料、干燥压力过高等）

子任务 2　学会干燥操作开停车

由于被干燥的物料形状、性质，热源和自动化程度不同，采用的干燥设备也会有所不同，但是操作过程基本一致。下面以卧式流化床干燥为例，说明干燥器的操作步骤、维护保养及常见故障与处理方法，卧式流化床干燥工艺流程见图 7-29。

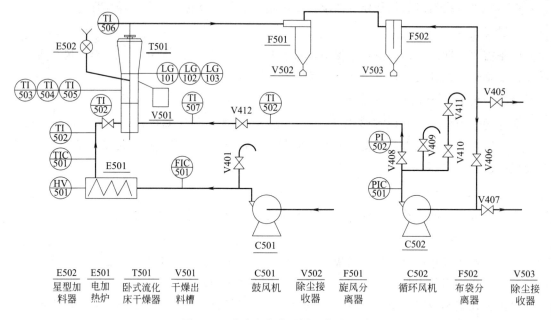

E502	E501	T501	V501	C501	V502	F501	C502	F502	V503
星型加料器	电加热炉	卧式流化床干燥器	干燥出料槽	鼓风机	除尘接收器	旋风分离器	循环风机	布袋分离器	除尘接收器

图 7-29　卧式流化床干燥工艺流程图

一、流化床干燥器的开停车操作

（1）开车前准备

① 由相关操作人员组成装置检查小组，对本装置所有设备、管道、阀门、仪表、电气、

照明等按工艺流程图要求和专业技术要求进行检查。

②检查所有仪表是否处于正常状态。

③试电。

④检查外部供电系统，确保控制柜上所有开关处于关闭状态。

⑤开启外部供电系统总电源开关。

⑥打开控制柜上空气开关。打开装置仪表电源总开关，打开仪表电源开关，查看所有仪表是否上电，指示是否正常。

⑦将各阀门顺时针旋转操作到关的状态。检查孔板流量计正压阀和负压阀是否均处于开启状态（正常操作中保持开启）。

（2）开车

①依次打开卧式流化床干燥器 T501 各床层进气阀 VA02、VA03、VA04 和放空阀 VA05。

②启动鼓风机 C501，通过鼓风机出口放空阀 VA01 手动调节其流量为 $80\sim120\mathrm{m}^3/\mathrm{h}$。

③启动电加热炉 E501 加热系统，并调节加热功率使空气温度缓慢上升至 $70\sim80℃$，并趋于稳定。

④微微开放空阀 VA05，打开循环风机进气阀 VA06、循环风机出口阀 VA08、循环流量调节阀 VA12，打通循环回路。

⑤启动循环风机 C502，开循环风机出口压力调节阀 VA10，通过循环风机出口压力电动调节阀 VA11 控制循环风机出口压力为 $4\sim5\mathrm{kPa}$。

⑥待电加热炉出口气体温度稳定，循环气体的流量稳定后，开始进料。

⑦将湿物料加入下料斗，启动星型加料器 E502，控制加料速率在 $200\sim400\mathrm{r/min}$，并且注意观察流化床床层物料状态和其厚度。

⑧物料进流化床体初期应根据物料被干燥状况控制出料，此时可以将物料布袋封起，物料循环干燥，待物料流动顺畅时，可以连续出料。

调节流化床各床层进气阀 VA02、VA03、VA04 的开度和循环风机出口压力 PIC501，使三个床层的温度稳定在 $55℃$ 左右，并能观察到明显的流化状态。

（3）停车

①关闭星型加料器 E502，停止向流化床干燥器 T501 内进料。

②当流化床体内物料排净后，关闭电加热炉 E501 的加热系统。

③打开放空阀 VA05，关闭循环风机进口阀 VA06、出口阀 VA08，停循环风机 C502。

④当电加热炉 E501 出口温度降到 $50℃$ 以下时，关闭流化床各床层进气阀 VA02、VA03、VA04，停鼓风机 C501。

⑤清理干净卧式流化床干燥器、粉尘接收器内的残留物。

⑥依次关闭直流电源开关、仪表电源开关、报警电源开关以及空气开关。

⑦关闭控制柜空气开关。

⑧断总电源。

二、流化床干燥器安全操作的注意事项

（1）正常操作注意事项

①经常观察床层物料流动和流化状况，调节相应床层气体流量和下料速率。

② 经常检查风机运行状况，注意电机温升。

③ 电加热炉内有流动的气体时才可启动加热系统，鼓风机出口流量不得低于 $30m^3/h$，电加热炉停车时，温度不得超过 $50℃$。

④ 做好操作巡检工作。

（2）动设备操作安全注意事项

① 启动电动机，上电前先用手转动一下电机的轴，通电后，立即查看电机是否已转动；若不转动，立即断电，否则电机很容易烧毁。

② 确认工艺管线，确认工艺条件正常。

③ 启动电机后看其工艺参数是否正常。

④ 观察有无过大噪声、振动及松动的螺栓。

⑤ 电机运转时不可接触转动件。

（3）静设备操作安全注意事项

① 操作中注意防止静电产生。

② 流化床在需清理或检修时应按安全作业规定进行。

③ 容器应严格按规定的装料系数装料。

技能训练 7-6

查阅相关资料，总结喷雾干燥器的正常停车和故障停车的操作规程。

子任务 3　处理干燥操作故障

干燥操作采用不同干燥设备，出现的故障会有不同，现以流化床干燥设备为例，介绍干燥过程常见故障和处理方法。

一、流化床干燥异常情况及处理

（1）干燥床层温度突然升高

原因：空气流量过大或加热过猛，系统加料量过少。

处理方法：①调节空气流量，调低加热电流；②加大加料量。

（2）床层压降过高

原因：①流化床内加料过多；②流化床出口物料堵塞。

处理方法：①减少加料量；②疏通出料布袋。

（3）旋风分离器抛料

原因：①抽风量太大；②旋风分离器被物料堵住。

处理方法：①关小循环风机进气阀 VA06；②停车处理旋风分离器。

（4）发生死床

原因：①物料太湿或块多；②热风量少或温度低；③床面干料层高度不够；④热风量分配不均匀。

处理方法：①降低物料水分；②增加风量，提高湿度；③缓慢出料，增加干料厚度；④调整进风阀的开度。

（5）流化床流动不好

原因：①风压高或物料多；②热风温度低；③风量分布不合理。

处理方法：①调节风量或物料；②加大加热器蒸汽量；③调节进风阀开度。

二、流化床干燥器维护和保养

① 停炉时将炉内物料清理干净并保持干燥；

② 保持炉内保温层完好，有破裂时及时修理；

③ 加热器停用时打开疏水阀门并排冷凝水防止锈蚀；

④ 定期清理引风机内部粘贴的物料和送风机进口防护网，保持炉内分离器畅通，防止炉壁锈蚀。

技能训练 7-7

干燥操作常见故障处理：查阅相关资料，总结喷雾干燥器的常见故障和处理方法。

综合案例

在常压干燥器中，用新鲜空气干燥某种湿物料。已知条件为：温度 $t_0 = 15℃$、焓 $I_0 = 33.5 \text{kJ/kg}$ 干空气的新鲜空气，在预热器中加热到 $t_1 = 90℃$ 后送入干燥器，空气离开干燥器时的温度为 50℃。预热器的热损失可以忽略，干燥器的热损失为 11520kJ/h，没有向干燥器补充热量。该干燥器每小时处理 280kg 湿物料，湿物料进干燥器时温度 $t_0 = 15℃$、干基含水量 $X_0 = 0.15$，离开干燥器时物料温度 $t_2 = 40℃$、干基含水量 $X_2 = 0.01$，$H_2 = 0.02062 \text{kg/kg}$ 干空气。求：（1）干燥产品质量流量；（2）水分蒸发量；（3）新鲜空气消耗量。

解：（1）新鲜空气焓与空气湿度的关系为：

$$I_0 = (1.01 + 1.88H_0)t_0 + 2490H_0 = 33.5 \text{ kJ/kg 干空气}$$

将 $t_0 = 15℃$ 代入该式得 $H_0 = 0.00729 \text{ kg/kg 干空气}$

绝干物料的量：　$G_c = G_1(1 - \omega_1) = G_1\left(1 - \dfrac{X_1}{1 + X_1}\right) = 243.5 \text{ kg/h}$

干燥产品质量流量：　$G_2 = G_c(1 + X_2) = 243.5 \times (1 + 0.01) = 245.9 \text{ (kg/h)}$

（2）水分蒸发量：　$W = G_c(X_1 - X_2) = 243.5 \times (0.15 - 0.01) = 34.1 \text{ (kg/h)}$

（3）新鲜空气消耗量：　$L_w = L(1 + H_0)$

$$L = \frac{W}{H_2 - H_0} = \frac{34.1}{0.02062 - 0.00729} = 2558 \text{ (kg 干空气 /h)}$$

$$L_w = L(1 + H_0) = 2558(1 + 0.00729) = 2576 \text{ (kg 湿空气 /h)}$$

素质拓展阅读

锤子"敲"出的大国工匠——管延安

港珠澳大桥正式通车是一项"一桥连三地"的世纪工程，被国外媒体誉为"新世纪七大奇迹之一"。而中交一航局第二工程有限公司的总技师、"全国五一劳动奖章"获得者、"全国技术能手"、"全国职业道德建设标兵"、"全国最美职工"、"中国质量工匠"——管延安，就是这座超级工程的建设者之一。他负责 33 节巨型沉管、60 多万颗螺丝，创下了 5 年零失误的奇迹，也因此被誉为中国"深海钳工"第一人。

1995 年，管延安开始接触钳工。从那时起，他就发现自己特别热爱这个行当。哪怕是简单的工作，他也要比别人多花费些时间，针对每个问题琢磨透了，把工作干到最好。从不懂到精通，管延安一步一个脚印，出色地完成每一项生产任务。港珠澳大桥建设中，钳工团队的一项工作是负责安装沉管的阀门螺丝。如果在陆地作业，只要拧紧螺丝就够了。但要在深海中完成两节沉管的精准对接，确保隧道不渗水不漏水，沉管接缝处的间隙必须小于 1mm。1mm 的间隙根本无法用肉眼判断。然而，他硬是通过一次次的拆卸和练习，经过数以万计次的重复磨炼，找到绝佳的"手感"，练就一项高精准绝技——左右手拧螺丝均能实现误差不超过 1mm。同时，在操作中，他甚至还练就"听感"，通过敲击螺丝，根据金属碰撞发出的声音，判断装配是否合乎标准。管延安从最初的简单机械维护开始，到成为名副其实的大国工匠，与钳子、锤子相伴走过 25 载。"我是一航建设者，要大力弘扬劳模精神、劳动精神、工匠精神，用干劲、闯劲、钻劲鼓舞更多的人，把新时代产业工人的名片擦亮。"

练习题

一、单项选择题

1. 干燥是（ ）的过程。
   A. 传热　　　　　　B. 传质　　　　　　C. 传热和传质结合　　D. 以上都不是

2. 不饱和空气的干球温度（ ）湿球温度。
   A. 低于　　　　　　B. 等于　　　　　　C. 高于　　　　　　D. 高于或等于

3. 干燥过程得以进行的条件是物料表面所产生的水蒸气压力必须（ ）干燥介质中水蒸气分压。
   A. 小于　　　　　　B. 等于　　　　　　C. 大于　　　　　　D. 大于或等于

4. 在干燥过程中容易除去的水分是（ ）。
   A. 非结合水分　　　B. 结合水分　　　　C. 平衡水分　　　　D. 自由水分

5. 空气的吸湿能力取决于（ ）。
   A. 湿度　　　　　　B. 湿含量　　　　　C. 相对湿度　　　　D. 焓值

6. 对于热敏性物料或易氧化物料的干燥，一般采用（ ）。
   A. 传导干燥　　　　B. 恒压干燥　　　　C. 常压干燥　　　　D. 真空干燥

7. 干燥过程得以进行的必要条件是（ ）。
   A. 物料内部温度必须大于物料表面的温度
   B. 物料表面的水蒸气分压必须大于空气中的水蒸气分压
   C. 物料内部湿度必须小于物料表面的湿度
   D. 物料表面的水蒸气分压必须小于空气中的水蒸气分压

8. 湿空气的相对湿度越大，或温度越低，则平衡水分的数值（ ）。
   A. 越小　　　　　　B. 越大　　　　　　C. 不变　　　　　　D. 无法确定

9. 传导干燥的热载体与湿物料是（ ）接触。
   A. 直接　　　　　　B. 间接　　　　　　C. 直接和间接结合　　D. 以上都对

10. 热能以对流方式由热气体传给与其接触的湿物料，使物料被加热而达到干燥的目的的是（　　　　）。

　　A. 传导干燥　　　　B. 对流干燥　　　　C. 辐射干燥　　　　D. 介电加热干燥

二、判断题

1. 对流干燥的必要条件是物料表面产生的水汽分压必须大于干燥介质中所含的水汽分压且湿空气不饱和。　　　　　　　　　　　　　　　　　　　　（　　　）

2. 对流干燥流程通常是空气经预热器加热至一定温度后进入干燥器，与进入干燥器的湿物料相接触，空气将热量以对流的方式传给湿物料，湿物料表面水分加热汽化成水蒸气，然后扩散进入空气，最后由干燥器另一端排出。　　　　　　（　　　）

3. 湿空气的参数以干空气为基准是为了计算的方便。　　　　　　　（　　　）

4. 干燥操作中当相对湿度为 100% 时，表明湿空气中水蒸气含量已达到饱和状态。
　　　　　　　　　　　　　　　　　　　　　　　　　　　　　　（　　　）

5. 湿空气温度一定时相对湿度越低，湿球温度也越低。　　　　　　（　　　）

6. 一定状态下湿空气经过加热，则其湿球温度增大，露点温度也增大。（　　　）

7. 箱式干燥器干燥均匀，需要的时间往往也比较短，但装卸物料劳动强度高，操作条件差。　　　　　　　　　　　　　　　　　　　　　　　　　　　　（　　　）

8. 流化床干燥器又名沸腾床干燥器，适用于处理粉粒状物料，特别是对因水分较多而引起显著结块的物料有独到的用处。　　　　　　　　　　　　　　　（　　　）

9. 含结合水分为主的物料，为了加快干燥时间，可采用增加空气流速的办法。（　　　）

10. 只要将湿空气的湿度降到其露点以下，便会达到减湿的目的。　（　　　）

11. 相对湿度越低，则距饱和程度越远，表明该湿空气吸收水汽的能力越弱。（　　　）

12. 改变湿空气的温度能较大地影响降速干燥阶段速率，而对等速干燥阶段基本没有影响。　　　　　　　　　　　　　　　　　　　　　　　　　　　　（　　　）

13. 改变湿物料物料层的厚薄将对降速干燥阶段干燥速率有较大影响，而对等速干燥阶段基本没有影响。　　　　　　　　　　　　　　　　　　　　　（　　　）

14. 工业上应用最普遍的是传导干燥。　　　　　　　　　　　　　（　　　）

15. 物料中的平衡水分是可以用干燥的方法除去的。　　　　　　　（　　　）

16. 自由水分在一定的空气状态下能用干燥的方法除去。　　　　　（　　　）

17. 作为干燥介质的湿空气既是载热体，又是载湿体。　　　　　　（　　　）

18. 在恒速干燥阶段内，物料表面的温度始终保持为空气的湿球温度。（　　　）

19. 湿球温度计是用来测定空气湿度的一种温度计。　　　　　　　（　　　）

20. 为了使去湿的操作经济有效，常先机械去湿，然后进行干燥操作。（　　　）

三、问答题

1. 什么是干燥？根据传热方式的不同，干燥分几种？

2. 简述湿空气、饱和湿空气、干气的概念。

3. 为什么湿空气通常要经过预热后再进入干燥器？

4. 若湿空气的温度和水汽分压一定，将总压适当提高，则其他参数将会发生什么变化？

5. 对同样的干燥要求，夏季和冬季哪个季节空气消耗量大？为什么？

6. 湿物料中水分是如何划分的？平衡水和自由水、结合水分和非结合水分体现了物料的什么性质？

7. 恒速干燥阶段与降速干燥阶段的影响因素有何不同？为什么？

8. 干燥器出口废气温度的高低对干燥过程有何影响？其温度选择受哪些因素限制？

9. 干燥器的选择从哪些方面考虑？

10. 一般干燥器都会选择废气循环，它的目的是什么？废气循环对干燥操作会带来什么影响？

四、计算题

1. 已知湿空气总压为 50.65kPa，温度为 60℃，相对湿度为 40%，试求：（1）湿空气中水汽分压；（2）湿度；（3）湿空气的密度。

2. 利用 I-H 图，填写下表中的空白处的内容。

干球温度 /℃	湿球温度 /℃	湿度 /(kg/kg 干气)	相对湿度/%	焓 /(kJ/kg 干气)	水汽分压 /kPa	露点 /℃
20			75			
40						25
	35					30

3. 一连续干燥器，每小时干燥湿物料的量为 1500kg，使其含水量 45% 降到 3%（均为湿基含水量），试求水分的汽化量和干燥产品量。

4. 某干燥器的水分蒸发量为 400kg/h，所处理的湿物料的含水量为 45%（湿基含水量），求：（1）当湿物料的量为 1200kg/h 时，产品中的含水量（湿基含水量）；（2）当所得产品的量为 600kg/h 时，产品中的含水量（湿基含水量）。

5. 有一干燥器每小时处理某产品湿物料 1000kg，物料的含水量由 20% 降到 2%（湿基含水量），求：每小时水分蒸发量。

6. 在恒定干燥情况下，将湿物料由干基含水量 0.33kg 水/kg 干物料，干燥至 0.09kg 水/kg 干物料，共需干燥时间 7h。若继续干燥至 0.07kg 水/kg 干物料，再需干燥多少小时？已知物料的临界含水量为 0.16kg 水/kg 干物料，平衡含水量为 0.05kg 水/kg 干物料。

7. 用间歇干燥器干燥一批湿物料，湿物料的质量为 800kg，要求其含水量由 0.5kg 水/kg 干物料降至 0.2kg 水/kg 干物料，干燥面积为 0.035m²/kg 干物料，装卸时间为 1h，试确定该批物料的干燥总时间。

8. 有某干燥器，湿物料处理量为 800kg/h。要求物料干燥后其湿基含水量由 30% 减至 4%。干燥介质为空气，初温为 15℃，相对湿度为 50%，经预热器加热至 120℃进入干燥器，出干燥器时温度降至 45℃，相对湿度为 80%。试求：（1）蒸发水量 W；（2）空气消耗量 L，单位空气消耗量 l；（3）入口处鼓风机之风量 V。

9. 用一干燥器干燥湿物料，已知湿物料的处理量为 1500kg/h，湿基含水量由 30% 降至 5%。试求水分蒸发量和干燥产品量。

10. 用空气干燥某含水量为 40%（湿基含水量）的物料，每小时处理湿物料量为 1000kg，干燥后产品含水量为 5%（湿基含水量）。空气的初温为 20℃，相对湿度为 60%，经加热至 120℃后进入干燥器，离开干燥器时的温度为 40℃，相对湿度为 80%。试计算：（1）水分蒸发量；（2）绝干空气消耗量和单位空气消耗量；（3）如鼓风机安装在进口处，风机的风量是多少？（4）干燥产品的产量。

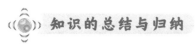 知识的总结与归纳

知识点		应用举例	备注
湿度	$H = \dfrac{n_v M_v}{n_g M_g}$	计算湿空气中的水分含量	
饱和湿度	$H_s = 0.622 \dfrac{p_s}{p - p_s}$	计算空气被水汽饱和的水含量	饱和湿空气中的水分分压等于该空气温度下的纯水的饱和蒸气压
相对湿度	$\varphi = \dfrac{p_v}{p_s} \times 100\%$	依据 φ 的大小，可判断湿空气吸湿能力的大小。φ 越小，其吸湿能力越大	在一定总压下，湿空气中水汽分压 p_v 与同温度下水的饱和蒸气压 p_s 之比，为相对湿度
湿空气的比体积	$v_H = v_g + H v_v = (0.773 + 1.244H) \dfrac{t + 273}{273}$	用于计算湿空气的比体积，并进一步计算其体积	湿空气的比体积与湿空气温度及湿度有关，温度越高，湿度越大，比体积越大
比热容 C_H	$C_H = C_g + C_v H = 1.01 + 1.88H$ 工程计算中，常取 C_g 和 C_v 为常数，即 $C_g = 1.01$kJ/(kg 干气·K)，$C_v = 1.88$kJ/(kg 干气·K)	用于计算湿空气的比热容	湿空气的比热容只随空气的湿度 H 变化而变化
比焓	$I_H = I_g + I_v H$ $I_H = (1.01 + 1.88H)t + 2490H$ 在工程计算中，常以干气及水(液态)在 0℃ 时的焓等于零为基准，且水在 0℃ 时的比汽化潜热 $\gamma_0 = 2490$kJ/(kg·K)	用于计算湿空气的焓值	湿空气的焓与其温度和湿度有关，温度越高，湿度越大，焓值越大
湿空气的温度	湿空气的干球温度 t；湿空气的露点温度 t_d；湿球温度 t_w；绝热饱和温度 t_{as}	由空气温度确定湿空气的性质	未饱和空气 $t > t_w > t_d$ 饱和湿空气 $t = t_d = t_w$
湿空气的焓-湿 $(I\text{-}H)$ 图	① 等湿度线(即等 H 线) ② 等焓线(即等 I 线) ③ 等温线(等 t 线) ④ 等相对湿度线(即等 φ 线) ⑤ 水汽分压线	可根据几条线，查出物料的湿度、相对湿度值，进一步确定空气的吸湿能力	
湿基含水量	$\omega = \dfrac{\text{湿物料中水分的质量}}{\text{湿物料的总质量}}$		
干基含水量	$X = \dfrac{\omega}{1 - \omega}$ 或 $\omega = \dfrac{X}{1 + X}$		
物料水分类型	平衡水分与自由水分：以在一定干燥条件下其所含水分能否用干燥方法除去来划分。 结合水与非结合水：根据湿物料中水分除去的难易程度划分		

知识点		应用举例	备注
干燥速率的计算	① 恒速干燥 $$U = -\frac{G_c dX}{S d\tau}$$ ② 降速干燥阶段	干燥速率主要受湿物料、干燥介质和干燥设备等的影响	
恒定干燥条件下干燥时间	① 恒速干燥　$\tau_1 = \dfrac{G_c(X_1 - X_c)}{SU_c}$ ② 降速干燥 $$\tau_2 = \frac{-G_c}{S}\int_{X_c}^{X_2}\frac{dX}{U} = \frac{G_c}{S}\int_{X_2}^{X_c}\frac{dX}{U}$$	降速干燥阶段的计算方法 ① 图解积分法 ② 解析计算法	
干燥产品流量 G_2	$$G_c = G_1(1-\omega_1) = G_2(1-\omega_2)$$ $$G_2 = \frac{G_1(1-\omega_1)}{1-\omega_2} = \frac{G_c}{1-\omega_2}$$		
水分蒸发量 W	$$W = G_1\frac{\omega_1 - \omega_2}{1-\omega_2} = G_2\frac{\omega_1 - \omega_2}{1-\omega_1}$$ $$W = G_c(X_1 - X_2) = L(H_2 - H_1)$$	干燥介质用量计算	
空气的消耗量 L	$$L = \frac{G_c(X_1 - X_2)}{H_2 - H_1} = \frac{W}{H_2 - H_1}$$ $$l = \frac{L}{W} = \frac{l}{H_2 - H_1}$$		
干燥设备的选择原则	① 能满足生产工艺的要求 ② 生产能力大 ③ 热效率高		

模块 8 制冷技术

通过本模块的学习，学生们应了解工业上常用的制冷方法，熟悉常用制冷剂和载冷体性能，掌握单级和双级蒸气压缩制冷原理及流程，掌握蒸气压缩制冷设备工作原理；能进行简单的蒸气压缩制冷计算，能在 T-S 图上对蒸气压缩制冷过程进行分析，能进行小型蒸气压缩制冷装置的开停车及正常操作，会分析和处理蒸气压缩制冷装置常见的故障。

制冷是指用人为的方法将某一系统（即空间及物体）的温度降到低于周围环境介质的温度并维持这个低温的操作。这里所说的环境介质是指自然界的空气和水。为使某一系统达到并维持所需的低温，就得不断地从它们中间取出热量并转移到环境介质中去，这个不断地从被冷却物体中取出并转移热量的过程就是制冷过程。制冷在化学工业、生物工业及食品工业等行业都得到了广泛的应用。制冷方法一般可分为天然制冷法和人工制冷法。天然制冷法系索取天然冷源（冰或雪），将被冷物体的温度降低至5℃左右；人工制冷法则是利用某种工质（制冷剂）通过外功（能量）将热能由低温物体传给高温物体（或环境介质），从而将被冷物体的温度降到低温。人工制冷的方法有多种，根据制冷剂状态变化不同，可分为液化制冷、升华制冷和蒸发制冷；根据产生和维持制冷温度不同，又分为普通制冷和深度制冷，普通制冷产生的低温在－100℃以上，而深度制冷产生的低温在－200～－100℃之间。本模块只讨论工业上应用最广泛的蒸气压缩制冷的原理、工艺设备结构及典型设备操作。

工业应用

氨制冷设备主要由压缩机、冷凝器、储氨器、油分离器、膨胀阀、氨液分离器、蒸发器、中间冷却器、紧急泄氨器、集油器、各种阀门、压力表和高低压管道组成。其中，制冷系统中的压缩机、冷凝器、膨胀阀和蒸发器（冷库排管）是四个最基本部件。它们之间用管道依次连接，形成一个封闭的系统，制冷剂氨在系统中不断循环流动，发生状态变化，与外界进行热量交换，其工作过程是：液态氨在蒸发器中吸收被冷却物的热量之后，汽化成低压低温的氨气，被压缩机吸入，压缩成高压高温的氨气后排入冷凝器，在冷凝器中被冷却水降温放热冷凝为高压氨液，经节流阀节流为低温低压的氨液，再次进入蒸发器吸热汽化，达到循环制冷的目的。这样，氨在系统中经过蒸发、压缩、冷凝、节流四个基本过程完成一个制冷循环。

任务 1 认识制冷装置

压缩制冷装置是一个封闭系统，它由压缩机、冷凝器、膨胀阀、蒸发器及其他附属设备共同构成，其中压缩机是制冷装置的核心设备，各设备间由管道联成一个整体，制冷剂在系统内循环。

子任务 1 认识制冷压缩机

制冷压缩机是蒸气压缩式制冷装置中的关键设备，通常称为制冷主机或冷冻机。它由电动机驱动，其功能是输送和压缩制冷蒸气。压缩机的好坏直接影响制冷循环的完善程度。

压缩制冷装置常用的压缩机有活塞式、螺杆式、离心（透平）式及各种回转式等。在一般制冷装置中，活塞式制冷压缩机的应用最广泛，生产技术比较成熟。但由于压缩机活塞进行的是往复运动，高速运动惯性力大，其转速、气缸直径、活塞行程受到一定限制。因此，目前采用的活塞式制冷压缩机都属于中小型制冷机。活塞式压缩机的机型种类很多。按压缩机的气缸数不同，可分为单缸、双缸和多缸压缩机；按压缩机气缸的布置方式不同，可分为卧式、立式和角度式三种；按气缸排列外形不同，可分为 Z 型（直立双缸）、V 型（2 缸、4 缸）、W 型（3 缸、6 缸）和 S 型（扇形、8 缸）；按使用工质不同，还可分为氨压缩机、氟利昂压缩机、乙烯压缩机等。图 8-1 为立式活塞式制冷压缩机工作示意图。

几种常用制冷压缩机的应用范围参考图 8-2。

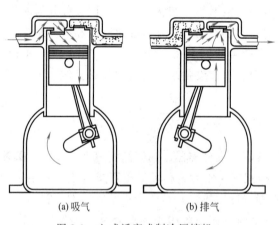

(a) 吸气   (b) 排气

图 8-1 立式活塞式制冷压缩机

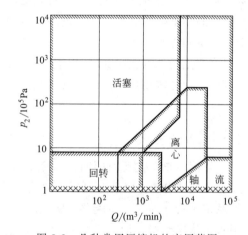

图 8-2 几种常用压缩机的应用范围

技能训练 8-1

某空分车间需一台空气压缩机，要求排气压力 5.0MPa，加工空气量 860m^3/h，请选择适宜的压缩机种类（参考图 8-2）。

子任务 2　认识制冷的辅助设备

制冷装置中，除了核心设备制冷压缩机外，还有冷凝器、膨胀阀、蒸发器等必需的辅助设备，它们共同构成一个封闭系统，完成制冷循环。

一、冷凝器

冷凝器即换热器，其作用是冷凝压缩机排出的制冷剂蒸气。制冷装置中的冷凝器有套管式、蛇管式、喷淋式、排管式和列管式等多种形式。各种换热器的结构特点在传热模块中已述，此处不再作介绍。

二、膨胀阀

膨胀阀也叫节流阀。其作用是使冷凝器的液态制冷剂经过时因流动截面突然缩小而产生压力降低的现象，该现象称为节流效应。因为液体的蒸发温度随压力的降低而降低，制冷剂减压后在蒸发器中可以在低温下汽化。此外，膨胀阀还有调节制冷剂循环量的作用，循环量过多或过少都对制冷操作不利。循环量过少会使蒸发温度提高或制冷能力不足；过多则会降低蒸发器的传热性能，还会使压缩机产生液击。故操作中要严格控制。常用的膨胀阀有热力膨胀阀、毛细管、压力或浮球调节阀等。热力膨胀阀由感温包、平衡管、阀体三部分组成，下面对其进行简要介绍。

① 感温包。感温包内充注的是处于气液平衡饱和状态的制冷剂，这部分制冷剂与系统内的制冷剂是不相通的。感温包一般是绑在蒸发器出气管上，与管子紧密接触以感受蒸发器出口的过热蒸汽温度，由于感温包内的制冷剂是饱和的，所以可根据饱和温度向阀体传递压力。

② 平衡管。平衡管的一端接在蒸发器出口稍远离感温包的位置上，通过毛细管直接与阀体连接。作用是传递蒸发器出口的实际压力给阀体。阀体内有膜片，膜片在压力作用下向上或向下移动以改变制冷剂流量，在动态中寻求平衡。

热力膨胀阀按照平衡方式不同，分内平衡式和外平衡式。内平衡式 F 型热力膨胀阀结构和工作原理见图 8-3。

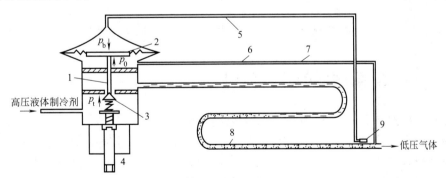

图 8-3　热力膨胀阀工作原理示意图

1—阀杆；2—膜片；3—阀针；4—膨胀阀；5,6—毛细管；7—平衡管；8—蒸发器；9—感温包

感温包传递给膨胀阀膜片上方的压力为 p_b，膜片下面感受到的是蒸发器入口压力（包括制冷剂节流膨胀后压力 p_0 及弹簧作用力 p_t）。上述三力处于平衡状态时（$p_b = p_0 + p_t$），

制冷剂流量保持一定；当三力不平衡时，通过膜片和阀杆的作用使阀的开度改变。即如果制冷现场制冷负荷增加，制冷剂在进入蒸发器前可能已蒸发完毕，则蒸发器出口制冷剂温度将升高，膜片下方压力增大，推动阀杆向上，使膨胀阀开度增大，导致进入到蒸发器中的制冷剂流量增加，结果制冷量增大；如果制冷负荷减小，则蒸发器出口制冷剂温度降低，膜片下方压力减小，阀杆向下移动，使膨胀阀开度减小，导致进入到蒸发器中的制冷剂流量减小，结果制冷量减小。

三、蒸发器

蒸发器即用于蒸发节流后的低压制冷剂的换热器。制冷装置中的蒸发器多采用蛇管式或列管式换热器。

直立式列管蒸发器的结构如图 8-4 所示。整个蒸发管组由上下两个直径较大（一般取 $\phi 121mm \times 4mm$）的水平集管、直径稍大（$\phi 76mm \times 4mm$）的循环管和两头略弯曲的直立列管（$\phi 57mm \times 3.5mm$ 或 $\phi 38mm \times 3mm$）组成。循环管和直立列管的两端均上下与水平集管相连，直立的列管构成了蒸发器的蒸发面。整个蒸发管组浸没在载冷体箱内。操作时，液态制冷剂充满下部集管和各竖管的大部分空间。由于直立列管的直径最小，故直立列管中的液体蒸发最剧烈，从而形成了制冷剂在列管中上升、在循环管中下降的自然循环。汽化后的制冷剂蒸气经气液分离后，被压缩机抽走，箱内的载冷体借螺旋桨搅拌器的搅拌作用而循环流动。

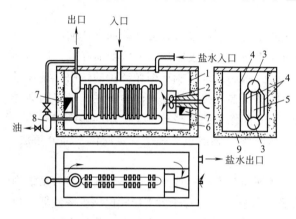

图 8-4 直立式列管蒸发器
1—槽；2—搅拌器；3—总管；4—弯曲管；5—循环管；
6—挡板；7—挡板上的孔；8—油分离器；9—绝热层

技能训练 8-2

当制冷现场需要的冷量减少时，蒸发器出口温度如何改变？此时膨胀阀如何动作？

子任务3 认识制冷的工业应用

制冷在国民经济的各个部门和人们的日常生活中得到了广泛应用。例如，食品工业中冷饮的制造和食品的冷藏；医药工业中一些抗生素剂、疫苗血清等须在低温下储存；石油化工生产中石油裂解气的分离则要求在 173K 左右的低温下进行，裂解气中分离出的液态乙烯、丙烯等则要求在低温下储存、运输；天然气加工过程中，也可用冷凝分离法分离轻烃；化学工业中的低温化学反应及空气分离、吸收、结晶、升华干燥等过程中均用到制冷技术。

下面介绍一种浅冷轻烃回收流程。与石油中的大多数组分相比，乙烷、丙烷及 C_4 以下组分统称为轻烃，轻烃的经济价值远远高于天然气，从天然气中分离上述组分称为轻烃回收。轻烃回收方法有四种，即压缩法、吸收法、吸附法和低温分离法。浅冷轻烃回收法属于低温分离法的一种，其流程如下：低温原料气进装置后，首先进入原料气预处理系统，除去油、水和其他杂质后，进入原料气压缩机。原料气压缩机一般选用两级往复式压缩机。将原料气压缩到 $1.6 \sim 2.5 \mathrm{MPa}$ 以后，原料气冷却，与脱乙烷塔顶干气在气/气换热器中换热，进一步冷却。然后进入氨蒸发器，在这里原料气被冷却到 $-35 \sim -10^{\circ}\mathrm{C}$ 左右，此时，原料气中较重烃类被冷凝为液体，气液混合物在低温分离器内得以分离。分出的气体主要成分是甲烷和乙烷，与脱乙烷塔顶气混合，作为干气外输。低温分离器分出的凝析液，即混合液态烃，含有部分 C_2 和 C_1，进入分离系统内进行稳定、分离，即可生产合格的液化石油气和轻油产品。浅冷回收轻烃工艺流程见图 8-5。

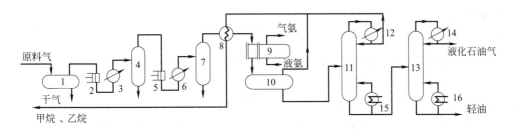

图 8-5　浅冷回收轻烃工艺流程图

1—原料气分离器；2,5—原料气增压机；3,6—水冷却器；4,7—分离器；8—气-气换热器；
9—氨蒸发器；10—低温分离器；11—脱乙烷塔；12—脱乙烷塔塔顶冷凝器；13—轻油稳定塔；
14—轻油稳定塔塔顶冷凝器；15,16—塔底加热器

任务 2　确定制冷操作条件

制冷操作条件包括制冷剂、载冷体的选择，蒸发温度和压力、冷凝温度和压力、压缩机的进出口温度、过冷温度及冷却温度的确定。

子任务 1　学习制冷的基础知识

制冷操作的理论基础是工程热力学，其中热力过程和热力循环与压缩制冷密切相关。

一、基本概念

1. 工质与状态参数

在热力过程中，起携带能量作用的工作物质，称为工质。充当工质的基本条件有两个，一是具有良好的流动性，另一个是状态变化时，有显著的膨胀性和压缩性，故工质一般为液体或气体。在制冷循环中的工质又称为制冷剂。

描述工质状态的物理量称为状态参数。常用的状态参数有温度、压力、比体积、内能、焓和熵，其中温度、压力、比体积称为基本状态参数，内能、焓、熵为导出参数。工质状态参数的大小只取决于工质所处的状态，与经历的过程无关。例如，某一工质，从同一初始状态出发，分别经历不同的过程，然后到达同一终态，则该工质在两个不同过程中的同一状态参数的变化量相等。

2. 热力系统（体系）与环境（外界）

简单而言，把分析或研究的所有对象从周围物体中分割出来，看成一个整体，这个整体就称为热力系统（简称系统或体系），系统以外的物体则为环境或外界。系统与环境间存在分界面，系统与环境间通过分界面进行物质和能量交换。

根据系统与外界是否通过其边界进行物质、能量的交换，可将系统分为开口系统、闭口系统、绝热系统和孤立系统。若系统与周围环境间既无物质的交换也无任何形式的能量交换，则称为孤立系统。任何一个系统与周围环境结合起来看成是一个整体，这个整体便成了孤立系统。

3. 孤立系统熵增原理

孤立系统熵增原理是热力学第二定律的一种表述方法。其主要内容可表述为：在孤立系统内，熵可以增加（当系统内进行的过程是不可逆过程时），也可以保持不变（当系统内进行的过程是可逆过程时），但不能减少。由于自然界中，一切自发进行的过程均为不可逆过程，故自发进行的过程总是朝着熵增大的方向进行。

在制冷过程中，热量须由低温物体传递给高温物体。这种过程是不能自发进行的，系统内的熵值将伴随这一过程的进行而减少。例如，热量 Q 从温度为 T_1 的低温物体传向温度为 T_2 的高温物体，在此过程中，低温物体熵的减少量为 $\dfrac{Q}{T_1}$，高温物体熵的增加量为 $\dfrac{Q}{T_2}$，则整个系统熵的变化量为 $\Delta S = -\dfrac{Q}{T_1} + \dfrac{Q}{T_2} < 0$，即系统熵的变化量小于零。根据孤立系统熵增原理，这个过程是不能自发进行的。因此，为了实现制冷过程，就必须同时另有增加熵值的补充操作，即利用外功或热量的加入使整个系统的熵值增加或保持不变。

4. 热力过程与热力循环

（1）**热力过程** 系统与外界的能量交换是通过工质状态的变化实现的。工质由一开始状态变化到某一最终状态的整个过程称为热力过程。热力过程可分为四种基本过程：定压过程、定容过程、等温过程和绝热过程。

气体经某一热力过程后，若使其沿原来的过程逆向进行，而参与变化的所有物系（系统及环境）都能恢复到最初状态而不引起任何变化，这样的过程称为可逆过程；否则，为不可逆过程。可逆过程的条件是：过程必须是平衡过程；做机械运动时，工质内外无摩擦；传热时，工质与环境无传热温差。显然，可逆过程是一种不引起任何热力学损失的理想过程。一切实际进行的热力过程都是不可逆过程。由于实际进行的热力过程非常复杂，为了分析问题的方便，常把它当作理想的可逆过程来分析，由此引起的误差由实验数据加以修正。

（2）**热力循环** 工质经某一系列的状态变化后，又重新恢复到最初状态的全部过程称为热力循环，简称循环。显然，热力循环由不同的热力过程构成。根据工质完成一个循环后，产生的效果不同，将循环分为正循环和逆循环。正循环的效果是工质对外膨胀所做的膨胀功大于外界压缩工质所用的压缩功，故最终的效果是对外界做了功，从而使一部分热能转变为机械能，所有的热力发动机都是按正循环工作的，如图8-6（a）所示。逆循环的效果是，完成一个循环后，外界压缩工质而对工质所做的压缩功大于工质对外膨胀所做的膨胀功，故最终的效果是消耗外界机械功导致热量由低温流向高温。所有的制冷装置都是按逆循环工作的，故逆循环又称制冷循环，如图 8-6（b）所示。如果用 q_1 表示 1kg 工质在吸热过程中自冷源吸取的热量，q_2 表示 1kg 工质在放热过程中传给高温热源的热量，则由热力学第一定律可导出，制冷循环所消耗的循环净功（压缩功与膨胀功之差）为：

$$W = q_2 - q_1 \quad 或 \quad q_2 = q_1 + W$$

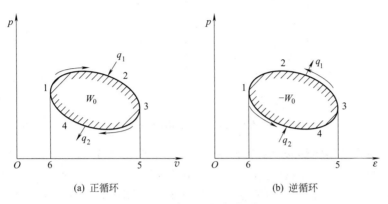

(a) 正循环　　　　　　　　　　(b) 逆循环

图 8-6　压容图上的任意循环

由此可知，伴随工质将自低温热源吸取的热量 q_1 传送到高温热源的同时，必须消耗外功 W，同时 W 也将转变为热量并同 q_1 一起流向高温热源。

蒸气压缩制冷，就是利用压缩机（冰机）压缩蒸气而向系统补充能量，并通过工质（制冷剂）进行制冷循环的。制冷剂在循环中消耗的外功转化为热量，然后将此热量会同从低温物体吸取的热量传递给高温物体或环境。

二、逆卡诺循环与制冷系数

1. 逆卡诺循环——理想制冷循环

逆卡诺循环是最理想的制冷循环，它是反向进行的卡诺循环。卡诺循环由两个可逆的等温过程和两个可逆的绝热过程组成，如图 8-7（a）所示，它是一个纯理想的正循环。同理，逆卡诺循环也是一个纯理想的逆循环，依此循环可得到制冷循环效率的最高极限值。虽然逆卡诺循环在现实中无法实现，但它对如何提高实际制冷循环效率在理论上指明了方向，因而具有极高的理论价值和指导作用。

图 8-7（b）所示的 T-S 图展示了逆卡诺循环过程。逆卡诺循环由相互交替的两个可逆等温过程和两个可逆绝热过程组成，在一恒定的高温热源和恒定的低温热源间逆向循环，并且制冷剂与高温热源、低温热源间的温差无限小，即制冷剂向高温热源放热时的温度等于高温热源的温度，向低温热源吸热时的温度等于低温热源的温度。

进行逆卡诺循环时，制冷剂工质先进行可逆的绝热压缩和等温压缩过程，再进行可逆的绝热膨胀和等温膨胀过程回到原状态。

① 1→2 为可逆的绝热压缩，是等熵过程，外界对工质做压缩功，工质的温度由 T_1 升高到 T_2。

② 2→3 为可逆的等温压缩，工质在温度 T_2 下向外界放热。

③ 3→4 为可逆的绝热膨胀，是等熵过程，工质对外界做膨胀功，其温度由 T_2 下降到 T_1。

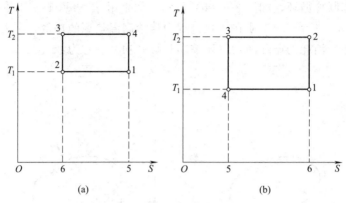

图 8-7 卡诺循环与逆卡诺循环的 T-S 图

④ 4→1 为可逆的等温膨胀，工质在温度 T_1 下自外界（需冷却的低温物体）吸热。

由于 1→2 和 3→4 均为绝热过程，故在整个逆卡诺循环中，工质仅在等温膨胀过程中吸收了热量，在等温压缩过程中放出了热量。又因在 T-S 图中，任意一条过程线与 S 轴包围的面积大小代表了该过程吸收或放出的热量的大小，故等温膨胀过程中工质自低温物体吸收的热量 $q_1 = T_1(S_1 - S_4)$，等温压缩过程中向外界放出的热量 $q_2 = T_2(S_2 - S_3)$，显然，吸热与放热之差即为理想制冷循环中外界向工质输入的机械功，即 $q_2 - q_1 = W$。

2. 制冷系数

制冷循环效果的好坏，可用制冷系数来表示，制冷系数指工质（制冷剂）从被冷却物体中吸取的热量与所消耗的外界净功之比。即

$$\varepsilon = \frac{q_1}{W} = \frac{q_1}{q_2 - q_1} \tag{8-1}$$

式中　q_1——工质在吸热过程中自被冷却的低温物体中吸取的热量，kJ/kg；

　　　　q_2——工质在放热过程中传给高温物体的热量，kJ/kg；

　　　　W——工质在将自低温物体中吸取的热量 q_1 传给高温物体时所消耗的外界功，kJ/kg。

由式（8-1）可知，制冷系数是表示消耗一个单位的功所能从被冷却的低温物体带走的热量，或者说所能制得的冷量，它是衡量制冷循环效率的一个重要的技术经济指标。在给定的条件下，制冷系数越大，则循环的经济性越好。一个完善的制冷循环，只需消耗较少的外功，就可以从低温物体吸取较多的热量。故研究制冷技术的重要任务之一，就是要设法提高制冷系数，以消耗较少的外功来获得最大的制冷量。

在理想的制冷循环中，式（8-1）还可写成

$$\varepsilon = \frac{q_1}{q_2 - q_1} = \frac{T_1(S_1 - S_4)}{T_2(S_2 - S_3) - T_1(S_1 - S_4)} = \frac{T_1}{T_2 - T_1} \tag{8-2}$$

式中　T_1——制冷剂吸取热量时的温度，K；

　　　　T_2——制冷剂放出热量时的温度，K。

由式（8-2）可知，对于理想的制冷循环，制冷系数的大小只取决于制冷剂吸热和放热时的温度，与制冷剂自身的性质无关。因此欲增大 ε，必须降低制冷剂放热时的温度 T_2 或提高其吸热时的温度 T_1。但无论是提高 T_1 或降低 T_2 均是有限度的，因为在制冷循环中，

T_2 通常为周围环境温度，其高低受环境条件的制约，而 T_1 降至过低，将增加机械功的消耗，增加制冷机的操作费用。

技术训练 8-1

某一理想制冷循环，每小时自被冷却物体吸取的热量为 3000kJ/h，制冷剂在吸热时的温度需保持在 −10℃，放热时的温度为 25℃。若不计各种损失，试计算：（1）制冷系数；（2）消耗的机械功；（3）放出的热量。

解：（1）制冷系数，由式（8-2）可得

$$\varepsilon = \frac{q_1}{q_2 - q_1} = \frac{T_1}{T_2 - T_1} = \frac{-10 + 273}{(25 + 273) - (-10 + 273)} = 7.51$$

（2）消耗的机械功，由式（8-1）可得

$$W = \frac{q_1}{\varepsilon} = \frac{3000}{7.51} = 399.5 \, (\text{kJ/h})$$

（3）放出的热量，由式（8-2）可得

$$q_2 = \frac{q_1(1 + \varepsilon)}{\varepsilon} = \frac{3000(1 + 7.51)}{7.51} = 3399 \, (\text{kJ/h})$$

三、温熵图

在进行制冷循环热力学分析及计算时，需知道制冷剂的状态参数及其在过程中的变化特点，借助温熵图，不仅可方便地从图中确定制冷剂的状态参数，还可直观地了解过程中各状态参数的变化情况。温熵图（T-S 图）是以熵 S 为横轴、温度 T 为纵轴所构成的直角坐标图。如图 8-8 所示，图中任意一点都代表了制冷剂某一确定的状态，任意一条线都代表了制冷剂的状态变化过程，任意一条封闭曲线都代表了某种循环过程。图中共绘制了 7 类线群，各线群的意义如下。

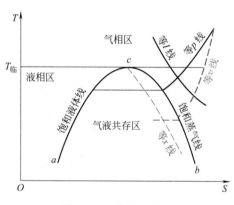

图 8-8　温熵图示意图

（1）等熵线群　垂直于 S 轴的各直线为等熵线群，图中未画出，熵用 S 表示，单位为 kJ/(kg·K)。

（2）等压线群　图中从右上方向左下方偏斜的曲线为等压线，压力用 p 表示，单位为 N/m^2。

（3）等焓线群　图中从左上方向右下方偏斜而与等压线相交叉的曲线为等焓线，焓用 I 表示，单位为 kJ/kg。

（4）饱和曲线　图中 acb 曲线称为饱和曲线（或边界线），c 点为临界点，其左边 ac 线为饱和液体线，右边 cb 线为饱和蒸气线，过临界点的温度线是临界温度线。临界温度线和饱和曲线把 T-S 图分成了三大区域：

① 临界温度线以下和饱和液体曲线以左的区域为液相区即过冷液体区；

② 临界温度线以上和饱和蒸气曲线以右的区域为气相区即过热蒸气区；

③ 饱和曲线 acb 下边的区域为气液两相共存区。

（5）等比体积线群　图中从右上方向左下方倾斜的虚线为等比体积线，比体积用 v 表示，单位为 m^3/kg。

（6）等干度线群　图中气液共存区内由临界点向下呈放射状的线为等干度线。干度是指单位质量的制冷剂气液混合物中所含气态物质的质量分数，用 x 表示，单位为 kg 干气体/kg 湿气体。即

$$x = \frac{\text{气体状态的制冷剂质量}}{\text{气体状态的制冷剂质量} + \text{液体状态的制冷剂质量}}$$

（7）等温线群　垂直于 T 轴的各线为等温线，温度用 T 表示，单位为 K。

T-S 图与湿空气的湿度图的用法相似，只要已知 p、T、I、S、v 等状态参数中的任意两个，就可在图中找到对应的状态点，从而方便地确定其他参数。

需指出的是，图中所列焓和熵的值均为相对值，因在计算中仅涉及它们由初态到终态的变化量，并不涉及其绝对值，故可任意规定某个状态的值为基准状态。

子任务 2　计算制冷介质用量

一、蒸气压缩制冷机工作过程

蒸气压缩制冷机是工业上应用最广泛的制冷装置。在此类制冷机中进行制冷循环的工质是蒸气，即利用低沸点的液态制冷剂的蒸发而达到制冷的目的。

1. 理想蒸气压缩制冷机

理想蒸气压缩制冷机由压缩机、冷凝器、膨胀机和蒸发器组成，其装置如图 8-9（a）所示。图 8-9（b）为此循环过程的温熵图，该理想循环是在下列假设的条件下进行的。

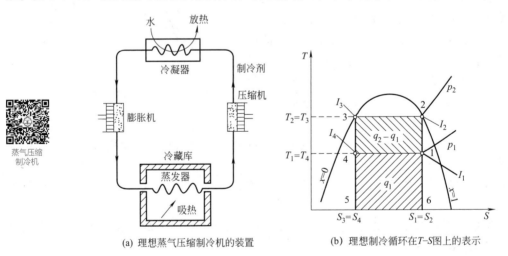

蒸气压缩
制冷机

(a) 理想蒸气压缩制冷机的装置　　　　(b) 理想制冷循环在 T-S 图上的表示

图 8-9　理想蒸气压缩制冷机

① 制冷剂在蒸发器和冷凝器中的压力均不发生变化，且制冷剂在蒸发器中的蒸发过程与在冷凝器中的冷凝过程均为可逆的等温过程，即蒸发时的温度恒等于被冷物体的温度，冷凝时的温度恒等于周围介质的温度。

② 制冷压缩机不存在余隙（即压缩终了时活塞与气缸壁间无空隙），且无摩擦和节流损失，气缸中的工质与外界无热交换，压缩过程是可逆的绝热过程，即等熵过程，故压缩机所做的功等于压缩功。

③ 管路中无任何损耗，压力降仅在经过膨胀机膨胀时产生。

理想蒸气压缩制冷机的循环过程如图 8-9（b）中 1—2—3—4—1 所示，具体如下：

① 1→2 为制冷剂蒸气在压缩机中的绝热压缩过程，即等熵过程，其温度由 T_1 升高到 T_2，压力由 p_1 升高到 p_2，焓由 I_1 升高到 I_2。在该过程中每 1kg 制冷剂所消耗的压缩功 W_1 为：

$$W_1 = I_2 - I_1 \tag{8-3}$$

② 2→3 为制冷剂在冷凝器中的等温等压冷凝过程，该过程中压力 p_2 和温度 T_2 均保持不变，其焓由 I_2 降为 I_3，熵由 S_2 降为 S_3。在该过程中每 1kg 制冷剂放出的热量 q_2 为：

$$q_2 = T_2(S_2 - S_3) = I_2 - I_3 \tag{8-4}$$

其大小在图中表现为该过程线与 S 轴包围的面积，即 2—3—5—6—2。

③ 3→4 为冷凝后的制冷剂在膨胀机中的绝热膨胀过程，仍是一等熵过程，故过程中熵 S_2 保持不变，其压力由 p_2 降到 p_1，温度由 T_2 降到 T_1，其焓值由 I_3 降为 I_4。在该过程中每 1kg 制冷剂对外所作的膨胀功 W_2 为：

$$W_2 = I_3 - I_4 \tag{8-5}$$

④ 4→1 为膨胀后的制冷剂蒸气在蒸发器中的吸热汽化过程，过程中其压力 p_1 和温度 T_1 均保持不变，其焓由 I_4 升高为 I_1，熵由 S_4 升高为 S_1。在该过程中每 1kg 制冷剂自低温物体吸收的热量 q_1 为：

$$q_1 = T_1(S_1 - S_4) = I_1 - I_4 \tag{8-6}$$

q_1 值的大小在图中表现为该过程线与 S 轴所包围的面积，即 4—1—6—5—4。

在整个循环过程中，制冷剂所消耗的循环净功 W 为压缩功与膨胀功之差：

$$W = W_1 - W_2 = (I_2 - I_1) - (I_3 - I_4) = q_2 - q_1 \tag{8-7}$$

其值大小为该循环线包围的面积，即 1—2—3—4—1。

其制冷系数为：

$$\varepsilon = \frac{q_1}{W} = \frac{T_1(S_1 - S_4)}{T_2(S_2 - S_3) - T_1(S_1 - S_4)} = \frac{T_1}{T_2 - T_1} \tag{8-8}$$

$$\varepsilon = \frac{q_1}{W} = \frac{I_1 - I_4}{(I_2 - I_1) - (I_3 - I_4)}$$

由此可知，式（8-8）与式（8-2）相同，故理想蒸气压缩制冷机的制冷循环接近于逆卡诺循环，故其制冷系数最高。但实际的制冷循环要实现 3→4 的绝热膨胀过程是非常困难的，实际的蒸气压缩制冷机是以节流装置（膨胀阀）来代替膨胀机。

2. 实际蒸气压缩制冷机

实际蒸气压缩制冷机是以膨胀阀代替膨胀机，其装置如图 8-10 所示。其循环过程与理想蒸气压缩制冷机的不同之处在于以下几点。

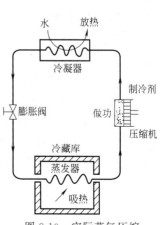

图 8-10 实际蒸气压缩制冷机的装置

（1）以膨胀阀代替膨胀机　以膨胀阀代替膨胀机后，其制冷系数较理想循环时小。因液态制冷剂在通过膨胀阀时由于节流作用而减压降温，这一过程为不可逆过程，其熵将增大，且进行的是等焓膨胀，其过程在图 8-11 中为 $3 \to 4'$，这样，其吸热过程所吸收的热量 q_1 就由理想时的 $4—1—6—5—4$ 减少为 $4'—1—6—7—4'$，其减少的面积为 $4'—4—5—7—4'$。循环所消耗的净功也由理想循环时 $1—2—3—4—1$ 增大为 $1—2—3—5—7—4'—1$，故其制冷系数 ε 为：

$$\varepsilon = \frac{q_1}{W} = \frac{4'-1-6-7-4'\text{ 包围的面积}}{1-2-3-5-7-4'-1\text{ 包围的面积}}$$

（2）以干法操作代替湿法操作　在理想蒸气压缩制冷机中，开始压缩时和压缩终了时蒸气的状态均为湿蒸气，如图 8-9（b）中 $1 \to 2$，此种操作称为湿法操作。但在实际的湿法操作中，因湿蒸气中含有的制冷剂液滴在与气缸壁接触时，将发生剧烈热交换而迅速蒸发，从而使压缩机的容积效率降低，致使制冷机的制冷效应下降，为避免此现象，在实际蒸气压缩制冷机中，压缩开始时蒸气的状态是干饱和或稍过热的蒸气，即蒸气的压缩是在过热区内进行的，如图 8-12 中 $1' \to 2'$ 所示，此种操作称为干法操作。

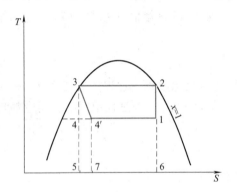

图 8-11　以膨胀阀代替膨胀机的 $T\text{-}S$ 图

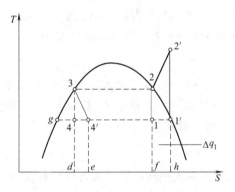

图 8-12　干法操作制冷循环的 $T\text{-}S$ 图

干法操作的最终结果是循环的制冷系数减小。此外，为了保证干法操作，常需在蒸发器与压缩机之间设气液分离器，以分离从蒸发器中出来的蒸气所夹带的液滴。

（3）冷凝液的过冷　对于实际制冷循环，在冷凝器中制冷剂蒸气与冷却水间具有一定的温差，故压缩后的蒸气进入冷凝器时即进行冷却。开始时过热蒸气降低温度放出显热，然后放出潜热而液化，最后失去部分显热而有过冷现象。如图 8-13 所示，冷凝液的终温不是点 3 而是过冷温度点 $3'$。由图可知，过冷操作不影响压缩功的消耗而得到较大的冷却效应，故过冷制冷操作是有利的。

综上所述，实际蒸气压缩制冷循环，如图 8-13 所示，其过程为：①干饱和蒸气在压缩机中沿等熵线 $1' \to 2'$ 进行压缩；②过热蒸气在冷凝器中沿等压线 $2' \to 2$ 进行冷却，再沿等温线 $2 \to 3$ 进行冷凝，最后沿等压线 $3 \to 3'$ 过冷；③在膨胀阀中沿 $3' \to 4$ 膨胀；④在蒸发器中沿等温线 $4 \to 1'$ 膨胀到最初状态 $1'$，然后再开始新一轮循环。

二、蒸气压缩制冷机的计算

在制冷计算中，须首先确定制冷剂的种类和制冷机的操作温度，并在制冷剂的 $T\text{-}S$ 图上表示出相应的过程曲线，确定各状态参数值，然后才能进行计算。制冷机的操作温度可按

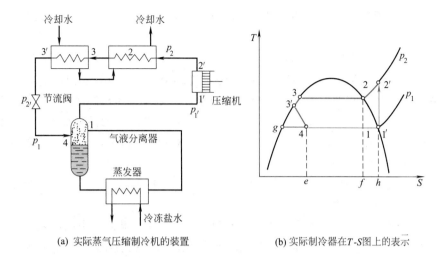

(a) 实际蒸气压缩制冷机的装置   (b) 实际制冷器在 T-S 图上的表示

图 8-13   实际蒸气压缩制冷机

下述方法确定：

① 制冷剂的蒸发温度应比被冷物体所要求达到的温度低 4～6K；

② 制冷剂的冷凝温度应比冷却水的平均温度高 4～5K；

③ 制冷剂的过冷温度应比冷却水进口温度高 3K。

1. 制冷能力（制冷量）的计算

制冷能力是指在一定的操作条件下，制冷剂蒸气从被制冷物体中取出的热量，其单位可用 kJ/s、kJ/kg 和 kJ/m³ 表示。

（1）单位质量制冷剂的制冷能力   单位质量制冷剂的制冷能力简称单位质量制冷能力，指每 1kg 制冷剂从被制冷物体中获取的热量，用符号 q_m 表示，单位为 kJ/kg，其值由下式计算：

$$q_m = \frac{Q_L}{G} = I_1 - I_4 = I_1 - I_3 \tag{8-9}$$

式中 G ——制冷剂的循环量或质量流量，kg/s，其值可按下式计算。

$$G = \frac{V}{v} = V\rho \tag{8-10}$$

式中 V ——制冷剂蒸气的体积，m³；

v ——制冷剂蒸气的比体积，m³/kg；

ρ ——制冷剂蒸气的密度，kg/m³。

（2）单位体积制冷剂的制冷能力   简称单位体积制冷能力，指 1m³ 的制冷剂蒸气从被制冷物体中获取的热量，用符号 q_V 表示，单位为 kJ/m³，其值由下式计算：

$$q_V = \frac{Q_L}{V} = \frac{q_m}{v} = q_m\rho \tag{8-11}$$

（3）单位时间制冷剂的制冷能力   单位时间制冷剂的制冷能力简称制冷能力，指单位时间制冷剂蒸气从被冷物体中获取的热量，用符号 Q_L 表示，其单位为 kJ/s，其值由下式计算：

$$Q_L = Gq_m = Vq_V \tag{8-12}$$

对于往复式压缩机，制冷机的制冷能力还可表示为：

$$Q_L = \lambda_L V_L q_V \tag{8-13}$$

式中　λ_L——压缩机的送气系数；

　　　V_L——压缩机的理论送气能力，即压缩机气缸中活塞扫过的容积，m^3/s。

由于制冷剂的比体积随操作条件的变化而变化，所以单位体积制冷能力对于确定压缩机气缸的主要尺寸有重要意义。单位质量制冷能力则在计算制冷剂的循环量时十分方便。

由式（8-13）可知，影响 λ_L、V_L、q_V 的因素均对 Q_L 有影响，现主要讨论 q_V 对 Q_L 的影响。

q_V 的影响因素主要是蒸发温度 T_1 和冷凝温度 T_2。对于同一制冷机，如果上述温度发生变化，制冷能力也随之改变。

若制冷剂的蒸发温度 T_1 降低，对应的饱和蒸气压 p_1 也降低，则制冷剂蒸气的比体积随之增大。当压缩机吸入蒸气的体积一定时，比体积增大，就会使制冷剂的循环量减少，其制冷能力也就会降低。

若制冷剂冷凝温度 T_2 升高，而又无过冷操作，则冷凝后的液态制冷剂的焓值 I_3 将增大，由式（8-9）可知，q_m 将减少。当制冷剂的循环量 G 一定时，制冷机的制冷能力也随之降低。

若为过冷操作，当过冷温度 T_3 升高时，则 I'_3 增大，也会使制冷能力降低。

（4）标准制冷能力　如上所述，操作温度对制冷能力有很大影响。在不同的操作温度（工况）下，制冷能力也不同。为了在共同的标准下确切地说明制冷机的性能，就必须指明制冷操作温度。根据我国实际情况，原国家一机部规定了如表 8-1 所示的两种制冷剂的标准操作温度。

表 8-1　标准工况

制冷工质	蒸发温度/K	冷凝温度/K	过冷温度/K
氨（NH_3）	258	303	298
二氯二氟甲烷（CF_2Cl_2）	258	303	298

在标准操作温度下的制冷能力，称为标准制冷能力，用符号 Q_S 表示。任何制冷机的铭牌上所标明的生产能力都是标准制冷能力。由于制冷机实际操作温度是根据工艺要求决定的，因此很难与标准操作温度相同，必须将生产条件下的制冷能力换算成标准制冷能力才能选用合适的制冷机。同理，要核算一台制冷机是否符合生产需要，也要将铭牌上标明的标准制冷能力换算成操作温度下的制冷能力，才能进行比较。

一般制冷机出厂时都附有工作性能曲线，可根据该曲线求得不同操作条件下的制冷能力或制冷量。如果缺乏该资料，也可由式（8-13）得出标准温度条件下与实际条件下制冷能力的换算关系，即

$$\frac{Q_L}{Q_S} = \frac{\lambda_L q_{V,L}}{\lambda_S q_{V,S}} \tag{8-14}$$

式中，下标"L"表示操作状况；"S"表示标准状况。上式也可写成如下形式

$$Q_L = Q_S \frac{\lambda_L q_{V,L}}{\lambda_S q_{V,S}} = K_i Q_S$$

式中　K_i——制冷量的换算系数，可从有关手册中查取。

2. 制冷循环的计算

（1）蒸发器的传热速率　蒸发器的传热速率即蒸发器在单位时间内的传热量，用符号 Q'_1 表示，单位为 W 或 kW，其值等于制冷能力 Q_L，即：

$$Q'_1 = Q_L \tag{8-15}$$

（2）冷凝器的传热速率　冷凝器的传热速率即冷凝器在单位时间内的传热量，用符号 Q'_2 表示，单位为 W 或 kW，其值为：

$$Q'_2 = G(I_2 - I_3) \tag{8-16}$$

（3）压缩机的理论功率　绝热压缩时压缩机所消耗的理论功率为：

$$N_{理} = G(I_2 - I_1) \tag{8-17}$$

（4）制冷系数　制冷系数为制冷能力与所需功率之比，即加入单位功时能从被制冷物体中取出的热量，用符号 ε' 表示，即

$$\varepsilon' = \frac{Q_L}{N_{理}} = \frac{G(I_1 - I_3)}{G(I_2 - I_1)} = \frac{I_1 - I_3}{I_2 - I_1} \tag{8-18}$$

由上式算出的制冷系数是理论制冷系数，因实际功率大于理论功率，所以实际制冷系数小于理论制冷系数。

（5）热力学完善度　热力学完善度用 β 表示，即

$$\beta = \frac{\varepsilon'}{\varepsilon} \tag{8-19}$$

式中　ε——逆卡诺循环的制冷系数；

ε'——实际制冷循环的理论制冷系数。

由于逆卡诺循环是最理想的逆循环，其制冷系数具有最大的理论值，可作为比较制冷循环的最高标准。热力学完善度用以表示相同温度条件下，制冷循环接近理想循环的程度，其值越接近于 1，说明实际制冷循环越接近理想制冷循环，故 β 也可作为衡量制冷装置工作性能的一个技术经济指标。对于不同工作温度下制冷循环的经济性，制冷系数是无法判断的，只能通过热力学完善度的大小定性地比较。

✎ 技术训练 8-2

一台氨往复压缩机的标准制冷能力 $Q_S = 172\text{kW}$，单位体积制冷能力 $q_{V,S} = 2210\text{kJ/m}^3$。试核算能否用于下述情况：工艺要求的制冷能力 $Q_L = 87.6\text{kW}$，实际操作条件下的蒸发温度 $t_1 = -25℃$，冷凝温度 $t_2 = 30℃$，过冷温度 $t_3 = 25℃$。已知标准条件下 $\lambda_S = 0.72$，生产操作条件下 $\lambda_L = 0.57$。

解：按操作温度在氨的 $T\text{-}S$ 图上绘出实际制冷循环，如图 8-14 所示，并由附录中氨的 $T\text{-}S$ 图查出各点的焓值如下：

$I_{3'} = I_4 = 536\text{kJ/kg}$

$I_{1'} = 1650\text{kJ/kg}$

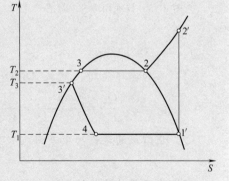

图 8-14　技术训练 8-2 附图

$I_{2'} = 1955 \text{kJ/kg}$

$I_2 = 1892 \text{kJ/kg}$

由氨的饱和蒸气表查得氨在 $-25℃$ 时的饱和蒸气密度 $\rho = 0.77 \text{kg/m}^3$

根据式（8-14），将实际操作条件下的 Q_L 换算成标准条件下的 Q_S，即

$$Q_S = Q_L \frac{\lambda_S q_{V,S}}{\lambda_L q_{V,L}}$$

式中

$$q_{V,L} = \frac{q_m}{\rho} = \frac{I_{1'} - I_4}{\rho} = \frac{1650 - 536}{0.77} = 1447 \ (\text{kJ/m}^3)$$

所以

$$Q_S = Q_L \frac{\lambda_S q_{V,S}}{\lambda_L q_{V,L}} = 87.6 \times \frac{2210 \times 0.72}{1447 \times 0.57} = 169 \ (\text{kW})$$

由此可知，操作条件下的制冷能力 87.6kW 换算成标准条件下的制冷能力为 169kW，其值略小于氨压缩机所能提供的标准制冷能力 172kW，故能适用。

技术训练 8-3

已知某氨压缩机的实际制冷能力为 300kW。操作条件为：$p_1 = 190.3 \text{kN/m}^2$，$p_2 = 1003 \text{kN/m}^2$，$t_3 = 20℃$。试求：（1）氨的循环量；（2）压缩机的理论功率；（3）冷凝器的传热速率；（4）理论制冷系数。

解： 根据实际操作条件在氨的 $T\text{-}S$ 图上绘出实际循环过程示意图，如图 8-15 所示，并查出各点的有关参数如下：

蒸发温度 $t_1 = -20℃$

冷凝温度 $t_2 = 25℃$

过冷温度 $t_3 = 20℃$

$I_{3'} = I_4 = 536 \text{kJ/kg}$

$I_{1'} = 1656 \text{kJ/kg}$

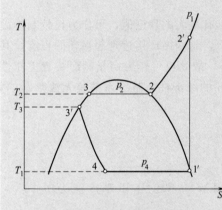

图 8-15 技术训练 8-3 附图

$I_{2'} = 1897 \text{kJ/kg}$

（1）氨的循环量 Q，由式（8-9）得

$$G = \frac{Q_L}{q_m} = \frac{Q_L}{I_{1'} - I_4} = \frac{300}{1656 - 536} = 0.268 \ (\text{kg/s}) = 964 \ (\text{kg/h})$$

（2）压缩机的理论功率，由式（8-17）得

$$N_{理} = G(I_{2'} - I_{1'}) = 0.268 \times (1897 - 1656) = 64.6 \ (\text{kW})$$

（3）冷凝器的传热速率，由式（8-16）得

$$Q_2' = G(I_{2'} - I_{3'}) = 0.268 \times (1897 - 536) = 364.7 \ (\text{kW})$$

（4）理论制冷系数，由式（8-18）得

$$\varepsilon' = \frac{Q_L}{Q_{理}} = \frac{I_{1'} - I_{3'}}{I_{2'} - I_{1'}} = \frac{1656 - 536}{1897 - 1656} = 4.65$$

三、多级蒸气压缩制冷机

1. 采用多级蒸气压缩的原因

由于单级蒸气压缩机，当选用合适的制冷剂时，其蒸发温度 t_1 只能达到 $-35 \sim -25℃$，若需获得更低的蒸发温度 t_1，并仍采用单级压缩时，则必然使制冷剂的冷凝温度 t_2 与蒸发温度 t_1 的差值增大，从而使压缩机的压缩比 p_2/p_1 增大。由前述已知，压缩比 p_2/p_1 过大，一方面，压缩机的送气系数将减小，甚至等于零，因此降低了气缸的利用率；另一方面，将导致气体出口温度过高，使润滑条件恶化；而且所需的功率也会大为增加。故生产上规定压缩机排气温度不得超过 $140℃$。一般单级蒸气压缩机的压缩比规定为：对于氨，$p_2/p_1 \leqslant 8$；对于二氯二氟甲烷，$p_2/p_1 \leqslant 10$。

由此可知，若需获得更低的温度，采用单级压缩既不经济也不可行。为此，工业上采用两级或多级压缩。由于 t_1 随工艺条件确定，其变化范围较大，通常根据 t_1 的具体温度值来确定是否采用多级及其级数。例如，在氨制冷装置中，当要求蒸发温度 t_1 低于 $-30℃$ 时，采用两级压缩；当蒸发温度 t_1 低于 $-45℃$ 时，采用三级压缩。

2. 两级蒸气压缩制冷机

图 8-16（a）是最常用的一种两级蒸气压缩制冷机的流程，其工作循环如图 8-16（b）所示。

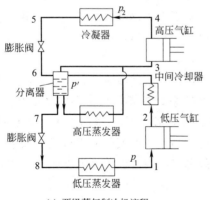 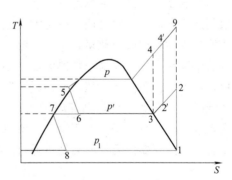

(a) 两级蒸气制冷机流程　　　　(b) 两级蒸气制冷循环在 T-S 图上的表示

图 8-16　两级蒸气压缩制冷机

其工作流程为：低压气缸吸入压力为 p_1 的干饱和蒸气（点 1），压缩到压力为 p'（点 2），该气缸排出的是过热蒸气，后者在中间冷却器中用水冷却到接近点 3 的温度后，进入分离器中。在分离器中，蒸气与同一压力下的饱和液体接触，将其过热部分的热量传给饱和液体，使部分液体蒸发，蒸发产生的蒸气进入高压气缸，该气缸中未经压缩的蒸气是温度较低的饱和蒸气（点 3）。

高压气缸中的蒸气压缩到 p_2（点 4），然后进入冷凝器中冷却并过冷（点 5），再经过膨胀阀节流膨胀到压力 p'（点 6）后，进入分离器中。膨胀后的蒸气与低压气缸送来的经过冷却的蒸气以及液体中蒸发出来的蒸气一同进入高压气缸中进行高压压缩循环。

分离器中的液体，一部分经高压蒸发器吸热蒸发后进入高压气缸，另一部分经膨胀阀，在中间压力 p' 下（点 7）节流膨胀到压力 p_1（点 8），然后再开始另一次低压压缩循环。

从 T-S 图上可看出，由一级压缩改为两级压缩后，不仅降低了每级气体出口的温度，而且也减少了压缩功，使制冷系数提高。所减少的压缩功可用图中 2—3—4—9—2 包围的面积来量度，但实际节省的压缩功为 2—2′—4′—9—2 所包围的面积。这是因为从低压气缸中出来的气体，进入中间冷却器时，达不到 T-S 图上点 3 的位置，只能达到点 2′ 所处的状态，而状态 2′ 较状态 2 的温度低，这样就减少了高压气缸压缩功的消耗。

从上述分析可知，两级压缩制冷机的工作流程中采用了两次节流膨胀，设置了分离器和中间冷却器。分离器的作用是使气液分离，使制冷剂以干饱和的状态进入高压气缸。分离器中的液体以不同的压力分别进入高、低压蒸发器。正因为一部分制冷剂是在高压蒸发器中蒸发的，因此比用一个蒸发器的制冷能力要大。但使用中间冷却器，其节省的功率有限，且增加了整个系统的复杂性，因此，在两级压缩制冷机中，已很少采用中间冷却器。

子任务 3　选择操作温度

制冷装置在操作运行中重要的控制点有：蒸发温度和压力、冷凝温度和压力、压缩机的进出口温度、过冷温度及冷却温度。由此看出温度是冷却操作的核心参数，操作时必须依据制冷任务和制冷要求进行合理的确定。

一、蒸发温度

制冷过程的蒸发温度是指制冷剂在蒸发器中的沸腾温度。实际使用的制冷系统，由于用途各异，蒸发温度各不同，但制冷剂的蒸发温度必须低于被冷物料要求达到的最低温度，使蒸发器中制冷剂与被冷物料之间有一定温度差，以保证传热所需的推动力。这样制冷剂在蒸发时，才能从冷物料中吸收热量，实现低温传热过程。

若蒸发温度高，则蒸发器中传热温度差小，要保证一定的吸收热量，必须加大蒸发器的传热面积，增加了设备费用；但功率消耗下降，制冷系数提高，日常操作费用减少。相反，蒸发温度低时，蒸发器的传热温度差增大，传热面积减小，设备费用减少；但功率消耗增加，制冷系数下降，日常操作费用增大。所以，必须结合生产实际，进行经济核算，选择适宜的蒸发温度。蒸发器内温度的高低可通过膨胀阀调节，一般取蒸发温度比被冷物料所要求的温度低 4～8K。

二、冷凝温度

制冷过程的冷凝温度是指制冷剂蒸气在冷凝器中的凝结温度。影响冷凝温度的因素有冷却水温度、冷却水流量、冷凝器传热面积大小及清洁度。冷凝温度主要受冷却水温度限制，使冷凝器中的制冷剂与冷却水之间有一定的温度差，以保证热量传递，也就是使气态制冷剂冷凝成液态，实现高温放热过程。通常取制冷剂的冷凝温度比冷却水高 8～10K。

三、操作温度与压缩比的关系

压缩比是压缩机出口压力与入口压力的比值。压缩比与操作温度的关系以氨冷凝为例，如图 8-17 所示，当冷凝温度一定时，随着蒸发温度的降低，压缩比明显加大，功率消耗先增大后下降，制冷系数总是变小，操作费用增加。当蒸发温度一定时，随着冷凝温度的升高，压缩比也明显加大，功率消耗增大，制冷系数变小，对生产也不利。

因此，应该严格控制制冷剂的操作温度，蒸发温度不能太低，冷凝温度也不能太高，压缩比不至于过大。工业上单级压缩比不超过 6～8。这样可以提高制冷系统的经济性，获得较高的效益。

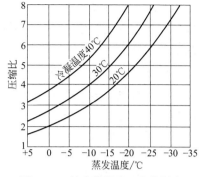

图 8-17　氨冷凝温度、蒸发温度
与压缩比的关系

四、制冷剂的过冷

制冷剂的过冷就是在进入膨胀阀之前将液态制冷剂温度降低，使其低于冷凝压力下所对应的饱和温度，成为该压力下的过冷液体。由图 8-17 可以看出，蒸发温度一定时，降低冷凝温度，可使压缩比有所下降，功率消耗减小，制冷系数增大，可获得较好的制冷效果。通常取制冷剂的过冷温度比冷凝温度低 5K 或比冷却水进口温度高 3～5K。

工业上采用下列措施实现制冷剂的过冷：

① 在冷凝器中过冷。使用的冷凝器面积适当大于冷凝所需的面积，当冷却水温度低于冷凝温度时，制冷剂就可得到一定程度的过冷。

② 用过冷器过冷。在冷凝器或储液器后串联一个采用低温水或深井水作冷却介质的过冷器，使制冷剂过冷。此法常用于大型制冷系统之中。

③ 用直接蒸发的过冷器过冷。当需要较大的过冷温度时，可以在供液管道上装一个直接蒸发的液体过冷器，但这要消耗一定的冷量。

④ 回热器中过冷。在回气管上装上一个回热器（气液换热器），用来自蒸发器的低温蒸气冷却节流前的液体制冷剂。

⑤ 在中间冷却器中过冷。在采用两级压缩蒸气制冷循环系统中，可采用中间冷却器内液态制冷剂汽化时放出的冷量对进入蒸发器的液态制冷剂进行间接冷却，实现过冷。

技能训练 8-3

通常牲畜屠宰场都建有冷库，冷库分为冷藏库、冷冻库和急冻库三种。三种库的作用不同，所需的温度也不同，请选择三种库的温度范围。

子任务 4　选择制冷剂和载冷体

制冷剂是实现制冷操作的工质，载冷体是间接制冷中用来传递冷量的媒介物质，二者在制冷操作中有着不可或缺的重要作用，选择合适的制冷剂和载冷体是实现制冷过程高效、经济的必要条件。

一、制冷剂

制冷装置中不断循环流动以实现制冷的工作物质称为制冷剂或制冷工质。制冷剂在蒸发器内吸取被冷对象的热量而蒸发，在冷凝器内将热量传给周围空气或水而被冷凝成液体。蒸气压缩制冷装置正是通过制冷剂物态的变化实现热量的传输的。制冷剂是实现人工制冷不可缺少的物质。

虽然理想制冷循环的制冷系数与制冷剂的种类和性质无关，然而制冷压缩机的气缸尺寸、构造材料和操作条件却与制冷剂的性质密切相关。工业上常用的制冷剂有氨、氟利昂以及某些碳氢化合物。其中应用最广泛的是氨。

氨的最大优点是单位容积制冷量大、在制冷循环中操作压力适中、价格较低，所以得到广泛应用。但因氨易燃易爆且有毒，因而其应用也受到一定限制。目前主要用于大型冷冻装置，如冷库和工业生产中。

氟利昂是饱和烃化合物的氟、氯、溴衍生物的总称，其种类繁多，性质也各有不同。各种不同的氟利昂制冷剂，在相同的压力下有不同的饱和温度，可分别适用于不同的制冷机，满足制取不同低温的需要。CFC类氟利昂制冷剂会破坏臭氧层，其使用已逐渐减少。

作为蒸气压缩制冷机的制冷剂，应具备下列条件。

① 在大气压下，制冷剂的沸点要低。这是因为沸点低，不仅可产生较低的温度，还可在一定的蒸发温度下，使蒸发压力高于大气压，以免空气进入制冷系统，影响换热和设备使用寿命。

② 制冷剂在常温下的冷凝压力应尽量低，以免对处于高压下工作的压缩机设备的强度要求过高，且压力过高还易导致制冷剂向外渗漏和引起消耗功的增大。

③ 对大、中型往复式压缩机，制冷剂单位容积的制冷量要大，以缩小压缩机的尺寸和减少制冷剂的循环量。

④ 制冷剂的黏度要尽可能小，热导率要高。黏度小可减少制冷剂在制冷系统时的流动阻力；热导率高可提高设备的传热系数，最终达到降低金属消耗量的目的。

⑤ 使用安全，即无腐蚀、无毒、不易燃烧，在操作条件下化学性质稳定。

⑥ 价廉易得。

常用制冷剂的主要物理性质可参阅有关手册。

二、载冷体

1. 直接制冷与间接制冷

制冷循环中，如果制冷剂吸热的蒸发器直接与被冷物体或被冷物体周围环境进行热交换，这种制冷方式称为直接制冷。直接制冷一般应用于单台需供冷的制冷设备，如小型冷库或家用冰箱。在需要进行制冷加工的场所较大或进行制冷作业的机器台数较多的情况下，将制冷剂直接送往各处既不经济也不方便，因此专设制冷间，采用间接制冷以适应这种需要。所谓间接制冷就是用廉价物质作媒介实现制冷装置与耗冷场所或机台之间的热交换。

2. 载冷体

间接制冷中用来传递冷量的媒介物质称为载冷体或冷媒。它起着将制冷装置中制冷剂在蒸发器内产生的冷量传递给被冷物体或工作场所的媒介作用。此载冷体循环于制冷装置和被冷物体之间，它将从被冷物体吸取的热量送至制冷装置后再传给制冷剂，自身重新降温后再不断循环使用。

选择载冷体时，应选择冰点低、比热容大、热导率大、黏度小、无金属腐蚀性、化学性质稳定、无毒、无害、价格低、易获得的物质。常用的载冷体有空气、水、盐水及有机物水溶液。

用空气作载冷体虽有较多优点，但由于它的比热容小，而且作为气态，其对流换热效果差，一般用于食品冷藏或冷冻加工中，以直接与食品接触的形式使用。

水虽然有比热容大、黏度小、化学稳定性好等优点，但它的冰点高，所以只能作为制取 0℃以上冷量的载冷体。如果要制取低于 0℃的冷量，则可采用盐水或有机溶液作为载冷体。

氯化钠、氯化钙及氯化镁的水溶液，通常称为冷冻盐水。冷冻盐水作为载冷体，其优点是冰点低、化学性质稳定，价廉易得。其缺点是对金属有一定的腐蚀作用，通常在盐水中加入定量的防腐剂。防腐剂常用重铬酸钠或铬酸钠，但重铬酸钠或铬酸钠具有毒性，使用时应控制用量，其用量可参阅有关手册。

冷冻盐水在一定浓度下有一定的冻结温度。故选用冷冻盐水时，必须根据所要达到的制冷温度，选择合适的冷冻盐水及其浓度。选用的冷冻盐水的冰点温度必须比所要达到的制冷温度低 10~13℃，否则操作会发生冻结现象，在蒸发器管外析出冰层，影响制冷机操作。一些载冷体的冰点温度如表 8-2 所示。

表 8-2　部分载冷体的冰点温度

载冷体	水溶液质量分数/%	冰点温度/℃	载冷体	水溶液质量分数/%	冰点温度/℃
氯化钠溶液	22.4	−21.2	乙二醇	60.0	−46.0
氯化钙溶液	29.9	−55.0	丙二醇	60.0	−60.0
氯化镁溶液	20.6	−33.6	甘油	66.7	−44.4
甲醇	78.26	−139.6	蔗糖	62.4	−13.9
乙二醇	93.5	−118.3	转化糖	58.0	−16.6

用作载冷体的有机溶液有乙二醇、丙三醇、甲醇、乙醇、二氯甲烷等。有机溶液的冰点普遍比水和盐水溶液的冰点低，所以被广泛用于低温制冷装置中。

💡 技能训练 8-4

　　合成氨生产最后的产物是氨气-氢气-氮气混合气体，为得到合成氨产品，必须采用将混合物部分冷冻的方法从混合气体中得到液氨产品，请选用适宜的制冷剂。

任务 3　操作制冷装置

制冷装置的操作包括单台设备的启动、运行和故障排除，以及整套装置的联动、调试、运行和监控等。

子任务 1　学习制冷装置操作

冷库制冷机安全操作注意事项如下。

① 开机前检查

a. 检查水池是否有水、管道是否有漏水漏氟现象。

b.检查电源、电路、接头等是否正常。

② 先开启水泵电源，再开启制冷机配电箱内电源，观察指示灯闪烁、延时稳定后，再启动制冷机配电箱外旋钮开关（同样存在观察延时）。

③ 开机后应立即观察水泵是否上水、冷却塔风扇是否转动。

④ 机组运行时

a.注意观察压力变化范围，低压应在0.1～0.3MPa范围内；高压应在1.0～1.5MPa范围。

b.观察机油油位应大于或等于2/3油杯。

c.观察库外温度表显示是否正常逐渐下降。

⑤ 机组启动时，启动电流应逐渐下降，方可正常工作。

⑥ 新安装机组：正常工作40h后，应通知专业技术员更换机油。

⑦ 冬天由于气温低，应将配电箱内电源预热10h以上，方可启动配电箱外旋钮开关。

技能训练8-5

学习操作制冷机。

子任务2 处理制冷操作故障

制冷操作故障多为压缩机吸气压力不够、排气压力过高、过载或压缩机油温过高等。但在分析故障时，还要充分考虑整个制冷装置中各设备间的联系和制约，即在解决某个设备故障时，要考虑相关设备的影响。

制冷装置常见故障及处理方法见表8-3。

表8-3　制冷装置常见故障及处理方法

序号	常见故障	故障原因	解决方法
1	吸气压力低	泄漏 供液不足 水流量不足 低压传感器故障 蒸发器换热效果差 冷却效果差,冷却水温度高 充氟过多	查找泄漏 调整供液 调整水流量 调整、更换传感器 清洗蒸发器 查找水系统原因 调整充氟量
2	排气压力高	冷凝器换热效果差 水流量不足 传感器故障 回油不畅 液位过低 供液不稳	清洗冷凝器 调整水流量 调整、更换传感器 排除 分析原因,调整供液 调整供液
3	低油位	吸、排气压差过小 引射阀门开度过小 系统油过多 压缩机频繁启动 排气压力高	重新建立合理压差 重新调整阀门开度 放出多余的润滑油 调整负荷,避免频繁启动 见2

序号	常见故障	故障原因	解决方法
4	压缩机高温	回油不畅 压缩机频繁启动 排气压力高	见 3 避免压缩机频繁启动 见 2
5	压缩机过载	系统电源电压过低 压缩机频繁启动	检查供电 避免压缩机频繁启动

 技能训练 8-6

制冷机吸气压力低，找出原因并排除故障。

素质拓展阅读

职校走出的"大国工匠"—— 朱恒银

44 年扎根地质一线，一年 200 多天风餐露宿，让探宝"银针"不断前进，将小口径岩心钻探地质找矿深度从 1000m 以浅推进至 3000m 以深的国际先进水平，填补了 7 项国内空白，创造了新的"中国深度"，在业内被称为"地质神兵"，把定向钻探技术应用于霍邱李楼铁矿、铜陵冬瓜山铜矿、安庆龙门山铜矿等特大型矿区，取得重大的找矿突破——他就是"李四光地质科学奖"、"大国工匠年度人物"、"全国劳动模范"、"全国优秀科技工作者"、全国地勘行业"十佳最美地质队员"、"安徽省科学技术创新奖"获得者朱恒银。

自幼丧父的朱恒银，家庭生活十分窘困，从小学到高中的学习全由国家资助完成。1976年，他穿上了蓝色地质服，正式成为一名钻探工人。在学徒期间，他先从搬钻杆、打泥浆的小工做起，由于文化程度低，学习操作规程和钻探工艺比其他人更困难，但他从不认输，也从来没有过一句抱怨。1978 年他考入安徽省地质职工大学探矿工程专业，学习成为他人生经历的重要转折点，"那时候上学不是为混文凭，而是想学习真正有用的知识，为工作、为自己所从事的行业服务。在学校，我学到了老一辈工人师傅身上朴素、忘我的工作作风，人生观、价值观和世界观在这一阶段初步形成。"毕业后，朱恒银放弃城市工作机会，毅然回到地质队，认真钻研钻探方面的专业知识，研究钻机的工作性能，学以致用设计研制了水力喷泥浆搅拌器和 ZD-40 型单点定向仪，并在钻探施工中推广应用。他先后参加和主持了 10余项国家和省部级重点科研项目，取得了"多分支受控定向钻探技术"系列成果，攻克了多项工程难题。

练习题

一、单项选择题

1. 制冷循环的冷凝温度越高，蒸发温度越低，则压缩理论单位功率（　　　）。

　　A. 越大　　　　　　B. 越小　　　　　　C. 不变　　　　　　D. 无法确定

2. 将制冷剂过冷液体变为气液两相是由（　　　）来完成的。

　　A. 压缩机　　　　　B. 节流阀　　　　　C. 冷凝器　　　　　D. 蒸发器

3. 单位质量制冷量是指压缩机吸入单位质量制冷剂在（　　　）中所制取的冷量。

　　A. 压缩机　　　　　B. 冷凝器　　　　　C. 蒸发器　　　　　D. 节流阀

4.制冷机低温部分制冷剂吸收的热量来自（　　　）。

  A.蒸发器中冷凝器　　　B.蒸发器　　　　　　　C.冷凝器　　　　　　　　D.油分离器

5.热力膨胀阀根据接受作用力的不同，可分为内平衡式和（　　　）两种类型。

  A.开启式　　　　　　　　　　　　　　B.全封闭式

  C.外平衡式　　　　　　　　　　　　　D.半封闭式

6.冷凝器按其冷却介质的不同分为水冷式冷凝器、（　　　）和混合式冷凝器。

  A.浸没式冷凝器　　　　　　　　　　　B.空气冷却式冷凝器

  C.壳管式冷凝器　　　　　　　　　　　D.套管式冷凝器

7.卡诺循环的效率只与（　　　）有关。

  A.介质　　　　　　　　　　　　　　　B.低温热源温度

  C.低温、高温热源温度　　　　　　　　D.高温热源温度

8.制冷压缩机开始运转电流就过高的可能原因之一是（　　　）。

  A.电源电压低　　　　　　　　　　　　B.毛细管堵塞

  C.温控器失灵　　　　　　　　　　　　D.温度器失灵

9.制冷压缩机压缩比增大的主要原因是（　　　）。

  A.蒸发温度降低　　　B.蒸发温度升高　　　C.吸气温度升高

  D.排气温度降低　　　E.冷凝温度升高　　　F.过热度增加

10.制冷压缩机的标准工况采用（　　　）表示。

  A.冷凝温度　　　　　B.排气温度　　　　　C.蒸发温度

  D.库房温度　　　　　E.过冷温度　　　　　F.吸气温度

二、问答题

1.在制冷技术中，什么是工质？充当工质的基本条件是什么？描述工质状态的参数主要有哪些？这些参数有何共同特点？

2.什么是热力过程？可逆过程必须满足哪三个条件？

3.什么是热力循环？通过对逆循环的效果分析，可得出什么结论？

4.孤立系统熵增原理的内容是什么？

5.氨的 T-S 图的构成如何？有何作用？

6.理想蒸气压缩制冷机的制冷系数有何特点？其大小与什么有关？

7.实际制冷循环与理想制冷循环的区别主要体现在哪几方面？

8.什么是制冷机的制冷能力、单位体积制冷能力与单位质量制冷能力？彼此关系如何？

9.什么是直接制冷与间接制冷？

10.什么是制冷剂？什么是载冷体？两者有何区别与联系？

11.蒸气压缩制冷装置的主要设备构成有哪些？

12.制冷压缩机的类型主要有哪些？

三、计算题

1.已知某制冷剂在逆卡诺循环中，放出1200kW的热量，放热时的温度为303K，吸热时的温度为248K。试求：（1）制冷系数；（2）制冷量；（3）所需外功。

2.在往复式氨压缩机中，将温度为−30℃的饱和氨蒸气绝热压缩至700kPa（绝对压力），求每小时压缩15kg氨所需的理论功率、压缩终了时氨的温度。

3.某氨制冷机将1500kg/h的酒精从25℃冷却到−20℃。酒精的比热容为2.47kJ/(kg·

K)。氨的蒸发温度为 240K，冷凝温度为 303K，无过冷过程。试求：（1）制冷系数；（2）消耗的机械功；（3）放出的热量。

4. 在某制冷机的冷凝器中，每小时消耗的冷却水量为 22t，冷却水的温度由 22℃升高到 28℃。制冷剂每小时消耗的压缩功为 90000kJ，试计算此制冷机的制冷系数。

5. 一台氨压缩机的标准制冷能力 $Q_S = 180\text{kW}$，单位体积制冷能力 $q_{V,S} = 2310\text{kJ/m}^3$。试核算能否用于下述情况：工艺要求的制冷能力 $Q_L = 90.5\text{kW}$，已知标准条件下 $\lambda_S = 0.68$，生产条件下 $\lambda_L = 0.55$，实际操作条件下的蒸发温度为 −20℃，冷凝温度为 25℃ 时，冷凝温度为 20℃。

知识的总结与归纳

知识点		应用举例	备注
逆卡诺循环	由两个可逆等温过程和两个可逆的绝热过程构成	描述蒸气压缩制冷过程	理想制冷循环
制冷系数	$\varepsilon = \dfrac{q_1}{W} = \dfrac{q_1}{q_2 - q_1}$		理想制冷过程的制冷系数只与吸热和放热温度有关
温熵图		由 7 种线群构成：等熵线群、等压线群、等焓线群、饱和曲线、等比体积线群、等干度线群、等温线群	描述制冷剂状态变化情况
理想蒸气压缩制冷过程		$\varepsilon = \dfrac{q_1}{W} = \dfrac{T_1(S_1 - S_4)}{T_2(S_2 - S_3) - T_1(S_1 - S_4)} = \dfrac{T_1}{T_2 - T_1}$	接近逆卡诺循环

知识点	应用举例	备注
实际蒸气压缩制冷过程	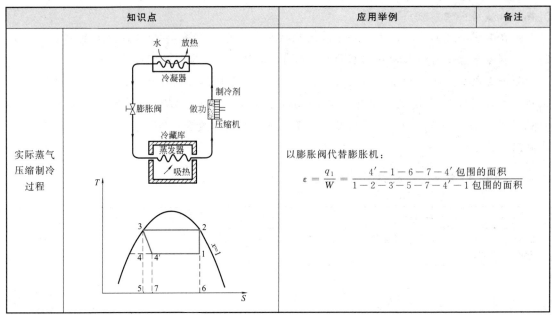以膨胀阀代替膨胀机：$$\varepsilon = \frac{q_1}{W} = \frac{4'-1-6-7-4'\text{包围的面积}}{1-2-3-5-7-4'-1\text{包围的面积}}$$	

模块 9 结晶技术

学习目标

学习结晶操作基本原理、特点、方法及其应用；了解结晶过程的相平衡；熟悉典型结晶器的结构特点与操作要求。学会分析结晶实质、结晶过程的推动力；分析结晶操作的影响因素。能够根据生产任务选择适宜结晶方法和结晶器；判断结晶常见事故及一般解决方法；与蒸发、萃取、传热等其他单元操作结合掌握典型结晶流程操作要点；形成安全生产、环保节能的职业意识和敬业爱岗、严格遵守操作规程的职业道德。

将固体物质以晶体状态从蒸气、溶液或熔融物中析出的过程称为结晶，它是获得纯净固态物质的一种基本单元操作，广泛地应用于各种工业产品尤其是化工产品及中间产品的生产，例如化肥工业中尿素、硝酸铵、氯化钾的生产；食品行业中盐、糖、味精、速溶咖啡的生产；医药行业中青霉素、红霉素等药品的生产。早在几千年前，人类就开始利用盐碱湖水和海水结晶制取盐、碱。近些年来，由于结晶过程在冶金、高分子、轻工以及高新技术领域如材料工业中超细粉的生产、生物技术蛋白质的制造、水的净化等方面的广泛应用，使结晶过程更是成为与人类生产生活密切相关、不可或缺的关键技术。

工业应用

案例1：我国有许多盐碱湖，湖水中溶有大量的氯化钠和纯碱，那里的农民冬天烧碱，夏天晒盐（见图9-1）。这是因为氯化钠的溶解度随温度的升高变化不大，要获得氯化钠晶体宜采用蒸发溶剂的方法，所以夏天晒盐；而纯碱的溶解度随着温度的升高而显著增大，宜采用冷却饱和溶液的方法获得晶体，所以冬天烧碱。

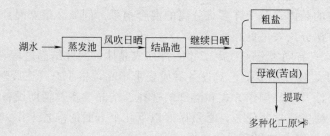

图 9-1 "盐田法"晒盐过程

案例2：以图9-2所示联合制碱氯化铵生产工艺流程为例简要介绍工业生产中的结晶过程。

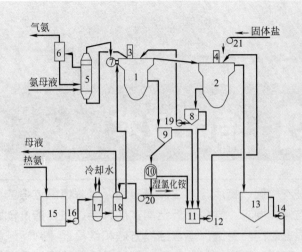

图 9-2　典型氯化铵结晶工艺流程

1—冷析结晶器；2—盐析结晶器；3—冷析轴流泵；4—盐析轴流泵；5—液氨蒸发外冷器；
6—液氨分离器；7—集合槽；8—盐析稠厚器；9—冷析稠厚器；10—滤铵机；11—滤铵液桶；
12—滤铵液泵；13—母桶；14—母泵；15—热氨桶；16—热氨泵；17—氨冷却器；
18—母液换热器；19—晶浆泵；20—湿铵带式输送机；21—粉盐带式输送机

制碱系统送来的氨母液经换热器与母液换热，母液是盐析出氯化铵后的母液。换热后的氨母液送入冷析结晶器。在冷析结晶器中，利用冷析轴流泵将氨母液送到外部冷却器冷却并在结晶器中循环。因温度降低，氯化铵在母液中呈饱和状态，生成结晶析出。大致说来，适当加强搅拌、降低冷却速率、晶浆中存在一定晶核和延长停留时间都有利于结晶生长和析出。冷析结晶器的晶浆溢流至盐析结晶器，同时加入粉碎的洗盐，并用轴流泵在结晶器中循环。过程中洗盐逐渐溶解，氯化铵因同离子效应而析出，其结晶不断长大。盐析结晶器底部沉积的晶浆送往滤铵机，盐析结晶器溢流出来的清母液与氨母液换热后送去制碱。

相对于其他的化工分离操作，结晶过程具有以下特点：

① 易分离性：在结晶过程中，能从杂质含量相当多的溶液或多组分的熔融混合物中，分离出高纯和超纯的晶体；对于许多难分离的混合物系，例如高熔点混合物、共沸物、热敏性物系等，结晶方法分离效果更好。

② 高排他性：只有同类分子或离子才能排列成晶体，因此结晶过程具有良好的选择性。

③ 能量消耗少、操作温度低，对设备材质要求不高，很少有"三废"排放。

结晶过程主要涉及结晶操作方式和溶剂的选择、结晶设备及辅助设备协同操作、操作参数的控制等任务，要完成这些任务，必须做好以下几个方面的准备工作。

① 合适的结晶操作方式和溶剂的选择；

② 结晶过程原理和影响因素分析；

③ 结晶器结构与基本操作认知；

④ 结晶产量的确定；

⑤ 结晶过程的规范操作。

任务1 认识结晶装置

根据析出固体的方式不同，可将结晶分为溶液结晶、熔融结晶、升华结晶和沉淀结晶等多种类型。工业上使用最为广泛的是溶液结晶，采用降温或移除溶剂的方法使溶液达到过饱和状态，析出溶质作为产品，故本任务仅讨论溶液结晶装置。

此外，也可按照操作是否连续，将结晶操作分为间歇式和连续式，或按有无搅拌装置分为搅拌式和无搅拌式等。近年来，随着世界范围内能源紧张及对环保型生产技术的要求越来越高，高效低耗的新型结晶分离技术也取得较大突破。

子任务1 认识结晶器

一、溶液结晶的方法

溶液结晶是指晶体从溶液中析出的过程。溶液结晶的基本条件是溶液的过饱和，一般经过以下过程：不饱和溶液→饱和溶液→过饱和溶液→晶核的形成→晶体生长。按照溶液过饱和产生的方法，工业上常用的溶液结晶有以下几种方法。

1. 冷却法

冷却法也称降温法，它是通过冷却降温使溶液达到过饱和的方法。

冷却结晶基本上不除去溶剂，靠移去溶液的热量以降低温度，使溶液达到过饱和状态，从而进行结晶。这种方法适用于溶解度随温度降低而显著下降的情况。冷却又分为自然冷却、间壁冷却和直接接触冷却。自然冷却法是使溶液在大气中冷却结晶，其设备结构和操作均最简单，但冷却速率慢、生产能力低且难于控制晶体质量。间壁冷却法是工业上广为采用的结晶方法，靠夹套或管壁间接传热冷却结晶，这种方式消耗能量少，应用较广泛，但冷却传热速率较低，冷却壁面上常有晶体析出，在器壁上形成晶垢或晶疤，影响冷却效果。直接接触冷却器以空气或制冷剂直接与溶液接触冷却。这种方法克服了间壁冷却的缺点，传热效率高，没有结疤问题，但设备体积庞大；采用这种操作必须注意的是选用的冷却介质不能与结晶母液中的溶剂互溶或者虽互溶但应易于分离，而且对结晶产品无污染。

2. 蒸发法

蒸发法是靠去除部分溶剂来达到溶液过饱和状态而进行结晶的方法，适用于溶解度随温度变化不大的情况。蒸发结晶消耗的能量较多，并且也存在着加热面容易结垢的问题，但对可以回收溶剂的结晶过程还是合算的。蒸发结晶设备常在真空度不高的减压下操作，目的在于降低操作温度，以利于热敏性产品的稳定，并减少热能损耗。

3. 真空冷却法

真空冷却法又称闪蒸冷却结晶法。它是溶剂在真空条件下闪蒸蒸发而使溶液绝热冷却的结晶法。实质上是将冷却和蒸发两种方法结合起来，同时进行。此法适用于随着温度的升高，溶解度以中等速率增大的物质，如硫酸铵、氯化钾等。此法主体设备简单、无换热壁面、晶疤少、检修时间可较长，设备的防腐蚀问题也容易解决，为大规模结晶生产中首选的方法。

4. 盐析法

盐析法是通过向溶液中加入某种物质降低溶质在溶剂中的溶解度，以建立过饱和度进行结晶的方法。所加入的物质被称为盐析剂或沉淀剂，要求其能与原来的溶剂互溶，但不能溶解要结晶的物质，且要求加入的物质和原溶剂要易于分离。之所以称为盐析法是由于氯化钠是最常见的添加剂，如在联合制碱法中，向低温氯化铵溶液中加入氯化钠，可使溶液中的氯化铵结晶出来。水、醇和酮等也可作添加剂使某些溶液产生盐析结晶，有时也称溶析结晶。盐析法工艺简单、操作方便，适用于热敏性物料的结晶和药物结晶；缺点是常需要设置回收设备来处理结晶母液，以回收溶剂和盐析剂。

5. 反应结晶

反应结晶是利用气体与液体或液体与液体之间的化学反应，生产溶解度小的产物，这种情况是反应过程与结晶过程结合进行的，随着反应的进行，反应产物的浓度增大并达到过饱和，在溶液中产生晶核并逐渐长大为较大的晶体颗粒。

另外，还有通过改变压力或控制 pH 以降低溶解度的加压结晶和等电点结晶方法等。

二、结晶器

工业生产中结晶操作的主要设备是结晶器。结晶器的类型很多，按溶液获得饱和状态的方法可分为冷却结晶器和蒸发结晶器；按流动方式可分为混浆式结晶器、分级式结晶器、母液循环型结晶器和晶浆循环型结晶器；按有无搅拌分为搅拌式结晶器和无搅拌式结晶器；按操作方式可分为连续结晶器和间歇结晶器。下面介绍几种主要结晶器的结构与性能。

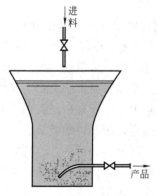

图 9-3　空气冷却式结晶器

1. 冷却结晶器

（1）空气冷却式结晶器　空气冷却式结晶器是一种最简单的敞开式结晶槽，在大气中冷却，槽中温度逐渐降低，同时会有少量溶剂汽化。由于操作是间歇的，冷却又很缓慢，对于含有多结晶水的盐类往往可以得到高质量、较大的结晶。但占地面积大，生产能力低。其结构见图 9-3。

（2）釜式结晶器　冷却结晶过程所需的冷量由夹套或外部换热器供给，选用哪种形式的结晶器主要取决于对换热量大小的需求。目前应用较广的有带搅拌的内循环式冷却结晶器和外循环式冷却结晶器，如图 9-4 和图 9-5 所示。外循环式冷却结晶器既可间歇操作，也可连续操作。若制作大颗粒结晶，宜采用间歇操作，而制备小颗粒结晶时，采用连续操作为好。外循环式操作可以强化结晶器内的均匀混合与传热，具有冷却换热器面积大、传热速率大的优点，有利于溶液过饱和度的控制，但必须选择合适的循环泵，以避免悬浮颗粒晶体磨损破碎。

2. 蒸发结晶器

在古代，人们依据蒸发结晶原理利用太阳能在沿海大面积盐田上晒盐。现代的蒸发结晶主要有两种方法：将溶液预热后在真空条件下闪蒸（有极少数可以在常压下闪蒸）或结晶装置本身附有蒸发器。

（1）Krystal-Olso 生长型蒸发结晶器　如图 9-6 所示为 Krystal-Olso 生长型（强制循环型）蒸发结晶器，该结晶器由蒸发室和结晶室两部分组成。蒸发室在上，结晶室在下，中间

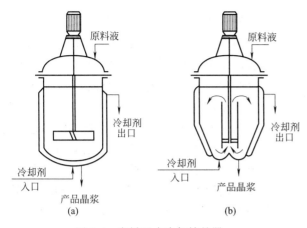

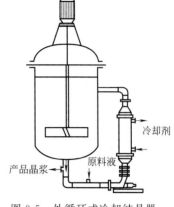

图 9-4　内循环式冷却结晶器　　　　　图 9-5　外循环式冷却结晶器

由一根中央降液管连接。结晶室的器身带有一定的锥度，下部截面小，上部截面较大。原料液经外部加热器预热之后，经再循环管进入蒸发室迅速被蒸发，溶剂被抽走，溶液被降温，使溶液迅速处在介稳区，在结晶室内析出晶体。粒度较大的晶体颗粒富集在结晶室底部，降液管中流出的溶液过饱和度也渐渐变小。当溶液达到结晶室顶层时，已基本不含晶粒，过饱和度消耗殆尽，澄清的母液在结晶室顶部溢流进入循环管路。这种操作方式是典型的母液循环式，其优点是循环液中基本不含晶体颗粒，从而避免发生泵的叶轮与晶粒之间的碰撞而造成的过多二次成核，加上结晶室的粒度分级作用，所产生的结晶产品颗粒大而均匀。该结晶器的缺点是操作弹性小，母液循环量受到了产品颗粒在饱和溶液中沉降速度的限制，且结晶器加热管的内壁面易形成晶垢而导致换热器的传热系数降低。

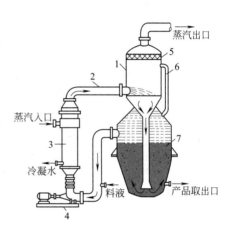

图 9-6　Krystal-Olso 生长型蒸发结晶器
1—蒸发室；2—回滤管；3—加热器；
4—循环泵；5—网状分离器；
6—通气管；7—结晶生长段

　　这种结晶器形式也可用于冷却结晶和真空冷却结晶。

　　(2) DTB 型蒸发结晶器　如图 9-7 所示为 DTB 型（又称遮导型）蒸发结晶器。它可以与蒸发加热器联用，也可以把加热器分开，结晶器作为真空蒸发制冷型结晶器使用，是目前采用最多的类型。它的特点是蒸发室内有一个导流管，管内装有带螺旋桨的搅拌器，它把带有细小晶体的饱和溶液快速推升到蒸发表面，由于系统处在真空状态，溶剂产生闪蒸而造成了轻度的过饱和度，然后过饱和溶液沿环形面积流向下部时释放其过饱和度，使晶体得以长大。在器底部设有一个分级腿，取出的产品晶浆要先通过它，又与原料液混合，再经中心导流管而循环。结晶长大到一定大小后沉淀在分级腿内，同时对产品也进行洗涤，最后由晶浆泵排出器外分离，保证了结晶产品的质量和粒径均匀，使产品不夹杂细晶。

　　DTB 型结晶器属于典型的晶浆内循环结晶器，性能优良，生产强度大，能生产大颗粒结晶产品，器内不易结垢，已成为连续结晶器的最主要的形式之一，可用于真空冷却、蒸发法结晶和反应结晶等操作。

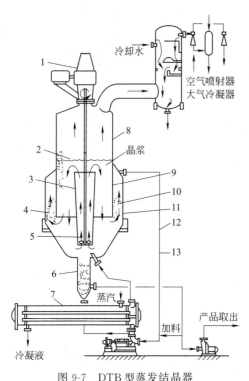

图 9-7　DTB 型蒸发结晶器

1—电动机及减速机；2—沸腾表面；3—中央导流
管；4—结晶沉淀区；5—搅拌翼；6—淘洗腿；
7—加热器；8—蒸发室；9—遮挡板；10—澄清区；
11—本体；12—循环管；13—溶液出口

3. 其他类型结晶器

（1）直接冷却结晶设备　冷却表面间接制冷易在冷却表面结垢导致换热效率的下降，直接接触冷却没有这个问题。当溶液与制冷剂不互溶时，就可以利用溶液直接接触，这样就省去了与溶液接触的换热器，防止了过饱和度超过时造成结垢。常用的冷却介质是液化的碳氢化合物等惰性液体，如乙烯、氟利昂等，直接冷却制冷借助于这些惰性液体的蒸发汽化而直接制冷。选用这种操作的要求主要是结晶产品不存在冷却介质污染问题以及结晶母液中溶剂与冷却介质不互溶或者虽互溶但易于分离。结晶设备有简单釜式、回转式、湿壁塔式等多种类型。典型的喷雾式结晶器，如图 9-8 所示。

喷雾式结晶器也称湿壁蒸发结晶器，这种结晶器的操作过程是将浓缩的热溶液与大量的冷空气相混合，使其产生冷却及蒸发的效应，从而使溶液达到过饱和，最终结晶得以析出。很多工厂有用浓缩热溶液进行真空闪蒸直接得到绝热蒸发的效果使结晶析出的例子，例如以 $25\sim40\text{m/s}$ 的高速由一台鼓风机直接送入冷空气，溶液由中心部分吸入并被雾化，以达到上述目的，这时雾滴高度浓缩直接变为干燥结晶，附着在前方的硬质玻璃管上；或者变成两相混合的晶浆由末端排出。喷雾式结晶器设备很紧凑，也很简单，但结晶粒度往往比较细小。再进一步，就演变为机械式高速旋转的雾滴化设备，液滴再经过一段距离自由下落，由对流的冷空气进行冷却，这就是"喷雾造粒"。该工艺广泛用于硝铵和尿素肥料的造粒塔上面。

（2）真空结晶器　蒸发结晶器和真空结晶器之间并没有很严格的界限，这是因为蒸发往往是在真空下进行的，如果要区别它们，严格的界限在于：真空结晶器采用绝热蒸发方式，其绝对压力与操作温度下的溶液蒸气分压一致，操作温度更低，真空度更高。

真空结晶器的原料大多预热后注入结晶器。当进入真空蒸发器后，立即发生闪蒸效应，瞬间可把蒸气抽走，随后开始降温过程，当达到稳定状态后，溶液的温度与饱和蒸气压达相平衡。因此真空结晶器也就同时起到移去溶剂和冷却溶液的作用。溶液变化沿着溶液浓缩与冷却的两个方向进行。

真空结晶装置一般没有加热器或冷却器，主体设备相对简单，无换热面，操作比较稳定，也不存在内表面严重结垢和结垢清理问题。上述提到的 Olso 型、DTB 型结晶器均适用于真空绝热结

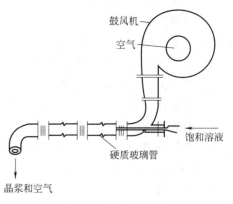

图 9-8　喷雾式结晶器

晶。常采用多级蒸汽喷射泵及热力压缩机来产生真空。在大型生产中，为了节约能耗，也常选用由多个真空绝热结晶器组成的多级结晶器。真空结晶器可以是间歇操作，也可以是连续操作。图 9-9 所示为连续真空结晶器。热的料液自进料口连续进入，晶浆用泵连续排出，结晶器底部管路上的循环泵使溶液强制循环流动，以促进溶液均匀混合，维持有利的结晶条件。蒸出的溶剂（气体）由结晶器顶部逸出，至高位混合冷凝器中冷凝。双级蒸汽喷射泵的作用是造成系统的真空条件，不断抽出不凝性气体。通常，真空结晶器内的操作温度都很低，所产生的溶剂蒸气不能在冷凝器中被水冷凝，此时可用蒸汽喷射泵喷射加压，将溶剂蒸气在冷凝之前加以压缩，以提高它的冷凝温度。

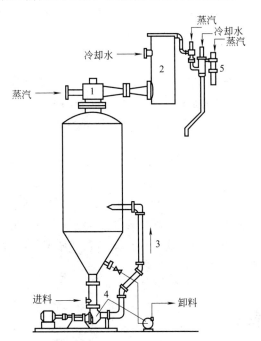

图 9-9　连续真空结晶器

1—蒸汽喷射泵；2—冷凝器；3—循环管；

4—泵；5—双级式蒸汽喷射泵

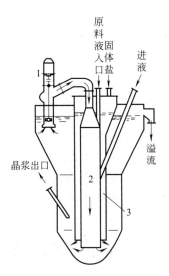

图 9-10　联碱盐析结晶器

1—循环泵；2—中央降液管；

3—加盐夹套管

（3）盐析结晶器　盐析结晶器是利用盐析法进行结晶操作的设备。图 9-10 所示为联碱生产用的盐析结晶器。操作时，原料液与循环液混合，从中央降液管下端流出，与此同时，从套筒中不断地加入食盐，随着盐浓度的增加，溶质的溶解度减小，形成一定的过饱和度并析出结晶。

三、结晶器的选用原则与发展趋势

1. 结晶器的选用原则

选择结晶器时，要综合考虑被处理物系性质、产品粒度和粒度分布、晶型的要求、杂质的影响、处理量的大小及能耗等多种因素，所选择的结晶器应该能耗低、操作简单、易于维护。选用时，可认真分析各种结晶器的特点与适应性，结合结晶任务的要求合理选取。

一般来说，可以依据以下原则进行选择。

① 根据物质溶解度随温度变化规律的不同选择不同类型的结晶器：对溶解度随温度下降而大幅度下降的物系，可选用冷却结晶器或真空结晶器；对溶解度随温度降低而变化很小、不变或反而上升的物质，应选择蒸发结晶器。

② 考虑产品形状、粒度及粒度分布的要求：如要获得颗粒较大而且均匀的晶体，应选具有粒度分级作用的结晶器，或能进行产品分级排出的混合型结晶器。

③ 考虑设备投资费用和操作费用的大小及操作弹性等：真空结晶器和蒸发结晶器具有一定空间高度，在同样的生产能力下，其占地面积较冷却结晶器要小。

④ 针对具体物系的物理性质和换热量的大小进行选择：例如根据流体流动要求选择搅拌式、强制循环式或流化床式；根据换热量大小选择外循环或内循环；对容易结垢且难以清垢的物系，可以考虑真空冷却结晶器。

2. 结晶器的发展趋势

目前结晶器发展的方向是实现结晶的连续化，并要求结晶过程：①不形成结垢；②设备内各部位溶液浓度均匀；③避免促使晶核形成的刺激；④连续结晶过程中同时具有各种大小粒子的晶体；⑤及时清除影响结晶的杂质；⑥设备内溶液的循环速度要恰当。

技能训练 9-1

结晶分离技术近年来发展很快，除了传统的冷却结晶、蒸发结晶、真空结晶等进一步得到发展与完善外，新型结晶分离技术也在工业上得以应用或正在推广，例如高压结晶、萃取结晶、蒸馏-结晶耦合技术、膜结晶、喷雾干燥结晶、乳化结晶、超临界流体结晶等。请检索文献，找出两例新型结晶技术，并说明其结晶特点和应用领域。

子任务 2 认识结晶的工业应用

除了前述晒盐和氯化铵生产涉及结晶以外，结晶操作在化学工业及相关行业中有着广泛的用途，主要用于制备产品与中间产品、获得高纯度的纯净固体材料两个方面。

结晶的应用领域及典型产品如表 9-1 所示。

表 9-1 结晶的应用领域及典型产品

序号	应用领域	典型产品
1	磷肥生产	硫酸钙结晶、过磷酸钙结晶、磷酸氢钙结晶、肥料造粒
2	氮肥生产	硝酸铵结晶、硝酸钙结晶、硝酸钾结晶、硫酸铵结晶、尿素结晶
3	纯碱生产	碳酸钠结晶、氯化铵结晶、天然碱加工
4	无机盐生产	硫酸铁结晶、硫酸铜结晶、硫酸钠结晶、硫酸钾结晶、钡盐结晶、铬盐结晶、溴盐和碘盐结晶
5	发酵及食品	蔗糖和味精生产、抗生素、氨基酸、蛋白酶等提取和精制
6	有机及高分子	有机酸、聚合物、橡胶、油脂结晶
7	胶结材料固化	石膏、水泥生产
8	制药	片剂、胶囊、喷雾剂结晶与药物提取
9	水净化	废水处理

我们几乎天天接触到味精，其主要成分是谷氨酸和食盐，因其用水稀释 3000 倍后仍能感受到鲜味，故而得名"味精"。味精的生产一般分为糖化、发酵、提取谷氨酸晶体、精制得谷氨酸晶体等几个主要工序。查阅资料，以框图的形式简单描述味精生产中的结晶过程。

任务 2　确定结晶操作条件

结晶操作是在一定条件下（温度、压力），使溶质在溶液中达到过饱和，从溶液中析出的过程。影响溶质在溶剂中溶解度的因素都会对结晶操作产生影响，如溶剂的性质、结晶操作温度及压力、溶液中的杂质以及结晶器的结构。

子任务 1　分析结晶条件

溶液中的溶质是否析出，首先取决于溶质在一定温度、压力下，在溶剂中的溶解度的大小，即溶解平衡，其次是物系的性质（如溶液的密度、黏度）和操作方式（如是否搅拌、是否添加晶种等）。

一、结晶与溶解

一种物质溶解在另一种物质中的能力叫溶解性，溶解性的大小与溶质和溶剂的性质有关。相似相溶理论认为，溶质能溶解在与它结构相似的溶剂中。在一定条件下，一种晶体作为溶质可以溶解在某种溶剂之中而形成溶液。在固体溶质溶解的同时，溶液中同时进行着一个相反的过程，即已溶解的溶质粒子撞击到固体溶质表面时，又重新变成固体而从溶剂中析出，这个过程就是结晶。

$$固体物质 \underset{结晶}{\overset{溶解}{\rightleftharpoons}} 溶液$$

溶解与结晶是可逆过程。当固体物质与其溶液接触时，如溶液尚未饱和，则固体溶解；当溶液恰好达到饱和时，固体与溶液达到相平衡状态，溶解速率与结晶速率相等，此时溶质在溶剂中的溶解量达到最大限度；如果溶质量超过此极限，则有晶体析出。

二、基本概念

1. 晶体

晶体是化学组成均一的固体，组成它的粒子（分子、原子或离子）在空间骨架的结点上对称排列，形成有规则的结构。物质是由原子、分子或离子组成的，当这些微观粒子在三维空间按一定的规则进行排列，形成空间点阵结构时，就形成了晶体。因此，具有空间点阵结构的固体就叫晶体（典型的晶体结构见图 9-11）。事实上，绝大多数固体都是晶体。

 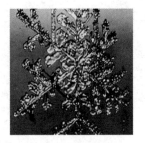 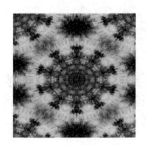

图 9-11 典型的晶体结构

2. 晶系

构成晶体的微观粒子（分子、原子或离子）按一定的几何规则排列，形成的最小单元称为晶格。按晶格空间结构的不同晶体可分为不同的晶系，如三斜晶系、单斜晶系、斜方晶系、立方晶系、三方晶系、六方晶系和等轴晶系。同一种物质在不同的条件下可形成不同的晶系或两种晶系的混合物。

3. 晶习

微观粒子的规则排列可以按不同方向发展，即各晶面以不同的速率生长，从而形成不同外形的晶体，各晶面的相对成长率称为晶习。同一晶系的晶体在不同结晶条件下的晶习不同，改变结晶温度、溶剂种类、pH 值以及少量杂质或添加剂的存在往往会改变晶习而得到不同的晶体外形。控制结晶操作的条件以改善晶习，获得理想的晶体外形，是结晶操作区别于其他分离操作的重要特点。

4. 晶核

溶质从溶液中结晶出来的初期，首先要产生微观的晶粒作为结晶的核心，这些核心称为晶核。晶核是过饱和溶液中首先生成的微小晶体粒子，是晶体生长过程必不可少的核心。

5. 晶浆和母液

溶液在结晶器中结晶出来的晶体和剩余的溶液构成的悬混物称为晶浆，去除晶体后所剩的溶液称为母液。结晶过程中，含有杂质的母液会以表面黏附或晶间包藏的方式夹带在固体产品中。工业上，通常在对晶浆进行固液分离以后，再用适当的溶剂对固体进行洗涤，以尽量除去由于黏附和包藏母液所带来的杂质。

三、结晶过程的相平衡

1. 溶解度

在一定温度下，将固体溶质不断加入某溶剂中，溶质就会不断溶解，当加到某一数量后，溶质不再溶解，此时，固液两相的量及组成均不随时间的变化而变化，这种现象称为溶解相平衡。此时的溶液称为饱和溶液，其组成称为此温度条件下该物质的平衡溶解度（简称溶解度）；若溶液组成超过了溶解度，称为过饱和溶液。显然，只有过饱和溶液对结晶才有意义。结晶产量取决于溶质的溶解度及其随操作条件的变化情况。

溶解度常用的表示方法有：溶质在溶液中的质量分数；100kg 溶剂中溶解的溶质数，即 100kg/100kg 溶剂；或体积质量浓度，即 kg/L 等。在同样条件下，不同物质的溶解度是不同的，溶解度与其化学性质、溶质的分散度（晶体大小）、溶质与溶剂的性质、温度有关。一种物质在一定溶剂中的溶解度主要随温度而变化，而随压强的变化很小，常可忽略不计。

因此溶解度的数据通常用溶解度对温度所标绘的曲线来表示。

溶解度随温度变化的关系曲线称为溶解度曲线，某种物质的溶解度曲线就是该物质的饱和溶液曲线。图 9-12 所示为几种常见盐类在水中的溶解度曲线：多数物质的溶解度曲线是连续的，且物质的溶解度随温度升高而明显增加，如 KCl、KNO$_3$。但也有一些水合盐（含有结晶水的物质）的溶解度曲线有明显的转折点（变态点），它表示其组成有所改变，如 Na$_2$SO$_4$·10H$_2$O 转变为 Na$_2$SO$_4$（变态点温度约为 305.5K）。另外还有一些物质，其溶解度随温度升高反而减小，例如 Na$_2$SO$_4$。至于 NaCl，温度对其溶解度的影响很小。

对于溶解度随温度变化敏感的物质，可选用变温方法结晶分离；对于溶解度随温度变化缓慢的物质，可用蒸发结晶的方法（移除一部分溶剂）分离；通过物质在不同温度下的溶解度数据还可以计算结晶过程的理论产量。

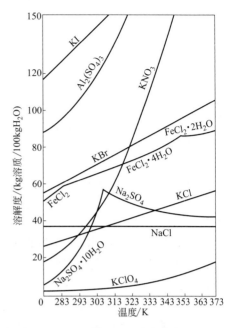

图 9-12 某些无机盐在水中的溶解度曲线

2. 过饱和度

溶质组成等于溶解度的溶液称为饱和溶液；溶质组成低于溶解度的溶液称为不饱和溶液；溶质组成大于溶解度的溶液称为过饱和溶液；同一温度下，过饱和溶液与饱和溶液间的组成之差称为溶液的过饱和度。

实际生产中的结晶操作，都是利用过饱和溶液来制取晶体的。由于过饱和溶液是溶液的一种不稳定状态，轻微的振动、搅拌或有固体存在，立刻会有晶体析出，所以过饱和溶液要在相当平静的条件下制备。将饱和溶液谨慎、缓慢地冷却，并防止掉进固体颗粒，就可以制得过饱和溶液。在适当的条件下，过饱和溶液可稳定存在，比如高纯度溶液，未被杂质或灰尘所污染；盛装溶液的容器平滑干净；溶液降温速率缓慢；无搅拌、振荡、超声波等。如硫酸镁过饱和水溶液可以在饱和温度以下 17℃ 稳定存在而不结晶。显然，过饱和是结晶的前提，过饱和度是结晶过程的推动力。

过饱和度常用以下两种方法表述。

用浓度差表示：
$$\Delta c = c - c^* \tag{9-1}$$

式中　Δc——浓度差过饱和度，kg 溶质/100kg 溶剂；

　　c——操作温度下的过饱和溶液浓度，kg 溶质/100kg 溶剂；

　　c^*——操作温度下的溶解度，kg 溶质/100kg 溶剂。

用温度差表示：
$$\Delta t = t^* - t \tag{9-2}$$

式中　Δt——温度差过饱和度（过冷度），K；

　　t——溶液经冷却达到过饱和状态时的温度，K；

　　t^*——溶液在饱和状态时所对应的温度，K。

溶液过饱和度与结晶的关系如图 9-13 所示，AB 线称为溶解度曲线，曲线上任意一点，

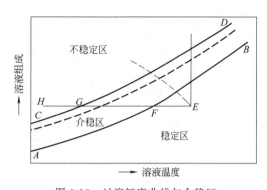

图 9-13　过溶解度曲线与介稳区

均表示溶液的一种饱和状态，理论上状态点处在 AB 线左上方的溶液均可以结晶，然而实践表明并非如此，溶液必须具有一定的过饱和度，才能析出晶体。CD 线称为过溶解度曲线，也称过饱和曲线，表示溶液达到过饱和，其溶质能自发地结晶析出的曲线，它与溶解度曲线大致平行。对于指定物系，其位置受到许多因素的影响，例如容器的洁净及平滑程度、有无搅拌及搅拌程度的大小、有无晶种及晶种的大小与多少、冷却速率快慢等。干扰越小，CD 线距 AB 线越远，形成的过饱和程度越大。

过溶解度曲线和溶解度曲线将组成-温度图分割为三个区域。

① 稳定区：AB 线以下的区域，处在此区域的溶液尚未达到饱和，所以没有晶体析出的可能；

② 不稳定区：CD 线以上的区域，处在此区域中，溶液能自发地发生结晶；

③ 介稳区：AB 和 CD 线之间的区域，处在此区域中，溶液虽处于过饱和状态，但不会自发地发生结晶，如果投入晶种（用于诱发结晶的微小晶体），则发生结晶。通常，结晶操作都在介稳区内进行。

过溶解度曲线、介稳区及不稳定区对结晶操作具有重要的实际意义。例如，在结晶过程中，若将溶液控制在介稳区，因过饱和度较低，有利于形成量少而粒大的结晶产品，可通过改变加入晶种的大小及数量控制；若将溶液控制在不稳定区，因过饱和度较高，易产生大量的晶核，有利于获得晶粒细小及量多的结晶产品。

四、结晶形成过程

结晶过程主要包括晶核的形成和晶体的生长两个过程。

1. 晶核的形成

根据成核机理的不同，晶核形成可分为初级均相成核、初级非均相成核和二次成核这三种。初级均相成核是指溶液在较高过饱和度下自发生产晶核的过程。初级非均相成核是溶液在外来物的诱导下生产晶核的过程，它可以在较低的过饱和度下发生。二次成核是含有晶体的溶液在晶体相互碰撞或晶体与搅拌桨（或器壁）碰撞时所产生的微小晶体的诱导下发生的。由于初级均相成核速率对溶液过饱和度非常敏感，操作时对溶液过饱和度的控制要求过高，因而未被广泛采用，初级非均相成核因需引入诱导物而增加操作步骤，通常也较少采用，因此，工业结晶通常采用二次成核技术。

2. 晶体的生长

过饱和溶液中已形成的晶核逐渐长大的过程称为晶体的成长。晶体成长的过程，实质上是过饱和溶液中的过剩溶质向晶核表面进行有序排列，而使晶体长大的过程。晶体的长大可用液相扩散理论描述。按此理论，晶体的成长过程包括如下步骤。

首先溶液中过剩的溶质从溶液主体向晶体表面扩散，属扩散过程，即溶液主体和溶液与晶体界面之间有浓度差存在，溶质以浓度差为推动力，穿过紧邻晶体表面的液膜层而扩散在晶体表面。其次是到达晶体表面的溶质的分子或离子按一定排列方式嵌入晶体格子中，而组成有规则的结构，使晶体增大，同时放出结晶热，这个过程称为表面反应过程。

因此，晶体成长过程实质是溶质的扩散过程和表面反应过程的串联过程，晶体的成长速率与溶质的扩散速率、表面反应速率有关。

五、影响结晶操作的因素

结晶是一个传热传质过程，在不同的物理化学环境下会产生不同的结晶效果，任何一个参数或操作的变化都会对结晶产品产生很大的影响。因此，探讨与研究结晶的影响因素非常重要。

晶核形成的速率和晶体成长的速率这两个过程速率的大小，直接影响着结晶产品的质量。若晶核形成速率远远大于晶体成长速率，溶液中含有的大量晶核还来不及成长，过程就结束了，导致产品颗粒小而多；相反，若晶核形成速率远远小于晶体成长速率，溶液中晶核数量较少，随后析出的溶质都供其长大，所得的产品颗粒大而均匀；若两者速率相近，最初形成的晶核成长时间长，后来形成的晶核成长时间短，结果是产品的颗粒大小参差不齐。

同时，晶体颗粒本身的质量也受到这两种速率的影响，若晶体成长速率过快，有可能导致若干晶体颗粒聚结，形成晶簇，将杂质包藏其中，严重影响产品的纯度。因此，在结晶操作中，为了得到颗粒大而均匀、纯度又高的产品，必须考虑控制晶核形成速率和晶体生长速率。

影响结晶产品的因素有很多，主要包括溶液的过饱和度、温度、密度、机械搅拌、黏度、结晶罐结构、体系空间和杂质等。

1. 过饱和度的影响

不同的生长机理，过饱和度对晶体生长速率影响情况是不同的。过饱和度是晶体成长的根本动力，通常，过饱和度越大，晶体成长的速率越快。对于蒸发结晶速率来说，过饱和度的提高有助于晶体生长，但是过饱和度也影响晶体的成核，尤其是在过高的过饱和度下，晶体很容易发生二次成核，导致结晶产品的粒度减小。这是因为在温度一定的条件下，结晶总质量只与进料的浓度有关（由于这时溶解度不变），晶核增多，每个晶核可以生长的幅度就减小了，也就是粒度减小了。

2. 温度的影响

温度对结晶操作的影响是复杂的，它同时影响粒子的扩散速率以及相界面上的传质速率，还直接决定溶解度大小，同时，温度的提高常引起过饱和度的降低。因此，晶体生长速率一方面由于粒子相互作用的过程加速而加快，另一方面则由于伴随着温度提高，过饱和度或过冷度降低而减慢。要综合考虑温度的影响。

3. 密度的影响

晶体周围的溶液因为溶质不断地析出，使得局部密度下降，结晶放热作用使局部的温度较高，加剧了这种密度的下降。在重力作用下，溶液的局部密度差会造成溶液的涡流，如果这种涡流在晶体周围分布不均，就会使晶体的溶质供应不均匀，晶体的各表面成长也不均匀，影响产品的质量。

4. 机械搅拌的影响

机械搅拌是影响粒度分布的重要因素。搅拌剧烈会使介稳区变窄，二次成核的速率增快，晶体粒度变细。温和而又均匀地搅拌，则是获得大颗粒结晶的重要条件。但是，过于缓慢的搅拌会引起局部受热和局部结晶速率的加快，这也不利于最终晶体的纯度和产量。因此，在工业实际操作过程中，往往通过试验及观察，选择合适的机械搅拌装置和搅拌速率，使最终的结晶产品质量和产量达到最优化。

5. 黏度的影响

若溶液黏度大、流动性差，溶质向晶体表面的质量传递主要靠分子扩散作用。这时，由于晶体的顶角和棱边部位比晶面容易获得溶质，从而会出现晶体的棱边长得快、晶面长得慢的现象，使晶体长成特殊的形状。

6. 杂质的影响

结晶体系中常常会存在一些杂质，杂质的存在对晶体的生长有非常大的影响。有些杂质能够完全抑制生长，有些则可以促进生长，有的杂质在浓度很低时，甚至含量小于百万分之一时，影响就很明显，而有的杂质在浓度很高时才有影响。杂质能以各种途径影响晶体的生长速率，它们可以改变溶液的性质或者改变平衡饱和浓度，也可以改变晶体-溶液吸附层的特性，影响晶体生长单元的集结。

杂质对晶体形状的影响，对于工业结晶操作有重要意义。在结晶溶液中，杂质的存在或有意识地加入某些物质，就会起到改变晶型的效果。

7. 晶种的影响

晶种加入可使晶核形成的速率加快，加入一定大小和数量的晶种，并使其均匀地悬浮于溶液中，溶液中溶质质点便会在晶种的各晶面上排列，使晶体长大。晶种粒子大，长出的结晶颗粒也大，所以，加入晶种是控制产品晶粒大小和均匀程度的重要手段，在结晶生产中是常用的。

> **技能训练 9-3**
>
> 结晶的首要条件是过饱和，创造过饱和条件下，在工业生产中常用的结晶方法是：初级均相成核、初级非均相成核和二次成核，其中二次成核是目前各行业普遍采用的结晶方法。查阅资料，讨论分析这三种工业结晶过程的结晶原理，并比较各自的优缺点。

子任务 2　确定结晶装置的工艺参数

在结晶操作中，原料液中的溶质（或溶剂）的量及溶质的含量是已知的。对于大多数物质，结晶过程终了时母液与晶体达到了平衡状态，可由溶解度曲线查得母液中溶质的含量；对于结晶过程终了时仍处于过饱和状态的物系，母液中溶质的含量需由实验测定。此时，根据物料衡算和热量衡算即可求出结晶产品量。

一、结晶的物料衡算和热量衡算

1. 物料衡算

物料衡算包括总物料的衡算和溶质的物料衡算。

（1）不形成水合物的结晶过程　若晶体产品中不含结晶溶剂，对于不含水合物的结晶过程列溶质的物料衡算方程（在结晶操作前后溶质的量不变），得：

$$Wc_1 = G_c + (W - BW)c_2 \tag{9-3}$$

或改写成

$$G_c = W[c_1 - (1-B)c_2] \tag{9-4}$$

式中 G_c——绝干结晶产品量，kg 或 kg/h；

W——原料液中溶剂量，kg 或 kg/h；

B——单位进料中溶剂蒸发量，kg/kg 原料溶剂；

c_1，c_2——原料液与母液中溶质的含量，kg/kg 原料溶剂。

（2）形成水合物的结晶过程 对于形成水合物的结晶过程，溶质水合物携带的溶剂不再存在于母液中，对溶质作物料衡算，得：

$$Wc_1 = \frac{G}{R} + W'c_2 \tag{9-5}$$

式中 W'——母液中溶剂量，kg 或 kg/h。

对溶剂作物料衡算，得：

$$W = BW + G\left(1 - \frac{1}{R}\right) + W' \tag{9-6}$$

整理得：

$$W' = (1-B)W - G\left(1 - \frac{1}{R}\right) \tag{9-7}$$

将式（9-7）代入式（9-5）中，得：

$$Wc_1 = \frac{G}{R} + \left[(1-B)W - G\left(1 - \frac{1}{R}\right)\right]c_2 \tag{9-8}$$

整理得：

$$G = \frac{W'R[c_1 - (1-B)c_2]}{1 - c_2(R-1)} \tag{9-9}$$

式中 G——结晶水合物产量，kg 或 kg/h；

R——溶质水合物摩尔质量与绝干溶质摩尔质量之比，无结晶水合作用时 $R=1$，当 $R=1$ 时，$G = G_c$。

式（9-9）是一个通用表达式，对于不同的结晶过程，具有不同的简化形式。若结晶无水合作用，$R=1$，式（9-9）又简化成式（9-4）。

对于不移除溶剂的结晶，如在蒸发结晶中，移除溶剂量 B 若已预先规定，可由式（9-9）求 G；反之，可根据已知的结晶产量 G 求 W。

2. 热量衡算

对于真空冷却结晶，溶剂蒸发量为未知数，需要通过热量衡算求出。由于真空冷却蒸发是溶液在绝热情况下闪蒸，故蒸发量取决于溶剂蒸发时需要的汽化热、溶质结晶时放出的结晶热以及溶液绝热冷却时放出的显热。热量衡算式为：

$$BWr_s = (W + Wc_1)C_p(t_1 - t_2) + Gr_{cr} \tag{9-10}$$

将式（9-10）与式（9-9）联立求解，得：

$$B = \frac{R(c_1 - c_2)r_{cr} + (1 + c_1)[1 - c_2(R-1)]C_p(t_1 - t_2)}{[1 - c_2(R-1)]r_s - Rc_2r_{cr}} \tag{9-11}$$

式中 r_{cr}——结晶热，即溶质在结晶过程中放出的潜热，J/kg；

r_s——溶剂汽化热，J/kg；

C_p——原料液的质量热容，J/(kg·K)；

t_1，t_2——溶液的初始及最终温度，K。

若有热量加入，则要根据具体情况对结晶器作热量衡算。

二、结晶系统的控制与参数调节

结晶过程中，溶液的过饱和度、物料温度的均匀一致性以及搅拌转速和冷却面积等因素是影响产品晶粒大小和外观形态的决定性因素。为获得好的结晶产品，需要在生产过程中对一些参数进行控制。

1. 液位的控制

大多数的真空冷却结晶器都要求在一定的液位高度下操作，所以液位控制系统须能保证液位与预期高度相差在150mm之内。一般情况下，液位控制系统以进料量作为调节参数，但在有些情况下则以母液的再循环量或取出量为调节参数。

2. 操作压力的控制

蒸发结晶和真空冷却结晶的操作压力会直接影响结晶温度，操作压力由真空系统的排气速率控制。通常在结晶器顶部安装绝压变送器。

3. 温度的控制

结晶器内的温度通常与过饱和度相对应，特别是对于冷却结晶，更要监测控制温度。结晶系统需要测量的温度包括进料、排料和冷却水等。

4. 晶浆密度的控制

当通过汽化移去溶剂时，真空结晶器和蒸发结晶器里的母液的过饱和度很快升高，必须补充含颗粒的晶浆，使升高的过饱和度尽快消失。过饱和度的消失需要一定的表面积。晶浆固液比高，结晶表面积大，过饱和度消失得比较安全，不仅能使已有的晶体长大，而且可以减少细晶、防止结疤。因此，结晶器内的晶浆密度是一个重要的操作参数，可用悬浮液中两点间的压差来表征晶浆密度。在晶浆控制系统中，按压差变送器输出的信号，调节清母液溢流速率，保持结晶器内晶浆密度恒定。

5. 加热蒸汽量的控制

对于蒸发结晶器，溶液的过饱和度主要取决于输入的热量强度。加热蒸汽流量直接正比于结晶器的生产速率、循环晶浆的温升和热交换温差。

6. 进料量的变化

进料量的变化直接影响结晶器内部溶液过饱和度的大小，可采用电磁流量计进行流量控制。

7. 排料量的控制

可在晶浆排出管路上安装节流阀来调节排料量，但应定时全开以冲洗堆积在阀门处的晶体，以免堵塞。另外还可用泵或母液循环来调节。

8. 产品粒度的检测

产品的粒度分布是很重要的参数，可以通过取样离线进行筛分，目前已开发了多种利用激光的粒度分布测量仪，可以实现在线测量。

✏ 技术训练 9-1

　　有一连续操作的真空冷却结晶器，用来使乙酸钠溶液结晶，生产带有 3 个结晶水的乙酸钠（$CH_3COONa \cdot 3H_2O$）。原料液为 353K、质量分数 40% 的乙酸钠水溶液，进料量为 2000kg/h。已知操作压力（绝压）为 2.64kPa，溶液的沸点为 302K，质量热容为 3.50kJ/(kg·K)，结晶热为 144kJ/kg，结晶操作结束时母液中溶质的含量为 0.54kg/(kg·K)。试求每小时的结晶产量。

　　解：溶液中溶质的初始含量　　$c_1 = 40/60 = 0.667$（kg/kg 水）

　　原料液中的水量　　　　　　　$W = 2000 \times (1 - 0.4) = 1200$（kg/h）

　　摩尔质量比　　　　　　　　　$R = 136/82 = 1.66$

　　查 2.64kPa 下水的汽化热　　　$r_s = 2451.8$kJ/kg

故根据式（9-11）可得溶剂蒸发量为：

$$B = \frac{1.66 \times (0.667 - 0.54) \times 144 + (1 + 0.667) \times [1 - 0.54 \times (1.66 - 1)] \times (353 - 302) \times 3.50}{[1 - 0.54 \times (1.66 - 1)] \times 2451.8 - 1.66 \times 0.54 \times 144}$$

$$= 0.153$$

得产品结晶量为

$$G = \frac{1200 \times 1.66 \times [0.667 - 0.54 \times (1 - 0.153)]}{1 - 0.54 \times (1.66 - 1)} = 648.8 \text{（kg/h）}$$

💡 技能训练 9-4

　　结合本地生产实际，选择一个来自企业实际连续生产中的带控制点的结晶过程流程，讨论强化结晶系统的参数控制。

任务 3　操作结晶装置

　　结晶操作中，为保障结晶过程安全顺利地进行，并保证结晶产品符合要求（颗粒度大小、含液量多少），在结晶装置操作过程中，必须按照操作规程进行操作，并控制好操作条件，避免安全事故的发生。

子任务 1　认识结晶操作规程

　　为使结晶装置能够顺利正常地运行以及安全地生产出符合质量标准的产品，且产量又能达到要求规模，在装置投运开工之前，必须编写一个该系统的操作规程。

一、结晶装置操作规程的常规内容

在实际生产中，结晶过程的具体内容随结晶对象及结晶要求不同而有所区别，但结晶操作规程的内容一般包括以下几点。

① 有关装置及产品基本情况的说明。主要内容包括：结晶装置的生产能力；结晶产品的名称、物理化学性质、质量标准以及它的主要用途；装置和外部公用辅助装置的联系，包括原料、辅助原料的来源，水、电、气等公用工程的供给以及产品的去向等。

② 装置或系统的构成、岗位的设置以及主要操作程序。主要内容包括：一个结晶装置或系统分成几个工段，并应按工艺流程顺序列出每个工段的名称、作用及所管辖的范围；按工段列出每个工段所属的岗位以及每个岗位的所管范围、职责和岗位的分工；列出装置开、停车程序以及异常情况处理等内容。

③ 工艺技术方面的主要内容。一般包括：结晶原料及辅助原料的性质及规格；生产方法、生产原理、流程叙述、工艺流程图及设备一览表；工艺控制指标（如温度、压力、配料比、停留时间等）；每吨产品的物耗及能耗等。

④ 环境保护方面的内容。列出"三废"的排放点、排放量以及其组成；介绍"三废"处理措施，列出"三废"处理一览表。

⑤ 安全生产原则及安全注意事项。应结合装置特点，列出与装置安全生产有关规定、安全技术有关知识、安全生产注意事项等。对有毒、有害物质及易燃、易爆装置更应详细地列出有关安全及工业卫生方面的具体要求。

⑥ 成品包装、运输及储存方面的规定。列出包装容器的规格、重量、包装、运输方式，产品储存中有关注意事项，批量采样的有关规定等。

二、结晶操作中的安全问题

结晶物系的性质不同，采用的结晶方法和条件不同，采用的搅拌装置不同，涉及的安全问题也不相同。结晶操作中应注意的安全问题归纳起来大致为下面几点：

（1）因搅拌装置引起的安全问题　若反应-结晶器内物料是易燃易爆或强氧化剂，可能因搅拌轴的填料函漏油而引发反应物料温度升高，发生冲料和燃烧爆炸；若出现搅拌突然停止或卡死，物料不能充分混匀，可进一步引发器内温度、浓度分布不均，引发事故。

（2）因物系性质引起的安全问题　若结晶物系存在易燃液体蒸气和空气的爆炸性混合物，易引发静电起火爆炸危险。

（3）因结晶过程中传热不均引起的安全问题　传热不均可引起结晶物系浓度分布不均，进而引起结晶颗粒粒径分布不均匀，特别是大量的颗粒小、颗粒不均匀的晶体出现，这样会引起结晶产品分离负荷增加，同时也会出现结晶产品含湿量高，最终引起结晶产品储存时发生胶结现象。

结晶操作过程中，一定要注意各类安全隐患，保证生产安全进行。

三、结晶装置操作规程的一般目录

常见的结晶装置操作规程一般目录如下。

① 装置概况。
② 产品说明。

③ 原料、辅助原料及中间体的规格。

④ 岗位设置及开停工程序。

⑤ 工艺技术规程。

⑥ 工艺操作控制指标。

⑦ 安全生产规程。

⑧ 工业卫生及环境保护。

⑨ 主要原料、辅助原料的消耗及能耗。

⑩ 产品包装、运输及储存规则。

四、认识结晶岗位操作法

一个化工装置要实现顺利试车及正常运行，除了需要一个科学、先进的操作规程以外，还必须有一整套岗位操作法。

一般来说，结晶岗位操作法常包括以下内容。

① 结晶岗位的目的、适用范围、岗位职责等基本任务。要求应以简洁、明了的文字说明结晶岗位所从事的生产任务。

② 工艺流程概述。要求说明结晶岗位的工艺流程及起止点，并列出结晶工艺流程简图。

③ 所管设备。应列出结晶岗位生产操作所使用的所有设备、仪表，标明其数量、型号、规格、材质、重量等。通常以设备一览表的形式来表示。

④ 操作程序及步骤。列出结晶岗位如何开车及停车的具体操作步骤及操作要领。

⑤ 生产工艺控制指标。凡是由车间下达到结晶岗位的工艺控制指标，如过饱和度、操作压力、晶浆固液比、投入量与取出量等都应一个不漏地全部列出。

⑥ 仪表使用规程。要求列出结晶所有仪表（包括现场的和控制室内的）的启动程序及有关规定。

⑦ 异常情况及其处理措施。列出结晶岗位通常发生的异常情况有哪几种，发生这些异常情况的原因分析，以及采用什么处理措施来解决上述几种异常情况，处理措施具有可操作性。

⑧ 巡回检查制度及交接班制度。应标明结晶岗位的巡回检查路线及其起止点，必要时以简图列出；列出巡回检查的各个点、检查次数、检查要求等。交接班制度应列出交接时间、交接地点、交接内容、交接要求及交接班注意事项等。

⑨ 安全生产守则。应结合装置及岗位特点，列出结晶岗位安全工作的有关规定及注意事项。

⑩ 操作人员守则。应以生产管理角度对岗位人员提出一些要求及规定。例如，上岗严禁抽烟、必须按规定着装等以及提高岗位人员素质、实现文明生产的一些内容及条款。

对于上述基本内容，应结合每个岗位的特点予以简化或细化，但必须符合岗位生产操作及管理的实际要求。

技能训练 9-5

以下述框图 9-14 所示及流程叙述为基础，查阅真空浓缩冷却结晶磷酸二氢钾溶液相关资料，尝试编写该结晶流程《结晶岗位作业指导书》（参考表 9-2 所述编写指标及要点）。

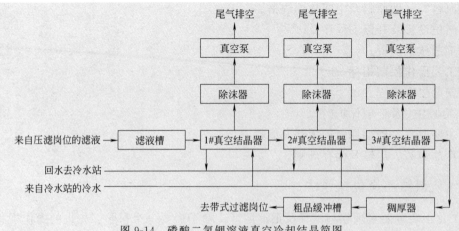

图 9-14　磷酸二氢钾溶液真空冷却结晶简图

　　工艺流程：来自压滤的滤液经过滤液泵输送至一级结晶器，结晶器上层的不凝气在真空泵的作用下被抽至间接冷凝器，通过与来自冷水站的冷水或者来至循环水站的循环水进行换热降温，结晶器内的物料在负压绝热条件下进行降温并蒸发浓缩，物料依次通过过料泵输送到二级结晶器、三级结晶器，滤液中磷酸二氢钾晶体逐步长大，满足过滤要求时，再进入稠厚器分离出含固量较高的液体，进入缓冲槽给过滤岗位使用。

表 9-2　结晶岗位作业指导书编写指标及要点

序号	作业指导书编写指标	编写要点
一	目的	磷酸二氢钾溶液结晶岗位的主要任务描述
二	适用范围	结晶岗位允许操作的生产阶段描述
三	岗位职责	分别描述结晶岗位主操作和副操作的岗位责任
四	岗位流程	岗位流程示意图及流程简述
五	开停车操作	开车前准备与检查、开车、停车过程描述
六	生产控制	操作、巡检等生产要点归纳
七	安全注意事项	职业防护与规范操作描述
八	故障处理	归纳结晶操作不正常现象及其处理方法

子任务 2　学会结晶操作开停车

　　结晶操作是化工生产中常见的单元操作，现根据实际生产中结晶岗位操作情况，以某工厂真空浓缩冷却结晶磷酸二氢钾溶液为例，简要介绍结晶操作开停车。

一、本结晶操作的目的

　　本操作为规范结晶岗位的作业程序，对压滤出来的磷酸二氢钾溶液进行真空浓缩冷却结晶，制取合格的结晶料浆，为过滤提供合格足量的结晶料浆。

二、岗位职责

结晶岗位主操作：负责正常生产中的操作指标控制，并对系统的开停车具体操作进行控制，严格控制各类指标，对生产中非正常现象进行处理，并做好所有设备的巡检工作。

结晶岗位副操作：协助主操作确保正常生产，同时负责本岗位所属的现场卫生、设备卫生，搞好设备的润滑维护；主操作不在时，应执行主操作职责。

三、岗位流程

岗位流程见图 9-14。

四、开停车操作

1. 开车前的准备与检查

① 检查各设备、管道、阀门、液位计是否完好，全部阀门是否处于关闭状态。

② 检查电器、仪表是否处于完好状态。

③ 盘车检查所属转动设备转动是否灵活、有无卡阻及异常声音、润滑是否良好、密封是否完好。

④ 检查各运转设备电机，长时间停车应找电工检查电机绝缘度。

⑤ 准备好本岗位取样工具、分析仪器及质量记录表。

⑥ 查看水、电、气、汽是否满足开车要求，提前与冷水站和循环水站联系。

⑦ 以上检查无问题后及时向当班工长汇报。

2. 开车

（1）发出开车信号并开启冷却水阀门　接到开车指令后，向冷水站、循环水站、中控和压滤岗位发出开车信号，开启结晶器间接冷凝器冷却水阀门：打开 1 至 3 级结晶间接冷凝器冷却水进出口阀门，通知循环水站开启循环水泵向 1 级间接冷凝器提供循环水，通知冷水站开启制冷机组向 2～3 级间接冷凝器提供冷冻水，进水注意事项如下。

① 先将进水管线阀门开至 30%。

② 必须排净冷却设备内的空气：打开冷却设备放空管线阀门，当放空管线阀门向外流水（排净设备内空气）时关闭放空管线的阀门，检查各级结晶间接冷凝器进出水压力（冷却水供水压力 0.4MPa，循环水供水压力 0.4MPa）、温度及回水温度仪表示数是否准确。

（2）开启真空系统

① 检查真空泵各连接是否完好；温度、压力仪表是否完好；润滑油是否加够等。

② 关闭真空泵进气管线旁路上的阀门。

③ 打开真空泵冷却水进出口阀门，建立冷却水循环。

④ 提前向高、低温冷凝水槽内加入部分氯化铵系统的冷凝水（原始开车加入一次水），以确保高、低温冷凝水槽液位维持在 50% 处（确保起到液封作用）。

⑤ 真空泵手动盘车无误后，启动真空泵电机。

⑥ 当真空泵达到极限压力时，打开进气管线上的泄压阀调整好相应的工作压力，真空泵开始正常工作。

⑦ 打开除沫器下液阀门。

（3）各级结晶器上料

① 打开滤液上料泵进口阀门，启动滤液上料泵（先灌泵），向一级结晶器内输送物料，再打开泵出口阀，缓慢开启原料流量计上游阀门至全开，然后用流量计下游的阀门调节流量，开始向真空冷却结晶系统进液。

② 将一级、二级、三级结晶器的液位设置成手动状态。

③ 当一级结晶器的液位浸没一级结晶器搅拌桨叶时，开启一级结晶器搅拌，调整好变频开度。根据一级结晶器的液位和负压调节循环水温及循环水进出口阀门开度，确保一级结晶器的出料温度符合要求。

④ 当一级结晶器液位达到 4.5m 时，打开一级结晶器出料泵进口阀门，启动一级结晶器出料泵（先灌泵），向二级结晶器内输送物料，再缓慢开启出口阀门，调节流量，开始向二级结晶器进液。

⑤ 后续二、三级结晶器的操作同一级相同，不再叙述。

⑥ 液位平衡：一级结晶器液位平稳后，调节一级结晶器出料泵的变频器，控制一级结晶器的液位使之维持在 4.5m。依次调节二级结晶器出料泵的变频器，控制二级结晶器的液位使之维持在 4.5m。以此类推，通过调整各级结晶器出料泵变频开度及各级出料泵出口阀门的开度，使各级结晶器的液位维持在规定工艺指标。

⑦ 当高、低温冷凝水槽液位显示为 0.8m 时，开启高低温冷凝水泵入口阀，启动高、低温冷凝水泵，打开泵出口阀并调节阀门的开度，通过高、低温冷凝水泵的变频器调节输出流量来控制液位，使高、低温冷凝水连续输送至其他岗位或者前工序。注意：冷凝水槽液位维持在 0.8~1.2m 处（确保起到液封作用）。

⑧ 各级结晶器设有远传压差液位计与各级结晶器出料采用变频泵联锁，即高低液位自动控制技术。通过液位调节结晶出料泵的转速，保持结晶器内液位在 4.5m，当液位大于 5m 时，报警。各级结晶器负压、液位和温度调整至规范指标后，立即切换至液位自动调节状态。

（4）打开三级结晶出料泵进口阀门，启动三级结晶出料泵，然后打开泵出口阀并调节阀门开度，使浓缩液输送至稠厚器。当浓缩液淹没搅拌时开启搅拌。通知过滤岗位准备开车。

3. 停车

① 迅速降低二氢钾滤液上料泵流量。

② 停各级真空机组：关闭真空泵进口管线阀门，迅速关闭真空泵电机，开启泵进口放空管线阀门，使真空泵进口恢复常压，关闭冷却水管线的阀门。

③ 打开各级结晶器的壳放空阀门，将系统放空。

④ 继续进料稀释浓缩液，直到各级结晶器内物料无晶体物质析出后，停止磷酸二氢钾母液上料泵并关闭上料阀，打开泵入口的排净阀门，将上料管线内的料液排净。

⑤ 将一级结晶器液位控制设置设为手动状态，一级结晶器内料液全部输送至二级结晶器后，停止一级结晶出料泵并关闭一、二级结晶器过料阀，打开泵入口处的放净阀门，将一级结晶器内料液排净。

⑥ 以此类推将二、三级结晶器内的物料全部排放干净。

⑦ 停止冷冻水和循环水系统：关闭各级冷却器冷冻水进出口阀门。

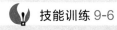 技能训练 9-6

查阅相关资料，总结结晶操作开停车的操作规程。

子任务 3　处理结晶操作故障

结晶操作过程中，结晶过程无法进行、结晶产品不符合产品要求（如结晶颗粒粒度过大或过小、含液量过高）、结晶产品粘壁现象严重，或蒸发设备压力波动过大等均是结晶操作中常见的事故，实际生产过程中，必须依据结晶物料的性质、结晶操作流程及结晶方法等进行分析，并加以处理。

在结晶操作中，异常现象及处理方法见表 9-3。

表 9-3　结晶操作中的异常现象及处理方法

现　象	原　因	处　理　方　法
晶体颗粒太细	① 过饱和度增多	① 降低过饱和度
	② 温度过低	② 提高温度
	③ 操作压力过低	③ 增加操作压力
	④ 晶体过多	④ 控制晶种或增加细晶消除系统
晶垢	① 溶质沉淀	① 防止沉淀
	② 滞留死角	② 防止死角
	③ 流速不匀	③ 控制流速均匀
	④ 保温不匀	④ 保温均匀
	⑤ 搅拌不匀	⑤ 搅拌均匀
	⑥ 杂质	⑥去除杂质
堵塞	① 母液中含杂质	① 除去杂质
	② 不能及时地清除细晶	② 消除细晶
	③ 产生晶垢	③ 除去晶垢,及时地清洗结晶器
	④ 晶体的取出不畅	④ 通过加热及时地取走晶体
蒸发结晶器的压力波动	① 换热器的传热不均	① 均匀传热
	② 结垢	② 消除结垢
	③ 溶液的过饱和度不符合要求	③ 控制溶液的过饱和度
	④ 排气不畅	④ 清洗结晶器、换热器及管路
	⑤ 结晶器的液面、溢流量不符合要求	⑤ 控制结晶器的液位及溢流量
晶浆泵不上量	① 叶轮或泵壳磨损严重	① 应停泵检修更换
	② 管线或阀门被堵	② 停泵清洗或清扫
	③ 叶轮被堵塞	③ 用水洗或汽冲
	④ 晶浆固液比过高	④ 减少取出量或带水输送
	⑤ 泵反转或漏入空气	⑤ 维修可更换填料

续表

现　象	原　因	处 理 方 法
盐析结晶器液面高	① 溢流管堵或不通畅	① 清洗或排出管内存气
	② 取出管堵或取出量小	② 清洗取出管或加大取出量
	③ 溢流槽挡网杂物多	③ 清除杂物
	④ 溢流量过大	④ 调整滤液量
稠厚器下料管堵	① 稠厚器内存料过多	① 减少进料量,用水带动取出
	② 管线阀门被堵	② 用水洗或吹蒸汽
	③ 器内掉有杂物	③ 停车放空取出杂物
盐析结晶器溢流带料多	① 滤液带气严重	① 减少并消除滤液泵带气
	② 泵循环量过多或没关排气阀	② 更换泵叶轮或关排气阀
	③ 器内固液比太高	③ 加大取出量,降低固液比或减量
	④ 母液溢流量过大	④ 均匀分配滤液
	⑤ 结晶过细	⑤ 改善结晶质量

综合案例

有一结晶器，用来使硝酸钾溶液结晶，产量为 10kt/a（按 300 个工作日计）。进料温度为 80℃，母液温度为 30℃，进料中含钾盐 45%（质量分数），若已知操作压力为 2334Pa，结晶热为 200kJ/kg，平均比热容为 1.87kJ/(kg·℃)，试完成以下问题。

（1）硝酸钾溶解度随温度的变化如表 9-4 所示，单位为 g/100g 水，试确定该结晶器的类型。

表 9-4　硝酸钾溶解度随温度的变化

温度	0	10	20	30	40	60	80	100
溶解度/(g/100g 水)	13.3	20.9	31.6	45.8	63.9	110	169	247

（2）若采用真空冷却结晶器，试确定每小时的结晶产量；单位进料中溶剂的蒸发量；原料液中的溶剂量；原料液的进料流量及总蒸发量。

（3）与（2）的条件相同，试确定蒸发水分所需的热量；原料从室温升到进料温度所需提供的热量（假设室温为 20℃）。

解：

（1）从生产规模看，应该选择连续操作。从硝酸钾的溶解度数据可以看出，随温度下降，溶解度减小。因此，可以用冷却的方法来获得结晶。考虑到真空冷却结晶操作稳定，生产强度高，且结晶器内无换热面，从而不存在需要经常清理晶疤的问题，故选用真空冷却结晶器，使母液中的水在真空下闪蒸而绝热冷却，以产生过饱和度。

（2）如前所述条件

结晶产品的产量：
$$G_c = \frac{10 \times 10^6}{300 \times 24} = 1389 \text{（kg/h）}$$

由进料中钾盐含量为 45%（质量分数），则溶液中溶质的初始含量
$$c_1 = 0.45/(1-0.45) = 0.818 \text{（kg/kg 水）}$$

由操作温度为 30℃，查得 30℃时溶解度为　$c_2 = 0.458$ kg/kg 水

单位进料中溶剂蒸发量

$$B = \frac{R(c_1 - c_2)r_{cr} + (1 + c_1)[1 - c_2(R - 1)]C_p(t_1 - t_2)}{[1 - c_2(R - 1)]r_s - Rc_2r_{cr}}$$

因 $R = 1$，故

$$B = \frac{(c_1 - c_2)r_{cr} + (1 + c_1)C_p(t_1 - t_2)}{r_s - c_2r_{cr}}$$

$$= \frac{200 \times (0.818 - 0.458) + 1.87 \times (80 - 30) \times (1 + 0.818)}{2446 - 200 \times 0.458} = 0.103$$

原料液中的溶剂量为：

$$W = \frac{G_c}{c_1 - (1 - B)c_2} = \frac{1389}{0.818 - (1 - 0.103) \times 0.458} = 3411 \ (\text{kg/h})$$

原料液进料流量为：

$$F = \frac{W}{(1 - \omega_1)} = \frac{3411}{1 - 0.45} = 6201 \ (\text{kg/h})$$

总蒸发量为：

$$V = BW = 0.103 \times 3411 = 351.3 \ (\text{kg/h})$$

（3）查得 30℃时，二次蒸气的汽化潜热为 2446kJ/kg，

进料放出的显热为：

$$6201 \times (80 - 30) \times 1.87 = 5.80 \times 10^5 (\text{kJ/h})$$

释放的结晶热为：

$$1389 \times 200 = 2.78 \times 10^5 (\text{kJ/h})$$

蒸发水分所需的热量为：

$$351.3 \times 2446 = 8.59 \times 10^5 (\text{kJ/h})$$

室温为 20℃，故将原料从室温升到进料温度所需提供的热量为：

$$6201 \times (80 - 20) \times 1.87 = 6.96 \times 10^5 (\text{kJ/h})$$

素质拓展阅读

"定海神针"——盖凤喜

在大海上，静止比运动困难得多。海水处在无休止的运动之中，对于一艘出海的轮船，风浪、海流、雷雨等都将影响它的航程。而这些因素对深水钻井平台的影响更加复杂，危害也更大。因为海底井口的位置是既定的，漂浮在海面上"半潜式"钻井平台必须跟井口保持相对静止。在海中，一艘平台想要"独善其身"地保持静止，传统的锚泊定位方式已无法实现。让一个垂直高度为 99.66m，相当于一座 33 层高的楼房大小的钻井平台在汪洋大海上"稳如泰山"，除了需要高精尖的机器设备，更需要一位细心的人来进行操作，这个人就是定位师。盖凤喜就是中海油的一位高级定位师，在他的职业生涯中，没有惊心动魄的故事，却规避了许多可能让人惊心动魄的风险。盖凤喜说自己的这个工作"没有人知道才是最好的状态"，能够一直"默默无闻、平平静静"地工作是他最大的心愿。他自己的感觉是：学然后知不足，业精于勤，只有用心做事，不断学习，才能精确定位，安全生产。盖凤喜和他的同伴用其一丝不苟、精细操作的职业操守，让深水钻井平台稳稳地矗立于每一个作业井位。

练习题

一、填空题

1. 当溶解速率与结晶速率相等时，两者达到动态的平衡，这时的溶液叫_____。

2. 常以_____的浓度与同温度的_____的浓度差表示过饱和度。

3. 过饱和曲线与溶解度曲线把平面图形分为三个区域，即_____、_____、_____，通常，结晶操作都在_____进行。

4. 晶种的作用主要是用来_____，以得到较大而均匀的结晶产品。

二、单项选择题

1. (   ) 是结晶过程必不可少的推动力。

    A. 饱和度   B. 溶解度

    C. 平衡溶解度   D. 过饱和度

2. 结晶操作过程中，有利于形成较大颗粒晶体的操作是（   ）。

    A. 迅速降温   B. 缓慢降温

    C. 激烈搅拌   D. 快速过滤

3. 结晶操作中，一定物质在一定溶剂中的溶解度主要随（   ）变化。

    A. 溶质浓度   B. 操作压力

    C. 操作温度   D. 过饱和度

4. 结晶过程中，较高的过饱和度可以（   ）晶体。

    A. 得到少量、体积较大的   B. 得到大量、体积细小的

    C. 得到大量、体积较大的   D. 得到少量、体积细小的

5. 下列叙述正确的是（   ）。

    A. 溶液一旦达到过饱和就能自发地析出晶体

    B. 过饱和溶液的温度与饱和溶液的温度差称为过饱和度

    C. 过饱和溶液可以通过冷却饱和溶液来制备

    D. 对一定的溶质和溶剂，其过饱和溶解度曲线只有一条

6. 在结晶过程中，杂质对晶体成长速率（   ）。

    A. 有抑制作用   B. 有促进作用

    C. 有的有促进作用，有的有抑制作用   D. 没有影响

7. 在工业生产中为了得到质量好、粒度大的晶体，常在介稳区进行结晶。介稳区是指（   ）。

    A. 溶液没有达到饱和的区域

    B. 溶液刚好达到饱和的区域

    C. 溶液有一定过饱和度，但程度小，不能自发地析出结晶的区域

    D. 溶液的过饱和程度大，能自发地析出结晶的区域

8. 以下物质从70℃降低到50℃，不析出结晶的是（   ）。

    A. 饱和 KBr 溶液   B. 饱和 Na_2SO_4 溶液

    C. 饱和 KNO_3 溶液   D. 饱和 KCl 溶液

三、问答题

1. 何谓结晶操作？结晶操作有哪些特点？

2.溶液结晶的方法有哪几种？

3.什么叫过饱和溶液？过饱和度有哪些表示方法？

4.结晶过程包括哪几个阶段？

5.结晶操作有哪些主要的影响因素？

6.常有的结晶设备有哪些类型？各有哪些优缺点？

四、计算题

1.已知硫酸铜在 283K、353K 时的溶解度分别为 174kg/100kg H_2O 和 230.5kg/100kg H_2O。试求把 180kg 硫酸铜饱和溶液从 353K 冷却到 283K 时，析出的硫酸铜的量是多少？

2.某厂利用冷却式结晶器生产 $K_2CO_3 \cdot 2H_2O$ 的结晶产品，原料液的温度为 350K，浓度（质量分数）为 60%，处理量 1000kg/h，母液的温度为 308K，浓度（质量分数）为 53%。结晶过程中水分的汽化量忽略不计，试求结晶产量。

《《》》知识的总结与归纳

	知识点	应用举例	备注
结晶与溶解的关系	① 饱和溶液、不饱和溶液、过饱和溶液； ② 晶体、晶系、晶习、晶核、晶浆和母液	解释结晶过程	理论解释
结晶相平衡及其应用	① 溶解度的常用表示方法 a.溶质在溶液中的质量分数，即 kg/100kg 溶剂；b.体积质量浓度，即 kg/L 等。 ② 过饱和度的常用表示方法： 用浓度差表示 $\Delta c = c - c^*$ 用温度差表示 $\Delta t = t^* - t$ ③ 溶解度曲线与过溶解度曲线（重点:过饱和度、介稳区）	① 依据结晶物系性能及结晶要求，分析、确定结晶条件； ②根据结晶影响因素,分析强化结晶过程方案	过饱和度是结晶过程的推动力；介稳区的控制是工业结晶获得产品的依据
结晶过程物料衡算	① 不形成水合物的结晶过程 溶质的物料衡算： $Wc_1 = G_c + W(1-B)c_2$ 或 $G_c = W[c_1 - (1-B)c_2]$ ② 形成水合物的结晶过程 a.溶质的物料衡算： $Wc_1 = \dfrac{G}{R} + W'c_2$ b.溶剂的物料衡算： $$W = BW + G\left(1 - \dfrac{1}{R}\right) + W'$$ 或 $G = \dfrac{WR[c_1 - (1-B)c_2]}{1 - c_2(R-1)}$	计算结晶产量	物料衡算是设备计算的基础
结晶过程热量衡算	① 真空冷却结晶热量衡算： $$BWr_s = W(1+c_1)C_p(t_1 - t_2) + Gr_{cr}$$ ② 溶剂蒸发量的计算： $B = \dfrac{R(c_1 - c_2)r_{cr} + (1+c_1)[1 - c_2(R-1)]C_p(t_1 - t_2)}{[1 - c_2(R-1)]r_s - Rc_2 r_{cr}}$	计算结晶溶剂蒸发量	换热设备的计算
常见结晶器比较	冷却结晶器、蒸发结晶器、真空结晶器、盐析结晶器的结构特点、适用范围	结晶器的选用	

模块10 萃取技术

学习目标

通过学习萃取设备的分类、性能特点及工业应用范围，了解萃取设备的选用原则，选用合适的萃取设备；学习萃取操作过程及其影响因素、萃取剂的选择原则、杠杆规则，能依据分离物系的性能及分离要求选用萃取剂，能运用三角形相图分析萃取操作过程的影响因素及确定萃取操作条件；理解萃取过程的强化措施；熟悉萃取操作的开车、停车规程，具有分析萃取操作常见事故及解决问题的能力。

萃取是工业生产中分离液体混合物的单元操作之一。它是利用物质在两种互不相溶或微溶的溶剂中溶解度或分配系数的不同，使物质从一种溶剂内（原溶剂）转移到另外一种溶剂（萃取剂）中，经过多次操作，将绝大部分的物质提取出来的方法。萃取又称溶剂萃取或液液萃取，亦称为抽提，是用液态的萃取剂处理与之不互溶的双组分或多组分溶液，实现组分传质分离的单元操作。液液萃取利用相似相溶原理，用选定的溶剂分离液体混合物中某种组分，溶剂对被分离的混合物液体具有选择性溶解的能力，且必须具有好的热稳定性和化学稳定性，毒性和腐蚀性应很小。固液萃取（即浸取）不同于液液萃取，液固萃取是用溶剂分离固体混合物中的组分，如用水浸取甜菜中的糖类、用乙醇浸取黄豆中的豆油、用水从中药中浸取有效成分等。

一般地，液体混合物（原料液，以 F 表示）中，易溶于溶剂的组分称为溶质（以 A 表示），难溶于溶剂的组分称为原溶剂（以 B 表示），选定的溶剂为萃取剂（以 S 表示）。萃取剂应对原料液中的溶质有尽可能大的溶解度，而对原溶剂应完全不互溶或部分互溶。若萃取剂对原溶剂完全不互溶，则萃取剂与原料液混合后会成为两相，其中一相以萃取剂为主，溶有较多的溶质，称为萃取相（以 E 表示）；另一相以原溶剂为主，溶有未被萃取的溶质，称为萃余相（以 R 表示）。若萃取剂对原溶剂部分互溶，则萃取相中还含有原溶剂，萃余相中亦含有萃取剂。萃取相中的萃取剂被除去后得到的液体称为萃取液（以 E' 表示）；萃余相中的萃取剂被除去后得到的液体称为萃余液（以 R' 表示）。

萃取操作一般在常温下进行，主要用于不适宜采用蒸馏操作的场合（如被分离组分的挥发度接近、需分离组分的浓度低等），也特别适合热敏性物料或不挥发物质的分离。萃取操作过程并不造成物质化学成分的改变，常用来提纯和纯化化合物，既能用来分离、提纯大量的物质，也适合于微量或痕量物质的分离、富集。随着近代分析化学分离技术的发展，液液萃取与光度法、原子吸收法、电化学法等相结合，广泛应用于冶金、电子、环境保护、生物化学和医药等领域。

工业应用

以乙酸乙酯为萃取剂，从稀乙酸水溶液中提取无水乙酸，其工艺流程如图 10-1 所示。

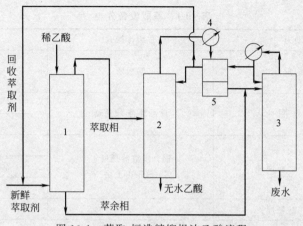

图 10-1　萃取-恒沸精馏提浓乙酸流程

1—萃取塔；2—恒沸精馏塔；3—提馏塔；4—冷凝器；5—分层器

原料液（稀乙酸水溶液）由萃取塔顶部连续加入，萃取剂（乙酸乙酯）从塔底连续加入，两相在塔内逆流直接混合接触。乙酸从原料转入乙酸乙酯中，萃取相从萃取塔顶部引出，送入恒沸精馏塔。含有少量萃取剂水的萃余相从萃取塔底部引出，送入提馏塔回收乙酸乙酯。萃取相经过恒沸精馏，塔底得到无水乙酸（产品），塔顶为乙酸乙酯与水的非均相恒沸物。恒沸物经冷凝后在分层器内分层。上层为乙酸乙酯：一部分作为精馏回流液；另一部分作为回收的萃取剂循环使用。分层器下部得到含有少量萃取剂的水溶液，送提馏塔回收乙酸乙酯。

要完成上述混合物的分离任务，必须解决以下问题：

① 依据分离物系的性质，选择合适的萃取剂；

② 依据分离物系的性质及分离要求，确定萃取条件；

③ 依据分离物系的性质，选用合理的萃取设备；

④ 依据分离任务及分离要求，确定萃取相与萃余相的量。

任务 1　认识萃取装置

萃取装置是为萃取操作提供适宜的传质条件、使两相充分有效接触并伴有较高程度的湍流、保证两相之间进行有效的传质并完成分离的设备，其装置包括混合和分离两个部分。

子任务 1　认识萃取设备

萃取设备是溶剂萃取过程中实现两相接触与分离的装置。在液液萃取过程中，轻重两相在萃取设备内充分接触，呈湍流流动，实现两相之间的质量传递后，又能较快地分离。

目前，工业上的萃取设备已超过 30 种。根据萃取设备的构造特点大体上可分为单件组合式、塔式和离心式三类；根据两相接触方式的不同，萃取设备可分为逐级接触式和微分接触式两类；根据外界是否输入机械能，萃取设备又可分为有外加能量和无外加能量两类。

工业上常用萃取设备的分类情况见表10-1。

表 10-1 萃取设备分类

液体分散的动力		逐级接触式	微分接触式
重力差外加能量		筛板塔	喷洒塔
			填料塔
外加能量	脉冲	脉冲混合-澄清器	脉冲填料塔
			液体脉冲筛板塔
	旋转搅拌	混合澄清器夏贝尔 (Scheibel)塔	转盘塔（RDC）
			偏心转盘塔（ARDC）
			库尼塔
	往复搅拌		往复筛板塔
	离心力	卢威离心萃取机	POD 离心萃取机

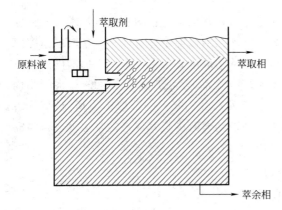

图 10-2 混合澄清器

一、混合澄清萃取器

混合澄清萃取器（简称混合澄清器）是使用最早、而且目前仍广泛应用的一种萃取设备，它由混合器与澄清器组成。典型的混合澄清器如图 10-2 所示。

在混合器中，原料液与萃取剂借助搅拌装置的作用使其中一相破碎成液滴而分散于另一相中，以加大相际接触面积并提高传质速率。两相分散体系在混合器内停留一定时间后，流入澄清器。在澄清器中，轻、重两相依靠密度差进行重力沉降（或升浮），并在界面张力的作用下凝聚分层，形成萃取相和萃余相。

混合澄清器可以单级使用，也可以多级串联使用。三级逆流混合澄清萃取装置如图10-3所示。

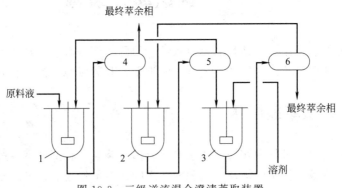

图 10-3 三级逆流混合澄清萃取装置

1～3—混合槽；4～6—澄清槽

混合澄清器具有如下优点：

① 处理量大，传质效率高，一般单级效率可达 80％以上；

② 两液相流量比范围大，流量比达到 1/10 时仍能正常操作；

③ 设备结构简单，易于放大，操作方便，运转稳定可靠，适应性强；

④ 易实现多级连续操作，便于调节级数。

混合澄清器的缺点：

① 水平排列的设备占地面积大；

② 溶剂储量大；

③ 每级内都设有搅拌装置，液体在级间流动需输送泵，设备费和操作费都较高。

塔式萃取设备
的类型与结构

二、塔式萃取设备

通常将高径比较大的萃取装置统称为塔式萃取设备，简称萃取塔。为了确保良好的萃取效果，萃取塔应具有：① 分散装置，以提供两相间良好的接触条件；② 塔顶、塔底均应有足够的分离空间，以便两相的分层。

根据两相混合和分散的措施不同，萃取塔的结构形式也多种多样。工业上常用的萃取塔有喷洒萃取塔、填料萃取塔、转盘萃取塔、筛板萃取塔等。

（1）喷洒萃取塔　喷洒萃取塔又称喷淋塔，是最简单的萃取塔，轻、重两相分别从塔底和塔顶进入，如图 10-4 所示。

若以重相为分散相，则重相经塔顶的分布装置分散为液滴后进入轻相，与其逆流接触传质，重相液滴降至塔底分离段处聚合形成重相液层排出；而轻相上升至塔顶并与重相分离后排出。若以轻相为分散相，则轻相经塔底的分布装置分散为液滴后进入连续的重相，与重相进行逆流接触传质，轻相升至塔顶分离段处聚合形成轻液层排出，重相流至塔底与轻相分离后排出。

喷洒萃取塔的特点：① 结构简单，塔体内除轻重相物料的进出接管和分散装置外，无其他内部构件；② 轴向返混严重，传质效率较低。喷洒塔适用于仅需一两个理论级的场合，如水洗、中和或处理含有固体的物系。

（2）填料萃取塔　填料萃取塔是液液两相连续接触、溶质组成发生连续变化的传质设备，如图 10-5 所示。

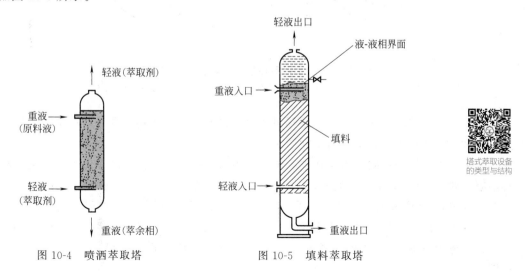

图 10-4　喷洒萃取塔　　　　　图 10-5　填料萃取塔

在萃取过程中，轻、重两相分别由塔底和塔顶进入，由塔顶和塔底排出。萃取时，连续相充满整个填料塔，分散相由分布器分散成液滴，在与连续相逆流接触中进行传质。为了使分散相更好地分散成液滴，有利于两相接触传质分离，萃取塔宜选用不易被分散相润湿的填料，通常，陶瓷材料易为水溶液润湿，塑料填料易被大部分有机液体润湿，而金属材料无论对水或者是对有机溶剂均易润湿，常用的填料有拉西环、鲍尔环以及鞍形等。

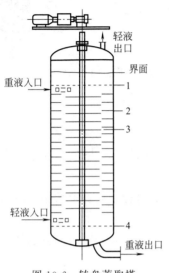

图 10-6 转盘萃取塔

1,4—格子板；2—固定环；3—转盘

填料萃取塔的特点：① 结构简单，造价低廉，操作方便；② 生产强度小，传质效率较低。填料萃取塔适合腐蚀性料液，适用于处理量较小、工艺要求低的理论级数小于 3 的场合。

（3）转盘萃取塔   1951 年，Reman 研究开发了转盘萃取塔，其基本结构如图 10-6 所示。

近年来又开发了不对称转盘塔（偏心转盘萃取塔），其基本结构如图 10-7 所示。带有搅拌叶片的转轴安装在塔体的偏心位置，塔内不对称地设置垂直挡板，将其分成混合区 3 和澄清区 4。混合区由横向水平挡板分割成许多小室，每个小室内的转盘起混合搅拌器的作用。澄清区又由环形水平挡板分割成许多小室。

偏心转盘萃取塔既保持原有转盘萃取塔用转盘进行分散的特点，同时分开的澄清区又可使分散相液滴反复进行凝聚分散，减小了轴向混合，从而提高了萃取效率。偏心转盘萃取塔的尺寸大，对物系的性质适应性很强，能适用于含有悬浮固体或易乳化的料液。

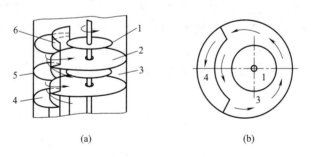

(a)   (b)

图 10-7 不对称转盘塔（偏心转盘萃取塔）

1—转盘；2—横向水平挡板；3—混合区；4—澄清区；5—环形分割板；6—垂直挡板

（4）筛板萃取塔   筛板萃取塔是逐级接触式设备，依靠两相密度差，在重力作用下两相进行分散、逆向流动，其基本结构如图 10-8 所示。

若干层筛板按一定间距固定在中心轴上，由塔顶的传动机构驱动而做上下往复运动。往复振幅一般为 3~50mm，频率可达 100min^{-1}。往复筛板的孔径要比脉动筛板的大些，一般为 7~16mm。当筛板向上运动时，迫使筛板上侧的液体经筛孔向下喷射；反之，又迫使筛板下侧的液体向上喷射。每一块筛板连同筛板上方的空间，其功能相当于一级混合澄清器。为防止液体沿筛板与塔壁间的缝隙走短路，每隔若干块筛板，在塔内壁应设置一块环形挡板。

筛板萃取塔具有传质效率高、流体阻力小、操作方便、生产能力大等优点，在石油化工、食品、制药和湿法冶金工业中应用日益广泛。

三、离心萃取器

离心萃取器是利用离心力的作用使两相快速混合、分离的萃取装置。当两液体的密度差很小（$10kg/m^3$），或界面张力甚小而易乳化，或黏度很大时，仅依靠重力的作用难以使两相很好地混合或澄清，这时可以利用离心力的作用强化萃取过程。离心萃取器的类型较多，常用的有转筒式离心萃取器、卢威式离心萃取器、波德式离心萃取器等。转筒式离心萃取器的结构如图 10-9 所示。

重液和轻液由底部的三通管并流进入混合室，在搅拌桨的剧烈搅拌下，两相充分混合进行传质，然后共同进入高速旋转的转筒。在转筒中，混合液在离心力的作用下，重相被甩向转鼓外缘，而轻相则被挤向转鼓的中心。两相分别经轻、重相堰流至相应的收集室，并经各自的排出口排出。

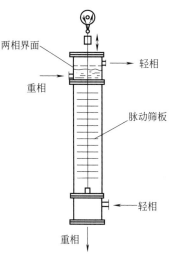

图 10-8　筛板萃取塔

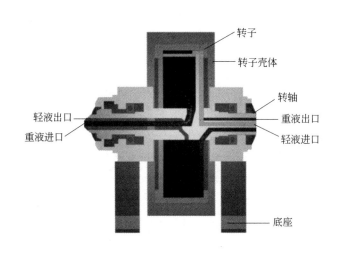

(a) 结构示意图

(b) 外形图

图 10-9　转筒式离心萃取器

转筒式离心萃取器的优点：结构紧凑，处理能力大，能有效地强化萃取过程，特别适用于其他萃取设备难以处理的物系。缺点是结构复杂、造价高、能耗大，使其应用受到限制。

萃取设备种类繁多，物系性质及分离要求亦是千差万别，对于特定的分离物系，必须依据物系的性质及分离要求，选用结构合理的萃取设备。目前尚不存在各种性能都比较优良的设备，表 10-2 为常见萃取设备的性能参数。

表 10-2 常见萃取设备的性能参数

比较内容		填料萃取塔	转盘萃取塔	筛板萃取塔	离心萃取器	混合澄清萃取器(水平)
通过能力 $q_V/[\text{L}/(\text{m}^3 \cdot \text{h})]$	<0.25	3	3	3	0	1
	0.25~2.5	3	3	3	1	3
	2.5~25	3	3	3	3	3
	25~250	3	3	3	0	3
	>250	1	1	1	0	5
理论级数 N	≤1.0	3	3	3	3	3
	1~5	3	3	3	0	3
	5~10	3	3	3	0	3
	10~15	1	1	1	0	3
	>15	1	1	1	0	3
物理性质($\sigma/\Delta\rho g$)	>0.6	1	3	1	5	3
密度差 $\Delta\rho/(\text{g}/\text{m}^3)$	0.03~0.05	3	0	1	5	1
黏度 μ_c 和 $\mu_d/(\text{Pa} \cdot \text{s})$	>0.02	1	1	1	1	1
两液相比 F_d/F_c	<0.2 或>5	1	1	3	3	5
停留时间		长	较短	长	短	长
处理含固体物料 (质量分数)	<0.15%	1	3	1	1	3
	0.1%~1%	1	3	0	1	1
	>1%	0	1	0	1	1
乳化状态	轻微	1	1	3	5	1
	较严重	1	0	1	3	0
设备材质	金属	5	3	3	5	3
	非金属	5	0	1	0	5
设备清洗		不易	较易	不易	较易	较易
运转周期		长	较长	长	较短	较长

注:0—不适合;1—可能适合;3—适用;5—最适合。

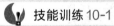

技能训练 10-1

依据所学知识，完成表 10-3。

表 10-3 常见萃取设备相关知识

序号	设备名称	工作原理	结构特点	适用物系
1	混合澄清萃取器			
2	喷洒萃取塔			
3	填料萃取塔			
4	转盘萃取塔			
5	筛板萃取塔			
6	离心萃取器			

子任务 2　认识萃取的辅助设备

萃取装置的辅助设备主要有搅拌器、液体分布装置、分离器等。萃取过程中，轻重两相在萃取设备内既要充分接触，又要能快速分离。因此，搅拌器、分散装置可以提供两相间良好的接触条件，塔顶、塔底分离器可以便于两相的分层，从而提高液液萃取的分离效率。

一、搅拌器

搅拌使物料混合均匀，强化传热和传质。在萃取中常用的搅拌装置是机械搅拌装置，搅拌器是实现搅拌操作的主要部件，其主要的组成部分是叶轮，它随旋转轴运动将机械能施加给液体，并促使液体运动。搅拌器的类型有桨式搅拌器、涡轮式搅拌器、推进式搅拌器、框式和锚式搅拌器、螺带式搅拌器和螺杆式搅拌器等，如图 10-10 所示。

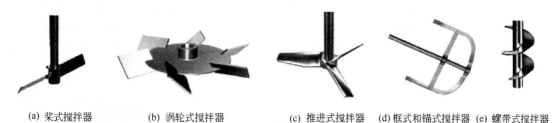

(a) 桨式搅拌器　　(b) 涡轮式搅拌器　　(c) 推进式搅拌器　(d) 框式和锚式搅拌器 (e) 螺带式搅拌器

图 10-10　萃取常用搅拌器的类型

1. 桨式搅拌器

桨式搅拌器由桨叶、键、轴环、竖轴组成。桨叶一般用扁钢或不锈钢或有色金属制造。桨式搅拌器的转速较低，一般为 20～80r/min。桨式搅拌器直径取反应釜内径的 1/3～2/3，桨叶不宜过长，当反应釜直径很大时宜采用两个或多个桨叶。桨式搅拌器适用于流动性大、黏度小的液体物料，也适用于纤维状和结晶状的溶解液，物料层很深时可在轴上装置数排桨叶。

2. 涡轮式搅拌器

涡轮式搅拌器分为圆盘涡轮搅拌器和开启涡轮搅拌器；叶轮又可分为平直叶和弯曲叶。涡轮搅拌器搅拌速率较大，为 300～600r/min。涡轮搅拌器的主要优点是当能量消耗不大时，搅拌效率较高，搅拌产生很强的径向流。因此它适用于乳浊液、悬浮液等。

3. 推进式搅拌器

推进式搅拌器搅拌时能使物料在反应釜内循环流动，所起作用以容积循环为主，剪切作用较小，上下翻腾效果良好。当需要有更大的流速时，反应釜内设有导流筒。推进式搅拌器直径约取反应釜内径的 1/4～1/3，搅拌速率为 300～600r/min，搅拌器的材料常用铸铁和铸钢。

4. 框式和锚式搅拌器

框式搅拌器可视为桨式搅拌器的变形，其结构比较坚固，搅动物料量大。如果这类搅拌器底部形状和反应釜下封头形状相似，则称为锚式搅拌器。框式搅拌器直径较大，一般取反应器内径的 2/3～9/10，搅拌速率为 50～70r/min。框式搅拌器与釜壁间隙较小，有利于传热过程的进行。快速旋转时，搅拌器叶片所带动的液体把静止层从反应釜壁上带下来；慢速旋转时，有刮板的搅拌器能产生良好的热传导。这类搅拌器常用于传热、晶析操作和高黏度液体、高浓度淤浆和沉降性淤浆的搅拌。

5. 螺带式搅拌器和螺杆式搅拌器

螺带式搅拌器，常用扁钢按螺旋形绕成，直径较大，常做成几条紧贴釜内壁，与釜壁的间隙很小，所以搅拌时能不断地将黏于釜壁的沉积物刮下来。螺带的高度通常取罐底至液面的高度。螺带式搅拌器和螺杆式搅拌器的转速都较低，通常不超过 50r/min，产生以上下循环流为主的流动，主要用于高黏度液体的搅拌。

二、液体分布装置

液体分布装置作用是把液体均匀分布在塔式萃取装置内，常用的有管式喷淋器、莲蓬头式分布器、盘式分布器。如图 10-11 所示，管式喷淋器有弯管式（a）、缺口式（b）、多孔直管式（c）、三通管式（d）、多孔盘管式（e）等，三通管适用于离心萃取分离装置，重液和轻液由底部的三通管并流进入混合室；莲蓬头式分布器（f）通常取莲蓬头直径为塔径的 1/5～1/3，球面半径为莲蓬头直径的 0.5～1.0 倍，喷洒角≤80°，小孔直径为 3～10mm，一般用于直径小于 0.6m 的塔；盘式分布器（g）的盘上开有筛孔或溢流管及槽式分布器，将液体分布在整个截面上，适用于直径大于 0.8m 的塔。

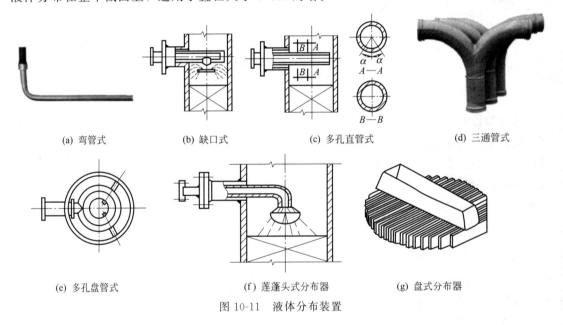

| (a) 弯管式 | (b) 缺口式 | (c) 多孔直管式 | (d) 三通管式 |

| (e) 多孔盘管式 | (f) 莲蓬头式分布器 | (g) 盘式分布器 |

图 10-11　液体分布装置

技能训练 10-2

依据子任务 2 介绍的内容，比较混合澄清器和转盘萃取塔这两种装置中搅拌装置的特点。

分析：

（1）混合澄清器具有适用范围广、处理量大、易于连续操作等优点，但单级效率与搅拌效果密切相关，应该根据物料性质选择不同的搅拌器，比如：萃取流动性大、黏度小的物料时可采用桨式搅拌器进行搅拌，而萃取高黏度的物料时可采用锚式搅拌器或螺杆式搅拌器进行搅拌。

（2）转盘萃取塔具有结构简单、传质效率高、生产能力大的优点，在石油化工中应用比较广泛。转盘固定在中心轴上，转轴由塔顶的电机驱动，在萃取过程中能实现搅拌作用。含有悬浮固体或易乳化的料液可采用偏心转盘搅拌的萃取塔。

子任务 3　认识萃取的工业应用

萃取在化工生产中应用广泛，主要应用于化工厂的废水处理，在石油工业、食品工业、湿法冶金、生物医药和精细化工等工业中也有广泛应用。影响萃取分离过程的因素很多，如体系的性质、操作条件及萃取设备结构等。对于具体的萃取过程，在一定条件下进行萃取分离，关键在于选择一个适宜的萃取设备，在满足分离要求的同时，使设备费和操作费之和最低。

萃取设备的选型可以从以下几个方面考虑。

（1）物系的物性　物系的性质（黏度、密度差等）会对萃取分离效果产生影响，比如：易乳化、密度差小的物系宜选用离心萃取设备；放射性物系可选用脉冲塔、混合澄清器；有固体悬浮物的物系可选用转盘塔或混合澄清器；腐蚀性强的物系宜选用结构简单的填料塔。

（2）稳定性及停留时间　有些物系的稳定性很差，要求停留时间尽可能短，如抗生素的生产，宜选用离心萃取器。有些物系在萃取过程中伴随有较慢的化学反应，要求有足够的停留时间，宜选用混合澄清器。

（3）所需理论级数　对物系进行萃取分离，达到工艺要求所需的理论级数较少，如 2～3 级，各种萃取设备都可以满足；如果所需的理论级数为 4～5 级，可选用脉冲塔、转盘塔和振动筛板塔；如果所需的理论级数更多，可选用有外加能量的设备，如混合澄清器、脉冲筛板塔、往复振动筛板塔等。

（4）生产能力　若生产处理量较小，可选择填料塔或脉冲塔；处理量较大时，可选择筛板塔、转盘塔、混合澄清器和离心萃取器等。

（5）防腐蚀及防污染要求　对具有腐蚀性的物料，宜选择结构简单的填料塔；对于有污染的物系，如有放射性的物系，为防止外泄污染环境，应选择屏蔽性能良好的设备，如脉冲塔。

（6）其他影响因素　在选用萃取设备时，还应考虑其他一些因素，比如：能源供应情况，在电力紧张地区应尽可能选用依靠重力流动的设备；当厂房高度受限制时，则宜选用混合澄清器；当厂房面积受到限制时，宜选用塔式设备。

技能训练 10-3

工业污水的脱酚处理，用乙酸丁酯从异丙苯法生产苯酚、丙酮过程中产生的含酚污水中回收酚。要求：萃取率不低于 90%，污水的处理量为 $10L/(m^3 \cdot h)$。借助网络资源为该分离过程选择一台合适的萃取设备。

分析：对于具体的萃取过程，分离关键在于选择萃取设备。萃取设备的选型主要考虑：①物系的物性；②稳定性及停留时间；③生产能力；④所需理论级数；⑤防腐蚀及防污染要求；⑥其他影响因素。

本例宜采用塔式萃取设备从含酚污水中回收酚。

任务 2 确定萃取操作条件

萃取是指利用物质（溶质）在两种互不相溶或微溶的溶剂中溶解度或分配系数的不同，使溶质从一种溶剂内转移到另外一种溶剂中的分离方法。萃取操作条件主要是：依据分离物系的性质及分离要求，确定合理的萃取流程及选用合适的萃取剂。

子任务 1 分析萃取条件

一、萃取操作流程

根据原料液和萃取剂的接触方式，萃取操作设备分为分级接触式萃取和连续接触式萃取。其中，分级接触式萃取又分为单级萃取和多级萃取，多级萃取又分为多级错流萃取和多级逆流萃取。

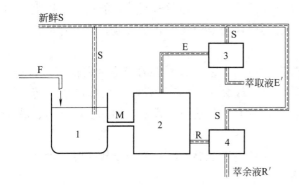

图 10-12　单级萃取流程图
1—混合器；2—分层器；3，4—分离器

1. 单级萃取流程

单级萃取是液液萃取中最简单的萃取流程，可以用于间歇操作也可用于连续操作，如图 10-12 所示。

将由溶质 A 和原溶剂 B 组成的原料液 F 和萃取剂 S 一起加入混合器 1 内，然后搅拌使原料液 F 与萃取剂 S 充分混合，使溶质 A 从料液进入萃取剂。将混合液送入分层器 2，两液相因密度不同静置分层。一层以萃取剂 S 为主，并溶有较多的溶质 A，称为萃取相，用 E 表示，送入分离器 3，经分离后得到萃取剂 S 和萃取液 E′。另一层以原溶剂 B 为主，且含有未被萃取完的溶质 A，称为萃余相，用 R 表示，送入分离器 4，经分离后得到萃取剂 S 和萃余液 R′。萃取剂 S 送入混合器循环使用。

单级萃取流程简单，过程为一次平衡，故分离程度不高，只适用于溶质在萃取剂中的溶解度很大或溶质萃取率要求不高的场合。

2. 多级错流萃取流程

为了用较少萃取剂萃取出较多溶质，可用多级错流萃取，多级错流萃取实际上是多个单级萃取的组合，如图 10-13 所示。

由溶质 A 和原溶剂 B 组成的原料液 F 从第一级加入，每级均加入新鲜的萃取剂 S，前一级的萃余相为后一级的原料。如图 10-13 所示，在第一级中原料液与萃取剂接触、传质，最后两相达到平衡。分层所得萃余相 R_1，送到第二级中作为原料液，再次与新鲜的萃取剂接

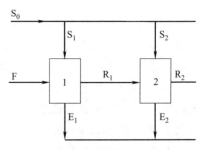

图 10-13　多级错流萃取流程图

触，进行萃取分离，如此萃余相多次被萃取，一直到第 n 级，排出最终的萃余相 E_n。各级所得的萃取相 E_1、E_2、…、E_n 排出后回收萃取剂 S。

多级错流萃取的传质推动力大，只要级数足够多，能得到溶质组成很低的萃余相 E_n，萃取率比较高，但萃取剂用量较大，溶剂回收处理量大，能耗较大。

3. 多级逆流萃取流程

多级逆流萃取的流程如图 10-14 所示，由溶质 A 和原溶剂 B 组成的原料液从第一级进入，逐级流过系统，最终萃余相 R_N 从第 N 级流出；新鲜萃取剂从第 N 级进入，与原料液逆流，逐级与料液接触，在每一级中两液相充分接触进行传质，最终的萃取相 E_1 从第一级流出。萃取相与萃余相分别送入回收装置中回收萃取剂 S。

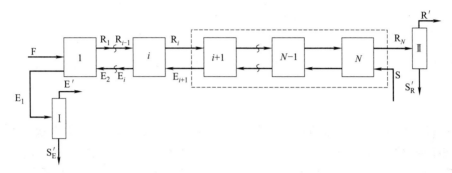

图 10-14　多级逆流萃取流程图

多级逆流萃取一般采用连续操作，可以在萃取剂用量较小的条件下获得比较高的萃取率，分离效率高，溶剂用量少，故在工业中得到了广泛的应用。

4. 微分逆流萃取流程

微分接触逆流萃取主要在塔式萃取设备内进行，如图 10-15 所示。由溶质 A 和原溶剂 B 组成的原料液 F 从塔顶进入塔中，在重力作用下从上向下流动，与自下向上流动的萃取剂 S 逆流连续接触，进行传质，萃取结束后，萃取相 E 从塔顶流出，最终的萃余相 R 从塔底流出。

微分接触逆流萃取操作两液相连续逆向流过设备，没有沉降分离时间，因而传质未达平衡状态，其浓度沿塔高呈连续微分变化。微分萃取适用于两液相有较大的密度差的场合，是工业上常用的萃取方法。

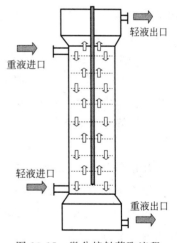

图 10-15　微分接触萃取流程

二、萃取过程的相平衡关系

根据萃取操作中各组分的互溶性，可将三元物系分为以下三种情况，即①溶质 A 可完全溶于 B 及 S，且 B 与 S 不互溶；②溶质 A 可完全溶于 B 及 S，而 B 与 S 部分互溶；③溶质 A 可完全溶于 B，而 A 与 S 及 B 与 S 部分互溶。

习惯将①、②两种情况的物系称为第Ⅰ类物系，工业上常见的第Ⅰ类物系有丙酮（A）-水（B）-甲基异丁基酮（S）、丙酮（A）-氯仿（B）-水（S）及乙酸（A）-水（B）-苯（S）等；将③情况的物系称为第Ⅱ类物系，第Ⅱ类物系有苯乙烯（A）-乙苯（B）-二甘醇（S）、甲基环己烷（A）-正庚烷（B）-苯胺（S）等。本模块主要讨论第Ⅰ类物系的相平衡关系。

1. 三角形相图

三元物系的组成可以用等边三角形坐标图、等腰直角三角形坐标图和非等腰直角三角形坐标图等来表示，见图 10-16。其中，以等腰直角三角形坐标图最为常用。

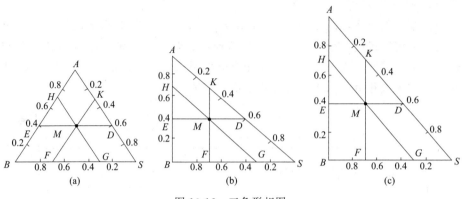

图 10-16　三角形相图

在三角形相图中，三角形的每个顶点分别代表一个纯组分，即顶点 A 表示纯溶质 A，顶点 B 表示纯原溶剂 B，顶点 S 表示纯萃取剂 S。三角形的每条边上的任一点代表一个二元混合物系，不含第三组分。AB 边以 A 的质量分数作为标度，BS 边以 B 的质量分数作为标度，AS 边以 S 的质量分数作为标度。二元混合物组的含量可以直接由图上读出，例如 AS 边上的 D 点，表示由 A、S 组成的二元混合物系，由图可读得 A、S 的组成分别为：$x_A = 0.40$，$x_S = 0.60$。

三角形坐标图内任一点代表一个三元混合物系。如图 10-16 所示，M 点即表示由 A、B、S 三个组分组成的混合物系。其组成可按下面的方法确定：过物系点 M 分别作对边的平行线 ED、HG、KF，分别交边 AB、BS、SA 于点 E、G、K，首先由两直角边的标度读得 A、B 的组成 x_A 及 x_B，再由归一化条件可求 $x_S = 1 - x_A - x_B$，即：$x_A = 0.4$，$x_B = 0.3$，$x_S = 0.3$。

2. 溶解度曲线及连接线

第Ⅰ类物系的溶解度曲线可以通过实验的方法得到，如图 10-17 所示。

图 10-17 中曲线 $R_0 R_1 R_2 R_i R_n K E_n E_i E_2 E_1 E_0$ 称为溶解度曲线，该曲线将三角形相图分成两个部分：单相区 $ABR_0 K E_0 SA$ 和两液相区 $R_0 K E_0 R_0$。单相区内的点代表该三元混合物是相互完全溶解的单一液相；两相区内的点代表组分达到平衡时呈现两个液相，这两个液相称为共轭相，连接两共轭液相点的直线称为连接线，如图 10-17 中的 $R_i E_i$ 线（$i=0$，1，2，…，n）。萃取操作只能在两相区内进行。

两个共轭相组成相同时的混溶点，称为临界混溶点，如图 10-17 中 K 点。临界混溶点将溶解度曲线分为萃取相区域与萃余相区域。值得注意的是，临界混溶点并不是溶解度曲线的最高点。

3. 辅助曲线

一定温度下，测定体系的溶解度曲线时，实验测出的连接线的条数（即共轭相的组成数据）是有限的，为了得到任何已知平衡液相的共轭相的数据，常采用辅助曲线（亦称共轭曲线）的方法。

如图 10-18 所示，通过已知点 R_1、R_2……分别作边 BS 的平行线，再通过相应连接线的另一端点 E_1、E_2……分别作边 AB 的平行线，各平行线分别交于 F，G……点，连接这些交点所得平滑曲线即为辅助曲线。利用辅助曲线可以求任一已知平衡液相的共轭相。

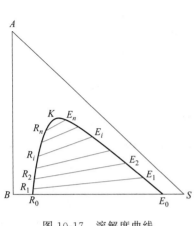

图 10-17 溶解度曲线

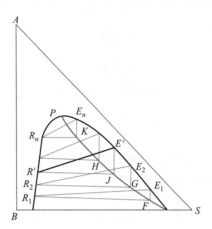

图 10-18 辅助曲线示意图

通常，一定温度下的三元物系溶解度曲线、连接线、辅助曲线及临界混溶点的数据均由实验测得，有时也可从手册或有关专著中查得。

三、萃取效果的衡量参数

1. 分配系数与分配曲线

在一定温度下，当三元混合液的两个液相达到平衡时，某组分在互成相平衡的两相中的浓度比称为该组分的分配系数，以 K 表示。溶剂 A 在 E 相与 R 相中的分配系数 K_A 为：

$$K_A = \frac{\text{A 在萃取相中的质量浓度}}{\text{A 在萃余相中的质量浓度}} = \frac{y_A}{x_A} \tag{10-1}$$

式中　y_A——萃取相 E 中组分 A 的质量分数；

　　　x_A——萃余相 R 中组分 A 的质量分数。

同理　　　　　　　　　　　$$K_B = \frac{y_B}{x_B}$$

式中　y_B——萃取相 E 中组分 B 的质量分数；

　　　x_B——萃余相 R 中组分 B 的质量分数。

分配系数一般不是常数，其值随组成和温度而变，不同物系具有不同的分配系数 K_A 值，同一物系 K_A 值随温度而变。在恒定温度下，K_A 值随溶质 A 的组成而变。K_A 只反映 S 对 A 的溶解能力，不反映 A、B 的分离程度。当 $K_A = 1$ 时，$y_A = x_A$；$K_A > 1$，$y_A > x_A$。将组分 A 在液液相平衡的组成 y_A、x_A 之间的关系在直角坐标中表示，该曲线称为分配曲线，如图 10-19（b）所示。图中 P 点为临界混溶点，此时两相组成相同。

分配曲线表示溶质 A 在互成平衡的 E 相与 R 相中的分配系数。若已知 x_A，则可根据分配曲线求出其共轭相组成 y_A。

2. 选择性系数

选择性是指萃取剂 S 对原料液中 A、B 组分的溶解度差异，萃取剂的选择性可以用选择

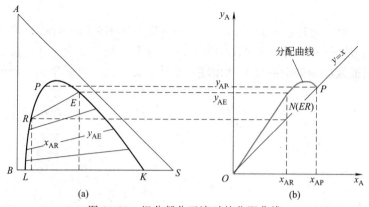

图 10-19 组分部分互溶时的分配曲线

性系数 β 表示。两相平衡时，萃取相 E 中 A、B 组成之比与萃余相 R 中 A、B 组成之比的比值称为选择性系数，用 β 表示，即：

$$\beta = \frac{\dfrac{y_A}{y_B}}{\dfrac{x_A}{x_B}} = \frac{K_A}{K_B} \tag{10-2}$$

式中　y_A，y_B——萃取相 E 中组分的质量分数；

　　　x_A，x_B——萃余相 R 中组分的质量分数；

　　　K_A，K_B——组分的分配系数。

选择性系数反映了萃取剂 S 对原料液中两个组分溶解能力的差异，即 A、B 的分离程度。β 值越大，表示萃取分离效果越好。若 $\beta > 1$，说明组分 A 在萃取相中的相对含量比萃余相中的高，即组分 A、B 得到了一定程度的分离；若 $\beta = 1$，组分 A 萃取相和萃余相具有相同的组成，并且等于原料液的组成，即 A、B 两组分不能用此萃取剂分离。所有工业的萃取操作中，β 值均大于 1，且 β 值越大，萃取分离效果越好。

β 值直接与 K_A 有关，K_A 值越大，β 值也越大，即影响 K_A 的因素也影响 β 值，比如物系的温度、浓度等。

3. 萃取率（提取率）

萃取率是指萃取体系达到平衡后，溶质 A 进入萃取剂 S 的量与原料液中溶质 A 的总量的百分数比，通常以 E 表示。即：

$$E_A = \frac{\text{萃取液中被提取的溶质 A 的质量（kg）}}{\text{原料液中溶质 A 的质量（kg）}} \tag{10-3}$$

萃取率反映了萃取剂对溶质 A 的萃取能力。E_A 值越大，E_B 值越小，萃取分离效果越好。

四、萃取剂

1. 萃取剂的选择原则

萃取剂的选择主要考虑以下几个方面。

（1）萃取剂的选择性　萃取剂的选择性是指萃取剂 S 对原料液中溶质 A、原溶剂 B 两个组分溶解能力的差异。若萃取剂 S 对溶质 A 的溶解能力比对原溶剂 B 的溶解能力大得多，则可减少萃取剂用量，产品质量也较高。萃取剂的选择性通常用选择性系数 β 衡量。对于萃取操作，β 越大，分离效果越好，应选择 β 远大于 1 的萃取剂。

（2）萃取剂的物理性质 萃取剂的密度、黏度、界面张力等物理性质对萃取操作也有一定的影响。萃取剂必须在操作条件下使萃取相与萃余相有一定的密度差，在萃取器中充分混合、传质后，利用两液相密度差快速分层，从而提高萃取设备的生产能力。萃取剂的黏度低，有利于两相的混合与分层，有利于流动与传质，因而黏度小对萃取有利。萃取物系的界面张力较大时，细小的液滴比较容易聚结，有利于两相的分离，但界面张力过大，液体不易分散，两相难以混合，需要较多的外加能量。界面张力小，液体易分散，但易产生乳化现象使两相难分离，因此应从界面张力对两液相混合与分层的影响综合考虑，选择适当的界面张力。某些物系的界面张力见表 10-4。

表 10-4 某些物系的界面张力

物　系	界面张力$\times 10^3$/(N/m)	物　系	界面张力$\times 10^3$/(N/m)
硫醇溶解加速溶液-汽油	2	四氯化碳-水	40
氢氧化钠-水-汽油	30	二硫化碳-水	35
合成洗涤剂-水-汽油	<1	苯-水	30
甘油-水-异戊醇	4	异戊醇-水	4
甲基异丁基甲酮-水	10	煤油-水	40
乙酸丁酯-水-甘油	13	异辛烷-水	47
二氯二乙醚-水	19	乙酸丁酯-水	13
异辛烷-甘油-水	42	乙酸乙酯-水	7
煤油-水-蔗糖	23~40		

萃取剂 S 与原溶剂 B 的互溶度越小，萃取操作的范围越大，分离效果越好。对于 B、S 完全不溶物系，选择性系数达到无穷大，选择性最好。

（3）萃取剂回收的难易 为了获得纯产品及循环利用萃取剂 S，必须对萃取所得的新混合物体系——萃取相及萃余相中的萃取剂 S 进行回收。萃取剂回收常用的方法是蒸馏、蒸发、反萃取等。被萃取的溶质不挥发或挥发度很低时，可以用一般蒸发或闪蒸的方法回收萃取剂；若被分离体系的相对挥发度 α 接近于 1，可降低萃取相的温度使溶质结晶析出或者采用化学方法来分离。

萃取剂回收的难易直接影响萃取操作的费用，很大程度地决定了萃取过程的经济性，有些萃取剂虽有许多良好的性质，但因回收困难而不被采用。

（4）萃取剂的化学性质 萃取剂应具有良好的化学稳定性，不易分解、聚合，具有足够的热稳定性和抗氧化性，对设备的腐蚀性小。

（5）其他因素 选择萃取剂时还应考虑其他因素，如萃取剂应无毒或毒性小、无刺激性、难挥发、来源丰富、价格便宜、循环使用中损耗小。

通常，很难找到能同时满足上述所有要求的萃取剂，因此应根据物系特点，结合生产实际，多方案比较，权衡利弊，选择合适的溶剂。

2. 工业上常用的萃取剂

萃取剂的种类繁多，大多数为有机溶剂，常用的工业萃取剂有：

醇类：异戊醇、仲辛醇、取代伯醇等；

醚类：二异丙醚、乙基己基醚等；

酮类：甲基异丁基酮、环己酮等；

酯类：乙酸乙酯、乙酸戊酯、乙酸丁酯等；

羧酸类：肉桂酸、脂肪酸、月桂酸、环烷酸等；

磺酸类：十二烷基苯磺酸、三壬基萘磺酸等；

磷酸酯类：己基磷酸二（2-乙基己基）酯、二辛基磷酸辛酯、磷酸三丁酯等；

亚砜类：二辛基亚砜、二苯基亚砜、烃基亚砜等；

有机胺类：三烷基甲胺、二癸胺、三辛胺、三壬胺等。

技能训练 10-4

工业上采用溶剂萃取法从稀乙酸水溶液中制取无水乙酸，下列溶剂哪些可用作萃取剂？

乙酸乙酯、乙醇、肉桂酸、二辛基亚砜、十二烷基苯磺酸、四氯化碳、乙酸丁酯、三烷基甲胺。

分析思路：根据萃取剂的选择原则可选取乙酸乙酯、乙酸丁酯作为萃取剂。

技能训练 10-5

分析烷烃-甲苯物系性质，上网查找工业上以甲醇为萃取剂分离烷烃-甲苯的工艺流程，并绘制出以甲醇为萃取剂分离烷烃和甲苯的流程图。

子任务 2　计算萃取剂用量

萃取剂的选择是萃取操作的关键，萃取剂的种类及其用量直接影响萃取操作能否进行，从而影响萃取产品的产量、质量、过程的经济性。

一、三角相图在萃取过程中的应用

对于第 I 类物系，用 y 表示萃取相中溶质组成，用 x 表示萃余相中溶质组分的组成，萃取过程的萃取液与萃余液的组成及量，可按以下步骤确定，如图 10-20 所示。

① 由已知相平衡数据在三角形相图中画出溶解度曲线及辅助曲线。

② 根据原料液 F 的组成 x_F，在三角相图的 AB 边上确定点 F；连接点 S、F，则 S 和 F 形成的新三元混合物 M 必在 FS 连线上。

③ 由萃余相的组成 x，在相图上确定点 R；再由点 R 和辅助曲线确定点 E，读出萃取相 E 的组成 y；连接点 R、E，RE 线与 FS 线的交点即为 S 和 F 形成的新三元混合物的组成点 M。

④ 由物料衡算和杠杆规则求出 F、E、S 的量。

⑤ 连接点 S、E 和点 S、R，延长 SE、SR 分别与 AB 边交于点 E'、R'，即萃取液 E' 和萃余液 R'，E' 和 R' 的组成可由相图读出，E' 和 R' 的量可由杠杆规则求得。

二、杠杆规则与萃取剂用量计算

1. 杠杆规则

假设萃取过程中各级均为理论级，即离开每级的 E 相和 R 相互为平衡，确定平衡各相之间的相对数量可以用杠杆规则求得。

如图 10-21 所示，将任意两个混合物 E 和 R 混合，形成新的混合物 M，在三角形相图中表示其组成的点 M 必在 E 和 R 的连线上，且点 M 的位置按以下关系确定：

$$\frac{E}{R}=\frac{\overline{MR}}{\overline{ME}} \quad \text{或} \quad \frac{E}{M}=\frac{\overline{MR}}{\overline{RE}} \tag{10-4}$$

式中　E，R，M——混合液 E、R 及 M 的质量流量，kg/s；

$\overline{MR}$，$\overline{ME}$，$\overline{RE}$——线段 MR、ME、RE 的长度。

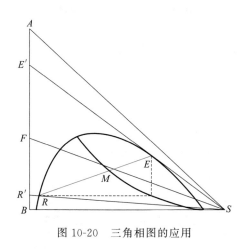

图 10-20　三角相图的应用

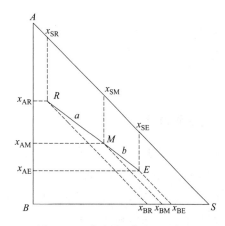

图 10-21　杠杆规则原理示意图

这一关系称为杠杆规则，其实质是质量守恒定律。

点 M 称为点 E 和点 R 的"和点"，点 E（或 R）称为点 M 与 R（或 E）的"差点"。根据杠杆规则，可以由其中的任意两点求得第三点。

若将两个质量流量为 E 和 R、组成分别为 x_{AE}、x_{BE}、x_{SE} 和 x_{AR}、x_{BR}、x_{SR} 的三元混合物混合成一个质量流量为（$E+R$）$=M$ 和组成为 x_{AM}、x_{BM} 和 x_{SM} 的三元混合物。则其物料衡算式为：

$$E+R=M \tag{10-5}$$
$$Rx_{AR}+Ex_{AE}=Mx_{AM} \tag{10-6a}$$
$$Rx_{BR}+Ex_{BE}=Mx_{BM} \tag{10-6b}$$
$$Rx_{SR}+Ex_{SE}=Mx_{SM} \tag{10-6c}$$

物料衡算与杠杆规则是用于描述两个混合物 R 和 E 形成一个新的混合物 M 时，或者一个混合物 M 分离为 R 和 E 两个混合物时，其质量之间的关系。

2. 萃取剂的用量的计算

对于单级萃取过程，萃取剂用量可以根据物料衡算原理求出，即：

$$F+S=E+R=M \tag{10-7}$$

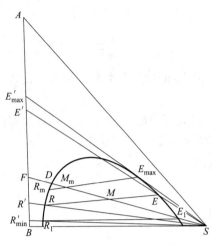

图 10-22 吸收剂用量的确定

已知原料液的量 F 和质量分数 x_F，若要求萃余相 R 的质量分数为 x_R，可由图解法确定吸收剂 S 的量，如图 10-22 所示。

由图解法和杠杆定律求得 S：

$$S = F \times \frac{\overline{MF}}{\overline{MS}} \qquad (10\text{-}8)$$

同理，可确定萃取过程中萃取剂极限用量：

$$S_{min} = F \times \frac{\overline{DF}}{\overline{DS}} \qquad S_{max} = F \times \frac{\overline{E_1 F}}{\overline{E_1 S}} \qquad (10\text{-}9)$$

萃取操作 S 应满足以下条件：

$$S_{min} < S < S_{max} \qquad (10\text{-}10)$$

最大萃取液组成与最小萃余液组成分别为图中的 E'_{max} 和 R'_{min} 对应的组成。

对于多级萃取过程，其萃取剂用量的确定，需要依据不同萃取流程分别进行计算，可参考相关资料。

技术训练 10-1

将三元混合物 E（$x_{AE}=20\%$、$x_{BE}=60\%$、$x_{SE}=20\%$）和三元混合物 R（$x_{AR}=50\%$、$x_{BR}=10\%$、$x_{SR}=40\%$）合并成一个三元混合物 M。

(1) 若已知 $E/R=3$。则 M 中各组分的组成如何？

(2) 若 $E/R=3$ 改变为 $E/R=5$，此时 M 中各组分的组成将如何变化？

解：(1) 已知 $\dfrac{E}{R}=\dfrac{3}{1}$，根据杠杆规则，有：

$$\frac{M}{R}=\frac{E+R}{R}=\frac{4}{1}$$

由式 (10-6) 得：

$$3R \times 0.2 + R \times 0.5 = 4R \times x_{AM} \qquad 故 \qquad x_{AM}=0.275$$

同理 $\quad 3R \times 0.6 + R \times 0.1 = 4R \times x_{BM} \qquad 故 \qquad x_{BM}=0.475$

由归一化条件，可知 $\quad x_{SM}=1-x_{AM}-x_{BM}=1-0.275-0.475=0.25$

(2) 过程略 $\quad x_{AM}=0.25$，$x_{BM}=0.517$，$x_{SM}=0.233$。

技术训练 10-2

25℃下以水为萃取剂从乙酸质量分数 x_F 为 35% 的乙酸（A）与氯仿（B）混合液中提取乙酸得到 95% 的乙酸溶液。已知原料液处理量为 2000kg/h。操作温度下，E 相和 R 相以质量分数表示的平衡数据如表 10-5 所示。求：(1) 萃取剂 S 的用量是多少？(2) x_F 由 35% 增加到 57% 时，其萃取剂用量如何变化？

表 10-5　萃取相 E 和萃余相 R 的三元平衡数据

氯仿层(R 相)		水层(E 相)	
乙酸	水	乙酸	水
0.00	0.99	0.00	99.16
6.77	1.38	25.10	73.69
17.22	2.24	44.12	48.58
25.72	4.15	50.18	34.71
27.65	5.20	50.56	31.11
32.08	7.93	49.41	25.39
34.16	10.03	47.87	23.28
42.50	16.50	42.50	16.50

解：(1)根据题意可作出溶解度如图 10-23 所示的曲线，已知 $F=2000 \text{kg/h}$，$x_F=0.35$，从图中读出 $\dfrac{\overline{MF}}{\overline{MS}}=\dfrac{25}{30}$，则

$$S=F\times\frac{\overline{MF}}{\overline{MS}}=2000\times\frac{25}{30}=1667(\text{kg/h})$$

(2) x_F 由 35% 增加到 57% 时：

$$\frac{\overline{M'F'}}{\overline{M'S}}=\frac{35}{24}$$

则　$S=F\times\dfrac{\overline{M'F'}}{\overline{M'S}}=2000\times\dfrac{35}{24}=2917(\text{kg/h})$

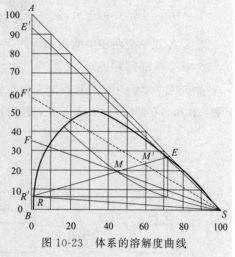

图 10-23　体系的溶解度曲线

子任务 3　确定萃取装置的工艺参数

萃取过程是在萃取设备内完成的，萃取设备的大小是随萃取过程处理的物料量、处理要求及物料性质的不同而改变的。分离设备多为萃取塔，现以萃取塔为例介绍萃取装置的工艺参数的确定。

萃取装置的工艺参数主要是萃取塔的塔高和塔径。对于连续接触式萃取塔，其塔高的确定采用精馏塔塔高的计算方法，先确定理论级数，再采用等级高度法或传质方程法。

一、萃取理论级

萃取过程中，若原料液与萃取剂在混合器中充分进行液液相际接触传质，然后在澄清器中充分静止分层得到相互平衡的萃取相和萃余相，这样的过程即为一次萃取理论级，类似于精馏操作中的理论板，萃取理论级也是一种理想状态。萃取过程中，因为要使液液两相充分混合接触传质达到平衡且使混合两相彻底分离，理论上需要无限长的时间，实际过程中也是无法实现的。应用理论级的概念是为了便于对萃取设备操作效率进行分析，同时在萃取设备计算时，先确定理论级，再依据经验得出的级效率或等级高度，确定实际萃取级数，最终确定萃取装置的工艺参数。

二、理论级的确定

萃取过程理论级的确定方法与萃取流程、萃取物系性质有关。下面就完全不互溶物系的萃取理论级的确定方法进行介绍；而部分互溶物系的萃取理论级的确定，建议参照相关资料。

萃取过程中，若 B 和 S 完全不互溶或互溶度很小，则整个萃取过程中，B 和 S 的量均可看成不变量，只有溶质 A 在两相（B、S）间进行转移，这种情况类似于单组分吸收过程。

1. 相组成与相平衡表示方法

因萃取过程中，B 和 S 不互溶，A 在两相中的组成以质量比表示。

萃取相中溶质 A 的组成：$Y = \dfrac{\text{溶质 A 的质量（kg）}}{\text{萃取剂 S 的质量（kg）}}$

萃余相中溶质 A 的组成：$X = \dfrac{\text{溶质 A 的质量（kg）}}{\text{原溶剂 B 的质量（kg）}}$

溶质 A 在平衡两相中的组成可用 $Y\text{-}X$ 坐标系中的分配曲线表示。

2. 单级萃取过程的理论级

当原料液（A+B）与萃取剂 S 在萃取器中充分接触时，溶质 A 从原溶剂 B 向萃取剂 S 中转移，B 和 S 在两液相中的量不变，最后达到两相平衡。图 10-24（a）为单级萃取过程示意图。

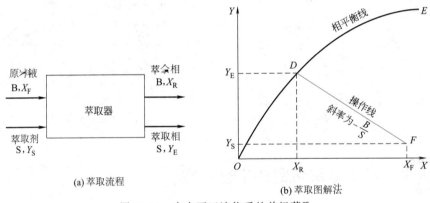

(a) 萃取流程　　(b) 萃取图解法

图 10-24　完全不互溶物系的单级萃取

对萃取器作溶质 A 的物料衡算有：

$$BX_F + SY_S = BX_R + SY_E \quad \text{即是 } B(X_F - X_R) = S(Y_E - Y_S) \tag{10-11}$$

或
$$\frac{B}{S} = \frac{Y_E - Y_S}{X_F - X_R}, \quad \frac{Y_E - Y_S}{X_R - X_F} = -\frac{B}{S} \tag{10-11a}$$

式中　B——原料液或萃余相中溶剂 B 的质量，kg 或 kg/h；

　　　　S——萃取剂或萃取相中萃取剂 S 的质量，kg 或 kg/h；

　　　　X_F——原料液中溶质 A 的质量比，kg A/kg B；

　　　　X_R——萃余相中溶质 A 的质量比，kg A/kg B；

　　　　Y_S——萃取剂中溶质 A 的质量比，kg A/kg B；

　　　　Y_E——萃取相中溶质 A 的质量比，kg A/kg B。

式（10-11）和式（10-11a）为单级萃取过程的操作线方程，在 $Y\text{-}X$ 坐标图中为一直线，该直线过 F（X_F，Y_S）点，斜率为 $-B/S$，如图 10-24（b）所示。

当已知 B、X_F、Y_S 及 S，则可依据式（10-11）或式（10-11a）和相平衡关系直接求解

(X_R, Y_E)；或规定 X_R，求解 Y_E 和 S。也可采用图解法求解 [如图 10-24（b）所示]：在 Y-X 图中绘制相平衡线 OE，根据分离任务 X_F、Y_S 作点 F（X_F，Y_S），并过点 F 作斜率为 $-B/S$ 的直线交平衡线 OE 于点 D，FD 为单级萃取过程操作线，交点 D 为（X_R，Y_E）。若确定分离要求 X_R，则可依据 FD 操作线求 $-B/S$，再求 S 的量。

3. 多级萃取过程的理论级

（1）多级错流萃取过程 多级错流萃取过程实际上是单级萃取的多次串联过程，图 10-25（a）所示为 B、S 完全不互溶物系四级错流萃取过程。每一级的萃取相和萃余相的 S 和 B 的量均不变。其理论级的计算有解析法和图解法两种方法。

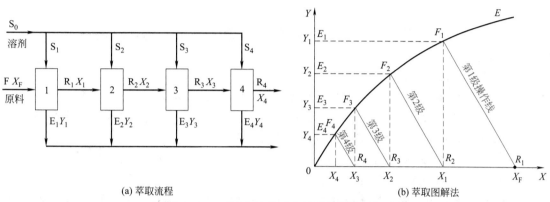

(a) 萃取流程   (b) 萃取图解法

图 10-25 互不相溶物系多级错流萃取过程

① 解析法。萃取若在操作范围内，其分配系数为常数，且 $Y_S = 0$，在 Y-X 坐标系内的分配曲线可近似为过原点的直线，即类似于吸收操作中的表达式：

$$Y = mX \tag{10-12}$$

对第一级作 A 组分的衡算，由式（10-11a）得：$-\dfrac{B}{S} = \dfrac{Y_S - Y_1}{X_F - X_1}$

将 $Y_S = 0$、$Y_1 = mX_1$ 代入上式得：$X_1 = \dfrac{X_F}{\dfrac{mS}{B} + 1}$

令 $b = \dfrac{mS}{B}$，则：$\qquad\qquad Y_1 = \dfrac{mX_F}{b+1}$

同理，对于第二级，有：$\qquad X_2 = \dfrac{X_1}{b+1} = \dfrac{X_F}{(b+1)^2}$

$$Y_2 = \dfrac{mX_F}{(b+1)^2}$$

依次推至第 N 级，有：$\qquad X_N = \dfrac{X_F}{(b+1)^N} \tag{10-13}$

$$Y_N = \dfrac{mX_F}{(b+1)^N} \tag{10-14}$$

以此可求出经过 N 个理论级错流萃取后的萃余相组成 X_N 和相应的萃取相 Y_N；或相应地由式（10-13），求解使溶液由 X_F 降至要求的 X_N 所需理论级数。

② 图解法。若萃取操作过程的平衡线（分配曲线）为曲线（直线亦如此），可采用如图

10-25（b）所示的图解法。

若 $Y_S=0$，由式（10-11a）得第一级的操作线方程为

$$Y_1=-\frac{B}{S}(X_1-X_F)$$

依次，可得第二级、第三级、…、第 N 级的操作线方程：

$$Y_2=-\frac{B}{S}(X_2-X_1)$$

$$\cdots$$

$$Y_N=-\frac{B}{S}(X_N-X_{N-1})$$

各操作线的斜率均为 $-B/S$，分别通过 X 轴上的点 $(X_F,0)$，$(X_1,0)$，…，$(X_{N-1},0)$。

其图解步骤如下：

a.在 Y-X 坐标图上，依据萃取物系平衡数据，作平衡线 OE；

b.过 X 轴上点 R_1 $(X_F,0)$ 作斜率为 $-B/S$ 的直线，得第一级操作线，交平衡线于 F_1 (X_1,Y_1)，得出第一级的萃取相与萃余相的组成 Y_1 与 X_1；

c.由 F_1 作垂线交 X 轴于 R_2 $(X_1,0)$，过 R_2 作斜率为 $-B/S$ 的直线得第二级操作线，交平衡线于 F_2 (X_2,Y_2)；

d.依次作操作线，直至萃余相组成等于或小于要求的 X_N 为止，这一级为第 N 级，图 10-25（b）中共 4 级。

说明：若入口萃取剂中 $Y_S\neq0$，则可依据操作线 $Y_i=-\dfrac{B}{S}(X_i-X_{i-1})+Y_S$ 和平衡线按照上述方法自行作图求解萃取理论级。

（2）多级逆流萃取过程　互补相溶物系多级逆流萃取过程如图 10-26（a）所示，此操作中，各级萃余相和萃取相中的 B、S 量均不变。

① 解析法。虚线框为衡算范围，作第 i 级到第 N 级溶质 A 组分的衡算，有：

$$BX_{i-1}+SY_S=BX_N+SY_i \tag{10-15}$$

若 $Y_S=0$，则

$$Y_i=\frac{B}{S}(X_{i-1}-X_N) \tag{10-16}$$

式中　X_{i-1}，X_N——离开第 $i-1$ 级、N 级的萃余相组成，kg A/kg B；

$\qquad\quad Y_i$——离开第 i 级萃取相组成，kg A/kg B。

式（10-16）为多级逆流萃取操作的操作线方程。

② 图解法。对多级逆流萃取操作全系统作溶质 A 的物料衡算可得方程

$$Y_1=\frac{B}{S}(X_F-X_N) \tag{10-17}$$

由式（10-17）可知，该操作线必过点 (X_F,Y_1)、$(X_N,0)$，即图 10-26（b）中的 P_1、S，斜率为 B/S。

先在 Y-X 坐标系中画平衡线 OE 和操作线 SP_1，再按梯级法作图，自 P_1 起作水平线交平衡线于 F_1，得到与 F_1 对应的相平衡组成 (X_1,Y_1)；由 F_1 作垂线交操作线于 P_2 点，得出进入第一级萃取相组成 Y_2，依次在平衡线 OE 和操作线 SP_1 之间作阶梯，直至 X_N 等于或低于分离要求的最终萃余相组成为止。其中所得阶梯数即为 S、B 互不相溶物系多级逆

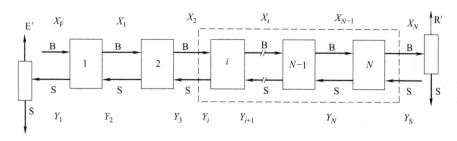

(a) 萃取流程

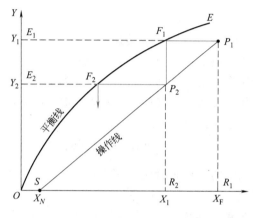

(b) 萃取图解法

图 10-26　互不相溶物系多级逆流萃取过程

流萃取操作的理论级数。

提示：当分离要求 X_N 一定时，减少萃取剂的用量 S，其操作线斜率 B/S 将增大，即操作线向平衡线靠拢，萃取理论级数将增多；且当 S 降至操作线与平衡线相交时，此时所需理论级数将增至无穷多，此时的 S 量为最小萃取剂用量，而 $(S/B)_{min}$ 即为最小溶剂比。实际操作中溶剂比必须大于最小溶剂比，才能达到规定的分离要求。适宜的溶剂比需均衡设备费用和操作费用。

三、萃取装置工艺参数的确定

确定萃取装置工艺参数最主要的是确定萃取塔的工艺参数，即是萃取塔的塔高和塔径。

1. 萃取塔的塔径

塔径的确定仍采用确定精馏塔和吸收塔塔径的方法：

$$D = \sqrt{\frac{4V_s}{\pi u}}$$

(10-18)

式中　V_s——液相流率，$\mathrm{m^3/s}$；

　　　u——适宜流速，$\mathrm{m/s}$。

2. 萃取塔的塔高

对于连续接触式萃取塔，其塔高的确定方法有：等级高度法和传质方程法。

（1）等级高度（HETS）法　等级高度法类似于模块 5（精馏技术）中的等板高度法。当已知萃取分离物系分离一个理论级的当量高度（等级高度）h_e 时，即可利用下式，计算完成分离任务需要的有效高度。

$$h_o = N h_e \tag{10-19}$$

说明：等级高度法虽然较简单，但是 HETS 随物系的物性、浓度、流率和塔的结构而变，变化范围非常大，故在应用时需有与分离条件一致的数据，否则结果与实际差别较大，一般较少采用。

（2）传质方程法　传质方程法类似于模块 6（吸收技术）中对填料层高度的计算法。以萃取相的溶质总质量分数差为推动力的传质方程为：

$$N_A = K_y (y^* - y) \tag{10-20}$$

式中　N_A——溶质 A 由萃余相向萃取相传递的速率，kg/（m^2 相界面·h）；

　　　y——萃取相中溶质 A 的组成，质量分数；

　　　y^*——平衡时萃取相溶质 A 的组成，质量分数；

　　　K_y——以萃取相溶质浓度差（$y^* - y$）为推动力的总传质系数，kg/（m^2·h）。

对塔微分高度 dh 内的传质有：

$$N_A \alpha \Omega \, dh = E \, dy \tag{10-21}$$

式中　α——单位塔体积中的相界面面积，m^2/m^3；

　　　Ω——塔截面面积，m^2；

　　　E——萃取相的流率，kg/h。

当萃取相中溶质浓度低，且两相互不相溶时，E 可作为常数，则由式（10-20）式（10-21）积分可得萃取塔所需的有效高度

$$h_o = \frac{E}{K_y \alpha \Omega} \int_{y_a}^{y_b} \frac{dy}{y^* - y} = H_{OE} N_{OE} \tag{10-22}$$

当萃取相的溶质浓度较高时，可依据式（10-23）计算。

$$h_o = \left[\frac{E}{K_y \alpha \Omega (1-y)_m} \right] \int_{y_a}^{y_b} \frac{(1-y)_m dy}{(1-y)(y^* - y)} = H_{OE,C} N_{OE,C} \tag{10-23}$$

式中　y_a, y_b——萃取相在入塔、出塔时的溶质组成，质量分数；

　　　N_{OE}——萃取相为稀溶液时总传质单元数；

　　　H_{OE}——萃取相为稀溶液时总传质单元高度，m，$H_{OE} = E/(K_y \alpha \Omega)$；

　　　$N_{OE,C}$——萃取相为浓溶液时总传质单元数；

　　　$H_{OE,C}$——萃取相为浓溶液时总传质单元高度，m，$H_{OE} = E/[(K_y \alpha \Omega)(1-y)_m]$。

说明：也可以采用萃余相的溶质总质量分数差为推动力的传质方程进行萃取塔高度的计算。

技术训练 10-3

　　××化工集团生产丙酮，得到丙酮-水溶液，其中丙酮的质量分数为 45%，采用萃取操作从 100kg 丙酮-水溶液中分离丙酮，要求萃余相中丙酮的质量分数为 10%。表 10-6 列出了常温下丙酮-水-三氯甲烷三元物系的连接线数据。依据要求完成以下任务：

表 10-6　丙酮-水-三氯甲烷连接线数据表 （质量分数/%）

序号	水相			三氯甲烷相		
	三氯甲烷(S)	水(B)	丙酮(A)	三氯甲烷(S)	水(B)	丙酮(A)
1	0.44	99.56	0	99.89	0.11	0
2	0.52	93.58	5.96	90.93	0.32	8.75
3	0.60	89.40	10.0	84.40	0.60	15.00
4	0.68	85.35	13.97	78.32	0.90	20.78
5	0.79	80.16	19.05	71.01	1.33	27.66
6	1.04	71.33	27.63	58.21	2.40	39.39
7	1.60	62.67	35.73	47.53	4.26	48.21
8	3.75	50.20	46.05	33.70	8.90	57.40

（1）如以三氯甲烷作萃取剂，试求所需萃取剂的用量及三元混合液中水和丙酮的质量分数；

（2）试求所得萃取相 E 的量；

（3）试求萃取相 E 脱除萃取剂 S 后所得萃取液 E′和萃余液 R′的量。

解：依题意绘出溶解度曲线和辅助曲线，如图 10-27 所示。

（1）根据题意，在三角形相图（如图 10-27 所示）上标出 F 点、R 点，由 R 点和辅助曲线确定萃取相 E 点，连接 E、R 点，ER 线与 SF 线相交于 M 点，M 点即为混合液的组成点，读出 M 中含水量为 14%，含丙酮为 15%，含三氯甲烷 71%。

根据杠杆定律　　$\dfrac{S}{F}=\dfrac{\overline{FM}}{\overline{MS}}$

得　$S=F\times\dfrac{\overline{FM}}{\overline{MS}}=100\times\dfrac{36}{17}=212(\mathrm{kg})$

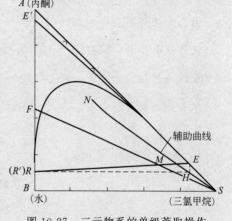

图 10-27　三元物系的单级萃取操作

（2）如图 10-27 所示，$M=F+S=E+R$，

即 $M=100+212=312(\mathrm{kg})$

根据杠杆定律　　$E=M\times\dfrac{\overline{RM}}{\overline{RE}}=312\times\dfrac{34}{42}=253(\mathrm{kg})$

（3）根据杠杆定律　　$E'=F\times\dfrac{\overline{FR'}}{\overline{E'R'}}=100\times\dfrac{12}{40}=30(\mathrm{kg})$

$R'=F-E'=100-30=70(\mathrm{kg})$

对于实际生产的萃取过程，由于萃取剂的循环使用，萃取剂 S 中含有少量的 A、B，萃取液 E′和萃余液 R′中也含有少量的 S，故点 S、R′、E′在三角形相图的均相区内。

技术训练 10-4

对于技术训练 10-3 物系，今有含丙酮（A）20%（质量分数，下同）的水（B）溶液，流量为 800kg/h。按错流流程，用三氯甲烷（S）作萃取剂，且每一级的 S 用量均为 320kg/h。若要求萃余相中 A 降至 5%，则：（1）需要的理论萃取级是多少？（2）此时的萃取相和萃余相的组成是多少？

解：（1）由表 10-6 平衡数据可知，当 A 含量低于 20% 时，B-S 的互溶度很小，可近似按互不相溶物系处理，即忽略 B 中的 S 量和 S 中的 B 量。依质量分数与质量比的关系，可将表 10-6 中 2～5 的数据转化为表 10-7 中的数据。

表 10-7　以质量比 Y-X 表示的平衡关系

序号	X	Y	序号	X	Y
1	0.0663	0.0959	3	0.1624	0.2623
2	0.1111	0.1765	4	0.2353	0.3824

将 X、Y 平衡数据绘制在 Y-X 坐标上，得图 10-28 所示的 OE 线（平衡线）为一过原点的直线，斜率为 1.62。

由已知条件有：$B = 800 \times (1 - 20\%) = 640 (\text{kg/h})$

操作线斜率为：$-B/S = -640/320 = -2$

原料液的组成为：$X_F = x_F/(100 - x_F) = 20/(100 - 20) = 0.25$

萃余相的组成为：$X_N = x_N/(100 - x_N) = 5/(100 - 5) = 0.0526$

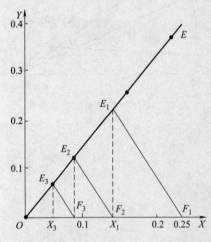

图 10-28　丙酮-水-三氯甲烷平衡物系

萃取因子 $b = mS/B = 1.62/2 = 0.81$

在图 10-28 中，找出点 F_1 (0.25, 0)，过 F_1 作斜率为 -2 的直线，交 OE 线于 E_1 点；自 E_1 作垂线，交 X 轴于 F_2 点，过 F_2 再作斜率为 -2 的直线，交 OE 线于 E_2 点；依次作图得到 F_3、F_4 (X_3, 0)，得萃余相组成 $X_3 = 0.042 < X_N = 0.05$，故要使萃余相低于 5% 需要理论萃取级为 3 级。

（2）当理论萃取级为 3 时，其萃余相和萃取相组成分别为：

$$X_3 = \frac{X_F}{(b+1)^3} = \frac{0.25}{(0.81+1)^3} = 0.0422$$

$$Y_3 = \frac{mX_F}{(b+1)^3} = \frac{1.62 \times 0.25}{(0.81+1)^3} = 0.0683$$

任务3　操作萃取装置

能否实现正常操作萃取装置，将直接影响产品的质量、原料的利用率和萃取的经济性。一个工艺过程及设备设计得再完美，如果操作不当，也得不到合格产品。因此，学会正确操作萃取装置是实现高效工业萃取的保证。

子任务1　认识萃取操作规程

岗位操作规程是公司管理体系文件中的一部分，是规定具体要求或具体执行步骤和方法的文件，是指导所在岗位的职工正确、安全地进行操作和处理问题的作业指导书。各部门上岗员工必须正确理解规程要求并严格执行本岗位操作规程，规范记录。

1. 萃取操作岗位职责

① 负责萃取槽及所属设备的操作与维护。

② 通过合理的操作，确保指标在规定的范围内。

③ 按时取样分析萃取相和萃余相组成等指标，为控制提供依据。

④ 负责本岗位开停车和事故处理，如遇紧急情况可先停车或减量生产，但须立即报告班长和当班调度。

⑤ 正确及时地填写生产记录，并保持清洁完整，负责本岗位信息传递，搞好岗位卫生，做到文明生产。

⑥ 严格遵守和执行各项规章制度和安全生产规定，服从班长及调度指挥，完成上级下达的各项任务。

⑦ 当班期间，对违章指挥有权制止并可拒不执行。若指挥者固执己见，可越级上报，否则出了问题，同样负有责任。

⑧ 对实习生及学徒工负有传授技术和进行安全教育的责任。

⑨ 做好交接班工作。

2. 任职要求

① 熟悉车间生产流程，精通本岗位生产流程，掌握本岗位操作法。

② 具有初中以上文化程度或从事化工生产三年以上的操作工经过一定时间的实习或培训，安全技术考试合格，取得安全作业证方能独立操作。

③ 操作工在行政上业务上受车间主任、班长的领导，值班期间在调度室和班长的领导下进行工作。

④ 值班期间，操作工对岗位负全部责任。

3. 注意事项

① 使用前先检查是否漏液。

② 搅拌时，仔细观察搅拌装置是否会发出不正常的杂音。

③ 放液前，要先打开放空口。

④ 放液时，记住下层的为密度大的液体，从下面放出；上层的为密度相对小的液体，

从上面放出。

⑤ 萃取完成后应马上将设备清洗干净。

4. 岗位操作规程

① 严格遵守安全规程、工艺规程和一切规章制度，严禁违章作业和违章指挥。

② 操作人员必须经过技术培训和安全技术教育，达到"三懂四会"，即懂生产原理，懂工艺流程，懂设备结构，会操作，会保养，会排除故障，会处理事故，能正确使用防护器材和消防器材，并经过操作技术和安全技术考试合格取得安全作业证，方能独立操作。

③ 紧密与过滤岗位合作，完成萃取的操作，控制好萃取与过滤岗位之间的物料平衡，努力提高萃取率。

④ 员工出操作室必须佩戴安全帽，接触腐蚀性气体、液体、固体操作时，必须佩戴相关的防护用品，如：防护镜、防毒面具、口罩、耐酸手套、耐酸衣裤、胶鞋等，必须严格执行劳动防护用品管理制度。

⑤ 在取样及巡检时必须注意防滑，在萃取槽上巡检时必须时刻注意管线及排气口盖板，避免跌倒摔伤或其他意外的发生。

⑥ 取样过程中注意戴好劳动防护用品，避免料浆烫伤和有害气体伤害。

⑦ 按要求正常取样分析控制分析项目，及时将分析结果报告萃取主操，按时取萃取聚集样。

⑧ 经常检查搅拌桨运行情况和温升情况，定时记录各搅拌桨运行电流。

⑨ 观察萃取槽是否呈正压或较高负压，及时将异常情况报告班长。

⑩ 随时监测萃取槽液位，发现液位异常，立即通知班长。

技能训练 10-6

利用网络资源总结单元操作规程书写的常见内容。

子任务 2　学会萃取操作开停车

萃取操作包括开车前的准备、正常开车、正常停车（临时停车或紧急停车）等。学生应熟悉操作步骤，规范操作行为，实现安全生产。

1. 开车前的准备工作

（1）设备检查与调试　观察设备性能是否符合设计要求，辅助设施是否连接合理，关键考察两相流动情况，即相的混合和分散能力是否满足工艺要求。

（2）管路试压与试漏检查　试压是为了发现设备隐患及清扫管线、设备的脏物；气密性试验是为了检验容器和管道系统的气密性。通常，气密性试验在水压试验后进行。

（3）电器及仪表确认　必须系统地对继电保护装置、备用电源、自动投入装置、自动重合闸装置、报警及预报信号系统等进行模拟试验，并在中控室图上核实各种颜色开关或开闭显示。对内藏计算机、可编程控制器的保护装置，在对软件进行检查及测试后，还应逐渐模拟联锁及报警参数，验证逻辑的准确性和联锁报警值的准确性。启动电机时，记录启动时间、电流，并做好变、配电运行操作及运转的记录，观察电机启动停车状态和中控流程图显示是否一致。

在做好开车准备后,再进行开车、运行、停车等操作。不同的萃取过程,操作过程有所不同。

2. 开车操作

在萃取开车时,先将连续相注满塔中,再开启分散相,使分散相不断在塔顶分层段凝聚后排出。

若连续相为重相,液面在重相入口高度处时,关闭重相进口阀,随着分散相不断进入塔内,在重相的液面上形成两液相界面并不断升高,当两相界面升高到重相入口与轻相出口之间时,开启分散相出口阀和重相的进出口阀,调节流量或重相升降管的高度使两相界面维持在原高度。若重相作为分散相,则分散相不断在塔底的分层段凝聚,两相界面应维持在塔底分层段的某一位置上,一般在轻相入口处附近。

3. 正常停车

萃取塔在维修、清洗时或工艺要求下需要停车。若连续相为轻相,相界面在塔底,停车时首先关闭重相进出口阀,然后再关闭轻相进出口阀,让轻重两相在塔中静置分层。分层后打开塔顶旁路阀,塔内接通大气,然后慢慢打开重相出口阀,让重相排出塔外。当相界面下移至塔底旁路阀的高度处,关闭重相出口阀,打开旁路阀,让轻相流出塔外。

对连续相为重相的,停车时首先关闭连续相的进出口阀,再关闭轻相的进口阀,让轻重两相在塔内静置分层。分层后慢慢打开连续相的进口阀,让轻相流出塔外,并注意两相的界面,当两相界面上升至轻相全部从塔顶排出时,关闭重相进口阀,让重相全部从塔底排出。

✒ 技能训练 10-7

如图 10-29 所示,编写转盘萃取塔的操作规程。

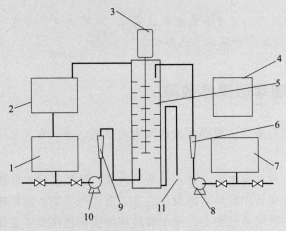

图 10-29　转盘萃取塔示意流程图

1—轻相槽;2—萃余相(回收槽);3—电机搅拌系统;4—电器控制箱;5—萃取塔;6—水流量计;
7—重相槽;8—水泵;9—煤油流量计;10—煤油泵;11—萃取相导出

采用转盘萃取塔进行萃取操作,以水作萃取剂,从饱和的苯甲酸煤油溶液中萃取苯甲酸。在转盘萃取塔中,分散相的凝聚可在塔的上端或下端进行,通过直流调速器来调节中心轴的转速，控制搅拌速率。使用转盘塔进行液液萃取操作时，两种液体在塔内做逆流流动，其中一相液体作为分散相，以液滴形式通过另一种连续相液体，两种液相的浓度则在设备内作微分式的连续变化，并依靠密度差在塔的两端实现两液相间的分离。当轻相作为分散相时，相界面出现在塔的上端；反之，当重相作为分散相时，则相界面出现在塔的下端。

分析：

① 配制饱和苯甲酸煤油的饱和溶液；检查装置连接情况、电源指示灯、仪表是否正常；检查轻相泵、重相泵是否能正常运行。

② 接通水管，将水灌入重相槽内，用磁力泵将它送入萃取塔内，作连续相。

③ 通过调节转速来控制外加能量的大小，在操作时转速逐步加大，观察到液面波动剧烈现象。

④ 水在萃取塔内搅拌流动，并连续运行5min后，开启分散相——煤油管路，调节两相的体积流量一般在 20～40L/h 范围内，根据实验要求将两相的质量流量比调为1∶1。

⑤ 待分散相在塔顶凝聚一定厚度的液层后，再通过连续相出口管路中Ⅱ形管上的阀门开度来调节两相界面高度，操作中应维持上集液板中两相界面的恒定。

⑥ 取样分析。采用酸碱中和滴定的方法测定进料液组成 x_F、萃余液组成 x_R 和萃取液组成 y_E，即苯甲酸的质量分数。

⑦ 萃取率的计算。萃取率 η 为被萃取剂萃取的组分 A 的量与原料液中组分 A 的量之比：

$$\eta = \frac{Fx_F - Rx_R}{Fx_F}$$

对稀溶液的萃取过程，因为 $F=R$，所以有 $\eta = \frac{x_F - x_R}{x_F}$。

⑧ 通过改变转速或两相流量分别测取效率 η，观察液泛、返混、冒槽等不正常现象，并理解两相流量及搅拌速率对萃取率的影响。

子任务3 处理萃取操作故障

萃取塔的常见故障有液泛、相界面波动太大、冒槽、非正常乳化层的增厚等。

1. 液泛

液泛是萃取操作时容易发生的一种不正常的现象。液泛是指萃取器内混合的两相还未来得及分离即被从相反方向带出的异常现象。通常，液泛现象是由液相通量过大（如：两相或一相流速超过了设备的极限处理能力）或萃取过程中两相物性发生变化（如：黏度增大、界面张力下降、局部形成稳定的乳化层夹带着分散相排出）引起的。

2. 相界面波动过大

处于正常运行的萃取装置，其相界面基本上要稳定在某一水平面，相界面波动过大，破坏相间传质平衡，可能导致萃取操作无法进行。装置振动或液相流量发生脉冲变化都会引起相界面波动过大。

3. 冒槽

冒槽是指液体液面水平超过箱体高度而漫出的情况。冒槽是萃取过程中最严重的事故，它不仅破坏了萃取平衡，也直接造成有机相流失。产生冒槽的原因主要是操作流速过大、某级叶轮转速变慢或突然停止、排液通口堵塞、局部泵抽送无力等。

4. 返混

萃取塔内部分液体的流动滞后于主体流动，或者产生不规则的漩涡运动，这些现象称为轴向混合或返混。在萃取塔的操作中，连续相和分散相都存在返混现象，轴向混合不仅影响传质推动力和塔高，还影响塔的通过能力。造成分散相轴向返混的原因有：分散相液滴大小不均匀，在连续相中上升或下降的速度不一样，液滴尺寸变小，湍流程度高。

技能训练 10-8

分析萃取操作故障的原因，完成表 10-8。

表 10-8 萃取岗位常见事故处理方案

序号	现 象	处 理 方 案
1	液泛	
2	相界面波动过大	
3	冒槽	
4	返混	

综合案例

在 25℃，拟从乙酸氯仿原料液中萃取乙酸，原料液量为 1000kg，乙酸浓度为 35%，要求萃余相中含乙酸不超过 8%。请同学们完成以下任务：

（1）选择合适的萃取剂。

（2）若以水为萃取剂，25℃时两液相（萃取相 E 和萃余相 R）以质量分数表示的三元平衡数据列于表 10-9 中。用水量为 800kg/h，求经单级萃取后 E 相和 R 相的组成及流量。

表 10-9 萃取相 E 和萃余相 R 的三元平衡数据

氯仿层（R 相）		水层（E 相）	
乙酸	水	乙酸	水
0.00	0.99	0.00	99.16
6.77	1.38	25.10	73.69
17.22	2.24	44.12	48.58
25.72	4.15	50.18	34.71
27.65	5.20	50.56	31.11
32.08	7.93	49.41	25.39
34.16	10.03	47.87	23.28
42.5	16.5	42.50	16.50

（3）试判断操作条件下的 A、B 的分离程度。

解：（1）氯仿能与乙醇、苯、乙醚、石油醚、四氯化碳、二硫化碳和油类等混溶；氯仿在水中的溶解度是：20℃时，0.822％；22℃时，0.0806％；25℃时，0.0742％。乙酸能溶于水、乙醇、乙醚、四氯化碳及甘油等有机溶剂。根据萃取剂的选择原则，可选择水作为萃取剂。

（2）根据题意在三角形坐标图中作出溶解度曲线与辅助曲线，如图10-30所示。乙酸在原料液中的质量分数为35％，在 AB 边上确定 F 点，联结点 F、S，按 F、S 的流量用杠杆定律在 FS 线上确定和点 M，借辅助曲线确定通过 M 点的联结线 ER。

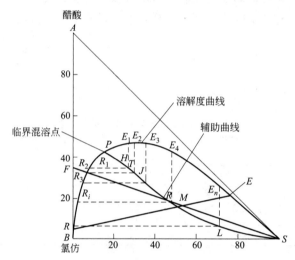

图 10-30　三元体系的溶解度曲线-辅助曲线

由图读得两相的组成为

E 相　$y_A = 27\%$，$y_B = 1.5\%$，$y_S = 71.5\%$

R 相　$x_A = 7.2\%$，$x_B = 91.4\%$，$x_S = 1.4\%$

根据总物料衡算，得：$M = F + S = 1000 + 800 = 1800$（kg/h）

由图量得　$RM = 45.5$mm 及 $RE = 73.5$mm

$$E = M \times \frac{RM}{RE} = 1800 \times \frac{45.5}{73.5} = 1114 \text{（kg/h）}$$

$$R = M - E = 1800 - 1114 = 686 \text{（kg/h）}$$

（3）A、B 的分离程度可用选择性系数 β 来描述，即：

$$\beta = \frac{y_A}{x_A} \Bigg/ \frac{y_B}{x_B} = \frac{27}{7.2} \Bigg/ \frac{1.5}{91.4} = 228.5$$

由于该物系的氯仿（B）、水（S）互溶度很小，所以 β 值较高，所得到萃取液浓度很高。

素质拓展阅读

焊接"冒险家"——韩积冬

曾焊接过奥运场馆主火炬塔，焊接过无数产品的油箱和零部件，为大国重器安上"翅膀"、装上"胃囊"，焊花里雕刻梦想，初心不改勇毅前行，一路焊花一路歌，他就是中国航天科工三院焊接高级技师、国家高级职业技能鉴定高级考评员、国家职业技能竞赛裁判员、北京市优秀教练员、北京市有突出贡献高技能人才——韩积冬。

1980年，韩积冬出生在滕州一个普通农家。他20岁到北京打拼，在首钢下属一家公司当焊工。因业务能力突出，被选送至首钢技师学院学习，成为王文华大师工作室的一员。工作中，他追求质量制胜、精益求精。进入中国航天科工三院后，航天人求实、务实、扎实的工作作风与他的气质正相融合。多年的积累，使他电弧焊、二氧化碳气体保护焊、氩弧焊等各种焊接手法都很娴熟。他在工作中融会贯通，提高工作效率，节约生产成本，凭借在MIG焊（熔化极惰性气体保护焊）方面丰富的经验，多次优化焊接参数，使焊缝内部和外观质量均满足了设计要求，工作效率提高了至少5倍。他凭借精湛的焊接技术为祖国的航天事业贡献着自己的力量。

练习题

一、单项选择题

1. 与精馏操作相比，萃取操作的劣势是（　　）。
   A. 不能分离组分相对挥发度接近于1的混合液　　B. 分离低浓度组分消耗能量多
   C. 不宜分离热敏性物质　　　　　　　　　　　D. 流程比较复杂

2. 单级萃取中，在维持料液组成 x_F、萃取相组成 y_A 不变条件下，若用含有一定溶质A的萃取剂代替纯溶剂，所得萃余相组成 x_R 将（　　）。
   A. 增高　　　　　B. 减小　　　　　C. 不变　　　　　D. 不确定

3. 萃取剂的加入量应使原料与萃取剂的和点 M 位于（　　）。
   A. 溶解度曲线上方区　　　　　　B. 溶解度曲线下方区
   C. 溶解度曲线上　　　　　　　　D. 任何位置均可

4. 萃取操作包括若干步骤，除了（　　）。
   A. 原料预热　　　B. 原料与萃取剂混合　　C. 澄清分离　　　D. 萃取剂回收

5. 在B-S部分互溶萃取过程中，若加入的纯溶剂量增加而其他操作条件不变，则萃取液浓度 $y_{A'}$（　　）。
   A. 增大　　　　　B. 下降　　　　　C. 不变　　　　　D. 变化趋势不确定

6. 三角形相图内任一点，代表混合物的（　　）个组分含量。
   A. 1　　　　　　B. 2　　　　　　C. 3　　　　　　D. 不一定

7. 进行萃取操作时，应使溶质的分配系数（　　）1。
   A. >　　　　　　B. <　　　　　　C. =　　　　　　D. ≠

8. 对于同样的萃取回收率，单级萃取所需的溶剂量相比多级萃取（　　）。
   A. 多　　　　　　B. 少　　　　　　C. 一样多　　　　　D. 无法比较

9. 分配曲线能表示（　　）。
   A. 萃取剂和原溶剂两相的相对数量关系　　B. 两相互溶情况
   C. 被萃取组分在两相间的平衡分配关系　　D. 都不是

10. 在原料液组成及溶剂化（S/F）相同的条件下，将单级萃取改为多级萃取，以下参数的变化趋势是萃取率（　　）、萃余率（　　）。
    A. 增大　增大　　　B. 减小　减小　　　C. 增大　减小　　　D. 减小　增大

二、判断题

1. 萃取剂对原料液中的溶质组分要有显著的溶解能力，对原溶剂必须不溶。 （ ）

2. 若均相混合液中有热敏性组分，采用萃取方法可避免物料受热破坏。 （ ）

3. 在连续逆流萃取塔操作时，为增加相际接触面积，一般应选流量小的一相作为分散相。

（ ）

4. 液液萃取中，萃取剂的用量无论如何，均能使混合物出现两相而达到分离的目的。

（ ）

5. 萃取塔开车时，应先注满连续相，后进分散相。 （ ）

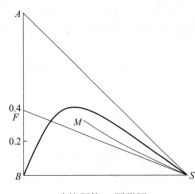

计算题第1题附图

三、问答题

1. 萃取三角形相图的顶点和三条边分别表示什么？

2. 常用的典型萃取塔有哪些？

3. 分散相的选择原则是什么？

四、计算题

1. 含40%（质量分数）丙酮的水溶液，用甲基异丁基酮进行单级萃取，欲使萃余相中丙酮含量不超过10%，试求处理1吨料液时：（1）萃取相与萃余相的量；（2）脱溶剂后萃取液的量。

2. 25℃时丙酮（A）-水（B）-三氯乙烷（S）系统以质量分数表示的溶解度和连接线数据如本题附表所示。

计算题第2题附表1 溶解度数据 单位：%

三氯乙烷	水	丙酮	三氯乙烷	水	丙酮
99.89	0.11	0	38.31	6.84	54.85
94.73	0.26	5.01	31.67	9.78	58.55
90.11	0.36	9.53	24.04	15.37	60.59
79.58	0.76	19.66	15.89	26.28	58.33
70.36	1.43	28.21	9.63	35.38	54.99
64.17	1.87	33.96	4.35	48.47	47.18
60.06	2.11	37.83	2.18	55.97	41.85
54.88	2.98	42.14	1.02	71.80	27.18
48.78	4.01	47.21	0.44	99.56	

计算题第2题附表2 连接线数据 单位：%

水相中丙酮 x_A	5.96	10.0	14.0	19.1	21.0	27.0	35.0
三氯乙烷相中丙酮 y_A	8.75	15.0	21.0	27.7	32	40.5	48.0

用三氯乙烷为萃取剂在三级错流萃取装置中萃取丙酮水溶液中的丙酮。原料液的处理量为500kg/h，其中丙酮的质量分数为40%，第一级溶剂用量与原料液流量之比为0.5，各级溶剂用量相等。试求丙酮的回收率。

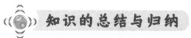

知识的总结与归纳

知识点		应用举例	备注
溶解度曲线及连接线	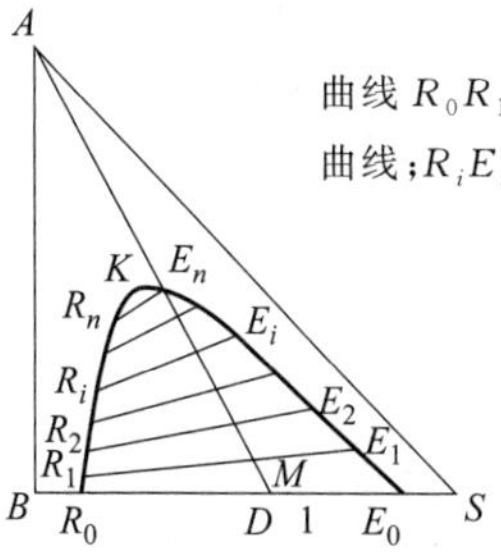 曲线 $R_0R_1R_2R_iR_nKE_nE_iE_2E_1E_0$ 称为溶解度曲线；R_iE_i 线为连接线	① 依据溶解度曲线，确定萃取操作条件，如萃取剂用量；② 利用连接线计算萃取液或萃余液的量	
辅助曲线（共轭曲线）	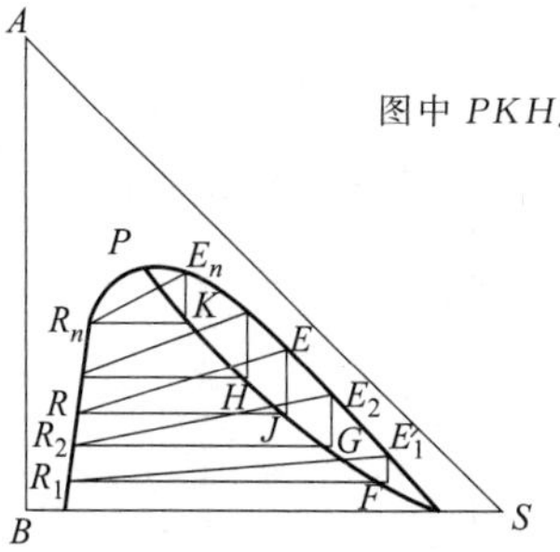 图中 $PKHJGF$ 曲线即为辅助曲线	利用辅助曲线可以求任一已知平衡液相的共轭相	
分配系数（K）	$K_A = \dfrac{A\ 在萃取相中的质量浓度}{A\ 在萃余相中的质量浓度} = \dfrac{y_A}{x_A}$	若已知 x_A，则可根据分配系数求出其共轭相组成 y_A	
选择性系数（β）	$\beta = \dfrac{\dfrac{y_A}{y_B}}{\dfrac{x_A}{x_B}} = \dfrac{K_A}{K_B}$	若 $\beta=1$，即 A、B 两组分不能用此萃取剂分离；若 $\beta>1$，即组分 A、B 能够用此萃取剂分离，且 β 值越大，分离效果越好	
萃取率（提取率）	$E_A = \dfrac{萃取液中被提取的溶质\ A\ 的质量(kg)}{原料液中溶质\ A\ 的质量(kg)}$	判断萃取剂对溶质 A 的萃取能力	

知识点		应用举例	备注
杠杆规则与物料衡算	$\dfrac{E}{R}=\dfrac{\overline{MR}}{\overline{ME}}$ 或 $\dfrac{E}{M}=\dfrac{\overline{MR}}{\overline{RE}}$ $E+R=M$ $Rx_{AR}+Ex_{AE}=Mx_{AM}$	用于确定两个混合物 R 和 E 形成一个新的混合物 M 时，各平衡相之间的数量关系，比如计算萃取剂的用量	
三角形相图	 (a)　　　(b)　　　(c) 三种表达方式，等腰直角三角形最常用	用于描述三元混合物系的组成；用于萃取过程的计算	物料衡算和杠杆规则求出 F、E、S 的量
萃取剂选用原则	①萃取剂的选择性；②萃取剂的物理性质；③萃取剂的化学性质；④萃取剂回收的难易；⑤其他因素（无毒或毒性小，无刺激性，难挥发，来源丰富，价格便宜，循环使用中损耗小）	萃取剂的选用依据	
萃取塔塔径及塔高计算	塔径：$D=\sqrt{\dfrac{4V_s}{\pi u}}$ 塔高：(1) HETS 法 $h_o=Nh_e$ 　　　(2) 传质方程法 ① 浓度低时 $h_o=\dfrac{E}{K_y a\Omega}\displaystyle\int_{y_a}^{y_b}\dfrac{\mathrm{d}y}{y^*-y}=H_{OE}N_{OE}$ ② 浓度高时 $h_o=\left[\dfrac{E}{K_y a\Omega(1-y)_m}\right]\displaystyle\int_{y_a}^{y_b}\dfrac{(1-y)_m\mathrm{d}y}{(1-y)(y^*-y)}=$ $H_{OE,C}N_{OE,C}$	用于计算一定萃取分离任务及分离要求所需萃取塔的结构尺寸	
萃取理论级的计算	$BX_F+SY_S=BX_R+SY_E$ 或 $\dfrac{B}{S}=\dfrac{Y_E-Y_S}{X_F-X_R}$ 平衡线（单级萃取、多级错流和多级逆流萃取） 	① 用于计算萃取理论级数； ② 计算萃取分离程度——最终萃余相或萃取相组成； ③ 计算达到一定萃取目的需要萃取剂用量	

模块 **11** 新型分离技术

学习目标

　　学习膜、吸附、色谱等新型分离设备的结构、工艺流程和工作原理；能依据分离物系及分离要求选用合理的分离方法和分离设备。

　　膜分离是以选择性透过膜为分离介质，在膜两侧一定推动力的作用下，使原料中的某组分选择性地透过膜，从而使混合物得以分离，以达到提纯、浓缩等目的的分离过程。

　　吸附是利用某些多孔性固体具有能够从流体混合物中选择性地在其表面上凝聚一定组分的能力，使混合物中各组分分离的单元操作过程，是分离和纯化气体与液体混合物的重要单元操作之一。

　　色谱分离法又称层析法，它利用不同组分在两相中物理化学性质（如吸附力、分子极性和大小、分子亲和力、分配系数等）的差别，通过两相不断的相对运动，使各组分以不同的速率移动，而将各组分分离。

⚙ 工业应用

　　生产超纯水的典型工艺流程如图 11-1 所示。原水首先透过过滤装置除去悬浮物及胶体，加入杀菌剂次氯酸钠防止微生物生长，然后经过反渗透和离子交换设备除去其中的大部分杂质，最后经紫外线处理将纯水中微量的有机物氧化分解成离子，再由离子交换器脱除，反渗透膜的终端过滤后得到超纯水并送至用水点。用水点使用过的水已混入杂质，需经废水回收系统处理后才能排入河里或送回超纯水制造系统循环使用。

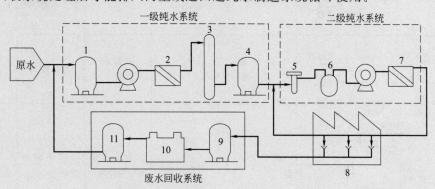

图 11-1　反渗透生产超纯水的工艺流程

1—过滤装置；2,7—反渗透膜装置；3—脱氧装置；4,9—离子交换装置；5—紫外线系统装置；
6—离子交换器；8—用水点；10—紫外线氧化装置；11—活性炭过滤装置

从生产案例可以看出，要解决化工生产中的膜分离技术问题，了解膜分离设备的类型、结构及应用，掌握膜分离技术的基本原理、工艺流程非常重要。

任务1 认识膜分离技术

学习膜分离设备的结构、工艺流程和工作原理；能依据分离物系的性质及分离要求选用合理的膜分离材料、分离装置及流程。

子任务1 认识膜分离装置

膜分离现象在大自然特别是在生物体内广泛存在，但人类对其认识、利用、模拟直至人工制备的历史却很漫长。按照其开发的年代先后膜分离过程有微孔过滤（MF，20世纪30年代）、透析（D，20世纪40年代）、电渗析（ED，20世纪50年代）、反渗透（RO，20世纪60年代）、超滤（UF，20世纪70年代）、气体分离（GS，20世纪80年代）和纳滤（NF，20世纪90年代）。

膜分离技术被公认为是20世纪末至21世纪中期最有发展前途的高新技术之一。膜分离技术目前已广泛应用于各个工业领域，并已使海水淡化、烧碱生产、乳品加工等多种传统的工业生产面貌发生了根本性的变化。膜分离技术已经形成了一个具有相当规模的工业技术体系（见表11-1膜分离过程及图11-2膜分离过程的分离范围）。

表 11-1　膜分离过程

过程	示意图	膜类型	推动力	传递机理	透过物	截留物
微滤 MF	原料液 → □ → 滤液	多孔膜	压力差（<0.1MPa）	筛分	水、溶剂、溶解物	悬浮物液中各种微粒
超滤 UF	原料液 → □ → 浓缩液/滤液	非对称膜	压力差（0.1~1MPa）	筛分	溶剂、离子、小分子	胶体及各类大分子
反渗透 RO	原料液 → □ → 浓缩液/溶剂	非对称膜、复合膜	压力差（2~10MPa）	溶剂的溶解-扩散	水、溶剂	悬浮物、溶解物、胶体
电渗析 ED	浓电解液/溶剂 阳极 阴极 阴膜↕阳膜 原料液	离子交换器	电位差	离子在电场中的传递	离子和电解质	非电解质和大分子物质

续表

过程	示意图	膜类型	推动力	传递机理	透过物	截留物
气体分离 GS	混合气　→　渗余气／渗透液	均质膜、复合膜、非对称膜	压力差（1～15MPa）	气体的溶解-扩散	易渗透气体	难渗透气体或蒸气
渗透汽化 PVAP	原料液　→　溶质或溶剂／渗透蒸气	均质膜、复合膜、非对称膜	浓度差分压差	溶解-扩散	易溶解或易挥发组分	不易溶解或难挥发组分
膜蒸馏 MD	原料液　→　浓缩液／渗透液	微孔膜	由于温度差而产生的蒸气压差	通过膜的扩散	高蒸气压的挥发组分	非挥发性的小分子和溶剂

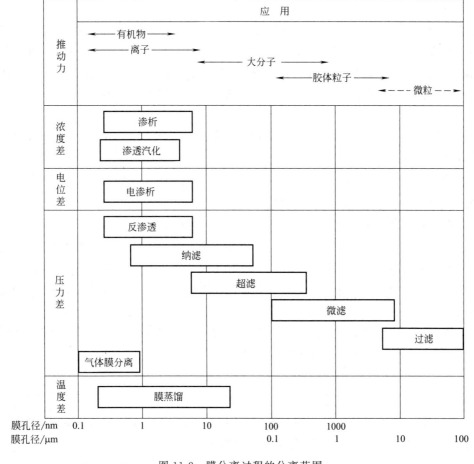

图 11-2　膜分离过程的分离范围

　　微滤、超滤、反渗透相当于过滤技术，用来分离含溶解的溶质或悬浮微粒的液体，其中溶剂和小溶质透过膜，而大溶质和大分子被膜截留。

电渗析使用的是带电膜，在电场力推动下从水溶液中脱除离子，主要用于苦咸水的脱盐。反渗透、超滤、微滤、电渗析是工业开发应用比较成熟的四种膜分离技术，这些膜分离过程的装置、流程设计都相对成熟。

气体膜分离在20世纪80年代发展迅速，可以用来分离 H_2、O_2、N_2、CH_4、He 及其他酸性气体如 CO_2、H_2S、SO_2 等。目前工业规模化的气体膜分离体系有空气中氧、氮的分离，合成氨厂氮、氢、甲烷混合气中氢的分离，以及天然气中二氧化碳与甲烷的分离等。

渗透汽化是唯一有相变的膜过程，在组件和过程设计中均有其特殊之处。膜的一侧为液相，在两侧分压差的推动下，渗透物的蒸气从另一侧导出。渗透汽化过程分两步：一是原料液的蒸发；二是蒸发生成的气相渗透通过膜。渗透汽化膜技术主要用于有机物-水、有机物-有机物分离，是最有希望取代某些高能耗的精馏技术的膜分离过程。20世纪80年代初，有机溶剂脱水的渗透汽化膜技术就已进入工业规模的应用。

一、认识膜材料

膜是膜分离实现的关键。膜从广义上可定义为两相之间的一个不连续区间，膜必须对被分离物质有选择透过的能力。

膜按其物理状态分为固膜、液膜及气膜，目前大规模工业应用多为固膜；液膜已有中试规模的工业应用，主要用在废水处理中。固膜以高分子合成膜为主，近年来，无机膜材料（如陶瓷、金属、多孔玻璃等），特别是陶瓷膜，因其化学性质稳定、耐高温、机械强度高等优点，发展很快，特别是在微滤、超滤、膜催化反应及高温气体分离中的应用充分展示了其优势。

根据膜的性质、来源、相态、材料、用途、形状、分离机理、结构、制备方法等的不同，膜有不同的分类方法。

1. 按膜孔径的大小分类

按膜孔径的大小分为多孔膜和致密膜（无孔膜）。

（1）多孔膜　多孔膜内含相互交联的曲曲折折的孔道，膜孔大小分布范围宽，一般为 $0.1 \sim 20 \mu m$，膜厚 $50 \sim 250 \mu m$。对于小分子物质，微孔膜的渗透性高，选择性低。当原料中一些物质的分子尺寸大于膜平均孔径，另一些分子尺寸小于膜的平均孔径时，用微孔膜可以实现这两类分子的分离。微孔膜的分离机理是筛分作用，主要用于超滤、微滤、渗析或用作复合膜的支撑膜。

（2）致密膜　致密膜又称为无孔膜，是一种均匀致密的薄膜，致密膜的分离机理是溶解扩散作用，主要用于反渗透、气体分离、渗透汽化。

2. 按膜的结构分类

按膜的结构分为对称膜、非对称膜和复合膜。

（1）对称膜　膜两侧截面的结构及形态相同，且孔径与孔径分布也基本一致的膜称为对称膜。对称膜可以是疏松的微孔膜或致密的均相膜，膜的厚度大致在 $10 \sim 200 \mu m$ 范围内，如图11-3（a）所示。致密的均相膜由于膜较厚而导致渗透通量低，目前已很少在工业过程中应用。

（2）非对称膜　非对称膜由致密的表皮层及疏松的多孔支撑层组成，如图11-3（b）所示。膜上下两侧截面的结构及形态不相同，致密层厚度约为 $0.1 \sim 0.5 \mu m$，支撑层厚度约为

$50\sim150\mu m$。渗透通量一般与膜厚成反比，由于非对称膜的表皮层比致密膜的厚度（$10\sim200\mu m$）薄得多，故其渗透通量比致密膜大。

（3）复合膜　复合膜实际上也是一种具有表皮层的非对称膜，如图 11-3（c）所示，但表皮层材料与用作支撑层的对称或非对称膜材料不同，皮层可以多层叠合。通常超薄的致密皮层可以用化学或物理等方法在非对称膜的支撑层上直接复合制得。

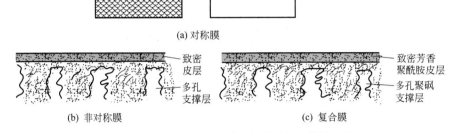

(a) 对称膜

(b) 非对称膜　　　　　　　　(c) 复合膜

图 11-3　对称膜、非对称膜和复合膜断面结构示意图

膜材料的要求是：具有良好的成膜性、热稳定性、化学稳定性，耐酸、碱、微生物侵蚀和耐氧化性能。反渗透、超滤、微滤用膜最好为亲水性，以得到高水通量和抗污染能力。气体分离，尤其是渗透蒸发，要求膜材料对透过组分优先吸附溶解和优先扩散。电渗析用膜则特别强调膜的耐酸、碱性和热稳定性。目前的膜材料大多是从高分子材料和无机材料中筛选得到的。

二、反渗透装置及其他辅助部件

1. 反渗透装置

反渗透膜分离技术研究方向主要是开发各种形式的膜组件。膜组件是指将膜、固定膜的支撑材料、间隔物或管式外壳等组装成的一个单元。工业上应用反渗透膜组件有：螺旋卷式、中空纤维式、管式、板框式。最常用的形式为螺旋卷式和中空纤维式。4 种膜组件性能及操作条件如表 11-2 所示。

表 11-2　4 种膜组件性能及操作条件

项目	螺旋卷式	中空纤维式	管式	板框式
填充密度/(m^2/m^3)	245	1830	21	150
料液流速/$[m^3/(m^2 \cdot s)]$	$0.25\sim0.5$	0.005	$1\sim5$	$0.25\sim0.5$
料液压降/MPa	$0.3\sim0.6$	$0.01\sim0.03$	$0.2\sim0.3$	$0.3\sim0.6$
易污染程度	易	易	难	中等
清洗难易	差	差	非常好	好
预过滤脱除组分/μm	$10\sim25$	$5\sim10$	不需要	$10\sim25$
相对价格	低	低	高	高

（1）螺旋卷式膜组件　螺旋卷式膜组件结构如图 11-4 所示，螺旋卷式膜是由平板膜卷制而成，在两层膜的反面（无脱盐层面）夹入产水流道（特殊织造、处理的化纤布），在产水流道上涂环氧或聚氨酯黏合剂，与上下两层膜黏结形成口袋状，口袋的开口处朝向中心管，在膜的正面（有脱盐层面）铺上一层隔网，将该多层材料卷绕在塑料（或不锈钢）多孔

产水集中管上，整个组件装入圆筒形耐压容器中。使用时料液沿隔网流动，与膜接触，透过液沿膜袋内的多孔支撑流向中心管，然后导出。

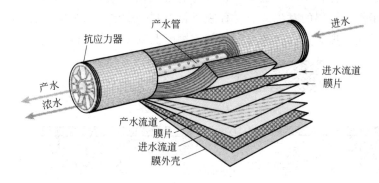

图 11-4　螺旋卷式膜组件结构图

膜组件的直径范围是 50.8～438mm，长度范围是 304.8～1524mm。各个膜生产厂家根据市场的需求，生产各种规格的反渗透膜元件。在实际使用时需要将一个或多个元件装在一个膜壳（压力容器）里，组成单元件组件、两元件组件、多元件组件，最多到七元件组件。根据工程需要进行排列组合，以满足不同的产水量和水回收率。

螺旋卷式膜组件的主要参数有外形尺寸、有效膜面积、生产水量、脱盐率、操作压力和最高使用压力、最高使用温度和进水水质要求等。

螺旋卷式膜组件流道高度一般在 0.7～0.8mm 之间。流道高度较小的膜元件，优点是可以提高膜的装填密度。流道高度较大的元件，会使膜的装填密度略有缩小，但是这对减少压降和降低在盐水流道上结垢有利。由于聚丙烯挤出网的存在，流体呈湍流状态，可防止膜面结垢，但会产生较大的压降。

螺旋卷式组件一般要求膜面流速为 5～10cm/s，单个组件的压力损失很小，约为 70～105kPa。当表面速度为 25cm/s 时，压降约为 1000～1380kPa。

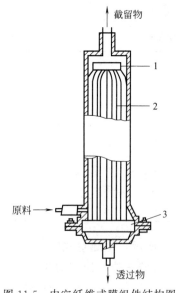

图 11-5　中空纤维式膜组件结构图
1—纤维束端封；2—纤维束；3—环氧树脂管板

螺旋卷式膜组件优点是：结构简单、造价低、膜面积与体积比中等（$<1200m^2/m^3$）、抗污染、可现场置换、适用于各种膜材料、容易购买。缺点是：有产生浓差极化的趋势、不易清洗、在小规模应用中回收率较低。适用范围为：大、中、小型水处理厂。

（2）中空纤维式膜组件　中空纤维式膜组件结构如图 11-5 所示，是将无数的中空纤维丝集中成束，再将纤维束做成 U 形回转，在平行于纤维束的中心部位有开孔中心管，纤维膜的开口端用环氧树脂浇铸密封，装入玻璃钢膜壳制成的单元件组件。

中空纤维丝内径约为 42～70μm，外径约为 85～165μm，最大外径可达 1mm 以上，外径与内径之比为 2～4。中空纤维反渗透膜元件直径为 101.6～254mm，长度为 457.2～1524mm。

中空纤维反渗透膜组件根据进水流动方式又可以分三种。

① 轴流式，轴流式的特点是进水流动方向与组件内中空纤维丝方向平行。

② 放射流式，放射流式的特点是进水从位于组件中心的多孔管流出，沿着半径的方向从中心向外呈放射形流动。目前商品化的中空纤维膜组件多数是这种形式。

③ 纤维卷筒式，纤维卷筒式的特点是中空纤维丝在中心多孔管上呈绕线式缠绕，进水在纤维间旋转流动。

中空纤维膜组件的特点如下。

① 由于中空纤维膜不用支撑体，在单组件内可以装几十万到上百万的中空纤维丝，膜面积与体积比高（约为 $16000\sim30000\text{m}^2/\text{m}^3$）。

② 压降低、单元件回收率高。

③ 对进水要求高、不易清洗。

④ 中空纤维膜一旦损坏是无法更换的。

⑤ 操作特点：外压式操作，单元件回收率约为 50%，常用形式为单元件组件。

（3）管式膜组件　管式膜组件由圆管式的膜及膜的支撑体等构成，按膜的断面直径不同，可分为管式、毛细管式和纤维管式（即前述中空纤维），它们的差别主要是直径不同。直径大于 10mm 的为管式膜；直径在 $0.5\sim10$mm 之间的是毛细管膜；直径小于 0.5mm 的为中空纤维膜。根据膜在支撑体的内壁和外壁的不同，分为内压管式和外压管式组件。内压管式膜组件结构如图 11-6 所示。

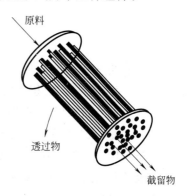

图 11-6　内压管式膜组件
结构示意图

管式组件是将膜浇注在直径为 $3.2\sim25.4$mm 的多孔管上制成的。多孔管材料有玻璃纤维、陶瓷、炭、塑料、不锈钢等。将一支或几支膜管铸入端板，外面再套上套管，就成为管式膜装置。按照膜管的多少，可以分为单管式与列管式两种，在列管式中根据膜管的组合形式又分串联式与并联式。外压管式组件一般可以组装成管束式。为了提高膜的装填密度，同时又能改善水流状态，可将内、外压两种形式结合在同一装置中，即成为套管式。

优点：流道宽，能够处理含有较大颗粒和悬浮物的原料液。通常膜组件中可处理的最大颗粒直径应该小于通道高度的 1/10。流速高，直径为 $1.25\sim2.5$cm 的圆管式组件，在湍流条件下建议用 $2\sim6$m/s 的速度操作，流速与管径有关，当每根管子的流速为 $10\sim60$L/min 时，雷诺数通常大于 10000。低污染，易清洗，也可以用放入清洗球或圆条的方法以帮助膜清洗。可在高压下操作，安装维修方便，有些组件可在工厂条件下就地更换。

缺点：组件的装填密度是所有组件中最低的，膜面积与体积比低（通常小于 $100\text{m}^2/\text{m}^3$），成本高，膜材料选择余地小。

（4）板框式膜组件　板框式装置采用平板膜，仿板框压滤机形式，以隔板、膜、支撑板、膜的顺序多层重叠交替组装。隔板上开有沟槽，作为进水和浓水的流道。支撑板上开孔，作为产水通道。装置体积紧凑，简单地增加或减少膜的层数，就可以调整处理量。板框式膜组件结构如图 11-7 所示。

同螺旋卷式、中空纤维和管式相比，板框式装置最大特点是制造组装简单、易拆卸、操作方便，膜的清洗、更换、维护比较容易。

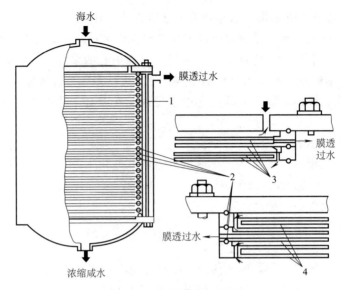

图 11-7　板框式膜组件结构
1—系紧螺栓；2—O 形密封圈；3—膜；4—多孔板

优点：板框式流道是敞开式流道，流道高度一般在 0.5～1.0mm 之间，原水流速可达 1～5m/s。由于流道截面积比较大，对原水的预处理要求较低，可以将原水流道隔板设计成各种形状的凹凸波纹以实现湍流。膜污染低，可选用不同的膜。

缺点：膜面积与体积比小（通常小于 $400m^2/m^3$），易泄漏，成本高。

适用范围：小型水处理厂或浓缩分离。

2. 反渗透系统主要辅助部件

反渗透系统主要辅助部件有压力容器、高压泵、保安过滤器、自动控制与仪表，其作用如下。

（1）压力容器（膜壳）　压力容器（膜壳）用于容纳 1～7 个膜元件，承受给水压力，保护膜元件。经过合理的排列组合，构成一个完整的脱盐体系。材质一般为增强玻璃钢，也有的使用不锈钢。

（2）高压泵　在反渗透系统中，高压泵提供反渗透膜脱盐时必需的驱动力。反渗透进水压力要远远大于溶液的渗透压和膜的阻力。反渗透系统采用的高压泵大多为多级离心泵，也有用高速离心泵的。高速离心泵的特点是转速高、扬程大、体积小、维修方便，缺点是效率较低。海水脱盐有时也选用柱塞泵，柱塞泵体积较大、结构复杂、维修较难、振动大、安装要求高，优点是流量与扬程无关、效率高，效率最高可达 87%。

（3）保安过滤器　保安过滤器也叫精密过滤器，一般置于多介质过滤器之后，是反渗透进水的最后一级过滤。要求进水浊度在 2mg/L 以下，其出水浊度可达 0.1～0.3mg/L。在实际应用中，用于反渗透前置过滤时，可选用 5μm 或 10μm 滤芯。保安过滤器的设计原则是安装方便、开启灵活、配水均匀、密封性好、留有余量。

（4）自动控制与仪表　为了保证反渗透工程的安全运行和产水质量，工程的自动化程度要求越来越高。自动控制主要是控制设备的启停、设备的再生和清洗、设备间的切换、加料系统的控制等。

测量仪表主要包括：①流量表，测定进水和产水的流量；②压力表，测定保安过滤器进出口压力、反渗透组件进出口压力、产水压力、浓水压力；③pH计，测定反渗透进出水pH；④电导（阻）率仪，测定反渗透进水、产水的电导率，有些场合还包括浓水电导率的测量；⑤另外还有反渗透进水需要的温度计、SDI、氯表等。

控制仪表主要有：低压开关、高压开关、水位开关、高氧化还原电位（ORP）表等，还有数据记录、报警系统以及各种电器指示、控制按钮。

（5）辅助设备 反渗透系统的辅助设备主要是停机冲洗系统和化学清洗装置。为节约能耗，高压操作的海水淡化或高盐度苦咸水淡化系统，需配备能量回收系统。

三、微滤装置

微孔过滤与超滤、反渗透都是以压力为推动力的液相膜分离过程。三者并无严格的界限，它们构成了一个从可分离离子到固态微粒的三级分离过程。

微孔滤膜制备时大多制成平板膜，在应用时普遍采用褶页式折叠滤芯，其结构如图11-8所示。

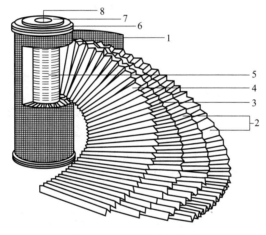

图 11-8　折叠滤芯结构图

1—PP外壳；2—聚酯无纺布外过滤层；3—微孔滤膜；4—内部聚酯无纺布垫层；5—PP（或不锈钢）内支撑芯；
6—环氧树脂黏结带；7—连接件；8—硅橡胶O形圈

比较先进的微滤器是自清洗过滤器，将微孔滤膜像制造褶页式滤芯那样折叠，内径远远大于普通滤芯，以便清洗头在里面运作。也有的制成PE烧结管的形式，在工业应用时通过黏结达到设计长度，将很多烧结管排列在金属壳体里，构成一定处理能力的过滤装置。常规微滤膜组件以平板式和折叠滤芯为主，也有的制成板框式、卷式、管式和中空纤维式（或毛细管式）。

四、电渗析装置

电渗析装置是由电渗析器、过滤器等处理设备、整流器、输送泵、储水槽、配管以及仪表等构成的。其核心设备是装有离子交换膜的电渗析器。电渗析装置如图11-9所示。

1. 电渗析装置分类

根据用途，电渗析装置可以分为如下四类。

① 脱盐用电渗析装置。脱盐用电渗析装置以去除盐分为主要目的，一般用于海水或苦

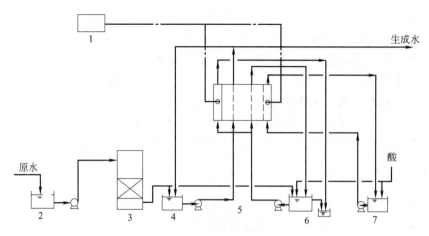

图 11-9　电渗析装置

1—整流器；2—原水槽；3—过滤器；4—过滤水槽；5—电渗析器；6—浓缩水槽；7—极水槽

咸水等盐水制造饮用水或工业水、锅炉用水的前处理等。

② 浓缩用电渗析装置。浓缩用电渗析装置以成分的浓缩回收为目的，通常用于由海水制取食盐、由电镀废液回收有价金属等情况。

③ 电解用电渗析装置。电解用电渗析装置以离子交换膜作为电解隔膜，一般用于以电极通过电解氧化还原反应，制取酸、碱和有机物等。

④ 其他电渗析装置。其他电渗析装置利用离子交换膜的选择透过性，来进行复分解反应或置换反应，来抽取有机物或盐。

电渗析装置根据构造可以分为水槽型电渗析器和紧固型电渗析器。从用途的通用性、装置的大型化及节能角度看，紧固型电渗析占主流。

2. 电渗析器的构造

电渗析器主要由浓淡水隔板、离子交换膜、极水隔板、电极以及锁紧装置组装而成。其中众多浓淡水隔板和阴阳离子交换膜交替排列，如图 11-10 所示。浓室和淡室共同构成膜堆，是电渗析器的主体。在膜堆的两端分别设有阳极、阳极室和阴极、阴极室，人们称之为极区。膜堆和极区按要求顺序由紧固装置锁紧。其内部结构如图 11-11 所示。

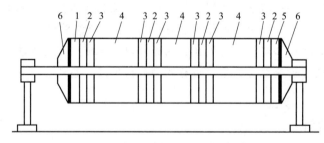

图 11-10　紧固型离子交换膜电渗析器

1—阳极室；2—料液板框；3—缔结框架；4—离子交换膜与垫圈；5—阴极室；6—油压机

（1）膜堆　一对阴阳膜和一对浓淡水隔板交替排列，即组成最基本的脱盐单元——膜对，若干组膜对堆叠构成膜堆。

隔板是隔板框和隔板网组合体的总称。主要作用是支撑膜，使阴、阳膜之间保持一定的

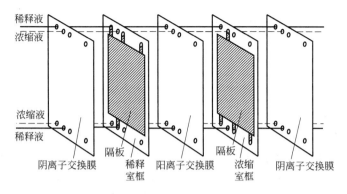

图 11-11　电渗析器内部结构

间隔，同时也起着均匀布水的作用。隔板上有配水孔、布水槽、流水道以及搅动水流用的隔网。浓淡水隔板由于连接配水孔与流水道的布水槽的位置有所不同，而区分为隔板甲和隔板乙，并分别构成相应的浓室和淡室。隔板材料有聚氯乙烯、聚丙烯、合成橡胶等。隔板流水道分为有回路式和无回路式两种，有回路式隔板流程长、流速快、电流效率高、一次除盐效果好，适用于流量较小而对除盐率要求较高的场合；无回路式隔板流程短、流速低，要求隔网搅动作用强、水流分布均匀，适用于流量较大的除盐系统。隔板构造如图 11-12 所示。

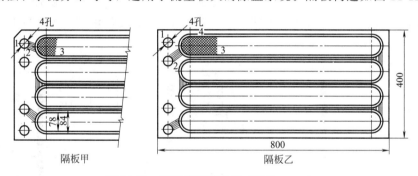

图 11-12　隔板构造示意图（单位：mm）
1—稀释液通道；2—浓缩液通道；3—隔板；4—稀释液框

离子交换膜是电渗析器的核心部件。当电渗析过程停止运行时，也需要使膜堆充满溶液，以防变质变形。

（2）极区　电渗析器两端的电极区连接直流电源，还设有原水进口、淡水出口、浓水出口以及极室水的通路。电极区由电极、极框、电极托板、橡胶垫板等组成，极框较隔板厚，放置在电极与阳模之间，以防止膜贴到电极上，保证极室水流通畅，排除电极反应产物。常用电极材料有石墨、铅、不锈钢等。

（3）紧固装置　紧固装置用来把整个极区与膜堆均匀夹紧，使电渗析器在压力下运行时不漏水。压板由槽钢加强的钢板制成，紧固时四周用螺杆拧紧。

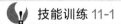　技能训练 11-1

膜分离过程怎样进行？有哪几种常见的膜分离过程？

一、反渗透工艺流程

1. 渗透与反渗透原理

在容器中，如果用半透膜把它隔成两部分，膜的一侧是溶液，另一侧是纯水（溶剂），由于膜两侧具有浓度差，纯水会自发通过半透膜向溶液侧扩散，这种分离现象称为渗透。渗透的推动力是渗透压。只能使部分溶剂或溶质透过的膜称为半透膜。半透膜只能使某些溶质或溶剂透过，而不能使另一些溶质或溶剂透过，这种特性称为膜的选择透过性。

反渗透是利用半透膜只透过溶剂（如水）而截留溶质（盐）的性质，以远远大于溶液渗透压的膜两侧静压差为推动力，实现溶液中溶剂和溶质分离的膜分离过程。

许多天然或人造的半透膜对于物质的透过具有选择性。如图 11-13 所示，在容器中半透膜左侧是溶剂和溶质组成的浓溶液（如盐水），右侧是只有溶剂的稀溶液（如水）。渗透是在无外界压力的作用下，自发产生水从稀溶液一侧通过半透膜向浓溶液一侧流动的过程。渗透的结果是使浓溶液侧的液面上升，一直到达一定高度后保持不变，半透膜两侧溶液的静压差等于两个溶液间的渗透压。不同溶液间有不同的渗透压。当在浓溶液上施加压力，且该压力大于渗透压时，浓溶液中的水就会通过半透膜流向稀溶液，使浓溶液的浓度更大，这一过程就是渗透的相反过程，称为反渗透。

反渗透

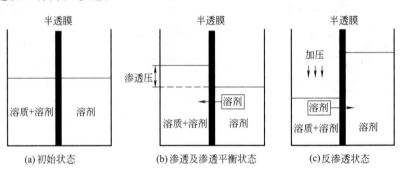

(a)初始状态　(b)渗透及渗透平衡状态　(c)反渗透状态

图 11-13　渗透与反渗透原理示意图

反渗透过程有两个必备的条件：一是要有一种高选择性、高透过率的膜；二是要有一定的操作压力，以克服渗透压和膜自身的阻力。

反渗透技术已大量应用在不同溶液的分离，不同溶质、不同膜的分离机理各不相同。目前，反渗透膜有两种截然不同的渗透机理，一种认为反渗透膜具有微孔结构，另一种则不认为反渗透膜存在微孔结构。选择性吸附-毛细流动理论属于第一种机理的代表，氢键理论则属于第二种机理的代表。

（1）氢键理论　氢键理论把膜视为一种具有高度有序矩阵结构的聚合物，具有与水等溶剂形成氢键的能力，盐水中的水分子能与半透膜的羰基上的氧原子形成氢键，形成"结合水"。在反渗透力推动的作用下，以氢键结合进入膜表皮层的水分子能够从第一个氢键位置断裂，转移到下一个位置，形成另一个新的氢键。这些水分子通过一连串的形成氢键和断裂氢键而不断移位，直至离开膜的表皮致密活性层进入多孔性支撑层，由于多孔层含有大量毛细管水，水分子于是畅通流出膜外，产生流出的淡水。

（2）选择性吸附-毛细流动理论 选择性吸附-毛细流动理论把反渗透膜看作是一种微细多孔结构物质，这符合膜表面致密层的情况。该理论以吉布斯（Gibbs）吸附方程为基础，认为当盐的水溶液与多孔的反渗透膜表面接触时，如果膜具有选择吸附纯水而排斥溶质（盐分）的化学特性，也即膜表面由于亲水性原因，可在固-液表面上形成厚度为 1 个水分子厚（0.5nm）的纯水层。在施加压力作用下，纯水层中的水分子便不断通过毛细管流过反渗透膜；盐类溶质则被膜排斥，化合价越高的离子被排斥越远。膜表皮层具有大小不同的极细孔隙，当其中的孔隙为纯水层厚度的 1 倍（约 1nm）时，称为膜的临界孔径。当膜表层孔径在临界孔径范围以内时，孔隙周围的水分子就会在反渗透压力的推动下，通过膜表皮层的孔隙流出纯水，从而达到脱盐的目的。当膜的孔隙大于临界孔径时，透水性增加，但盐分容易从孔隙中漏过，导致脱盐率下降；反之，膜的孔隙小于临界孔径时，脱盐率增大，而透水性则下降。

2. 不同工艺流程及其适用场合

为了使反渗透装置达到给定的回收率，同时保持水在装置内的每个组件中处于大致相同的流动状态，必须将装置内的组件按多段锥形排列，段内并联，段间串联。组件的排列方式有一级和多级（通常为两级），具体可分为一级一段、一级二段、一级多段和多级多段。所谓段是指前一组膜组件的浓水流经下一组膜组件处理，流经几组膜组件即称为几段，在同一级中，排列方式相同的组件组成一个段。所谓一级是指进水（料液）经过一次高压泵加压，多级指前一级的产品水再经高压泵加压进入膜组件处理，产品水经几次膜组件处理即称为几级。

（1）一级一段连续式 一级一段连续式工艺过程中，经膜分离的浓缩液和透过液被连续引出系统。这种方式水的回收率较低，一般除用于海水淡化外，其他工业中很少采用。其流程如图 11-14 所示。

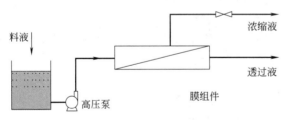

图 11-14 一级一段连续式流程示意图

（2）一级一段循环式 一级一段循环式工艺过程中，为提高水的回收率，将部分浓缩液返回原水箱与原水混合后，再进入系统处理。这种方式适合对产水水质要求不高且对水的利用率有较高要求的场合。其流程如图 11-15 所示。

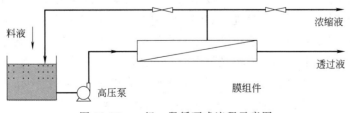

图 11-15 一级一段循环式流程示意图

（3）一级多段连续式　一级多段连续式工艺流程适合大规模工业应用。它是把第一段的浓缩液作为第二段的进水，再把第二段的浓缩液作为下一段的进水，各段的透过液连续引出系统。这种方式能得到很高的回收率。为了保证各段组件膜面流速基本相同，防止加大浓差极化，可将各段组件数成比例减少，形成锥形排列。其流程如图 11-16 所示。

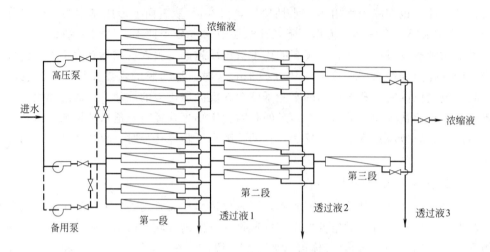

图 11-16　一级多段组件排列形式流程示意图

（4）一级多段循环式　一级多段循环式，能获得高浓度的浓缩液。将第二段的透过液返回第一段进水，再进行处理。这样经过多段分离处理后，浓缩液的浓度便会得到提高。这种工艺流程适用于以浓缩为目的的工程项目。

（5）多级多段排列　组件的多级多段排列也可分为连续式和循环式。多级多段连续式的应用与一级多段连续式相同，只不过在各级之间增加了高压泵提升。多级多段循环式是将第一级产水作为下一级的进水进行反渗透分离，将最后一级的透过液作为最终产水。而浓缩液从后一级向前一级返回，与前一级进水混合后作为前一级的进水进行反渗透分离。这种方式既提高了水的回收率又提高了最终产水水质。缺点是由于泵数量的增加，能耗加大。它适用于海水淡化和沙漠高盐度苦咸水淡化。

二、超滤工艺流程

超滤膜组件形式与反渗透组件基本相同，有板框式、螺旋卷式、管式和中空纤维式。其中中空纤维式用得最多。中空纤维式分内压式和外压式两种操作模式，由于内压式进水分配均匀，流动状态好，而外压式流动不均匀，所以中空纤维超滤多用内压式。

超滤装置基本操作模式有两种，即死端过滤和错流过滤。工业超滤装置大多采用错流式操作，在小批量生产中有的也采用死端过滤操作。错流操作流程可以分为间歇式和连续式两种。间歇操作适合于小规模生产过程，是将一批料投入料液槽中，用泵加压后送往膜组件，连续排出透过液，浓缩液则返回槽中循环过滤直到浓缩液浓度达到设定值为止。间歇操作浓缩速率快，所需面积最小。间歇操作又可以分为开式回路和闭式回路，后者可以减少泵的能耗，尤其是对于料液需经预处理时更有利。间歇操作流程如图 11-17 所示。连续超滤操作常用于大规模生产产品的处理。闭式回路循环的单级连续操作效率较低，可采用多级串联操作。多级连续操作流程如图 11-18 所示。

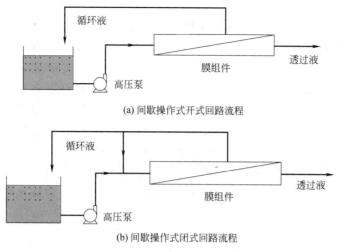

(a) 间歇操作式开式回路流程

(b) 间歇操作式闭式回路流程

图 11-17 间歇操作流程示意图

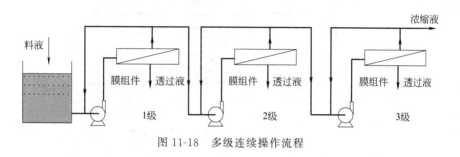

图 11-18 多级连续操作流程

三、电渗析工艺流程

电渗析工艺流程往往采用不同数量的级和段来连接。一对电极之间的膜堆称为一级,具有同向水流的并联膜堆称为一段。增加段数说明增加脱盐流程,即提高脱盐率;增加膜堆数,则可提高水处理量。一级一段是电渗析器的基本组装方式。可采用多台并联以增加产水量,也可用多台串联以提高脱盐率。采用二级一段可以降低操作电压,即在一级一段的膜堆中增加中间电极(共电极)。对于小水量,可以采用一级多段组装方式。电渗析流程如图11-19 所示。

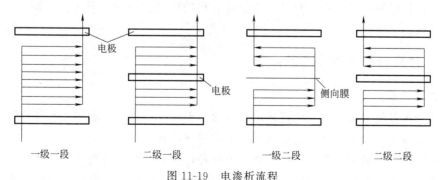

图 11-19 电渗析流程

电渗析原理是在外加直流电场作用下,利用离子交换膜的选择透过性(即阳膜只允许阳离子透过,阴膜只允许阴离子透过),使水中阴、阳离子做定向迁移,从而达到离子从水中分离的一种物理、化学过程。

图 11-20 为电渗析原理示意图。在阴极与阳极之间，将阳膜与阴膜交替排列，并用特制的隔板将这两种膜隔开，隔板内有水流的通道；进入淡化室（淡室）的含盐水，在两端电极接通直流电源后，即开始了电渗析过程，水中阳离子不断透过阳膜向阴极方向迁移，阴离子不断透过阴膜向阳极方向迁移，结果是，含盐水逐渐变成淡化水。而进入浓缩室的含盐水，由于阳离子在向阴极方向迁移中不能透过阴膜，阴离子在向阳极方向迁移中不能透过阳膜，于是含盐水因不断增加由相邻淡化室迁移透过的离子而变成浓盐水。这样，在电渗析器中，分成了淡水和浓水两个系统。同时，电极上发生氧化、还原反应，即电极反应。电极反应的结果是在阴极上不断产生氢气，在阳极上产生氯气。阴极室溶液呈碱性，生成的 $CaCO_3$ 和 $Mg(OH)_2$ 水垢，集结在阴极上，而阳极室溶液呈酸性，对电极造成强烈的腐蚀。

电渗析

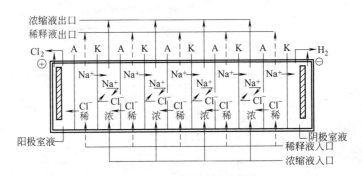

图 11-20　电渗析原理示意图

总体上，电渗析有三个系统：淡水室系统、浓水室系统、极水系统。淡化室出水为淡水，浓化室出水为浓盐水，极室产生 H_2、Cl_2 及碱沉淀等电解反应产物。

电渗析膜分离技术的关键是离子交换膜，离子交换膜可以说是固态化的膜状离子交换树脂，是一种具有网状结构的立体而多孔的高分子聚合物，其主要特点是具有离子选择透过性与导电性，在电渗析、扩散渗析及电解隔膜中得到了广泛应用。离子交换膜分为阳离子交换膜（CM）和阴离子交换膜（AM）两种。用阳离子交换树脂制成的膜称为阳膜；用阴离子交换树脂制成的膜称为阴膜。导电性隔膜除在有机电解合成金属表面处理等方面作电解隔膜应用外，在能量领域中的应用也在研究中。

离子交换膜应有的特性有：对某类离子具有高的渗透选择性，低电阻，高机械稳定性，高化学稳定性。

四、其他膜分离装置及工艺流程

1. 气体膜分离

气体膜分离发展迅猛，日益广泛地用于石油、天然气、化工、冶炼、医药等领域。作为膜科学的重要分支，气体膜分离已逐渐成为成熟的化工分离单元。

常用的气体分离膜可分为多孔膜和致密膜两种，它们可由无机膜材料和高分子膜材料组成。气体膜分离主要是根据混合原料气中各组分在压力的推动下，通过膜的相对传递速率不同而实现分离的。由于各种膜材料的结构和化学特性不同，气体通过膜的传递扩散方式不同。

目前，气体分离膜大多使用中空纤维式膜件或卷式膜件。气体膜分离已经广泛用于合成氨工业、炼油工业和石油化工中氢的回收、富氧、富氮、工业气体脱湿技术、有机蒸气的净化与回收、酸性气体脱除等领域。

气体膜分离过程由于具有无相变产生、能耗低或无需能耗、膜本身为环境友好材料、膜材料的种类日益增多并且分离性能不断改善等诸多优点，预计会有非常广阔的应用前景。

2. 渗透蒸发

渗透蒸发又称渗透汽化，是有相变的膜渗透过程。膜上游物料为液体混合物，下游透过侧为蒸气，为此，分离过程中必须提供一定热量，以促进过程进行。

渗透蒸发过程具有能量利用效率高、选择性高、装置紧凑、操作和控制简便、规模灵活可变等优点。对某些用常规分离方法能耗和成本非常高的分离体系，特别是近沸、共沸混合物的分离，渗透蒸发过程常可发挥它的优势。

根据膜两侧蒸气压差形成方法的不同，渗透蒸发可以分为以下几类。

① 真空渗透蒸发膜透过侧用真空泵抽真空，以造成膜两侧组分的蒸气压差，如图 11-21（a）所示。

② 热渗透蒸发或温度梯度渗透蒸发通过料液加热和透过侧冷凝的方法，形成膜两侧组分的蒸气压差。一般冷凝和加热费用远小于真空泵的费用，且操作也比较简单，但传质推动力小，如图 11-21（b）所示。

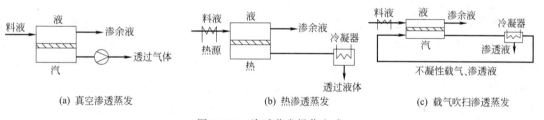

(a) 真空渗透蒸发　　　　　(b) 热渗透蒸发　　　　　(c) 载气吹扫渗透蒸发

图 11-21　渗透蒸发操作方式

③ 载气吹扫渗透蒸发用载气吹扫膜的透过侧，以带走透过组分，如图 11-21（c）所示。吹扫气经冷却冷凝以回收透过组分，载气循环使用。若透过组分无回收价值（如有机溶剂脱水）可不用冷凝，直接将吹扫气放空。

渗透蒸发过程用膜与气体分离膜类似，主要使用非对称膜和复合膜。

随着料液流率的增加，料液的湍动程度加剧，减小了上游侧边界层的厚度，减少了传质阻力，因此使得组分的渗透通量得到提高。在某些条件下，料液边界层的传质阻力甚至起支配作用。

渗透蒸发过程分离效率的高低，既取决于膜材料和制膜工艺，同时还取决于膜组件的形式和膜组件内的流体力学。板框式膜组件结构简单，但流体力学状况往往较差；螺旋卷式膜组件流体力学性能良好，但分布器的设计和膜内压降成为主要矛盾；中空纤维膜组件则存在较为严重的径向温度和压力分布。

渗透蒸发的应用可分以下三种：①有机溶剂脱水；②水中少量有机物的脱除；③有机混合物的分离。有机溶剂脱水，特别是乙醇、异丙醇的脱水，目前已有大规模的工业应用。随着渗透蒸发技术的发展，其他两种应用会快速增长，特别是有机混合物的分离，作为某些精馏过程的替代和补充技术，在化工生产中有很大的应用潜力。

五、膜分离的应用和发展方向

膜分离技术目前已普遍用于化工、电子、轻工、纺织、冶金、食品、石油化工等领域，主要用于物质分离，如气体及烃类的分离、海水和苦咸水淡化、纯水及超纯水制备、中水回用和污水处理、生物制品提纯等。这些膜分离过程在应用中所占的百分比大体为微滤35.7%、反渗透13.0%、超滤19.1%、电渗析3.4%、气体分离9.3%、血液透析17.7%、其他1.8%。另外，膜分离技术还将在节能技术、生物医药技术、环境工程领域发挥重要作用。在解决一些具体分离对象时可综合利用几个膜分离过程或者将膜分离技术与其他分离技术结合起来，使之各尽所长，以达到最佳分离效率和经济效益。例如，微电子工业用的高标准超纯水要用反渗透、离子交换和超滤综合流程；从造纸工业黑液中回收木质素磺酸钠要用絮凝、超滤和反渗透。

膜分离技术需要解决的课题是进一步研制更高通量、更高选择性和更稳定的新型膜材料，以及更优的膜组件设计，这在很大程度上决定了未来膜技术的发展。

六、膜分离操作的工业应用实例

1. 含氨废水处理

采用膜法处理氨氮废水，能将废水中的氨氮以硫铵（或气氨）的形式回收利用，简化了工艺，投资少、能耗低、分离效果好，而且不造成二次污染。

处理原理：加碱调节废水 pH 值至 11.0 左右，使废水中的 NH_4^+ 转化为挥发性的游离氨，经过过滤器除去悬浮物及较大颗粒物后，将废水泵入中空纤维膜内侧。吸收液（酸）在膜的外侧循环，此时废水中的游离氨在膜内侧气液界面处挥发成气态氨，迅速地从膜内侧向外侧扩散，并被吸收液吸收，在膜微孔中形成很大的氨分压浓度梯度，使得废水中氨在膜装置中具有很高的分离传质系数，由于聚丙烯中空纤维膜的疏水性，水及其废水中的离子等杂质被截留，氨被酸吸收生成铵盐，从而达到了废水中 NH_3 的分离和回收的目的，脱氨处理后的废水可直接排放或回收使用。

图 11-22 是齐鲁催化剂厂膜法治理含氨废水的工艺流程图。该工艺流程主要由预处理系统、膜单元和循环酸吸收系统三部分组成。膜单元是废水中氨与水分离及吸收的反应器。在中空纤维微孔膜的一侧通含氨废水，另一侧通酸。

含氨废水为强碱性时，废水中的氨以气态的形式透过中空纤维膜的微孔，进入吸收液一侧，与吸收液发生不可逆的化学反应，形成膜两侧氨的压力差，而废水中的其他成分则不能透过膜，从而实现了氨-水分离，并可回收氨资源。

2. 海水或苦咸水的淡化

图 11-23 为长岛淡化站的工艺流程图。流程如下：先用预处理泵 A 或泵 B 将原水抽送到双层滤料过滤器 1，过滤水中加入次氯酸钠和偏磷酸钠，进入精密滤器 2，再进入过滤水箱 3，即为预处理系统。

过滤水箱内的水用反渗透高压泵加压后打入反渗透组件 6～11，再进入清水箱 13。其中的浓缩水排到浓水池，定期排入海里。

3. 空气净化

如图 11-24 所示，空气净化系统由四套装置组成，初效过滤器是第一级净化过滤，将压

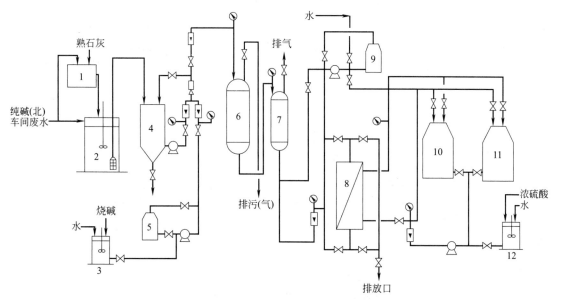

图 11-22　膜式氨-水分离工业流程图

1—石灰乳槽；2—废水大池；3—液碱配制槽；4—废水中间槽；5—液碱储槽；6—机械过滤器；7—保安过滤器；

8—中空纤维膜组件；9—酸洗罐；10,11—循环酸储槽；12—酸稀释槽

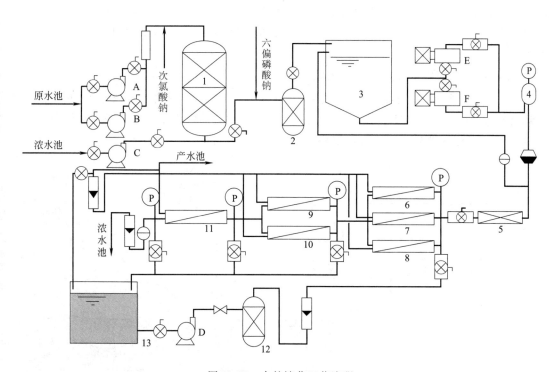

图 11-23　水的淡化工艺流程

1—过滤器；2,12—精密滤器；3—过滤水箱；4—不锈钢缓冲器；5—高压滤器；

6~11—膜组件；13—清水箱；A—预处理泵；B—预处理备用泵；C—反冲泵；

D—清洗泵；E—反渗透主泵；F—反渗透备用泵

缩空气中的大量污染物除去；中效过滤器是将污染物降低到更低水平，保证高效过滤器的使用寿命；高效过滤器是由多孔膜折叠制成的百褶裙式芯筒过滤器，具有优秀的气体净化效果，使净化后的气体不带杂菌和噬菌体；蒸汽过滤器是对高效过滤器蒸汽灭菌时用的高压蒸汽实施过滤，以除掉蒸汽中的固体颗粒，防止高效过滤器在消毒时，滤材被蒸汽中的固体颗粒损伤。

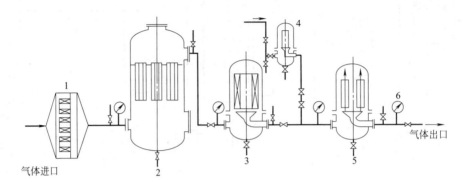

图 11-24　空气净化系统流程

1—压缩机；2—初效过滤器；3—中效过滤器；4—蒸汽过滤器；5—高效过滤器；6—压力表

4. 膜法回收有机蒸气

在石油化工、油漆涂料、溶剂喷涂等工业中，每天有大量的有机蒸气向大气中散发，回收这些蒸气是完全必要的。采用膜分离法比较经济可行。图 11-25 为膜法回收汽油蒸气的流程。

原料气中烃类浓度为 40% 左右，经过膜法分离后的烃类浓度低于 5%，去除率大于 90%。

5. 膜法回收油田采油中的二氧化碳

如图 11-26 所示，为了强化原油回收，人们利用二氧化碳在超临界状态下对原油具有高溶解能力的特性，在高压下将其注入贫油的油田以增加原油的产量。原油被送出油井后，其中 80% 的二氧化碳被分离回收后，重新注入油井反复使用。

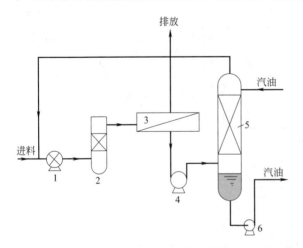

图 11-25　膜法回收汽油蒸气的流程

1—鼓风机；2—过滤器；3—膜分离器；4—真空泵；

5—回收塔；6—泵

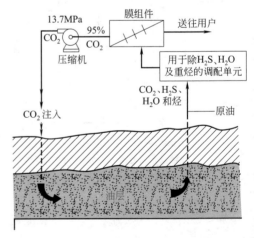

图 11-26　向油田注入二氧化碳强化采油示意图

技能训练 11-2

比较反渗透、超滤、微滤、电渗析的区别。

任务 2 认识吸附分离技术

学习吸附分离设备的结构、工艺流程和工作原理；能依据分离物系性质及分离要求，选用合适的吸附剂、吸附设备和吸附流程。

吸附是利用某些多孔性固体具有的能够从流体混合物中选择性地在其表面上凝聚一定组分的能力，使混合物中各组分分离的单元操作过程，是分离和纯化气体与液体混合物的重要单元操作之一，在化工、炼油、轻工、食品及环境保护等领域都有广泛的应用，如在工业生产中对产品进行分离提纯、去除气体中的水分；水溶液或有机溶液的脱色、脱臭；在环保领域中去除废气、废水中有害的有机物和重金属离子、回收废溶剂等。

子任务 1 认识吸附分离装置

一、认识吸附剂

1. 常用的吸附剂

（1）活性炭 活性炭是常用的吸附剂，是由木炭、坚果壳、煤等含碳原料经炭化与活化制得的一种多孔性含碳物质，具有很强的吸附能力，其吸附性能取决于原始成碳物质以及碳化活化等的操作条件。活性炭有如下特点。

① 它是用于完成分离与净化过程中唯一不需要预先除去水蒸气的工艺用吸附剂。

② 由于具有极大的内表面，活性炭比其他吸附剂能吸附更多的非极性、弱极性有机分子，例如在常压和室温条件下被活性炭吸附的甲烷量几乎是同等质量 5A 分子筛吸附量的 2 倍。

③ 活性炭的吸附热及键的强度通常比其他吸附剂低，因而被吸附分子解析较为容易，吸附剂再生时能耗也相对较低。市售活性炭根据其用途可分为适用于气相和适用于液相两种。适用于气相的活性炭，大部分孔径在 $1\sim2.5\text{mm}$，而适用于液相的活性炭，大部分孔径接近或大于 3mm。活性炭用途很广，可用于有机蒸气的回收、空气或其他气体的脱臭、污水及废气的净化处理、各种气体物料的纯化等。其缺点是它的热稳定性较差，使用温度不能超过 473K。

（2）硅胶 硅胶是另一种常用吸附剂，它是一种坚硬的由无定形的 SiO_2 构成的具有多孔结构的固体颗粒，其分子式为 $m\,SiO_2 \cdot n\,H_2O$。制备方法是：用硫酸处理硅酸钠水溶液生成凝胶，所得凝胶在经老化、水洗去盐后，干燥即得。依制造过程条件的不同，可以控制微孔尺寸、空隙率和比表面积的大小。硅胶主要用于气体干燥、烃类气体回收、废气净化（含有 SO_2、NO_x 等）、液体脱水等。它是一种较理想的干燥吸附剂，在温度 293K 和相对湿度

60％的空气流中，微孔硅胶吸附水的吸湿量为硅胶质量的 24％。硅胶吸附水分时，放出大量吸附热。硅胶难以吸附非极性物质的蒸气，易吸附极性物质。它的再生温度为 423K 左右，也常用作特殊吸附剂或催化剂载体。

（3）活性氧化铝　活性氧化铝又称活性矾土，为一种无定形的多孔结构物，通常由含水氧化铝加热、脱水和活化而得。活性氧化铝对水有很强的吸附能力，主要用于液体与气体的干燥。在一定的操作条件下，它的干燥精度非常高。而它的再生温度又比分子筛低得多。可用活性氧化铝干燥的部分工业气体包括 Kr、He、H_2、氟利昂、氟氯烷等。它对有些无机物具有较好的吸附作用，故常用于碳氢化合物的脱硫以及含氟废气的净化等。另外，活性氧化铝还可用作催化剂载体。

（4）分子筛　分子筛组成为 $Me_{x/n}[(Al_2O_3)_x \cdot (SiO_2)_y] \cdot mH_2O$（含水硅酸盐），$n$ 为金属离子的价数，Me 为金属阳离子，如 Na^+、K^+、Ca^+ 等。目前人们已采用人工合成方法，仿制出上百种合成分子筛。分子筛为晶体且具有多孔结构，其晶体中有许多大小相同的空穴，可包藏被吸附的分子。空穴之间又有许多直径相同的孔道相连。因此，分子筛能使比其孔道直径小的分子通过孔道，吸附到空穴内部，而比孔径大的物质分子则被排斥在外面，从而使分子大小不同的混合物分离，起到筛分分子的作用，由于分子筛突出的吸附性能，使它在吸附分离中应用十分广泛，如各种气体和液体的干燥、烃类气体或液体混合物的分离。其在废气和污水的净化处理上也受到重视。与其他吸附剂相比，分子筛的优点有如下两点。

① 吸附选择性强。这是由于分子筛孔径大小整齐均一，又是一种离子型吸附剂，因此它能根据分子的大小及极性的不同进行选择性吸附。

② 吸附能力强。分子筛在气体的浓度很低和在较高的温度下仍然具有较强的吸附能力，在相同的温度条件下分子筛的吸附容量较其他吸附剂大。

常用吸附剂的主要特性见表 11-3。

表 11-3　吸附剂的主要特性

主要特性	活性炭	活性氧化铝	硅胶	分子筛		
				4A	5A	X
堆积密度/(kg/m³)	200～600	750～1000	800	800	800	800
比热容/[kJ/(kg·K)]	0.836～1.254	0.836～1.045	0.92	0.794	0.794	
操作温度上限/K	423	773	673	873	873	873
平均孔径/nm	1.5～2.5	1.8～4.5	2.2	0.4	0.5	1.3
再生温度/K	373～413	473～523	393～423	473～573	473～573	473～573
比表面积/(m²/g)	600～1600	210～360	600			

除了上述常用的四种吸附剂外，还有一些其他吸附剂，如吸附树脂、活性黏土及碳分子筛等。吸附树脂主要应用于处理水溶液及污水处理维生素分离等，吸附树脂的再生比较容易，但造价较高；碳分子筛是兼有活性炭和分子筛某些特性的炭基吸附剂，碳分子筛具有很小的微孔组成孔径（分布在 0.3～1nm），它的最大用途是空气分离制取纯氮。

2. 吸附剂的基本特征

吸附剂是流体吸附分离过程得以实现的基础。如何选择合适的吸附剂是吸附操作中必须解决的首要问题。一切固体物质表面，对于流体都具有吸附的作用。但合乎工业要求的吸附剂则应具备如下一些特征。

（1）大的比表面积　流体在固体颗粒上的吸附多为物理吸附，由于这种吸附通常只发生在固体表面几个分子直径的厚度区域，单位面积固体表面所吸附的流量非常小，因此要求吸附剂必须有足够大的表面积以弥补这一不足。吸附剂的有效表面积包括颗粒外表面积和内表面积，而内表面积比外表面积大得多，只有具有高度疏松结构和巨大暴露表面的孔性物质，才能提供巨大的比表面积。微孔所占容积一般为 $0.15 \sim 0.9 \mathrm{mL/g}$，微孔表面积占总表面的 95％以上。常用吸附剂的比表面积如下：

① 硅胶：$300 \sim 800 \mathrm{m}^2/\mathrm{g}$；

② 活性氧化铝：$100 \sim 400 \mathrm{m}^2/\mathrm{g}$；

③ 活性炭：$500 \sim 1500 \mathrm{m}^2/\mathrm{g}$；

④ 分子筛：$400 \sim 750 \mathrm{m}^2/\mathrm{g}$。

（2）具有良好的选择性　在吸附过程中，要求吸附剂对吸附质有较大的吸附能力，而对于混合物中其他组分的吸附能力较小。例如活性炭吸附二氧化硫（或氨）的能力远大于吸附空气的能力，故活性炭能从空气与二氧化硫（或氨）的混合气体中优先吸附二氧化硫（或氨），达到分离净化废气的目的。

（3）吸附容量大　吸附容量是指在一定温度、吸附质浓度下，单位质量（或单位体积）吸附剂所能吸附的最大值。吸附容量除与吸附表面积有关外，还与吸附剂的空隙大小、孔径分布、分子极性及吸附分子上官能团性质等有关。吸附容量越大，可降低处理单位质量流体所需的吸附剂用量。

（4）具有良好的机械强度和均匀的颗粒尺寸　吸附剂的外形通常为球形和短柱形，也有无定形颗粒，工业用于固定床吸附的颗粒直径一般为 $1 \sim 10 \mathrm{mm}$。如颗粒太大，会使流体通过床层时分布不均匀，易造成短路及流体返混现象，降低分离效率；如果颗粒小，则床层阻力大，颗粒过小时甚至会被流体带出，因此吸附剂颗粒的大小应根据工艺的具体条件适当选择。同时吸附剂是在温度、湿度、压力等操作条件变化的情况下工作的，这就要求吸附剂有良好的机械强度和适应性，尤其是采用流化床吸附装置时，吸附剂的磨损大，这对吸附剂机械强度的要求更高。

（5）有良好的热稳定性及化学稳定性。

（6）有良好的再生性能　吸附剂在吸附后需再生使用，再生效果的好坏是吸附分离技术能否使用的关键，因此工业要求吸附剂再生方法简单，再生活性稳定。

此外，还要求吸附剂的来源广泛，价格低廉。实际吸附过程中，很难找到一种吸附剂能同时满足上述所有要求，因而在选择吸附剂时要权衡多方面因素。

二、吸附设备

常用的吸附层析设备有：搅拌槽、固定床、移动床和流化床。

1. 搅拌槽吸附器

搅拌槽主要是用于液体的吸附分离。将要处理的液体与粉末状吸附剂加入搅拌槽内，在良好的搅拌下，固液形成悬浮液，在固液充分接触中吸附质被吸附。可以连接操作，也可以间歇操作，如图 11-27 所示。

2. 固定床吸附器

固定床吸附器中，吸附剂颗粒均匀地堆放在多孔撑板上，流体自下而上或自上而下地通过颗粒床层。固定床吸附器一般使用粒状吸附剂，对床层的高度可取几十厘米到十几米。固定床吸附器结构简单、造价低、吸附剂磨损少、操作方便，可用于从气体中回收溶剂、气体净化和主体分离、气体和液体的脱水以及难分离的有机液体混合物的分离，如图 11-28 所示。

图 11-27　搅拌式吸附器

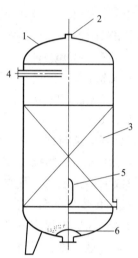

图 11-28　固定床吸附器

1—壳体；2—排气口；3—吸附剂床层；

4—加料口；5—视镜；6—出料口

3. 移动床吸附器

移动床吸附器又称超吸附塔，如图 11-29 所示。它使用硬椰壳或果核制成的活性炭作固体吸附剂。进料气从吸附器的中部进入吸附段的下部，在吸附段中较易吸附的组分被自上而下的吸附剂吸附，顶部的产品只含难吸附的组分。

4. 流化床吸附器

流化床吸附分离常用于工业气体中水分脱除、排放废气（如 SO_2、NO_2）等有毒物质脱除和回收溶剂。一般用颗粒坚硬耐磨、物理化学性能良好的吸附剂，如活性氧化铝、活性炭等。流化床吸附器的流化床（沸腾床）内流速高、传质系数大、床层浅、压降低、压力损失小。

图 11-30 为多层逆流接触的流化床吸附装置，它包括吸附剂的再生。图中以硅胶作为吸附剂以除去空气中的水汽。全塔共分为两段，上段为吸附段，下段为再生段，两段中均设有一层筛板，板上为吸附剂薄层。在吸附段，湿空气与硅胶逆流接触，干燥后的空气从顶部流出，硅胶沿板上的逆流管逐板向下流，同时不断地吸附水分。吸足了水分的硅胶从吸附段下端进入再生段，与热空气逆流接触再生，再生后的硅胶用气流提升器送至吸附塔的上部重新使用。

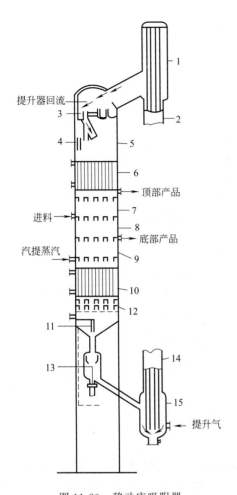

图 11-29　移动床吸附器

1—提升器顶部；2—提升管；3—旋风分离器；

4,11—固体颗粒层高控制器；5—料斗；6—冷却器；

7—吸附段；8—增浓段；9—汽提段；10—提取器；

12—吸附剂（活性炭）流控制器；13—固体颗粒流控制器；

14—提升管；15—提升器底部

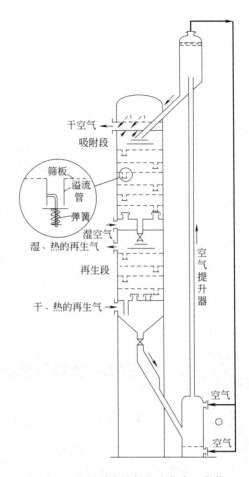

图 11-30　多层逆流接触的流化床吸附装置

　　图 11-31 为 PURASIVE HR 流化床移动床联合装置，可用于从排放的气体中除去少量有机物蒸气。其上部为吸附段，下部为再生段。进料气向上逐板通过沸腾的活性炭颗粒层，除去有机物蒸气后，从顶部排出，活性炭通过板上溢流管逐板向下流，最后进入下部再生段。在再生段内设的加热管使活性炭升温。再生段为移动床，活性炭整体向下移动，与自下而上的蒸汽逆流接触进行再生，再生后的活性炭颗粒用气流提升器送至气的上部，重新进入吸附段进行操作。

 技能训练 11-3

　　工业中常用的吸附剂有哪些？各自的特点是什么？

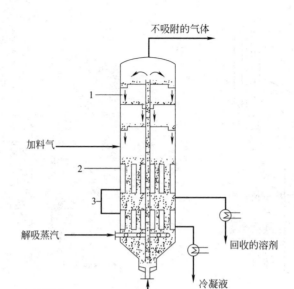

图 11-31　PURASIVE HR 流化床移动床联合装置
1—吸附层；2—蒸汽加热管；3—解吸管

子任务 2　认识吸附分离工艺流程

一、认识吸附分离工艺流程

吸附分离的
工艺与类型

　　吸附分离工艺过程通常由两个主要部分构成：首先使流体与吸附剂接触，吸附质被吸附剂吸附后，与流体中不被吸附的组分分离，此过程为吸附操作；然后将吸附质从吸附剂中解吸，并使吸附剂重新获得吸附能力，这一过程称为吸附剂的再生操作。若吸附剂不需再生，这一过程改为吸附剂的更新，本子任务介绍工业常用的吸附分离工艺。

　　1.固定床吸附流程

　　固定床吸附流程可分为双器流程、串联流程和并联流程。

　　（1）双器流程　为使吸附操作连续进行，至少需要两个吸附器循环使用。如图 11-32 所示的 A、B 两个吸附器，A 正进行吸附时，B 进行再生。当 A 达到破点时，B 再生完毕，进入下一个周期，即 B 进行吸附，A 进行再生，如此循环进行连续操作。

　　（2）串联流程　如果体系吸附率较慢，采用上述的双器流程时，流体只在一个吸附器中进行吸附，到达破点时，很大一部分吸附剂未达到饱和，利用率较低。这种情况宜采用两个或两个以上吸附器串联使用，构成图 11-33 所示的串联流程。如图所示，流体先进入 A，再进入 B 进行吸附，C 进行再生。当从 B 流出的流体达到破点时，则 A 转入再生，C 转入吸附，此时流体先进入 B 再进入 C 进行吸附，如此循环往复。

　　（3）并联流程　当处理的流体量很大时，往往需要很大的吸附器，此时可以采用几个吸附器并联使用的流程。如图 11-34 所示，图中 A、B 并联吸附，C 进行再生，下个阶段是 A 再生，B、C 并联吸附，再下个阶段是 A、C 并联吸附，B 再生，依此类推。

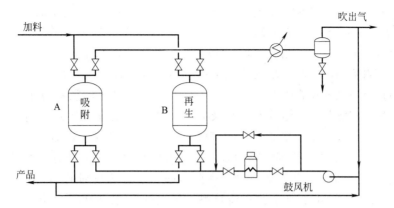

图 11-32 双器吸附流程

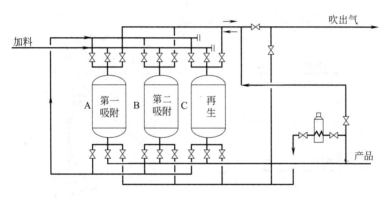

图 11-33 串联吸附流程

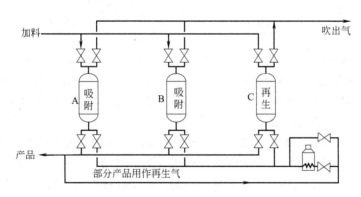

图 11-34 并联吸附流程

固定床吸附器的最大优点是结构简单、造价低、吸附剂磨损少，应用广泛。缺点是间歇操作，操作必须周期性变化，因而操作复杂，设备庞大。适用于小型、分散、间歇性的污染源治理。

2. 模拟移动床吸附流程

模拟移动床是目前液体吸附分离中广泛采用的工艺设备。模拟移动床吸附分离的基本原理与移动床相似。图 11-35 所示为液相移动床吸附塔的工作原理。设料液只含 A、B 两个组分，用固体吸附剂和液体解吸剂 D 来分离料液。固体吸附剂在塔内自上而下移动，至塔底出去后，经塔外提升器提升至塔顶循环入塔。液体用循环泵压送，自下而上流动，与固体吸附剂逆流接触。整个吸附塔按不同物料的进出口位置，分成四个作用不同的区域：ad 段——A 吸附区，bc 段——B 解吸区，cd 段——A 解吸区，da 段——D 的部分解吸区。被吸附剂吸附的物料称为吸附相，塔内未被吸附的液体物料称为吸余相。在 A 吸附区，向下移动的吸附剂把进料 A+B 液体中的 A 吸附，同时把吸附剂内已吸附的部分解吸剂 D 置换出来。在该区顶部将进料中的组分 B 和解吸剂 D 构成的吸余液 B+D 部分循环，部分排出。在 B 解吸区，从此区顶部下降的含 A+B+D 的吸附剂，与从此区底部上升的含有 A+D 的液体物料接触，因 A 比 B 有更强的吸附力，故 B 被解吸出来，下降的吸附剂中只含有 A+D。A 解吸区的作用是将 A 全部从吸附剂表面解吸出来。解吸剂 D 自此区底部进入塔内，与本区顶部下降的含 A+D 的吸附剂逆流接触，解吸剂 D 把 A 组分完全解吸出来，从该区顶部放出吸余液 A+D。

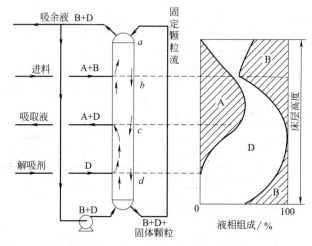

图 11-35　移动床吸附分离原理示意图

D 部分解吸区的目的在于回收部分解吸剂 D，从而减少解吸剂的循环量。从本区顶部下降的只含有 D 的吸附剂与从塔顶循环回塔底的液体物料 B+D 逆流接触，按吸附平衡关系，B 组分被吸附剂吸附，而使吸附相中的 D 被部分地置换出来。此时吸附相只有 B+D。而从此区顶部出去的吸余相基本上是 D。

图 11-36 为用于吸附分离的模拟移动床操作示意图，固体吸附剂在床层内固定不动，而通过旋转阀的控制将各段相应的溶液进出口连续地向上移动，这种情况与进出口位置不动、保持固体吸附剂自上而下地移动的结果是一样的。在实际操作中，塔上一般开 24 个等距离的口，同接于一个 24 通旋转阀上，在同一时间旋转阀接通 4 个口，其余均封闭。如图中 6、12、18、24 四个口分别接通吸余液 B+D 出口、原料液 A+B 进口、吸收液 A+D 出口、解吸剂 D 进口，经一定时间后，旋转阀向前旋转，则出口又变为 5、11、17、23，以此类推，当进出口升到 1 后又转回到 24，从而循环操作。

模拟移动床的优点是处理量大、可连续操作、吸附剂用量少（仅为固定床的 4%）。但要选择合适的解吸剂，对转换物流方向的旋转阀要求高。

3. 变压吸附工艺流程

变压吸附是一种广泛应用于混合气体分离精制的吸附工艺。常采用双塔流程和回塔流程。

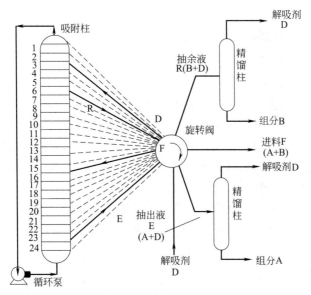

图 11-36　模拟移动床分离示意图

（1）双塔流程　以分离空气制取富氧为例。吸附剂采用 SA 分子筛，在室温下操作，如图 11-37 所示。吸附塔 1 在进行吸附操作，吸附塔 2 在清洗并减压解吸，部分的富氧以逆流方向通入吸附塔 2，以除去上一次循环已吸附的氮，这种简单流程可制得中等浓度的富氧。

该循环的缺点是解吸转入吸附阶段会有产品流率波动，直到升压达到操作压力后才逐渐稳定，改善的办法是在产品出口加储槽，使产物的纯度和流率平稳，减少波动，对纯度气体产品也可以加储槽，并以此气体清洗床层或使床层升压，如图 11-38 所示。操作方法是：当吸附塔渐渐为吸附质饱和，在尚未达到透过点以前停止操作。用死空间内的气体逆向降压，把已吸附在床层内的组分解吸清洗出去，然后进一步抽真空至解吸的真空度，解吸完毕后再升压至操作压力，再进行下一循环操作。升压、吸附、降压、解吸构成一个操作循环。

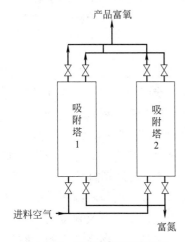

图 11-37　双塔变压吸附流程

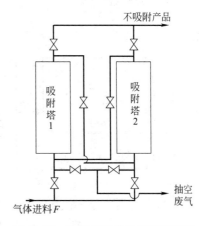

图 11-38　改进的双塔变压吸附流程

（2）四塔流程　四塔变压吸附流程是工业上常用的流程。四塔变压吸附循环有多种，一般是每个床层都要依次经过吸附、均压、并流降压、逆流降压、清洗和升压等阶段。

除了四塔流程外，工业上根据装置规模和吸附压力，还相应采用了 5 塔、6 塔、8 塔、

10 塔、12 塔流程等。

变压吸附操作不需要加热和冷却设备，只需要改变压力即可进行吸附-解吸过程，循环周期短，吸附剂利用率高，设备体积小，操作范围广，气体处理量大，分离纯度高。

4. 其他吸附分离工艺流程

（1）流化床吸附工艺流程 流化床吸附器内的操作如图 11-39 所示，含有吸附质的流体以较高的速度通过床层，使吸附剂呈流态化。流体由吸附段下端进入，由下而上流动，净化后的流体由上部排出。吸附剂由上端进入，逐层下降，吸附了吸附质的吸附剂由下部排出进入再生段。在再生段，用加热吸附剂或用其他方法使吸附质解吸（图中使用的是气体置换与吹脱），再生后的吸附剂返回到吸附段循环使用。

流化床吸附的优点是能连续操作、处理能力大、设备紧凑。缺点是构造复杂、能耗高、吸附剂的容器磨损严重。图 11-40 所示为连续流化床吸附工艺流程。

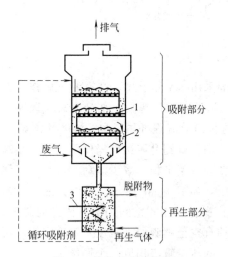

图 11-39 流化床吸附器

1—塔板；2—溢流堰；3—加热器

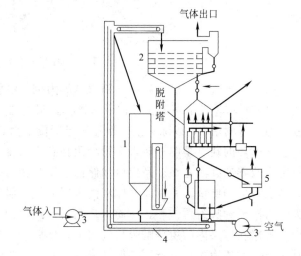

图 11-40 连续流化床吸附工艺流程

1—料斗；2—多层流化床吸附器；3—风机；

4—皮带传送机；5—再生塔

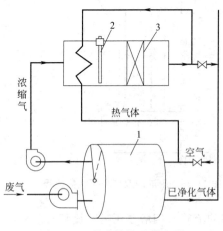

图 11-41 蜂窝转轮吸附流程

1—吸附转轮；2—电加热器；3—催化床层

（2）蜂窝转轮吸附工艺流程 蜂窝转轮吸附器是利用纤维活性炭吸附、解吸速率快的特点，用一层波纹纸和一层平纸卷制成的。转轮以 0.05～0.1r/min 的速度缓慢转动，废气沿轴向通过。转轮的大部分供吸附用，小部分供解吸用。吸附区内废气以 3m/s 的速度通过蜂窝通道，解吸区内反向通热空气解吸，解吸出的是较高浓度的气体，通过这样的装置使废气得到了较大程度的浓缩，浓缩后的废气再进行催化燃烧，燃烧产生的热空气又去进行解吸，如图 11-41 所示。蜂窝转轮吸附器能连续操作，设备紧凑，节省能量。适合处理大气量、低浓度的有机废气。

（3）回转床吸附工艺流程 回转床吸附器如

图 11-42 所示，回转吸附器结构为回转床圆鼓上按径向以放射状分成若干吸附室，各室均装满吸附剂，吸附床层做成环状，通过回转连续进行吸附和解吸，吸附时，待净化废气从鼓外环室进入各吸附室，净化后的气体从鼓心引出。再生时，吹扫蒸汽自鼓心引入吸附室，将吸附质吹扫出。回转床解决了吸附剂的磨损问题，且结构紧凑，使用方便，但各工作区之间的串气较难避免。

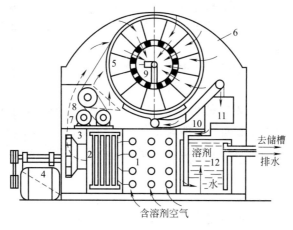

图 11-42　回转床吸附器

1—过滤器；2—冷却器；3—风机；4—电动机；5—吸附转筒；6—外壳；7—转筒电机；
8—减速传动装置；9—水蒸气入口管；10—脱附器出口管；11—冷凝冷却器；12—分离器

二、分析吸附分离过程

1. 吸附现象

当气体混合物或液体混合物与某些固体接触时，在固体的表面，气体和液体分子会不同程度地变浓变稠，这种固体表面对流体分子的吸着现象称为吸附，其中固体物质称为吸附剂，而被吸附的物质称为吸附质。

为什么固体具有把气体或液体吸附到自己表面上的能力呢？这是由于固体表面上的质点和液体的表面一样处于力场不平衡状态，表面上具有过剩的能量，即表面能。这种不平衡的力场由于吸附质的吸附而得到一定程度的补偿，从而降低了表面能（表面自由焓），故固体表面可以自动地吸附那些能够降低其表面自由焓的物质。吸附过程所放出的热量，称为该物质在此固体表面上的吸附热。

2. 吸附分离的特点

（1）选择性广泛　吸附操作过程中，大多数的吸附剂可以通过人为的设计，控制骨架结构，得到符合要求的孔径、比表面积等，使吸附操作对某些物质具有特殊的选择性，可以应用于水溶液、有机溶液及混合溶剂中，也可应用于气体的吸附，还可以用来分离离子型、极性及非极性的多种有机物。

（2）应用广，分离效果好　吸附层析分离的对象主要不是离子型物质，也不是高分子物质，而是中等分子量的物质，特别是复杂的天然物质。这类物质的极性可以有很大的范围，从非极性的烃类化合物到水溶性的化合物均可。对于性质相近的物质，特别是异构体或有不同类型、不同数目取代基的物质，吸附层析往往能提供更好的分离效果。如分子筛吸附剂能将分子大小和形状稍有差异的混合物分开。被分离物质绝大多数是不挥发性的和热不稳定的。

（3）适用于低浓度混合物的分离或气体液体深度提纯　即使在浓度很低的情况下，固体吸附气体或液体的平衡常数远大于气液或液液平衡常数，特别适用于低浓度混合物的分离和气体或液体的深度提纯。即使对于相对挥发度接近 1 的物系，一般总能找到一种吸附剂，使之达到比较高的分离效果，而且可以获得很高的产品纯度，这是其他方法难以做到的。吸附分离不适用于分离高浓度体系。

（4）处理量小　吸附常用于稀溶液中将溶质分离出来，由于受固体吸附剂的限制，处理能力较小。

（5）对溶质的作用小，吸附剂的再生方便　吸附操作过程中，吸附剂对溶剂的作用较小，这一点在蛋白质的分离中较重要，吸附剂作为吸附操作过程中的重要介质，常常要上百次甚至上千次地使用，其再生过程必须简便迅速。很多的吸附剂具有良好的化学稳定性，且再生容易。

3. 吸附分类

根据吸附质和吸附剂之间的吸附力的不同。可将吸附操作过程分为物理吸附与化学吸附两大类。

（1）物理吸附　物理吸附是吸附分子与吸附质分子间吸引力作用的结果，这种吸引力称为范德华力，所以物理吸附也称为范德华吸附，因为物理吸附中分子间结合力较弱，只要外界施加部分能量，吸附质很容易脱离吸附剂。这种现象称为脱附（或脱吸）。例如，固体和气体接触时，若固体表面分子与气体分子之间引力大于气体内部分子间的引力，气体就会凝结在固体表面上。当吸附过程达到平衡时，吸附在吸附剂上的吸附质的蒸气压应等于其在气相中的分压。这时若提高温度或降低吸附质在气相中的分压，部分气体分子便脱离固体表面回到气相中，即"脱吸"。所以应用物理吸附容易实现气体或液体混合物的分离。

① 变温吸附。因物理吸附过程大多是放热过程，若降低物理吸附过程的操作温度，可增加吸附量，因此，物理吸附操作通常在低温下进行。若要将吸附剂再生，提高操作温度则可使吸附质脱离吸附剂。通常用水蒸气直接加热吸附剂使其升温解吸，解吸后的吸附质与水蒸气的混合物经冷凝分离，可回收吸附质。吸附剂经干燥降温后循环使用。变温吸附过程包括：低温吸附→高温再生→干燥降温→再次吸附。

② 变压吸附。恒温下，升高系统的压力，吸附剂吸附容量增多，反之吸附容量相应减少，此时吸附剂解吸再生，得到气体产物，这个过程称为变压吸附。变压吸附过程中不进行热量交换，也称为无热源吸附，根据吸附过程中操作压力的变化情况，变压吸附循环可分为常压吸附-真空解吸、加压吸附-常压解吸、加压吸附-真空解吸等几种情况。对一定的吸附剂而言，操作压力变化范围越大，吸附质脱除得越多，吸附剂再生效果也越好。变压吸附过程可概括为高压吸附→低压解吸→再次吸附。例如，在苯加氢生产中，利用 PSA 变压吸附原理使氢气和焦炉煤气中的其他杂质实现分离，氢组分得到浓缩和提纯，该工序是制氢单元的核心部分。

③ 溶剂置换吸附。吸附通常在常温常压下进行，当吸附接近平衡时，用溶剂将接近饱和的吸附剂中的吸附质冲洗出来，吸附剂同时再生。常用的溶剂有水、有机溶剂等各种极性或非极性液体。

（2）化学吸附　化学吸附是吸附质与吸附剂分子之间化学键作用的结果。化学吸附的两种分子之间结合力比物理吸附大得多，吸附放热量大，吸附过程往往不可逆。化学吸附在化学催化反应中有重要作用，但在分离过程中应用较少，这里主要讨论物理吸附。

4.吸附平衡

在一定温度和压力下，当气体或液体与固体吸附剂有足够接触时间，吸附剂吸附气体或液体分子的量与从吸附剂中解吸的量相等时，气相与液相中吸附质的浓度不再发生变化，这时达到的平衡状态称为吸附平衡。

吸附平衡量 q 是吸附过程的极限量，单位质量吸附剂的平衡吸附量受到许多因素的影响，如吸附剂的化学组成和表面结构、吸附质在流体中的浓度、操作温度、压力等。

（1）气相吸附平衡　吸附平衡关系可以用不同的方式表示，通常用等温下单位质量吸附剂的吸附容量 q 与气相中吸附质中的分压关系来表示，即 $q = f(p)$。表示 q 与 p 之间关系的曲线称为吸附等温线。由于吸附剂与吸附质分子间作用力的不同，形成了不同形状的吸附等温线。图 11-43 所示是五种类型的吸附等温线，图中横坐标是相对压力 $\dfrac{p}{p^{\circ}}$，其中 p 是吸附平衡时吸附质分压，p° 为该温度下吸附质的饱和蒸气压，纵坐标是吸附量 q。

图 11-43 中 Ⅰ、Ⅱ、Ⅳ 型曲线是对吸附量坐标方向凸出的吸附等温线，称为优惠等温线，从图中可以看出当吸附质的分压很低时，吸附剂的吸附量仍保持在较高水平，从而保证衡量吸附质的脱除；而 Ⅲ、Ⅴ 型曲线开始一段线对吸附量坐标方向下凹，属非优惠吸附等温线。

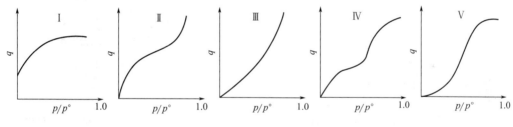

图 11-43　吸附等温线

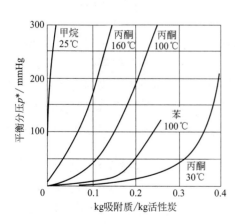

图 11-44　活性炭吸附平衡曲线

1mmHg＝133.322Pa

为了说明吸附的作用，许多学者提出了多种假设或理论，但只能解释有限的吸附现象，可靠的吸附等温线只能依靠实验测定。

图 11-44 表示的是活性炭对三种物质在不同温度下的吸附等温线，由图可知，对于同一种物质，如丙酮，在同一平衡分压下，平衡吸附量随着温度升高而降低。所以，工业生产中常用升温的方法使吸附剂脱附再生。同样，在一定温度下，随着气体压力的增高平衡吸附量增加，因此工业生产中也常改变压力使吸附剂脱附再生。

从图 11-44 还可以看出，不同的气体在相同条件下吸附程度差异较大，如在 100℃ 和相同气体平衡分压下，苯的平衡吸附量比丙酮平衡吸附量大得多。一般分子量较大而露点温度较高的气体吸附平衡量较大，其次，化学性质的差异也影响平衡吸附量。

吸附剂在使用过程中经反复吸附与解析，其微孔和表面结构会发生变化，其吸附性能也将发生变化，有时会出现吸附得到的吸附等温线与脱附得到的解吸等温线在一定区间内不能重合的现象，称为吸附的滞留现象。如图 11-45 所示，如果出现滞留现象，在相同的平衡吸附量下，吸附平衡压力一定高于脱附的平衡压力。

（2）液相吸附平衡　液相吸附的机理比气相吸附复杂得多，这是因为溶剂的种类影响吸附剂对溶质（吸附质）的吸附，因为溶质在不同的溶剂中，吸附剂对溶剂也有一定的吸附作用，不同的溶剂，吸附剂对溶剂的吸附量也是不同的，这种吸附必然影响吸附剂对溶质的吸附量。一般来说，吸附剂对溶质的吸附量随温度升高而降低，且溶质的浓度越大，其吸附量也越大。

5. 吸附速率

（1）吸附机理　如图 11-46 所示，吸附质被吸附剂吸附的过程可分为以下三步。

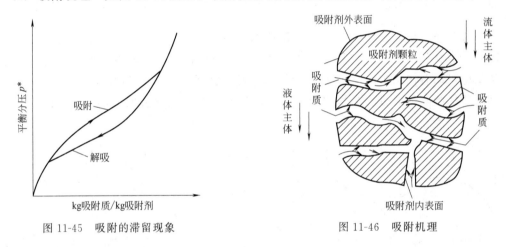

图 11-45　吸附的滞留现象　　　　图 11-46　吸附机理

① 外部扩散。吸附质从流体主体通过对流扩散和分子扩散到达吸附剂颗粒的外表面。质量传递速率主要取决于吸附质在吸附剂表面滞留膜中的分子扩散速率。

② 内部扩散。吸附质从吸附剂颗粒的外表面处通过微孔扩散进入颗粒内表面。

③ 吸附质被吸附剂吸附在颗粒的内、外表面上。

扩散过程往往较慢，吸附通常是瞬间完成的，所以吸收速率由扩散速率控制。若外部扩散速率比内部小得多，则吸附速率由外部扩散控制，反之则扩散速率为内部扩散控制。

（2）吸附速率　当含有吸附质的流体与吸附剂接触时，吸附质将被吸附剂吸附，吸附质在单位时间单位质量吸附剂上被吸附的量称为吸附速率。吸附速率是吸附过程设计与生产操作的重要参数。吸附速率与吸附剂、吸附质及其混合物的物化性质有关，与温度、压力、两相接触状况等操作条件也有关。

对于一定吸附系统，在操作条件一定的情况下，吸附速率的变化过程为：吸附过程开始时，吸附质在流体中浓度高，在吸附剂上的浓度低，传质推动力大，所以吸附速率高。随着过程的进行，流体中吸附质浓度逐渐降低，吸附剂上吸附质含量不断增高，传质推动力随之降低，吸附速率慢慢下降。经过足够长的时间，吸附达到动态平衡，净吸附速率为零。

上述吸附过程为非定态过程，吸附速率与吸附剂的类型、吸附剂上已吸附的吸附质浓度、流体中吸附质的浓度等参数有关。

6. 吸附过程的强化与展望

虽然人们很早就对吸附现象进行了研究，但将其广泛应用于工业生产还是近几十年的事，随着吸附机理的深入研究，吸附已成为化工生产中必不可少的单元操作，目前，吸附操作在环境工程等领域正发挥着越来越大的作用，因此强化吸附过程将成为各个领域十分关心的问题。吸附速率与吸附剂的性能密切相关，吸附操作是否经济、大型并连续化等又与吸附工艺有关，所以强化吸附过程可从开发新型吸附剂、改进吸附剂性能和开发新的吸附工艺等方面入手。

吸附效果的好坏及吸附过程规模化与吸附剂性能的关系非常密切，尽管吸附剂的种类繁多，但实际的吸附剂却有限，通过改性或接枝的方法可得到各种性能不同的吸附剂，以推动吸附技术的发展。工业上希望开发出吸附容量大、选择性强、再生容易的吸附剂。目前大多数吸附剂吸附容量小，这就限制了吸附设备的处理能力，使得吸附设备庞大或吸附过程中频繁进行吸附和再生操作。近期开发的新型吸附剂很多，下面作简单的介绍。

(1) 活性碳纤维　活性碳纤维是一种新型的吸附材料，它具有很大的比表面积，丰富的微孔直接暴露在纤维的表面。同时活性碳纤维有含氧官能团，对有机物蒸气具有很大的吸附容量，且吸附速率和解吸速率比其他吸附剂大得多。用活性碳纤维吸附有机废气已引起世界各国的重视，此技术已在美国、东欧等地迅速推广，北京化工大学开发的活性碳纤维网也已成功地应用于二氯乙烯的吸附回收。我国近期又开发出活性碳纤维布袋除尘器，在处理有毒气体方面取得了进展。

(2) 生物吸附剂　生物吸附剂是一种特殊的吸附剂，吸附过程中，微生物细胞起着主要作用。生物吸附剂的制备是将微生物通过一定的方式固定在载体上。研究发现，细菌、真菌、藻类等微生物能够吸附重金属，国外已有用微生物制成生物吸附剂处理水中重金属的专利。如利用死的芽孢杆菌制成球类生物吸附剂吸附水中的重金属离子。近几年，我国在此方面也有很多研究，如用大型海藻作为吸附剂，对废水中的 Pb^+、Cu^{2+}、Cd^{2+} 等重金属离子进行吸附。生物吸附剂吸附容量大，吸附速率快，解吸速率也快，可见海藻作为生物吸附剂适用于重金属离子的处理。

(3) 其他新型吸附剂　此类吸附剂有对价廉易得的农副产品进行处理得到的新型吸附剂，如用一定的引发剂对交联淀粉进行接枝共聚；有研制性能各异的吸附剂，如用棉花为原料，经碱化、老化和磺化等措施制得球形纤维素，再以铈盐为引发剂，将丙烯氰接枝到球形纤维素上，获得的羧基纤维吸附剂，此纤维剂用来吸附沥青烟气效果非常好。

由此可知，吸附剂的研究方向：一是开发性能好、选择性强的优质吸附剂；二是研制价格低，充分利用废物制作的吸附剂。另外提高吸附和解吸速率的研究也在不断深入，以满足各种需求。

三、吸附分离的工业应用实例

1. 氧化铝对芳香族化合物的分离

虽然硅胶有很多优点：化学惰性高、线性容量高（即增加样品量时保留时间恒定）、柱效高、容易得到，但对某些类别的化合物，氧化铝有更高的分离因子 α，此时吸附剂类型的选择就变得重要了，对于苯系物，氧化铝的分离比硅胶好得多，氧化铝对于相似的苯系物，甚至同分异构体都能很好地分离。图 11-47 给出了氧化铝分离苯系异构体的 α 值。α 与溶剂有关，图中给出的是所得到的最大值。可以看到，给出的 α 有时是非常大的，一般液体色谱都难以达到。

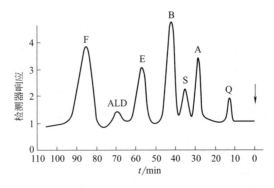

图 11-47　以氧化铝为吸附剂分离芳香族异构体

2. 高压吸附层析分离皮质甾类化合物

吸附剂为硅胶（粒径 0.04mm），玻璃柱的内径 2mm，长 300mm。样品量 278μg。淋洗液为甲醇-氯仿，线性梯度，流速 1mL/min。用紫外线（240μm）检测。压力 3.4 ～ 4.08MPa。流出曲线如图 11-48 所示。横坐标是流出时间（t），纵坐标是检测器响应。

高压液相层析所用时间比重力层析大大缩短。

图 11-48　皮质甾类混合物的高压吸附层析分离

被分离物质：A—11-脱氢皮质甾酮；B—皮质甾酮；E—皮质酮；F—皮质醇；
Q—脱氧皮质甾酮；S—11-脱氧皮质醇；ALD—醛固酮

图 11-49 是用制备规模的高压吸附色层析分离三个皮质甾体人工混合物的流出曲线。吸附剂为硅胶 H (Merck)，粒度 20～50pm，样品脱氧皮质甾酮共 200mg。淋洗液为二氯甲烷-甲醇（9∶1），流速 60mL/min。压力 1.05MPa。用紫外线（254nm）检测。纵坐标是透射比。

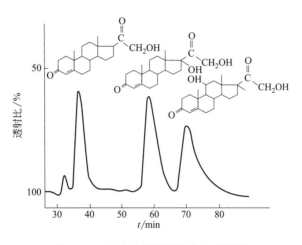

图 11-49　制备高压层析分离皮质甾体

更大规模的高压吸附色层也是可能的，有可能分离数克乃至数百克的物质。对于某些生化物质和药物而言，这样的量是颇为可观的。

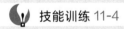 技能训练 11-4

常见的吸附工艺流程有哪几种？各有什么优缺点？

任务 3　认识色谱分离技术

学习色谱分离设备的结构、工艺流程和工作原理；能依据分离物系的性质及分离要求选用合适的色谱分离方法及分离装置。

色谱分离法又称层析法，它利用不同组分在两相中物理化学性质（如吸附力、分子极性和大小、分子亲和力、分配系数等）的差别，通过两相不断的相对运动，使各组分以不同的速率移动，而将各组分分离。

子任务 1　认识色谱分离装置

一、色谱分离设备

不同的色谱分离方法，其工艺构成有所不同，下面以柱色谱为例作介绍。柱色谱系统主要由进样及流动相供给装置、色谱柱、检测器及流分收集装置、控制器等几部分构成。典型的色谱分离工艺设备构成如图 11-50 所示。

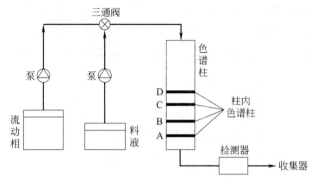

色谱分离

图 11-50　柱色谱分离设备

（1）进样及流动相供给装置　在制备型和工业型色谱系统中，流动相供给装置一般包括储液罐、高压泵、液体混合室及梯度洗脱系统。此外，进样体积大时，进样器需附带输液泵。有时为了保护昂贵的色谱柱，在色谱柱前需加上一支预处理柱。高压泵主要用来输送流动相，分恒压和恒流两种基本类型。

（2）色谱柱　色谱柱是实现料液中各种组分有效分离的关键装置，可以是内装色谱剂的玻璃柱或金属柱。柱的入口端应有进料分布器，使进入柱内流动相分布均匀并有规则的流型。柱的底部用以支持固定相的，可以是玻璃棉或砂芯玻璃板等。对分离过程的温度有严格要求，色谱柱具有双层管结构，管间可通水保温。图 11-51 是一种常见的色谱柱的结构示意图。色谱柱由腔体、液体分配板、集液板、流动相进出口构成。

一般情况下，柱的分离效率与柱长成正比，与柱的直径成反比。因此，色谱柱通常是细长的，一般 $L/D=20\sim30$，柱直径大多为 $2\sim15cm$。柱径大时，样品的负载量增加，但流动很难均匀，分离效果差；柱径小时，进样量少，装柱困难。色谱柱的装填好坏，直接影响分离效果，因此，装柱要采取适宜方法，确保装填均匀。

（3）检测器与流分收集装置　通过检测器连续监测柱底出口处液体中各组分的浓度变化，可以了解样品中各组分的分辨情况。根据组分的物理化学特性，如紫外吸收性、荧光性、电导率、旋光性及可见光光密度，选择适当的在线检测仪器。流分收集器是将底部流出的液体，每次按一定量分别收集的仪器，有滴数式、容量式、质量式等若干种。

（4）控制器　为了对整个色谱分离过程进行严格的监控，需对色谱系统配置计算机控制系统。计算机控制系统可以将各组件运行情况实时显示在屏幕上，便于操作者随时监控系统运行情况，记录并生成相关运行文件，同时对系统运行进行相关控制。

在色谱分离过程中存有两相，一相是固定不动的，称为固定相；另一相则不断流过固定相，称为流动相。使含有待分离组分的流动相（气体或液体）通过一个固定于柱中或平板上与流动相互不相溶的固定相表面。当流动相携带的混合物流经固定相时，混合物中的各组分与固定相发生相互作用。由于混合物中各组分在性质和结构上的差异，与固定相之间产生的作用力（分配、吸附、离子交换等）的大小、强弱不同，随流动相的移动，混合物在两相间经过反复多次的分配平衡，使得各组分被固定相保留的时间不同，从而按一定次序由固定相中先后流出，达到分离与检测的目的，如图 11-52 所示。差速迁移是色谱分离的基础，混合物中各组分理化性质的差异、固定相的吸附能力和流动相的解吸（洗脱）能力是产生差速迁移的三个最重要的因素。

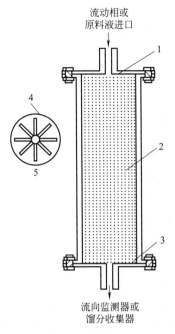

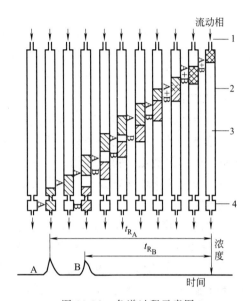

图 11-51　色谱柱的结构示意图
1,5—分配板；2—填料；3—集液板；4—流道

图 11-52　色谱过程示意图
1—样品；2—色谱柱；3—固定相；4—检测器

固定相（在柱色谱中也称为柱填料）通常是一些具有特定的分离性质、一定粒度和刚性的颗粒均匀的多孔物质，如吸附剂、离子交换剂、反相填料等。减少固定相粒度，可提高分离柱效，但流动阻力增加，需要加压才能过柱。

液相色谱的流动相（在柱色谱中也称为洗脱剂）通常由混合溶剂以及一些添加剂（如无机盐、酸等）组成。流动相对分离组分要有一定的溶解度、黏度小、易流动、纯度要高。

色谱分离应根据被分离物质的结构和性质，选择合适的固定相和流动相，使分配系数 K 值适当，以实现分离的目的。因此，固定相和流动相的选择是色谱分离的关键。

与其他分离方法相比，色谱分离具有分离效率高、应用范围广、选择性强、分离速度快、检测灵敏度高、操作方便的优点，但它的处理量小、不能连续生产。因此，色谱分离主要运用于物质的分离纯化、物质的分析鉴定、粗制品的精致纯化和成品纯度的检查等。

二、色谱分离分类

（1）按色谱过程的机理分类　色谱分离按色谱过程的机理，可分为吸附色谱、分配色谱、离子交换色谱、凝胶色谱（排阻色谱）和亲和色谱等。

① 吸附色谱。利用各组分在吸附剂与洗脱剂之间的吸附与解吸能力的差异而达到分离的一种色谱方法。

② 分配色谱。利用各组分在两种互不混溶溶剂间的溶解度差异来达到分离的一种色谱方法。

③ 离子交换色谱。利用不同组分对离子交换剂亲和力的不同而达到分离的一种色谱方法。

④ 凝胶色谱（排阻色谱）。利用惰性多孔物（如凝胶）对不同组分分子的大小产生不同

的滞留作用，而达到分离的一种色谱方法。

⑤ 亲和色谱。利用生物大分子和固定相表面存在某种特异亲和力，进行选择性分离的一种色谱方法。

（2）按固定相所处的状态分类　色谱分离按固定相所处的状态，可分为柱色谱、纸色谱和薄层色谱等。

① 柱色谱。将固定相颗粒装填在金属或玻璃柱内进行色谱分离。

② 纸色谱。用滤纸作为固定相进行色谱分离。

③ 薄层色谱。把吸附剂粉末做成薄层作为固定相进行色谱分离。

柱色谱是最常见的色谱分离形式，它具有高效、简便和分离容量较大等特点，常用于复杂样品分离和精制化合物的纯化。

（3）按两相物理状态分类　色谱分离按两相物理状态，可分为气相色谱、液相色谱和超临界色谱等。

① 气相色谱。气相色谱分气液色谱和气固色谱两种。

② 液相色谱。液相色谱分液固色谱和液液色谱两种。

③ 超临界色谱。超临界是流体处于高于临界压力与临界温度时的一种状态。超临界流体性质介于液体和气体之间，具有气体的低黏度、液体高密度特性，扩散系数位于两者之间。超临界色谱可处理高沸点、不挥发试样，比液相色谱有更高的柱效和分离效率。

技能训练 11-5

色谱分离工艺设备主要由哪几部分构成？

子任务 2　认识色谱分离工艺流程

一、认识凝胶过滤色谱分离工艺流程

1. 凝胶过滤色谱的基本原理

凝胶过滤色谱的分离过程是在装有多孔物质（交联聚苯乙烯、多孔玻璃、多孔硅胶等）作为填料的柱子中进行的。填料的颗粒有许多不同尺寸的孔，这些孔对溶剂分子而言是很大的，故它们可以自由扩散出入。如果溶质分子也足够小，则可以不同程度地往孔中扩散，同时还做无定向的运动。大的溶质分子只能占有数量比较少的大孔，较小的溶质分子则可以进入一些尺寸较小的孔中，所以溶质的分子越小，可以占有的孔体积就越大。比凝胶孔大的分子不能进入凝胶的孔内，只能通过凝胶颗粒之间的空隙，随流动相一起向下流动，首先从色谱柱中流出。所以整个样品就按分子的大小依次流出色谱柱，谱图上也就依次出现了不同的色谱峰了。具体分为以下几个步骤完成。

① 凝胶过滤色谱过程主要是在凝胶过滤色谱介质内完成的，而这一凝胶过滤色谱介质装填在某一设备内，称为凝胶柱或色谱柱，通入需要分离的物质时，不同大小的分子在通过色谱柱时，每个分子都要向下移动，同时还做无定向的扩散运动。

② 比凝胶色谱过滤介质大的分子不能进入凝胶过滤介质的孔内，大分子只能通过凝胶

过滤介质颗粒之间的空隙，随流动相一起向下移动，首先从色谱柱中流出，在分离图谱上是最先出现的峰。

③ 比凝胶过滤介质孔径小的分子，有的能进入部分孔道，更小的分子则能自由地扩散进入凝胶过滤介质的孔道内，这些小分子由于扩散效应，不能直接通过凝胶过滤介质的空隙而流出，其流出色谱柱的速度滞后于大分子，且是依据分子的大小依次流出色谱柱，谱图上出现的色谱峰在大分子峰的后面。

实际上凝胶过滤色谱也就是按照待分离物质的分子尺寸大小，依次流出色谱柱而达到分离的目的。

2. 凝胶过滤色谱分离设备和工艺流程

凝胶过滤色谱设备比较简单，在实验室里用的凝胶色谱过滤设备是作为分析设备使用的，工业的应用还不是很普遍。

（1）实验设备　图 11-53 所示为实验室里测定核酸、蛋白质的凝胶色谱过滤设备。

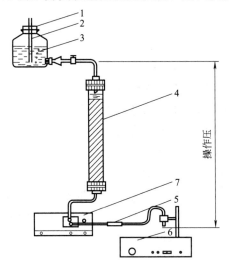

图 11-53　实验室凝胶色谱过滤测定核酸、蛋白质的装置
1—密封橡胶塞；2—恒压管；3—恒压瓶；4—色谱柱；5—可调螺旋夹；
6—自动装置；7—核酸、蛋白检测仪

需要测定的溶液在一定的压力下通过色谱柱，根据其分子量的大小依次流出色谱柱，在检测仪 7 中可以直接检测出核酸或蛋白质的含量。

图 11-54 为典型的 SN-01 型凝胶色谱分析仪及其流程，从储液瓶出来的溶剂经加热式除气器除去所溶的气体后进入柱塞泵，由泵压出的溶剂再经一个烧结不锈钢过滤器，进入参比流路和样品流路。在参比流路中，溶剂经参比柱、示差折光检测仪的参比池进入废液瓶；在样品流路中，先经六通进样阀将配好的试样送入色谱柱，样品经色谱柱分离后经示差折光检测器的样品池，进入虹吸式体积标记器。示差折光检测器将浓度检测信号输入记录仪，记录纸上记录的是反映被测物质的分子量分布的凝胶色谱图。

图 11-55 为分离不同的蛋白质的凝胶过滤色谱设备，依据分子量的大小将不同的蛋白质分离开来。

（2）工业化设备　在工业化生产中，凝胶过滤色谱可以根据分子的大小有层次地分开不同类别或不同的成分，得到的有效组成或成分，对于制备高效药、小剂量的中药、植物有效

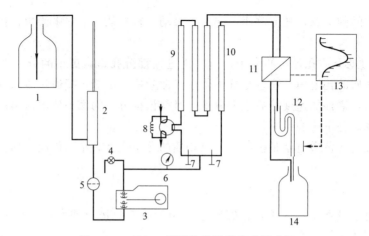

图 11-54　SN-01 型凝胶色谱仪流程示意图

1—储液瓶；2—除气器；3—输液泵；4—放液阀；5—过滤器；6—压力指示器；7—调节阀；8—六通进样阀；

9—样品柱；10—参比柱；11—示差折光检测器；12—体积标记器；13—记录仪；14—废液瓶

成分、化学中间体等产品是非常重要的精制手段。

① 不锈钢中压凝胶过滤色谱设备（见图 11-56）。本设备通过装于色谱柱内的凝胶过滤色谱介质，达到分离的目的。适用于高含量单体的分离，中药中杂质的清除，化工中间体、合成产品的精制，合成药单体的分离。所选用的凝胶过滤色谱介质为琼酯类、聚乙烯类、多糖类等。所适用的溶剂有：稀酸、稀碱、有机溶剂（如：乙酸乙酯、氯仿、乙醇）。此类设备操作方便，生产成本低，工作效率高，色谱柱装填方便。

② 聚乙烯凝胶过滤色谱设备。图 11-57 为聚乙烯类凝胶过滤色谱设备，适用于中药有效成分的分离，中药有效成分的精制及中药中杂质的清除。所选用的凝胶过滤介质可以是硅胶、葡聚糖类等，所用的溶剂可选用酸、碱、乙醇、甲醇、丙酮。此类设备更换填料方便、通用性强、操作简单、能耗小、效率高。

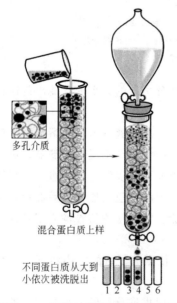

图 11-55　凝胶过滤色谱测定蛋白质

图 11-56　不锈钢中压凝胶过滤色谱设备

　　③ 不锈钢凝胶过滤色谱设备。图 11-58 为不锈钢凝胶过滤色谱设备，特别适用于中药有效成分的分离，中药有效成分的精制，中药中杂质的清除，化工中间体、合成产品的精制。所选用的凝胶过滤介质可以是硅胶、氧化铝等。适用溶剂：稀酸、稀碱、有机溶剂（如：乙酸乙酯、氯仿、乙醇）。

图 11-57　聚乙烯类凝胶过滤色谱设备　　　　图 11-58　不锈钢凝胶过滤色谱设备

3. 凝胶过滤色谱介质

　　凝胶过滤色谱介质简称凝胶，是一种不带电荷的、具有三维空间的多孔网状结构、呈珠状颗粒的物质，每个颗粒的细微结构及筛孔的直径均匀一致，像筛子，有一定的孔径和交联度。它们不溶于水，但在水中有较大的膨胀度，具有良好的分子筛功能。它们可分离的分子大小的范围广，分子量在 $10^2 \sim 10^8$ 范围之间。

　　凝胶过滤色谱介质是凝胶过滤色谱的核心，是产生分离的基础。要达到分离的要求必须选择合适的凝胶过滤色谱介质。凝胶过滤色谱介质的种类很多，现列举一些典型的凝胶过滤色谱介质加以说明。

　　(1) 葡聚糖凝胶　葡聚糖凝胶又称交联葡聚糖凝胶，是最早发展的有机凝胶。它是先用发酵的方法以蔗糖为培养基制备成高分子量的葡聚糖，然后用稀盐酸降低其分子量，再用环氧氯丙烷交联形成颗粒状的凝胶。交联前平均分子量低的葡聚糖可制备成渗透极限低的凝胶填料；交联前平均分子量高的葡聚糖可制备成渗透极限高的凝胶填料。适用于水、二甲基亚砜、甲酰胺、乙二醇及水和低级醇的混合物，主要用于分离蛋白质、核酸、酶、多糖类及生化体系的脱盐等。其化学结构如图 11-59 所示。

　　(2) 多孔硅胶　多孔硅胶是一种广泛采用的无机凝胶。它的制备一般分为两步，第一步是制成球形小孔硅胶，第二步是扩孔，使硅胶的孔径扩大。制备原料硅胶的方法有两种，第一种是将中和了的硅酸钠和硫酸反应液喷雾在油相成球或用悬浮聚合的方法使硅酸乙酯悬浮聚合而获得细颗粒硅胶。扩孔的方法主要是掺盐高温焙烧。多孔硅胶的化学惰性、热稳定性和机械强度好，硅胶的颗粒、孔径尺寸稳定，与各种溶剂无关，因此可在柱中直接更换溶剂，使用方便，使用寿命也长。需要注意的是多孔硅胶的吸附问题，它可用于水和酸体系，但不能用于强碱性溶剂。

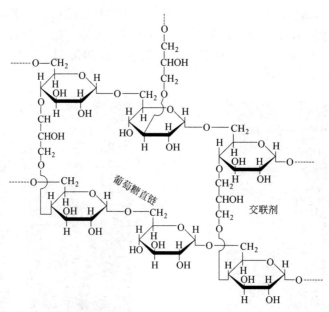

图 11-59　交联葡聚糖的化学结构

（3）琼脂糖凝胶　琼脂糖凝胶来源于一种海藻，也是一种有机凝胶，主要是由 D-乳糖和 3,6-脱水-L-乳糖为残基组成的线型多聚糖。琼脂糖在无交联剂的存在下也能自发形成凝胶。

琼脂糖凝胶按照一定浓度在加热条件下将琼脂糖全部溶解，得到均匀的溶液作为分散相；将分散剂等物质加入如苯、甲苯、二氯甲烷、环己烷、四氯化碳等有机溶剂中，充分搅拌加热作为连续相；将琼脂糖热溶液加入连续相中，不断搅拌，琼脂糖溶液被分散成粒径大小合适的液滴；逐步降温到琼脂糖基本定型，不断搅拌，使其凝固成一定强度的颗粒；过滤分离，去油、洗涤，得到未交联的琼脂糖。琼脂糖与交联剂（环氧氯丙烷、2,3-二溴丙醇等）进行反应，制成凝胶。琼脂糖还可以进行二次交联，成为刚性或半刚性成品，提高其机械稳定性和通渗性等。

琼脂糖凝胶是目前凝胶过滤色谱分离中应用最广的一种凝胶色谱过滤介质，由于它的巨大孔径，特别适用于大分子量物质的分离，还可用于生物制品的工业化生产。

二、认识离子交换色谱工艺流程

1. 认识离子交换色谱

图 11-60 为水的软化过程。软水器内装有 Na 式阳离子交换树脂，含 Ca^{2+} 的原水流经软水器进入 Na 式阳离子交换树脂层，因 Ca^{2+} 与树脂的亲和力比 Na^+ 强，所以 Ca^{2+} 能被 Na 式阳离子交换树脂吸着，而能将 Na 式阳离子交换树脂上的 Na^+ 置换出来，软水器下面流出来的即为去 Ca^{2+} 的软化水。这一过程即为离子交换色谱分离过程。

离子交换色谱分离是利用带有可交换离子（阴离子或阳离子）的不溶性固体与溶液中带有同种电荷的离子之间置换离子，使溶液得以分离的单元操作。含有可交换离子的不溶性固体称为离子交换色谱介质，或离子交换剂，或离子交换树脂。带有可交换阳离子的离子交换剂称为阳离子交换剂，如上面提到的 Na 式阳离子交换树脂；反之，带有可交换阴离子的离子交换剂称为阴离子交换剂，如 OH 式阴离子交换剂。

1848 年，Thompson 等在研究土壤碱性物质交换过程中发现了离子交换现象。20 世纪 40 年代，出现了具有稳定交换特性的聚苯乙烯离子交换树脂。20 世纪 50 年代，离子交换色谱进入生物化学领域，被应用于氨基酸的分析。目前离子交换色谱仍是生物化学领域中常用的一种色谱分离方法，广泛地应用于各种生化物质如氨基酸、蛋白、糖类、核苷酸等的分离纯化。

2. 认识离子交换色谱工艺设备

离子交换过程为液固相间的传质过程，其交换过程中所用的设备有搅拌槽、流化床、固定床和移动床等形式。

（1）搅拌槽　搅拌槽（见图 11-61）具有带有多孔支撑板的筒形结构，离子交换色谱介质置于支撑板上。操作时，将液体通入槽中，通气搅拌，使溶液与离子交换色谱介质均匀混合，进行交换反应，待过程接近平衡时，停止搅拌，将溶液排出。这种设备结构简单、操作方便，适用于小规模分离要求不高的场合。

（2）固定床　固定床是目前应用最广的一类离子交换设备。如图 11-62 所示的活塞式固定床具有上下两个支撑板。交换时，原液自下而上流动，依靠较大流速将离子交换色谱介质层推到上方；再生时，再生剂自上而下流动，离子交换色谱介质支撑在下部支撑板上。图 11-63 所示的部分流化的活塞式固定床的顶部是固定床，而下部是处于流化状态的离子交换色谱介质。这类设备的主要缺点是离子交换色谱介质的利用率低，再生剂和洗涤液的用量大。

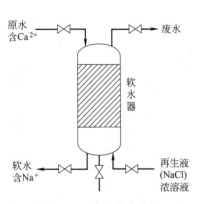

图 11-60　水的软化流程

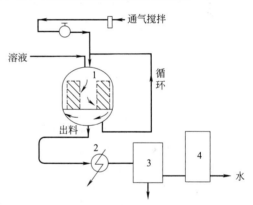

图 11-61　离子交换搅拌槽

1—搅拌槽；2—冷却器；3—分离器；4—废水处理装置

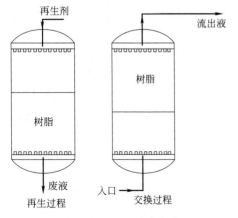

图 11-62　活塞式固定床

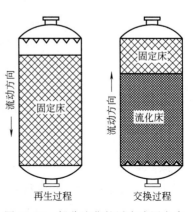

图 11-63　部分流化的活塞式固定床

（3）移动床　移动床的具体形式较多，图 11-64 和图 11-65 为两种不同形式的移动床。图 11-64 称为希金斯连续离子交换器。它是由交换区、返洗区、脉动柱、再生区、清洗区组成的循环系统，这些区彼此间以自动控制阀 A、B、C、D 分开。操作过程分两个阶段进行，即液体流动阶段和离子交换色谱介质移动阶段。在液体流动阶段，各控制阀关闭，离子交换色谱介质处于固定床状态，分别通入原水、返洗水、再生液和清洗水，同时进行交换、离子交换色谱介质的清洗和再生、再生后的离子交换色谱介质的清洗等过程。然后，转入到离子交换色谱介质移动阶段，此时停止溶液进入，打开阀门 A、B、C、D，依靠在脉动柱中脉动阀通入液体的作用，使离子交换色谱介质按逆时针方向沿系统移动一段，即将交换区中已饱和的一部分离子交换色谱介质送入返洗区，返洗区已清洗的部分离子交换色谱介质送入再生区，再生区内已再生好的离子交换色谱介质送入清洗区，清洗区内已清洗好的部分离子交换色谱介质重新送入交换区，如此循环操作。希金斯连续离子交换器的特点是离子交换色谱介质的利用率高、用量少、再生剂消耗量少、设备紧凑、占地少。

图 11-65 为 Avco 连续离子交换色谱移动床离子交换装置，它的主体由反应区、清洗区和驱动区构成。介质连续地从下而上移动，在再生区、清洗区和交换区分别与再生液、清洗液和原水逆流接触完成分离过程，离子交换色谱介质的移动靠两个驱动器来完成。这种离子分离设备比希金斯连续离子交换器更为优越，利用率高，再生效率也高，但技术难度大。

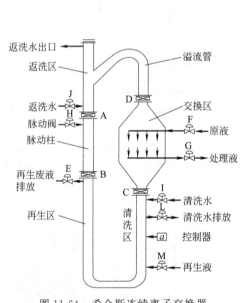

图 11-64　希金斯连续离子交换器

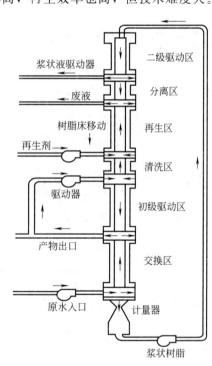

图 11-65　Avco 连续移动床离子交换器

（4）流化床　流化床离子交换设备，主要有柱形和多级段槽形，还可分为单层和多层两种。可以间歇操作，也可以连续操作。

图 11-66 为连续逆流式多级流化床操作，用于水的软化处理。该流化床包括一系列的多孔配水盘，并带有导流管用于离子交换剂的逆流。该设备相对较小，处理量通常在 $10 \sim 100 \mathrm{m}^3 / \mathrm{h}$。

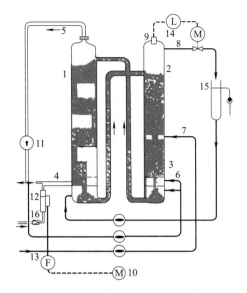

图 11-66　连续逆流式多级流化床操作工艺

1—负载柱；2—再生柱；3—洗涤柱；4—原水；5—软化水；6—洗涤水；7—再生水；8—盐水；9—料面计；

10—计量泵；11—循环泵；12—流量计；13，14—调节器；15—收集器；16—减压器

图 11-67 为 Himsley 连续逆流多级流化床，是改进的多层流化床，由离子交换色谱介质和一液体进口管组成垂直床层，对处理含有悬浮固体微粒的溶液很有潜力。可处理大约含 5000mg/h 悬浮固体微粒的溶液。

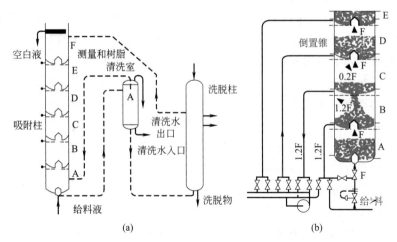

图 11-67　Himsley 连续逆流多级流化床

3. 认识离子交换色谱的介质

离子交换色谱的介质是具有离子交换功能的材料，可分为有机的和无机的两大类。无机离子交换剂有水合氧化物、多价金属的酸性盐、杂多酸盐、铝硅酸盐或亚铁氰化物等。这些无机离子交换剂与有机的离子交换树脂相比，虽然具有耐高温、耐辐射、对碱金属有较好的选择性等优点，但它们的吸附容量小、一些物理和化学性能不够稳定，应用的方面是有限的。

离子交换树脂种类繁多，分类方法有如下几种。按树脂的物理结构分类，可分为凝胶

型、大孔型和载体型；按合成树脂所用原料单体分类，可分为苯乙烯系、丙烯酸系、酚醛系、环氧系、乙烯吡啶系；按用途分类时，对树脂的纯度、粒度、密度等有不同要求，可以分为工业级、食品级、分析级、核等级、床层专用、混合床专用等几类。

最常用的分类法则是依据树脂功能基的类别，可分为下面几大类。

（1）强酸性阳离子交换树脂　此类树脂功能基为磺酸基—SO_3H的一类树脂。它的酸性相当于硫酸、盐酸等无机酸，在碱性、中性乃至酸性介质中都有离子交换功能。

以苯乙烯和二乙烯苯共聚体为基础的磺酸型树脂是最常用的强酸性阳离子交换树脂。在生产这类树脂时，使主要单体苯乙烯与交联剂二乙烯苯共聚合，得到的球状基体称为白球。白球用浓硫酸或发烟硫酸磺化，在苯环上引入一个磺酸基。磺化后的树脂为H^+型，为储存和运输方便，往往转化为Na^+型。

（2）弱酸性阳离子交换树脂　此类树脂大多含羧酸基，母体有芳香族和脂肪族两类。此类树脂的典型代表为二乙烯苯交联的聚甲基丙烯酸。聚合单体除甲基丙烯酸外，也常用丙烯酸。

含膦酸基—PO_3H_2的树脂，酸性稍强，有人把它从弱酸类分出来，称为中酸性树脂。膦酸基树脂的离解常数约在$10^{-3} \sim 10^{-4}$数量级，而羧酸基树脂的离解常数多在$10^{-5} \sim 10^{-7}$数量级。膦酸基树脂往往是交联聚苯乙烯用三氯化磷在$AlCl_3$催化下与之反应，然后经碱解和硝酸氧化得到的。

（3）强碱性阴离子交换树脂　此类树脂的功能基为季铵盐。其骨架多为交联聚苯乙烯。在傅氏催化剂，如$ZnCl_2$、$AlCl_3$、$SnCl_4$等存在下，使骨架上的苯环与氯甲醚进行氯甲基化反应，再与不同的胺类进行季铵化反应。季铵化试剂有两种。使用第一种（三甲胺）得到Ⅰ型强碱性阴离子交换树脂，Ⅰ型树脂碱性甚强，即对OH^-的亲和力很弱。当用NaOH使树脂再生时效率较低。为了略为降低其碱性，使用第二种季铵化试剂（二甲基乙醇胺），得到Ⅱ型强碱性阴离子交换树脂，Ⅱ型树脂的耐氧化性和热稳定性较Ⅰ型树脂略差。

（4）弱碱性阳离子交换树脂　此类树脂是一些含有伯胺—NH_2、仲胺—NRH或叔胺—NR_2功能基的树脂。基本骨架也是交联聚苯乙烯，是经过氯甲基化后，用不同的胺化试剂处理得到的。与六亚甲基四胺反应可得伯胺树脂，与伯胺反应可得仲胺树脂，与仲胺反应可得叔胺树脂。有的胺化试剂可导致多种氨基的生成。如用乙二胺胺化时，生成既含伯氨基、又含仲氨基的树脂。交联聚丙烯酸用多烯多胺$H_2N(C_2H_4N)_mH_2$作胺化剂时，也生成含两种胺的树脂。除与碳相连的氮原子外，其余氮原子均有交换能力，所以这种树脂的交换容量较高。弱碱性树脂的品种较多。

（5）螯合性树脂　此类树脂功能基为胺羧基—$N(CH_2COOH)_2$，能与金属离子生成六环螯合物。

（6）氧化还原性树脂　此类树脂功能基具氧化还原能力，如硫醇基—CH_2SH、对苯二酚基等。

（7）两性树脂　此类树脂同时具有阴离子交换基团和阳离子交换基团。比如同时含有强碱基团—$N(CH_3)_3^+$和弱酸基团—COOH，或同时含有弱碱基团—NH_2和弱酸基团—COOH。

还有一些具有特殊功能或特殊用途的树脂，如热再生树脂、光活性树脂、生物活性树脂、闪烁树脂、磁性树脂等。

三、认识亲和色谱工艺流程

1. 亲和色谱的原理

许多生物大分子化合物具有与其结构相对应的专一分子可逆结合的特性,如蛋白酶与辅酶、抗原和抗体、激素与其受体、核糖核酸与其互补的脱氧核糖核酸等体系,都具有这种特性,生物分子间的这种专一结合能力称为亲和力。依据生物高分子物质能与相应专一配基分子可逆结合的原理,采用一定技术,把与目的产物具有特异亲和力的生物分子固定化后作为固定相,则含有目的产物的混合物(流动相)流经此固定相后,可把目的产物从混合物中分离出来,此分离技术称为亲和色谱。

图 11-68 所示为亲和色谱分离。把具有特异亲和力的一对分子的任何一方作为配基,在不伤害其生物功能的情况下,与不溶性载体结合,使之固定化,装入色谱柱中〔见图 11-68(a)〕,然后把含有目的物质的混合液作为流动相,在有利于固定相配基与目的物质形成配合物的条件下进入色谱柱。这时,混合液中只有能与配基发生结合反应形成配合物的目的物质(见图 11-68 中 • 分子)被吸附〔见图 11-68(b)〕,不能发生结合反应的杂质分子(见图 11-68 中 △ 分子)直接流出。经清洗后,选择适当的洗脱液或改变洗脱条件进行洗脱〔见图 11-68(c)〕,使被分离物质与固定相配基解离,即可将目标产物分离纯化。

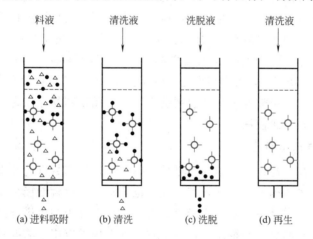

图 11-68 亲和色谱分离示意图

• —目标产物;△ —杂蛋白

一般情况下,需根据目标产物选择合适的亲和配基来修饰固体粒子,以制备所需的亲和吸附介质(固定相)。固体粒子称为配基的载体。作为载体的物质应具有以下特性:①有不溶性的多孔网状结构,渗透性好;②物理和化学稳定性高,有较高的机械强度,使用寿命长;③具有亲水性,无非特异性吸附;④含有可活化的反应基团,利于亲和配基的固定化;⑤能够抵抗微生物和酶的侵蚀;⑥最好为粒径均一的球形粒子。常用的载体有葡聚糖、聚丙烯酰胺等,近年来多孔硅胶和合成高分子化合物载体正在被开发应用于亲和色谱。

亲和配基可选择酶的抑制剂、抗体、蛋白质 A、凝集素、辅酶和磷酸腺苷、三嗪类色素、组氨酸和肝素等。当配基的分子量较小时,将其直接固定在载体上,会由于载体的空间位阻,配基与生物大分子不能发生有效的亲和吸附作用,如图 11-69(a)所示。如果在配基与载体之间连接间隔臂,可以增大配基与载体之间的距离,使其与生物大分子发生有效的亲

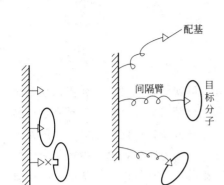

图 11-69 间隔臂的作用

和结合，如图 11-69（b）所示。

2. 亲和色谱的工艺操作

亲和色谱包括进料吸附、清洗、洗脱和介质再生几个步骤。

吸附操作要保证吸附介质对目标产物有较高的吸附容量，杂质的非特异性吸附要控制在尽可能低的水平。一般杂质的非特异性吸附与其浓度、性质、载体材料、配基固定化的方法以及流动相的离子强度、pH 和温度等因素有关。为了减小吸附操作中的非特异性吸附，所用的缓冲液的离子强度要适当，缓冲液的 pH 应使配基与目标产物及杂质的静电作用较小。

料液流速是影响色谱速率和效果的重要因素。提高流速虽可加快分离速率，但会降低柱效。此外，琼脂糖容易受压变形，压力过大反而使流速降低。

清洗操作的目的是洗去介质颗粒内部和颗粒间空隙中的杂质，一般使用与吸附时相同的缓冲液。

目标产物的洗脱方法有特异性洗脱和非特异性洗脱。特异性洗脱剂含有与亲和配基或目标产物具有亲和结合作用的小分子化合物，通过与亲和配基或目标产物的竞争性结合，洗脱目标产物。非特异性洗脱通过调节洗脱液的 pH、离子强度、离子种类或温度等降低目标产物的亲和吸附作用。当亲和作用很大，用通常的方法不能洗脱目标产物时，可用尿素或盐酸胍等变性剂溶液使目标产物变性，失去与配基的结合能力。但应注意目标产物变性后能否复性。

洗脱结束后，亲和柱仍需继续用洗脱剂洗涤，直到无亲和物存在为止，再用平衡缓冲液充分平衡亲和柱，以备下次使用。

3. 亲和色谱的应用及特点

亲和色谱专一性高，操作条件温和，过程简单，纯化的倍数可达几千倍级，能有效地保持生物活性物质的高级结构的稳定性，其回收率也非常高，对含量极少又不稳定的生物活性药物的分离极为有效。它是一种专门用于分离纯化生物大分子的色谱分离技术。亲和色谱最初用于蛋白质特别是酶的分离和精制上，后来发展到大规模应用于酶抑制剂、抗体和干扰素等的分离精制上。在生物化学领域，主要用于各种酶、辅酶、激素和免疫球蛋白等生物分子的分离分析。

> **技能训练 11-6**
>
> 举例说明色谱分离技术在工业中的应用。

任务 4　选择分离方法

学会根据混合物的性质选择适当的分离方法。前面重点介绍了工业生产中常用的几种分离方法，也介绍了一些新型的分离方法，随着科学技术的进步，分离技术还在不断发展，分离方法越来越多。一种混合物可以采用多种方法分离，但其选择经济性、可行性、安全性、可靠性等是不一样的，因此，必须选择适当的分离方法，以达到获取最大经济利益和社会利益的目的。

子任务 1 比较分离方法

了解分离方法的特点及适应性，是合理选取分离方法的基础，表 11-4 列出了各种分离方法的简要情况，供选择时参考。

表 11-4 分离方法的比较

分离方法	分离对象	分离依据	分离剂
1 机械分离	非均相混合物	物性差异	
1.1 沉降	气体或液体非均相混合物	密度差异	重力或离心力
1.2 过滤	液固或气固混合物	微孔截留	多孔介质
1.3 离心分离	液固或液液混合物	密度差异	离心力
1.4 旋风（液）分离	气体（液体）非均相混合物	密度差异	离心力
1.5 静电除尘	气固混合物	颗粒荷电	高压不均匀静电场
2 传质分离	均相混合物	质量传递	
2.1 平衡分离	主要是均相混合物	两相平衡分配	
2.1.1 蒸馏	均相液体混合物	挥发能力差异	热量
2.1.2 吸收	均相气体混合物	挥发能力差异	不挥发性液体
2.1.3 蒸发	不挥发性溶质的溶液	挥发能力差异	热量
2.1.4 萃取	均相液体混合物	溶解度差异	不互溶液体
2.1.5 干燥	含湿固体	湿分的挥发性	热量
2.1.6 结晶	溶液	过饱和度	热量
2.1.7 离子交换	液体	质量作用定律	离子交换树脂
2.1.8 吸附	气体或液体混合物	吸附选择性	吸附剂
2.1.9 浸取	固体混合物	溶解度差异	液体
2.2 速率分离	均相混合物	扩散速率差异	
2.2.1 反渗透	液体混合物	膜的透过性	压力差和膜
2.2.2 超滤	液体混合物	膜的选择透过性	压力差和膜
2.2.3 电渗析	液体混合物	膜的选择透过性	压力差和膜
2.2.4 电泳	液体混合物	迁移特性差异	电场力
2.2.5 热扩散	气体或液体混合物	扩散速率差异	温度梯度
2.2.6 气体扩散	气体混合物	扩散速率差异	压力梯度和膜

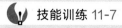 技能训练 11-7

举例说明蒸馏的分离对象、分离依据、分离剂。

子任务 2　选用分离方法

一、经济合理性

经济合理性是指分离方法在使用过程中所需投入费用的大小能够为人们所接受的特性。完成同样的分离任务，投入费用越少越经济。

但在选择分离方法时，要准确比较两种方法总投入的大小是比较困难的，通常只能通过综合比较估计设备费及操作费的多少。在设备投入方面，使用标准设备比非标准设备投入少，使用静态设备比使用动态设备投入少，使用结构简单设备比使用结构复杂的设备投入少等；在操作费用方面，原材料及动力消耗是主要的，应该使用越少越好，需要的人员也是越少越经济。

二、技术可行性

技术可行性是指分离方法能够完成分离技术任务的技术可能。比如，分离液体混合物的方法很多，但对于一个具体的液体混合物，并不是每一种分离液体混合物的方法都是可行的。以分离丙酮和乙醚的混合液为例，由于两者都是非极性的，因此，不能用离子交换或电渗析方法分离，由于找不到合适的吸附剂，用吸附分离的方法也是不可能的。可以考虑用精馏、萃取等方法来分离。在确定一种分离方法技术上是否可行时，应围绕各种分离方法的分离原理进行分析比较，然后做出选择。

但是，仅仅在原理上可行还是不够的，还要考察分离方法所需的温度、压力等操作条件是否能够实现和维持。比如，某一分离方法需要使用200℃的蒸汽，对于没有高压蒸汽的工厂来说，此方法就是不可行的。

当分离多组分混合物时，技术的可行性还包括分离路线的可行。比如，在蒸馏分离三组分混合物时，需要两个塔，三个组分在不同的塔顶或塔釜取出时，构成了不同的分离路线，在有些情况下，不是每一种分离路线都是可行的。如果其中某一组分是热敏性的，在选择分离路线时，应该考虑首先将其蒸出的路线。

当有多种分离方法或路线可行时，就应该比较各方法的经济性，然后进行选择。

三、系统适应性

系统适应性是指分离方法对特定分离对象及分离任务的适宜程度。根据经验，混合物的处理量、混合物的组成、混合物的性质及分离指标等常常成为选择分离方法的决定性因素。

比如，生产规模比较小时，主要考虑设备费用，宜采用设备少、流程短、较为简单的分离方法；而生产规模比较大时，主要考虑能耗、物耗等操作费用的大小。以空气分离为例，当规模比较小时，可以采用变压吸附的方法分离，当规模比较大时，多采用精馏分离的方法分离，而中等规模时，多采用中空纤维膜分离方法分离。又如，分离某稀溶液时，为了避免汽化量过大，而不宜采用精馏或蒸发的方法，应该采用萃取或吸附等能耗相对较少的方法。

再如，当物料为热敏性（如食品、药品等）时，加热可能会导致物料变质或失去营养，最好不采用平衡分离方法而采用速率分离方法。

四、方法可靠性

方法可靠性是指分离方法在设计上是否可靠，经验是否充足，因此也称为成熟性。目前，选择工业生产中现成的具有成熟经验的分离方法，几乎是一个常识性的问题。这样做的好处在于风险小、成功率大，一旦出了问题有先例可循。所以，传统的分离方法仍然是被优先选择的。尽管如此，一种传统方法用于分离新的物系时，仍然需要先在较小规模的装置上进行试运行。只有试运行成功，才可以使用。但是，一种新的分离方法工业化后，往往会带来显著的经济效益，建议在选取分离方法时，能谨慎考虑。通常，当产品附加值高而寿命短时，应该选择成熟的分离方法，以确保尽早占有市场；如果产品有持续生命力但竞争对手多，就可以考虑研究新的更加经济的分离方法，以确保在市场上的领先地位。

五、公共安全性

公共安全性是指分离方法在使用过程中，对劳动者健康、社会安全及环境不会构成损害的特性。一个负责任的工程技术人员必须正确估计分离方法可能对劳动者健康、社会安全及环境等带来的影响。不管分离方法使用性能如何、经济性如何，只要存在安全隐患，那就是不能接受的，对于化工企业，这是特别重要的质量指标。

当待分离的物系存在安全隐患时，所选的分离方法应该有利于避免安全事故的发生。比如，当物质遇空气易形成爆炸性混合物时，分离不宜在真空条件下操作。当使用质量分离剂时，应该考虑其在生产过程中是否会给劳动者带来伤害，是否会给工厂或最终用户带来安全隐患，是否会造成环境污染等。

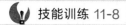

技能训练 11-8

选择分离方法时，主要从哪几方面考查？

素质拓展阅读

世界 500 强公布：中国上榜数量首超美国！石油化工企业占据重要地位！

2020 年《财富》世界 500 强排行榜正式发布，最引人瞩目的变化无疑是中国大陆企业实现了历史性跨越：中国大陆世界 500 强公司数量首次超过美国，位列第一。中国大陆（含香港）世界 500 强公司数量达到 124 家，历史上第一次超过美国（121 家）。2008 年以来，中国企业在排行榜中数量增长加速。先是数量上超过了德国、法国和英国，后来又超越了日本。上榜的中国能源化工企业有：中国石油化工集团有限公司、中国石油天然气集团有限公司、中国海洋石油集团有限公司、恒力集团有限公司、国家能源投资集团有限责任公司、中国中化集团有限公司、中国化工集团有限公司、山东能源集团有限公司、陕西延长石油（集团）有限责任公司、陕西煤业化工集团有限责任公司、雪松控股集团有限公司、中国航空油料集团有限公司、冀中能源股份有限公司、新疆广汇实业投资（集团）有限责任公司、盛虹控股集团有限公司、晋能控股煤业集团有限公司、山西焦煤集团有限责任公司、河南能源化工集团有限公司、潞安化工集团有限公司、中国中煤能源集团有限公司、山西阳煤集团有限责任公司、山西晋城煤业集团有限责任公司。

练习题

一、填空题

1.膜分离是以_____为分离介质，通过施加推动力，使原料中的某组分选择性地优先透过，从而达到混合物分离的目的。其推动力可以为_____、_____、_____、_____等。

2.色谱分离法利用不同组分在两相中物理化学性质的差别，通过两相不断的相对运动，使各组分以_____移动，而将各组分分离。

3.根据吸附质和吸附剂之间吸附力的不同，可将吸附操作分为_____和_____两大类。

4.工业常用的吸附剂有_____、_____、_____、_____等。

5.色谱分离操作按机理分类，可分为_____、_____、_____、_____等。

二、单项选择题

1.分离膜要具有（   ），使被分离的混合物中至少有一种组分可以通过膜，而其他的组分则不同程度地受到阻滞。

    A.选择性   B.透过性   C.致密性   D.松散性

2.活性炭是（   ）。

    A.非极性吸附剂   B.极性吸附剂   C.中性吸附剂   D.亲水性吸附剂

3.在超纯水制备过程中可以使用的膜分离技术是（   ）。

    A.反渗透   B.电渗析   C.超滤   D.以上都是

4.电渗析是在直流电场作用下，利用（   ）的选择渗透性，产生阴阳离子的定向迁移，达到溶液分离，提纯和浓缩的传递过程。

    A.复合膜   B.离子交换膜   C.疏水膜   D.气体分离膜

5.以下说法不正确的是（   ）。

    A.渗透与反渗透是互为相反的过程

    B.各种膜分离过程中都存在浓差极化现象

    C.各种膜分离过程中只有电渗析使用离子交换膜

    D.电渗析是以电位差为推动力的膜分离

三、问答题

1.什么是膜分离操作？按推动力和传递机理的不同，膜分离过程可分为哪些类型？

2.反渗透装置的主要设备是什么？请画出装置流程。

3.常用的吸附剂有哪几种？各有什么特点？

4.简述色谱分离技术的分类。

5.查阅资料设计纯水制备工艺。

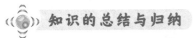 **知识的总结与归纳**

知识点		应用举例	备注
膜分离	以选择性透过膜为分离介质,在膜两侧一定推动力(压力、浓度、电场)的作用下,使原料中的某组分选择性地透过膜,从而使混合物得以分离,以达到提纯、浓缩的目的	海水淡化、超纯水生产、果汁的高浓度浓缩、肽和氨基酸的分离、血液分离、含氢废水处理、海水或苦咸水的淡化、回收有机蒸气气体分离等	在化工、生物、医学、食品、环境保护等领域广泛应用
吸附	利用某些多孔性固体具有能够从流体混合物中选择性地在其表面上凝聚一定组分的能力,使混合物中各组分分离的单元操作过程	沉淀-吸附法除汞、氧化铝对芳香族化合物的分离、倍半萜烯物的分离、高压吸附层析分离皮质甾类化合物、含油印染废水的深度处理、分离净化工业有毒废气等	在化工、医药、环境保护等领域广泛应用
凝胶过滤色谱	此分离是在装有多孔物质作为填料的柱子中进行的。较小的溶质分子可以进入一些尺寸较小的孔中。比凝胶孔大的分子只能通过凝胶颗粒之间的空隙,随流动相一起向下流动,首先从色谱柱中流出。所以整个样品就按分子的大小依次流出色谱柱	乙肝疫苗 HBsAg 聚合蛋白的精制、生物大分子的纯化、分离植物有效成分、分子量测定、化工中间体的精制、合成产品的精制等	在生物化学、分子生物学、生物工程学、分子免疫学以及医学等领域广泛应用
离子交换色谱	利用带有可交换离子(阴离子或阳离子)的不溶性固体与溶液中带有同种电荷的离子之间置换,使溶液得以分离的单元操作	水的软化、氨基酸、蛋白、糖类、核苷酸等生化物质的分离纯化	在无机离子的分离、有机和生物物质的分离纯化等领域广泛应用
亲和色谱	依据生物高分子物质能与相应专一配基分子可逆结合的原理,可把目的产物从混合物中分离出来的单元操作	蛋白质、酶、抗体、干扰素、糖类、激素、核苷酸等的分离精制	在各种生化物质的分离纯化等领域广泛应用

附录1　气体的重要物理性质

名称	分子量	密度(0℃，101.3kPa)/(kg/m³)	比热容/[kJ/(kg・℃)]	黏度 $\mu \times 10^5$ /(Pa・s)	沸点(101.3kPa)/℃	汽化热/(kJ/kg)	临界点 温度/℃	临界点 压力/kPa	热导率/[W/(m・℃)]
空气	28.95	1.293	1.009	1.73	−195	197	−140.7	3768.4	0.0244
氧	32	1.429	0.653	2.03	−132.98	213	−118.82	5036.6	0.0240
氮	28.02	1.251	0.745	1.70	−195.78	199.2	−147.13	3392.5	0.0228
氢	2.016	0.0899	10.13	0.842	−252.75	454.2	−239.9	1296.6	0.163
氦	4.00	0.1785	3.18	1.88	−268.95	19.5	−267.96	228.94	0.144
氩	39.94	1.7820	0.322	2.09	−185.87	163	−122.44	4862.4	0.0173
氯	70.91	3.217	0.355	1.29(16℃)	−33.8	605	+144.0	7708.9	0.0072
氨	17.03	0.771	0.67	0.918	−33.4	1373	+132.4	11295	0.0215
一氧化碳	28.01	1.250	0.754	1.66	−191.48	211	−140.2	3497.9	0.0226
二氧化碳	44.01	1.976	0.653	1.37	−78.2	574	+31.1	7384.8	0.0137
硫化氢	34.08	1.539	0.804	1.166	−60.2	548	+100.4	19136	0.0131
甲烷	16.04	0.717	1.70	1.03	−161.58	511	−82.15	4619.3	0.0300
乙烷	30.07	1.357	1.44	0.850	−88.5	486	+32.1	4948.5	0.0180
丙烷	44.1	2.020	1.65	0.795(18℃)	−42.1	427	+95.6	4355.0	0.0148
正丁烷	58.12	2.673	1.73	0.810	−0.5	386	+152	3798.8	0.0135
正戊烷	72.15	—	1.57	0.874	−36.08	151	+197.1	3342.9	0.0128
乙烯	28.05	1.261	1.222	0.935	+103.7	481	+9.7	5135.9	0.0164
丙烯	42.08	1.914	2.436	0.835(20℃)	−47.7	440	+91.4	4599.0	—
乙炔	26.04	1.717	1.352	0.935	−83.66(升华)	829	+35.7	6240.0	0.0184
氯甲烷	50.49	2.303	0.852	0.989	−24.1	406	+148	6685.8	0.0085
苯	78.11	—	1.139	0.72	+80.2	394	+288.5	4832.0	0.0088
二氧化硫	64.07	2.927	0.502	1.17	−10.8	394	+157.5	7879.1	0.0077
二氧化氮	46.01	—	0.315	—	+21.2	712	+158.2	10130	0.0400

附录 2 干空气的物理性质（101.33kPa）

温度 t/℃	密度 ρ /(kg/m³)	比热容 C_p /[kJ/(kg·℃)]	热导率 $\lambda \times 10^2$ /[W/(m·℃)]	黏度 $\mu \times 10^5$ /(Pa·s)	普兰系数 Pr
−50	1.584	1.013	2.035	1.46	0.728
−40	1.515	1.013	2.117	2.52	0.728
−30	1.453	1.013	2.198	1.57	0.723
−20	1.395	1.009	2.279	1.62	0.716
−10	1.342	1.009	2.360	1.67	0.712
0	1.293	1.005	2.442	1.72	0.707
10	1.247	1.005	2.512	1.77	0.705
20	1.205	1.005	2.591	1.81	0.703
30	1.165	1.005	2.673	1.86	0.701
40	1.128	1.005	2.756	1.91	0.699
50	1.093	1.005	2.826	1.96	0.698
60	1.060	1.005	2.896	2.01	0.696
70	1.029	1.009	2.966	2.06	0.694
80	1.000	1.009	3.074	2.11	0.692
90	0.972	1.009	3.128	2.15	0.690
100	0.946	1.009	3.210	2.19	0.688
120	0.898	1.009	3.338	2.29	0.686
140	0.854	1.013	3.489	2.37	0.684
160	0.815	1.017	3.640	2.45	0.682
180	0.779	1.022	3.780	2.53	0.681
200	0.746	1.026	3.931	2.60	0.680
250	0.674	1.038	4.268	2.74	0.677
300	0.615	1.047	4.605	2.97	0.674
350	0.566	1.059	4.908	3.14	0.676
400	0.524	1.068	5.210	3.30	0.678
500	0.456	0.093	5.745	3.62	0.687
600	0.404	0.114	6.222	3.91	0.699
700	0.362	1.135	6.711	4.18	0.706
800	0.329	1.156	7.176	4.43	0.713
900	0.301	1.172	7.630	4.67	0.717
1000	0.277	1.185	8.071	4.90	0.719
1100	0.257	1.197	8.502	5.12	0.722
1200	0.239	1.206	9.153	5.35	0.724

附录3 无机物水溶液在大气压下的沸点

溶液浓度（质量分数）/%

溶液＼温度/℃	101	102	103	104	105	107	110	115	120	125	140	160	180	200	220	240	260	280	300	340
$CaCl_2$	5.66	10.31	14.16	17.36	20.00	24.24	29.33	35.68	40.83	54.80	57.89	68.94	75.85	64.91	68.73	72.64	75.76	78.95	81.63	86.18
KOH	4.49	8.51	11.19	14.82	17.01	20.88	25.65	31.97	36.51	40.23	48.05	54.89	60.41							
KCl	8.42	14.31	18.96	23.02	26.57	32.62	36.47		(近于108.5℃)											
K_2CO_3	10.31	18.37	24.20	28.57	32.24	37.69	43.97	50.86	56.04	60.40	66.94									
KNO_3	13.19	23.66	32.23	39.20	45.10	54.65	65.34	79.53			(近于133.5℃)									
$MgCl_2$	4.67	8.42	11.66	14.31	16.59	20.23	24.41	29.48	33.07	36.02	38.61									
$MgSO_4$	14.31	22.78	28.31	32.23	35.32	42.86	(近于108℃)													
$NaOH$	4.12	7.40	10.15	12.51	14.53	18.23	23.08	26.21	33.77	37.58	48.32	60.13	69.97	77.53	84.03	88.89	93.02	95.92	98.47	(近于314℃)
$NaCl$	6.19	11.03	14.67	17.69	20.32	25.09	28.92	(近于108℃)												
$NaNO_3$	8.26	15.61	21.87	27.53	32.45	40.47	49.87	60.94	68.94											
Na_2SO_4	15.26	24.81	30.73	31.83	(近于103.2℃)															
Na_2CO_3	9.42	17.20	23.72	29.18	33.66															
$CuSO_4$	26.95	39.98	40.83	44.47	45.12		(近于104.2℃)													
$ZnSO_4$	20.00	31.22	37.89	42.92	46.15															
NH_4NO_3	9.09	16.66	23.08	29.08	34.21	42.52	51.92	63.24	71.26	77.11	87.09	93.20	69.00	97.61	98.84	100				
NH_4Cl	6.10	11.35	15.96	19.80	22.89	28.37	35.98	46.94												
$(NH_4)_2SO_4$	13.34	23.41	30.65	36.71	41.79	49.73	49.77	53.55	(近于108.2℃)											

注：括号内温度指饱和溶液的沸点。

附录4 某些气体溶于水的亨利系数

气体	温度/℃															
	0	5	10	15	20	25	30	35	40	45	50	60	70	80	90	100
$E\times10^{-6}$/kPa																
H_2	5.87	6.16	6.44	6.70	6.92	7.16	7.39	7.52	7.61	7.70	7.75	7.75	7.71	7.65	7.61	7.55
N_2	5.35	6.05	6.77	7.48	8.15	8.76	9.36	9.98	10.5	11.0	11.4	12.2	12.7	12.8	12.8	12.8
空气	4.38	4.94	5.56	6.15	6.73	7.30	7.81	8.34	8.82	9.23	9.59	10.2	10.6	10.8	10.9	10.8
CO	3.57	4.01	4.48	4.95	5.43	5.88	6.28	6.68	7.05	7.39	7.71	8.32	8.57	8.57	8.57	8.57
O_2	2.58	2.95	3.31	3.69	4.06	4.44	4.81	5.14	5.42	5.70	5.96	6.37	6.72	6.96	7.08	7.10
CH_4	2.27	2.62	3.01	3.41	3.81	4.18	4.55	4.92	5.27	5.58	5.85	6.34	6.75	6.91	7.01	7.10
NO	1.71	1.96	2.21	2.45	2.67	2.91	3.14	3.35	3.57	3.77	3.95	4.24	4.44	4.54	4.58	4.60
C_2H_6	1.28	1.57	1.92	2.90	2.66	3.06	3.47	3.88	4.29	4.69	5.07	5.72	6.31	6.70	6.96	7.01
$E\times10^{-5}$/kPa																
C_2H_4	5.59	6.62	7.78	9.07	10.3	11.6	12.9	—	—	—	—	—	—	—	—	—
N_2O	—	1.19	1.43	1.68	2.01	2.28	2.62	3.06	—	—	—	—	—	—	—	—
CO_2	0.738	0.888	1.05	1.24	1.44	1.66	1.88	2.12	2.36	2.60	2.87	3.46	—	—	—	—
C_2H_2	0.73	0.85	0.97	1.09	1.23	1.35	1.48	—	—	—	—	—	—	—	—	—
Cl_2	0.272	0.334	0.399	0.461	0.537	0.604	0.669	0.74	0.80	0.86	0.90	0.97	0.99	0.97	0.96	—
H_2S	0.272	0.319	0.372	0.418	0.489	0.552	0.617	0.686	0.755	0.825	0.689	1.04	1.21	1.37	1.46	1.50
$E\times10^{-4}$/kPa																
SO_2	0.167	0.203	0.245	0.294	0.355	0.413	0.485	0.567	0.661	0.763	0.871	1.11	1.39	1.70	2.01	—

附录5　某些二元物系的气液平衡组成

1. 乙醇-水（101.3kPa）

乙醇（摩尔分数）/%		温度/℃	乙醇（摩尔分数）/%		温度/℃
液相中	气相中		液相中	气相中	
0.00	0.00	100	32.37	58.26	81.5
1.90	17.00	95.0	39.65	61.22	80.7
7.21	38.91	89.0	50.79	65.64	79.8
9.66	43.75	86.7	51.98	65.99	79.7
12.38	47.04	85.3	57.32	68.41	79.3
16.61	50.89	84.1	67.63	73.85	78.73
23.37	54.45	82.7	74.72	78.15	78.41
26.08	55.80	82.3	89.43	89.43	78.15

2. 苯-甲苯（101.3kPa）

苯（摩尔分数）/%		温度/℃	苯（摩尔分数）/%		温度/℃
液相中	气相中		液相中	气相中	
0.0	0.0	110.6	59.2	78.9	89.4
8.8	21.2	106.1	70.0	85.3	86.8
20.0	37.0	102.2	80.3	91.4	84.4
30.0	50.0	98.6	90.3	95.7	82.3
39.7	61.8	95.2	95.0	97.9	81.2
48.9	71	92.1	100.0	100.0	80.2

3. 氯仿-苯（101.3 kPa）

氯仿（质量分数）/%		温度/℃	氯仿（质量分数）/%		温度/℃
液相中	气相中		液相中	气相中	
10	13.6	79.9	60	75.0	74.6
20	27.2	79.0	70	83.0	72.8
30	40.6	78.1	80	90.0	70.5
40	53.6	77.2	90	96.1	67.6
50	65.6	76.0			

4. 水-乙酸 （101.3kPa）

水(摩尔分数)/%		温度/℃	水(摩尔分数)/%		温度/℃
液相中	气相中		液相中	气相中	
0.0	0.0	118.2	83.3	88.6	101.3
27.0	39.4	108.2	88.6	91.9	100.9
45.5	56.5	105.3	93.0	95.0	100.5
58.8	70.7	103.8	96.8	97.7	100.2
69.0	79.0	102.8	100.0	100.0	100.0
76.9	84.5	101.9			

5. 甲醇-水 （101.3kPa）

甲醇(摩尔分数)/%		温度/℃	甲醇(摩尔分数)/%		温度/℃
液相中	气相中		液相中	气相中	
5.31	28.34	92.9	29.09	68.01	77.8
7.67	40.01	90.3	33.33	69.18	76.7
9.26	43.53	88.9	35.13	73.47	76.2
12.57	48.31	86.6	46.20	77.56	73.8
13.15	54.55	85.0	52.92	79.71	72.7
16.74	55.85	83.2	59.37	81.83	71.3
18.18	57.75	82.3	68.49	84.92	70.0
20.83	62.73	81.6	77.01	89.62	68.0
23.19	64.85	80.2	87.41	91.94	66.9
28.18	67.75	78.0			

参 考 文 献

[1] 周长丽，田海玲.化工单元操作.3版.北京：化学工业出版社，2021.

[2] 何灏彦，等.化工单元操作.2版.北京：化学工业出版社，2020.

[3] 潘文群.化工分离技术.2版.北京：化学工业出版社，2015.

[4] 冷士良，陆清，宋志轩.化工单元操作及设备.2版.北京：化学工业出版社，2022.

[5] 周立雪，周波.传质与分离技术.北京：化学工业出版社，2010.

[6] 吴红.化工单元过程及操作.2版.北京：化学工业出版社，2015.

[7] 王壮坤.化工单元操作技术.2版.北京：高等教育出版社，2013.

[8] 杨祖荣.化工原理.3版.北京：高等教育出版社，2014.

[9] 贺新，刘媛.化工总控工职业技能鉴定应知试题集.北京：化学工业出版社，2010.

[10] 张浩勤，陆美娟.化工原理（下册）.4版.北京：化学工业出版社，2023.

[11] 贾绍义，柴诚敬.化工单元操作课程设计.天津：天津大学出版社，2011.

[12] 丁玉兴.化工原理.北京：科学出版社，2007.

[13] 丁玉兴.化工单元过程及设备.2版.北京：化学工业出版社，2015.

[14] 夏清，陈常贵.化工原理（下册）：修订版.天津：天津大学出版社，2005.

[15] 成都科技大学化工原理教研室.化工原理（上、下册）.成都：成都科技大学出版社，1993.

[16] 陈敏恒，等.化工原理（下册）.5版.北京：化学工业出版社，2020.

[17] 大连理工大学化工原理教研室.化工原理.大连：大连理工大学出版社，1993.

[18] 刘士星.化工原理.北京：中国科学技术大学出版社，1994.

[19] 陆美娟.化工原理（下册）.2版.北京：化学工业出版社，2007.

[20] 赵文，等.化工原理.北京：石油大学出版社，2002.

[21] 钟秦，等.化工原理.北京：国防工业出版社，2001.

[22] 吴雨龙.化工生产技术.北京：科学出版社，2012.